ON THE ORIGIN OF SPECIES

物种起源

[英国] 查尔斯·达尔文 著 苗德岁 译

·插图收藏版·

译林出版社

导 言

由于生日的偶合，1809年2月12日是人类思想史上一个旗帜日。一个著名的美国人（亚伯拉罕·林肯）与一个著名的英国人（查尔斯·达尔文）诞生于这一天。出身卑微的林肯后来成了美国第16任总统，却被引发了美国内战（1861—1865）的黑奴问题搞得焦头烂额。截然不同的是，达尔文一生则是养尊处优，其早年对自然科学的强烈兴趣有机会得以发展，弱冠之年便参加了环球科考之旅，并于1859年出版了《物种起源》六版中的第一版——呈现于此的便是该版的中译本。该书的重中之重，旨在用他所谓“兼变传衍”的理论来检验生物物种的“独立创造”说（当时科学思想界占主导地位的学说）。委实出乎意料的是，原本打算成为神职人员的达尔文，却用“万物共祖”这一本质上机械的理论来挑战神创论的信条。他的这一理论认为，所有已知的生命形式皆由单一“（生命）树”上的原始类型分化而来，是在漫长地质时期的千百万世代间，通过“自然选择”的竞争淘汰效应的雕琢，并导致了适应性较差的种类的不断灭绝所致。

达尔文的题为《论通过自然选择（即保存生存斗争中的优赋族群）的物种起源》一书，并非是一本轻松的读物；其英文原著即令对受过科学训练、母语是英语者也不那么容易读。然而，由于该书中文译者所具备的与语言及内容相关的独特技巧，极有可能你会发现读起这本第一版中译本来，要比西人读起原著来稍微轻松一点儿。我有幸在怀俄明大学担任过苗德岁的研究生导师，因此，我深知其驾驭英语文字的功力。他的博士论文是对业已灭绝的中新生代哺乳动物（多瘤齿兽）中的名为楔剪齿兽一属的头骨形态所做的详细描述和解析。苗博士出版了的论文专著彰显了他用英语表达异常复杂的概念的技巧。《物种起源》所包含的科学的多项分支学科与他的学术训练相重合，他是在中美两国获得这些训练的。这些专业领域包括脊椎动物生物学、地层地质学、古生物学及生物地理学。若想达到翻译上的“信”，阅读任何达尔文对这些相关领域的讨论，均需具备这些方面的专业知识。苗博士则掌握了这些专业知识。此外，苗博士在过去十几年里曾广泛阅读了达尔文的浩瀚著述，这种熟稔度极大地增强了其译文忠实于原著的程度，其中包括保留了原著的文风、文体及科学术语。我想不出比他更适合的人选，能从容应对翻译过程中所遇到的这些语言上和科学上的挑战。

那么为什么今天的中国学生竟然要阅读查尔斯·达尔文于多年前（1859）发表的《物种起源》？或许表达这一疑问更为活泛的方式是问：“任何当今研究生物多样性的学者倘若未曾读过《物种起源》的话，他能否被称为‘一流’的生物学家？”

窃以为，对后一形式的问题，答案是否定的！该书内容本身是如此之重要。该书内容委实从根本上定义了生命科学一个最重要的统一原理——“兼变传衍”，即今天更常说的“生物演化”。达尔文通过无数实例（来自他自身的观察、独创的定量实验及对自然科学文献的广泛涉猎），运用综合集成的证据，构建了生物在漫长地质时间中被自然选择偶发事件的修剪而遗传繁衍的理论。

有关该书写作时所盛行的智识背景（科学与哲学方面）的资讯在书中也提供得很透彻。六个版本中的每一版都在这些方面系统地提供了足够的样本。然而，正如苗博士及其他作者所强调的，该书第一版是最具革命性的。它未曾受到达尔文后来试图应对同时代人众口铄金的批评所做妥协的干扰。另一方面，每一版都体现了达尔文对大自然之美的欣赏以及他对自然选择所带来的生物新种类产生过程所呈现的壮丽图景的欣赏。

尽管《物种起源》的篇幅值得分两卷出版，但达尔文却坚称其为“摘要”。他一再为其不得不在书中从简论述而致歉。他还充分承认比他年轻十四岁的博物学家华莱士在独立发现自然选择基本概念方面所做的贡献，尽管他们二人的想法之间存在着几处根本的不同。我们年轻的中国读者或许会对达尔文在《物种起源》发表前不厌其烦地系统积累证据的做法给职业发展带来的利弊斟酌良久——请记住，《物种起源》发表时他年已五十。类似的有关个人方面的考虑在达尔文的“摘要”中压根儿未曾提及。

阅读《物种起源》使我对达尔文的渊博学识、无可争辩的洞见、从地质学和生物学广泛不同的领域里综合资讯的能力，钦佩不已。我坚信，具科学背景的中国读者们能从本书探索“倘若……如何？”一类的问题中在职业上获益。譬如，由于当时距离理解最基本的遗传机制还有好几十年，达尔文不得不公开承认他对生物变异和遗传的来源不得而知。然而，他业已领会了人类在动植物驯化中的人工选择不过是“自然选择”的一种极端情形而已。一旦抓住了这一概念，他距离解释演化过程本身仅一步之遥。倘若他对基因和染色体的存在、性质和行为有任何了解的话，那会如何呢？

同样，倘若作为生物学者的达尔文对板块构造学说哪怕有一丁点的了解又会如何呢？[1]倘若有这方面的知识，他独具只眼所发现的那么多的生物地理分布之谜便会迎刃而解。他聚焦于深水水域、大洋岛的动植物群与大陆上的动植物群之间的特殊关系，仅获得了部分的成功。仔细阅读《物种起源》对于今天的读者深入了解19世纪中叶的科学知识水平也大有裨益。即令在那时，只是通过识别生物地理分布上出乎意外的奇怪现象而提出了值得聚焦研究的问题，达尔文便已着实理解了岛屿生物地理学。类似的研究机遇在《物种起源》中熠熠生辉！倘若达尔文在其有生之年得以运用生物统计技术、高分辨率定格摄影、可靠的电源、哪怕是最原始形式的地质年代学技术、电子显微镜、250年系统采集研究了的化石标本库，抑或全球气象分析，其结果又会如何呢？倘若这些技术可供使用的话，像达尔文这样有幸具有智力和社会地位诸方面优势的人，在寻求理解地球生物多样性起源之旅上，该是如何地如虎添翼啊！——不过，他也有可能被引入迂回之路。仔细阅读《物种起源》也会引人遐思200年后的将来的一些“常规”技术手段——得以使用它们，我们将会有什么样的革命性发现啊！

《物种起源》给人印象至深的诸方面之一是其论辩的鞭辟入里。达尔文远非半瓶子醋，他无征不信、无证不言。几乎每一个论证总是有诸多证据支持，这些证据的来源迥异，或来自达尔文的自身实验，或来自胚胎学、解剖学、行为科学、生态学、古生物学、地质学或生物地理学方面的洞见，涉及已知的植物、无脊椎动物、脊椎动物多样性的方方面面。他相

---

[1] 达尔文时代距离板块构造学说的诞生还有100多年呢。——译注

信基于缺失证据的立论“一文不值”。然而，尽管出发点很好，达尔文的“适者生存”（“兼变传衍”）却被广泛误读，被与英国诗人但尼生1850年的诗句“大自然啊，血淋淋地张牙舞爪……”等同起来。截然不同的是，现代生物演化的核心是生物世代的相对生殖成功。达尔文的这一核心概念被如今的居群生态学家们干脆称作“适应性”。

在处理与其时代的正式宗教的关系时，达尔文表现出惊人的温和。尽管他在《物种起源》后几版中逐渐倾向于接受一位终极的“创世主”，但从未认为诸如“创世计划”或“设计一体性”此类的常见语词在解释或驳斥其理论上有任何用处。即令在今天，达尔文的名字依然为相当多的福音派基督教徒们所辱骂。尽管这些人极少客观地研究过（也许很少仔细地阅读过）他的著作本身，情形依然如此。

历史学家们曾不遗余力地搜寻亚伯拉罕·林肯与查尔斯·达尔文之间直接交流的证据，但徒劳无功。达尔文坚决反对蓄奴制并十分厌恶美国南北战争。林肯知悉达尔文早期的一些著作，但身遭厄运的总统在《物种起源》美国版问世（1860年）不久就完全陷入了凶险的内战。二人想法相投，皆为学识渊博的哲人。最为不幸的是，由于关山阻隔、战争干扰、林肯被刺，二人终无缘相会。

贾森·李力葛瑞文 Jason A. Lillegraven
怀俄明大学地质学与地球物理学系
暨动物学与生理学系荣退教授
国际古脊椎动物学会前主席
2015年8月8日

译 序

一、为什么要出插图版《物种起源》?

译林出版社于2013年底出版了拙译《物种起源》，受到了学界较好的评价，也得到了很多读者的认可。但在当当网的读者评论中，有数位读者抱怨该书没有插图，他们指出：“就是没图，其他都好；推荐”，“其实最想要的是有插图版的”，“这类大部头书，希望出彩图版”。根据读者的需要，译林出版社希望能出一本插图版。尽管市面上已有《物种起源》插图版存在，但不少插图与书的内容结合欠紧密，另外插图风格与原著的时代也不协调。我在研究过程中，发现了大量的达尔文著作的手绘插图，主要是《贝格尔号（小猎犬号）考察动物志》与《贝格尔号（小猎犬号）考察地质志》中的原始手绘插图，有些是黑白的，有些是彩色的。达尔文时代是博物学研究的鼎盛时期，也是博物学著作手绘插图的黄金时代，因此，我与本书责任编辑宋旸女士商定从公版的达尔文图库中，选取与《物种起源》内容相关的图片作为本书的插图，这样就保持了插图在内容、形式和风格上跟原著的一致性。

此外，我也想趁此机会改变原著的版次。诚如我在译林出版社2013版《物种起源》的《版本说明》中所指出的，《物种起源》在达尔文生前总共出了六版。第一版是1859年11月24日出版，第二版是1860年1月7日出版，相隔仅一个半月。第二版在字体、纸张和装订上，跟第一版毫无二致，未重新排版且页数相同，只是改正了印刷、标点符号、拼写、语法、措辞等方面的错误，实为第二次印刷。在其后12年间的第三（1861）、四（1866）、五（1869）及六（1872）版中，达尔文做了大量修改，以至于第六版的篇幅比第一、二两版多出了三分之一。

达尔文在后来的修订过程中，为了回应同时代人的批评（尤其是有关地球的年龄以及缺乏遗传机制等方面的批评），做了连篇累牍的答复，甚至于“违心”的妥协，以至于越来越偏离其原先的正确立场（譬如越来越求助于拉马克的“获得性性状的遗传”的观点）。现在看来，限于当时的认识水平，那些对他的批评很多是错误的，而他的答复往往也是错误的。结果，新增的很多零乱的线索与内容，完全破坏了他第一、二版精巧的构思、缜密的立论、有力的申辩以及文字的顺畅。因此，当今的生物学家以及达尔文研究者们，大多推重初始两版。而近二十年来，西方各出版社重新印行的，也多为第一版。不过牛津大学出版社的《牛津世界经典丛书》的1996版以及2008修订版，却都采用了第二版，理由很简单：与第一版相比，第二版纠正了一些明显的错误，但总体上变动极小。故此，我当时选定牛津2008修订版为该译本的蓝本。

中国著名的演化生物学家、中国科学院动物所张德兴（2014）教授在《中国青年报》的一篇书评中犀利地指出：

《物种起源》第二版是在第一版发行后一个月左右出版的，主要是对第一版的印刷、用词、句法、语法等错误进行了修改订正，也有一些增删，但重大修改仅有二十几处，其中让我印象最深刻的有四处，都在最后一章，而它们却是动摇了达尔文的四处：在其中两处，达尔文表达了最初的生命形式是由造物主赋予的妥协思想，另一处强调了他的理论是关于从少数创造出来的类型的基础上如何进化的，而第四处则指出他的理论并不会动摇人们的宗教情感，并加以举例证明。达尔文试图通过这些修改回避跟宗教的矛盾，想表明他并不反对宗教神学，他的理论也与创世论并不矛盾。虽然“造物主”（Creator）和“被创造”（Created）这些词富有歧义，但在达尔文使用的那些语境下可以说没有歧义。因此，这也许是他的真实想法。在维多利亚时代的英国，谈论生物进化就如同是犯罪，达尔文自己曾形容，承认进化论“像是承认自己是杀人犯”。尽管这些修改是我最不敢苟同的，我也还是更喜欢读第一版，但是第二版是最接近达尔文的原始思想，并且纠正了第一版中很多印刷、句法和用词错误的版本。苗先生的译文可谓匠心独运，雅致老成。读者通过习读它，可以聆听达尔文的真实心声，领略旷世伟人思辨之严密、治学之严谨和为学之艰难。

尽管张教授的批评非常客气和婉转，我经过进一步深入研究之后，觉得他所说的“我也还是更喜欢读第一版”，十分有道理。因为我又发现第一版中的下面这段话，也从第二版开始被达尔文割爱删节了：“自然界的面貌，堪比柔顺的表面，上万个尖尖的楔子紧紧地挤在一起，被不停地往里夯击，有时是一个楔子被夯击，然后另一个楔子被更重地往里面夯击。”这段话是描述生物间生存斗争之惨烈的，历来为演化生物学家们所竞相引用，但达尔文显然觉得这一比喻太刺激那些认为英国社会跟自然界一样愉悦和谐的人们的神经了，便删除了。现在演化生物学界的共识是：《物种起源》第一版是最具革命性的，也是达尔文内心的真实想法。因此，在《物种起源》出版100周年纪念的1959年，哈佛大学出版社重新影印了第一版，企鹅出版社2009年为纪念《物种起源》发表150周年所印行的“里程碑式纪念版”也是该书的第一版。所以，我们这个插图版的文字部分就是以上述两本书为蓝本的。

二、如今我们还有必要读《物种起源》吗？

这一问题既是“果壳网”的吴欧女士对我做专访时所提出的问题，也是很多读者想知道的。除了我在采访中的回答之外，我想先引用张德兴教授在上述书评里的第一段话：“有些书是用来激励人生的，有些书是用来改变人类的。达尔文的《物种起源》不仅改变了一个学科，而且改变了全人类的思维方式、认识方式和行为方式，值得读了再读。它被誉为‘科学界至今为止最重要的书’。”

也许有人会说，我不读《物种起源》也知道进化论是怎么回事儿。确实，《物种起源》发表已经150多年了，其间科学有了很大的发展，对于进化论的事实、证据和机制，我们现在所知道的远比达尔文时代要多得多，那么真的还有必要去读达尔文的原著吗？回答是绝对肯定的！因为《物种起源》是少数几本可以称作是“改变了世界的书”，类似的还有《圣经》《资本论》等。诚如被誉为“活着的达尔文”、哈佛大学演化生物学家威尔逊（E. O. Wilson，2009）所言："《物种起源》发表到现在已经150年了，我认为我们可以有把握地说，它不仅是有史以来最重要的科学著作，而且由于它对全人类以及整个生物界的重要性，也是有史以来任一范畴的最重要的著作。"

一如哥白尼大大地扩展了我们的空间概念，达尔文大大地扩展了我们的时间概念；哥白尼让我们认识到地球在宇宙中的位置，达尔文让我们认识到人类在自然界的位置。达尔文那时并没有我们今天这样的研究条件和知识基础，他能够写出这样一部伟大著作，太了不起了。他搜集到方方面面的证据，经过他无与伦比的推理，得出那种惊世骇俗的结论，不仅经受住了时间的考验，而且历久而弥真。他超前的科学思想和缜密的逻辑思维，在书中表现得淋漓尽致。

譬如，达尔文说《物种起源》是"一部长篇的论争"。他的高明之处在于善于论辩，并常常化不利因素为有利因素。本来批评者可以质问他，请让我看看你那些生物演化的过渡类型吧。他说，由于地质记录的不完整，我们还没有发现这么多过渡类型的化石。然后，他又用地质记录的不完整性作为证据，来对付可能让他头痛的另一个难题，即：如果认为所有的生物变化都是通过自然选择缓慢实现的话，那么地球历史该有多长才能产生如此大量的生物变化呢？达尔文说，时间不成问题！由于地质记录不完整，我们从这些记录中所看到的，只是整个地球历史的不同瞬间的组合，而整个地球历史远比我们想象的要长得多。150多年来的地质古生物学的无数发现证实，达尔文是完全正确的。

因此，不读他的原著，无论如何你是体验不到他的博大精深的，如今的生物学家们依然能通过阅读《物种起源》获得科研灵感。当我们每天在各自专业领域里，专心致志地阅读最新文献时，我们看到的往往只是一片片精致美丽的树叶，只有在阅读像《物种起源》这样的不朽经典时，方能看到浩瀚无际的森林美景，眼前才能豁然开朗起来。

引用美国作家高普尼克（Adam Gopnik，2009）的话："我们阅读达尔文并非因为他所说的是当今的科学家们所相信的——很多不再是了。我们之所以还读他，是因为书中高雅的雄辩以及条分缕析的证据罗列，且以如此谦逊和娓娓道来的语调陈述，让人们看到了光明驱除黑暗、迷失林中却闯出一条正途的理智力量……"

当我们称一些书为不朽的经典时，我们是指它们独特地记录了人类的历史或思想史，比如柏拉图、亚里士多德、伏尔泰等的著作；有些书是因为激发了重大的政治历史事件，比如《资本论》和《君主论》；有的是发现了重大的新的知识领域，比如牛顿原理及爱因斯坦的《相对论》；有些是伟大的文学艺术精华，比如《失乐园》、《战争与和平》以及《尤利西斯》等；而《物种起源》则像《圣经》和《可兰经》一样，可以说是上述数方面兼具！它出版150多年来一直不断地印行，被广泛阅读、争论，从未停息过。已故著名遗传学家杜布赞斯基（1973）有句名言："要是没有进化论的话，生物学里的一切都说不通。"你看，《物种起源》多么重要。以至于芝加哥大学的著名演化生物学家科依恩曾不无调侃地说："读没读过《物种起源》，应该成为衡量一个人是否受过正规教育的标准之一。"

三、《物种起源》为什么这么难读？

在《物种起源》这本书上一直存在着一种悖论，一方面，书中所提出的以自然选择为机制的演化理论向来以其简洁美著称，以至于赫胥黎在读后曾感叹：“我怎么如此愚笨？我为什么没想到这点？”（Francis Darwin，1888，p.197）另一方面，不少人或许有过这样的经历，即多次试图阅读《物种起源》，却又多次中途放弃，甚至于看不了几页就欲“读”还休。如果说是由于译本质量不高的话，那么我可以告诉大家，母语是英语的人在读该书的英语原著时，也常常会有这样的经历。以至于赫胥黎在达尔文去世后又曾感叹：“我业已慢慢地再度阅读《物种起源》第无数次了，试图在撰写他的讣告时能总结出他的论辩的要旨。说实话，每当我听人说该书很容易读的时候，简直哭笑不得。”（Leonard Huxley, 1913, p. 60）为什么会是这样呢？一方面，达尔文理论的简洁美是显而易见的，它基于五项事实，两个推论：

事实1：种内居群能以几何级数增长

事实2：种内居群有时增长，有时减少，但总体上趋于保持稳定

事实3：资源是有限的

推论1：生物个体之间必然存在着争夺有限资源的生存斗争

事实4：种内居群中的每一个体都是独特的

事实5：种内居群中的变异大多是遗传的

推论2：推论1(生存斗争)+事实4+事实5=自然选择

另一方面，如陈红博士刊在《中华读书报》（2015）的书评中指出的：“几乎所有的资深评论，还会一再提及达尔文独特的文字风格。达尔文善用复杂的句式，而且句句话一定要说得天衣无缝。粗读会觉得他啰嗦，艰深晦涩；但仔细品味，又会被他严谨清晰而且独特的表达所折服。

这既是一部科学巨著，却又富有个性。”更独特的一点是《物种起源》全书的结构，跟我们今天的阅读习惯大相径庭。按照今天的习惯，我们也许期望达尔文从地球上最早、最简单的生命起源开始，经过从细菌微生物到人类的演化过程，事实上直到书的后半部他才开始谈化石和岩石记录。一反今天科普书的结构顺序，他却煞费苦心地把这部称为“一部长篇的论争”的书，用讲故事的手法组织在一起。全书十四章加开头的绪论，除绪论和最后一章《复述与结论》外，大致可分成三部分：第一部分包括头四章，达尔文用来介绍他的理论，类似于开庭陈述；接下来五章，是化解他的理论可能会遭遇的诘难；在第三部分的四章中，他像律师出庭辩论那样一一出示支持他理论的证据。他深知不寻常的理论要有不寻常的证据，方能令人信服，因此，在书中他要列举方方面面的无数证据。他就好像推理侦探波罗那样，运用严密的逻辑和各种修辞手段来说服读者。因此，我们阅读《物种起源》时，不能当作学术专著来读，要当侦探推理小说来读，如果遇到什么悬念，要耐心读下去——“山重水复疑无路，柳暗花明又一村”。《物种起源》原本就不是一本消遣的书，它像瓦格纳的长达数小时的大歌剧一样，需要你从头至尾的耐心和专注，这样一来，经过剧中的高潮迭起，及至达到剧末最高峰时，你突然领悟到：哇，这几个小时真的没有白坐！因此，我劝那些只想欣赏贝多芬的《致爱丽丝》那样的钢琴小品的朋友，请放下你手中的《物种起源》——这本书需要你用初恋中的那种青涩、真诚、追求、执着与专情来读。

平心而论，我本人经过翻译全书，不知阅读过多少遍全书，依然有与赫胥黎同样的感受：这真不是一本容易读的书。我个人感受，如果在读完绪论之后，先读最后一章《复述与结论》，把其当作摘要和导读，然后读

第三章、第四章，了解达尔文的重要概念：生存斗争、自然选择和生命之树。接下来再读第九至十三章，最后读第一、二、五至八章，这样打乱顺序之后，会更符合我们现在的阅读习惯。我敢担保如果你真的花了功夫读懂全书之后，你会感到你所花的所有时间和努力都是值得的。记得著名达尔文学者乔治·莱文曾发过此番高论：如果让我们来评选19世纪最重要的英语文学作品的话，恐怕不会是狄更斯和乔治·艾略特的小说，也不会是华兹华斯的诗歌，而是达尔文的《物种起源》！我想，不管你同不同意莱文的这一观点，但美国作家亚当·高普尼克所描述他初读《物种起源》时的情景，却至少令我感同身受：

> 我是在夏日的海滩上第一次读《物种起源》的。……那就像打了一针维多利亚幻觉剂，眼前的整个世界突然活跃起来，一切都开始移动，以至于沙滩上海鸥和矶鹞之间的相像，突然变得不可思议般地活泛起来，变成了一个躁动整体的一部分，鸟类的巨型蜥蜴远祖们，宛若幽灵一般萦绕在它们的上空。先前看似一成不变的孤寂的海洋和沙滩，蓦然复活，融入到无尽的变化和运动之中。这是一本让整个世界颤动的书。（Gopnik，2009，p.9）

最后，我要感谢译林出版社的李瑞华副社长、陈叶主任对我一如既往的信任，本书责编宋旸博士的辛勤劳动。感谢张弥曼、周志炎、吴新智、戎嘉余、周忠和院士的鼓励、支持和帮助。感谢我的两个女儿Jane和Jenny帮助扫描图片。

苗德岁于堪萨斯大学

目 录

论通过自然选择的物种起源，

或生存斗争中优赋族群之保存

But with regard to the material world, we can at least go so far as this—we can perceive that events are brought about not by insulated interpositions of Divine power, exerted in each particular case, but by the establishment of general laws.

——Whewell, *Bridgewater Treatise*

我们至少能够说，我们得以看到，物质世界发生的事件，不是神力在每一特定场合的孤立干预所致，而是由于普遍法则的实施所致。

——惠威尔，《布里吉沃特论文集》

To conclude, therefore, let no man out of a weak conceit of sobriety, or an ill-applied moderation, think or maintain, that a man can search too far or be too well studied in the book of God's word, or in the book of God's works; divinity or philosophy; but rather let men endeavour an endless progress or proficience in both.

——Bacon, *Advancement of Learning*

因而，任何人不应出于对庄重或节制的不当考虑，误以为对上帝的话语或上帝的创作之书不应过分深入探究或过于仔细琢磨（无论是神学还是哲学方面）；相反，人们本应尽力地在这两方面都追求无止境的进步或趋近娴熟。

——培根，《论学问之进步》

本书第一版问世前，人们对物种起源认识进程的简史[1]

在此，我将简要地介绍人们对物种起源的认识进程。直到最近为止，绝大多数的博物学家们，曾相信物种是固定不变的产物，而且是被逐个分别创造出来的。很多作者曾力主这一观点。另一方面，有少数的博物学家，相信物种经历过变异，并相信现存的生物类型均为以往生物类型的真传后裔。姑且不谈古代学者[2]在这一问题上的语焉不详，即令在近代学者中，能以科学精神予以讨论者，当首推布封。然而，由于他的见解在不同

[1] 从1861年出版的《物种起源》第三版开始，达尔文增添了这一《简史》，但开始的题目是《人们对物种起源的认识进程的简史》。到了1872年该书第六版刊行时，达尔文又在题目上加上了“本书第一版问世前”，以期平息一些人对他的指责。这些指责，主要批评他对前人在物种起源问题上的贡献，没有给予足够和适当的阐述。——译注

[2] 亚里士多德在《听诊术》（“Physicae Auscultationes”）里谈及，降雨并非为了令谷物生长，正如降雨也不是为了毁坏室外打谷场上农民的谷物一样。尔后，他将此理应用到生物结构上。他接着说道［此乃克莱尔·格雷斯（Clair Grecc）先生所译，也是他最先向我介绍了这一段话］：“因此，自然界中身体的不同部分为何不能产生这种纯属偶然的关联呢？譬如，由于牙齿应‘需’而生了，前面的牙齿尖锐，适于切割食物，后面的臼齿平钝，用于咀嚼食物。不同的牙齿既然并不是为此目的而生的，就必然是偶然的结果。那些似乎存在着对某种目的适应的身体的其他部分亦同此理。因此，所有作为整体的东西（即一个完整个体的所有部分），都好像是为了某种目的而形成的。那些凭借内在的自发力量而得以适当组构的，便保存了下来。不具适当组构的，或者已经消亡了，或者终将消亡。”我们从这里看到了自然选择原理的端倪，但亚里士多德对牙齿形成的评论，却显示了他对这一原理也仅仅是一知半解而已。

的时期波动极大，加之他对物种可变性的原因或途径也未曾论及，所以，我也无须在此赘述。

对这个问题所做的结论，真正引起了人们广泛注意的，拉马克当属第一人。这位实至名归的博物学家，于1801年首次发表了他的观点。他在1809年的《动物哲学》（*Philosophie Zoologique*），以及其后1815年的《无脊椎动物自然史》（*Hist. Nat. des Animaux sans Vertebres*）的绪论里，又充分地扩展了他的观点。在这些著作中，他坚持所有物种（包括人类在内）都是从其他物种传衍而来的信条。是他最先有力地唤起了人们去关注这样一种可能性，即有机界以及无机界的一切变化，都是自然法则的结果，而非神奇的介入。拉马克之所以得出了物种渐变的结论，似乎主要是由于区分物种与变种的困难性，加之某些类群中不同类型之间几近完美的渐变，以及与一些家养种类的类比。他把变异的途径，一部分归因于生物的自然环境的直接干预，一部分归因于业已存在的类型间的杂交，更多的则归因于器官的“用与不用”，亦即习性的效果。他似乎认为，大自然中的一切美妙的适应，皆因“使用”与“不使用”使然；例如，他认为长颈鹿的长颈，是由于引颈取食树上的枝叶所致。然而，他同样也相信“向前发展”的法则（law of progressive development）；由于所有的生物都是趋于向前发展的，为了解释时下诸多简单生物的存在，他认为这些简单生物是现今自然发生的。[1]

---

[1] 拉马克学说问世的日期，我是从小圣提雷尔（Isid. Geoffroy Saint-Hilaire）的《博物学通论》（*Hist. Nat. Generate*，第二卷，1859年，第405页）一书中得来的，该书对这一问题的来龙去脉有着精彩的阐述。该书还详细记述了布封对同一问题所做的结论：奇怪的是，我的祖父伊拉兹马斯·达尔文医生（Dr. Erasmus Darwin）在1794年出版的《动物学》（转下页）

圣提雷尔在其子为他撰写的“生平”里做如是说：早在1795年他就猜想过，我们所谓的物种，其实是同一类型的各种蜕变物（degenerations）。直到1828年，他才公开发表了他所确信的观点：万物自起源以来，同样的类型并非是永恒不朽的。圣提雷尔似乎把变化的原因主要归因于生活条件，即“周围世界”（“monde ambient”）。他立论谨慎，并不相信现生的物种正在发生着变异。正如其子所述，“因此，这是一个完全应该留待将来去讨论的问题——如若将来竟能解决这一问题的话”。

1813年，威尔斯博士（Dr. H. C. Wells）在皇家学会宣读了一篇论文，题为《记述一位白人妇女的局部皮肤与黑人皮肤相似》；然而，这篇论文直到他1818年的名著《关于复视与单视的两篇论文》问世后才得以发表。在这篇论文里，他明确地认识到了自然选择的原理；这也是所知对自然选择的最早认识。但是，他将这一原理仅用于人种，并且仅限于某些性状。在指出黑人与黑白混血种对某些热带疾病具有免疫力之后，他说，第一，所有动物在某种程度上都有变异的倾向；第二，农学家们利用选择来改良他们的家养动物。然后，他又说：“农学家们在后面这一种情况里通过‘匠技’所实现的，大自然似乎也能等效地实现（只是更为缓慢而已），

（接上页）（*Zoonomia*，第一卷，第500—510页）里，已经在拉马克之前预先表达了大致的观点及其错误的因缘论述。据小圣提雷尔说，歌德无疑也是力主这一观点者，从他写于1794年和1795年，但很久以后才得以发表的一本著作的“绪论”中可以查证。他曾尖锐地指出，博物学家们将来面对的问题，若以牛角为例，不在于牛角是干什么的，而在于牛角是怎么来的［梅丁博士（Dr. Karl Meding）：《作为博物学家的歌德》（“Goethe als Naturforscher”），第34页］。这种几乎是同时发表了类似的观点的情形，堪称独一无二。也就是说，在1794年至1795年间，德国的歌德、英国的达尔文医生以及法国的圣提雷尔（我们即将谈及），对于物种起源问题，曾得出了相同的结论。

使人类形成不同变种，以适应其居住的各种疆土地域。最初大概散居在非洲中部的少数人中，偶然出现了一些人类的变种，其中有的比其他人更适于承受一些地方病。结果这个种族得以繁衍，而其他种族则趋衰减；这不仅由于他们无力抵御疾病的侵袭，而且也由于他们无力与强邻竞争。如前所述，我想当然地认为，这个强壮种族的肤色应该是黑的。但是，形成这些变种的同一倾向依然存在，那么长此以往，一个愈来愈黑的种族便出现了：而且由于最黑的种族最能适应当地的气候，那么最黑的种族在其特定的发源地，到头来即令不是唯一的种族，也会成为最普遍的种族。”他接着把同一观点，又引申到居住在气候较冷的地方的白种人身上。我感谢美国的罗利先生（Mr. Rowley），他通过布雷思先生（Mr. Brace），告知上面我所引述的一段威尔斯博士的论著。

后来曾任曼彻斯特教长的赫伯特牧师（Rev. W. Herbert），在1822年《园艺学报》（*Horticultural Transactions*）第四卷和他的著作《石蒜科》（*Amaryllidaceae*）一书（1837年，第19、339页）中声称：“园艺试验无可辩驳地证明了植物物种只是一类更为高等、更为持久的变种而已。”他把同一观点引申到动物身上。这位教长相信，每一个属的单一物种，都是在原来可塑性极大的情况下创造出来的；这些物种主要是通过杂交，而且同样也通过变异，产生了所有现存的物种。

1826年，葛兰特（Grant）教授在其讨论淡水海绵（Spongilla）的著名论文［《爱丁堡哲学学报》（*Edinburgh Philosophical Journal*），第十四卷，第283页］的末尾一段中，明确宣称他相信物种是由其他物种传衍而来的，而且在变异过程中得到了改进。同一观点还见于他的第五十五次演讲中，发表在1834年的《柳叶刀》（*Lancet*）医学丛刊上。

1831年，帕特里克·马修先生（Mr. Patrick Mathew）发表了《造船木材及植树》（*Naval Timber and Arboriculture*），在该书中，他所表达的有关物种起源的观点，与华莱士先生和我本人在《林奈学报》（*Linnean Journal*）上所发表的观点（详见下文），以及本书中所扩充的这一观点，完全一致。遗憾的是，马修先生的这一观点，只是浮光掠影地散见于一篇不同论题著作的附录中。因此，直到马修先生本人在1860年4月7日的《园艺师纪事》（"Gardener's Chronicle"）中重提此事，方引起人们的注意。马修先生与我之间的观点差异，是微不足道的：他似乎认为世界上的生物，曾连续地消减，几近灭绝，尔后又重新繁衍，布满世界。他还给了我们另一种说法，即"没有以往生物的胞体或胚芽"，新类型也有可能产生。我不敢确定我对于某些段落真正理解了，然而，他似乎着重归因于生活条件的直接作用。无论如何，他已清楚地看到了自然选择原理的沛然给力。

著名地质学家和博物学家冯巴哈（von Buch）在《加那利群岛自然地理记述》（*Description Physique des Îles Canaries*，1836年，第147页）这一优秀著作中明确地表示，他相信变种可以缓慢地变为永久的物种，而永久的物种就不能再进行杂交了。

拉菲纳斯克（Rafinesque）在其1836年出版的《北美新植物志》（*New Flora of North America*）一书的第6页里写道："所有物种均可能一度曾为变种，而许多变种因表现出固定和特殊的性状，便逐渐地变成了物种。"但接下去到了18页上，他又写道："每一属的祖先或初始类型，均不在此之列。"

1843年至1844年，霍尔德曼（Haldeman）教授在《美国波士顿博物学报》（*Boston Journal of Nat. Hist. U. States*，第四卷，第468页）上，对物种的发展和变异假说的正反两方面论点，做了精彩的陈述，他似乎倾向于主张物种有变的一方。

《创世的遗迹》（*Vestiges of Creation*）一书于1844年问世。在大有改进的第十版（1853）里，这位匿名的作者写道（第155页）："我的主张是经过反复考虑后才决定的，即动物界的若干系列，自最简单和最古老的至最高级和最近代的，都是在上帝的旨意下，受两种冲动所支配的结果。赋予各种生物类型的第一种冲动，是在一定时期内，通过生殖，推进生物经过不同层次的组织结构，直至达到最高级的双子叶植物和脊椎动物。这些组织结构的级数为数并不多，而且通常以生物性状的间断为标志，而这些生物性状的间断，正是我们在确定生物间亲缘关系方面所要遭遇到的实际困难。第二种冲动，是与活力相连的另一种冲动；它一代又一代地改造生物结构，使其适应外界环境，诸如食物、居住地的性质以及气候条件；这些也就是自然神学所谓的'适应性'。"作者显然相信生物组织结构的进展是突然的跳跃，而生活条件所产生的影响则是逐渐的。他根据一般理由，有力地论述了物种并不是一成不变的产物。但我无法理解，这两种假定的"冲动"何以从科学意义上来阐明我们在自然界随处可见的、无数美妙的相互适应？例如，我们不能依照这一说法，去理解啄木鸟何以变得如此地适应于它特殊的生活习性。尽管该书在最初几版中，鲜有精确的知识并缺乏科学上的严谨，然而它的强劲和出色的风格，令其不胫而走、洛阳纸贵。窃以为，该书在英国已属贡献卓著，它已唤起了人们对这一问题的注意、消除了偏见，并为接受类似的观点铺平了道路。

1846年，老练的地质学家德马留斯·达罗伊（M. J. d'Omalius d'Halloy）在一篇短小精悍的论文［《布鲁塞尔皇家学会学报》（*Bulletins de l'Acad. Roy. Buxelles*），第十三卷，第581页］里指出，新物种更可能是经变异而传衍下来的，而不像是被分别创造出来的。他早在1831年就首次发表了自己的这一观点。

欧文（Owen）教授在1849年写道［《四肢的性质》（*Nature of Limbs*），第86页］："原型的（archetypal）概念，远在实际例证这种概念的那些动物物种存在之前，就在这颗星球上、在诸如此类的多种变异下，栩栩如生地彰显出来了。至于这种生物现象的有序的演替与进展，究竟源于何种自然法则或次级原因，我们尚不得而知。"1858年，他在"英国科学协会"（British Association）演讲时曾谈及"创造力的连续作用的原理，或生物循规蹈矩而成的原理"（第51页）。其后（第90页），在提及地理分布之后，他接着指出："这些现象动摇了我们对如下的结论的信心，即新西兰的无翼鸟（Apteryx）与英国的红松鸡（Red grouse）是分别在这些岛上或为了这些岛而创造出来的。此外，应该牢记，动物学家所谓的'创造'，意味着'对这一过程，他不知就里'。"他为充实这一看法，接着说道，当红松鸡这类情形，"被动物学家用来作为该鸟在这些岛上以及为这些岛屿而特别创造的例证时，他主要表明了他对红松鸡是如何发生在那里，并且为何只发生在那里，是一无所知的。同时，这种表示无知的方式，也显示了他相信：鸟和岛的起源，都归因于一个伟大的造物的第一机缘"。如果我们逐一解释他的同一演讲中这些词句的话，这位著名哲学家在1858年，似乎业已动摇了对下述情况的信念，即他对无翼鸟与红松鸡是如何在它们各自的乡土上发生的，"不知其所以然"，抑或对它们发生的过程，"也不知其然"。

欧文教授的这一演讲，发表于华莱士先生和我的关于物种起源的论文在林奈学会宣读（详见下文）过之后。本书第一版出版时，我和其他许多人一样，完全被“创造力的连续作用”这一表述所蒙蔽，以至于我把欧文教授同其他坚信物种不变的古生物学家们混为一谈。可是，这似乎是我的十分荒谬的误解［《脊椎动物解剖学》（*Anat. of Vertebrates*），第三卷，第796页］。在本书的前一版[1]里，我根据以“毫无疑问，基本型（type-form）”开始的那一段话（同前书，第一卷，第35页），推论欧文教授曾承认自然选择对新种的形成可能起过一些作用；我的这一推论，现在看来仍然是完全合理的。可是，根据该书第三卷第798页看来似乎是不正确的，也是没有证据的。我也曾摘录过欧文教授与《伦敦论评》（*London Review*）编辑之间的通信，从中可见该刊编辑和我本人似乎都觉得，欧文教授在声称，他先我之前已刊布了自然选择的理论；对于这一声言，我曾表示过惊讶和满意；但根据我所能理解的他最近所发表的一些章节（同前书，第三卷，第798页）来看，我复又部分地或全部地弄错了。我聊以慰藉的是，诚如敝人一样，其他人也发现，欧文教授的颇有争议的文章，是难以理解且自相矛盾的。至于欧文教授是否先我而发表自然选择的原理，实在是无伤大体；诚如本章《简史》所显示的，威尔斯博士与马修先生均早已走在我们两人之前了。

小圣提雷尔在1850年的讲演中［其摘要刊于《动物论评杂志》（*Revue et Mag. de Zoolog.*），1851年1月］，简要地陈述了他缘何相信，物种的性状“处于同一环境条件下会保持不变，倘若环境条件发生变化，其性状也将随之变化”。“总之，我们对野生动物的观察已经显示了物种的**有限的**变异性。野生动物驯化为家养动物以及家养动物重归野生的**实验**，更清楚地

[1] 即第二版。——译注

显示了这一点。此外，同样的实验还证实，如此而产生的变异具有**属的价值**。”他在《博物学通论》（1859年，第二卷，第430页）中，扩展了类似的结论。

新近出版的一份通报似乎显示，弗瑞克博士（Dr. Freke）早在1851年就提出了下述的信条：所有的生物都是从一个原始类型（primordial form）传衍下来的［《都柏林医学通讯》（*Dublin Medicaid Press*），第322页］。此信念的依据以及他对这一问题的处理方式，与我的大相径庭。但是，随着弗瑞克博士现在（1861年）[1]题为《通过生物的亲缘关系来说明物种起源》的论文的发表，我若再费力地解析他的观点，岂非多此一举了。

赫伯特·斯潘塞（Herbert Spencer）先生在一篇论文［原发表于《领袖》（*Leader*），1852年3月，并且于1858年重新收入他的论文集］里，非常高明且有力地对比了生物的“创造说”与“发展说”这两种理论。通过与家养生物的类比，根据很多物种的胚胎所经历的变化，根据物种与变种之间的难于区分，并根据生物的一般逐级过渡变化的原理，他论证了物种已经发生了变异。而且，他把这种变异归因于环境的变化。该作者（1855年）还把每一智力和智能都必然是逐渐获得的原理，运用于心理学研究。

1852年，著名植物学家诺丁（M. Naudin）在论述物种起源的一篇卓越的论文［原载于《园艺学论评》（*Revue Horticole*），第102页；后又部分地重刊于《博物馆新报》（*Nouvel les Archives du Museum*），第一卷，第171页］里，明确地表达了他的信念，即物种形成的方式可以跟变种在栽培状况下形成的方式类比，并把变种形成过程归因于人工选择的力量。但是，他没

[1] 达尔文的这篇“简史”是1861年《物种起源》第三版出版时新增的。——译注

有说明在自然状况下是怎样进行选择的。和赫伯特教长一样，他也相信物种在初生时比现在更具可塑性。他着重地强调了他所谓的宿命论（principle of finality），即：“一种神秘的、无法确定的力量；对某些生物而言，它是宿命的；对另一些生物而言，它却是上帝的意志；为了所属类群的命运，这一力量时时刻刻、持续不断地施加于生物身上，决定了各个生物的形态、大小和寿命。也正是该力量通过指定个体在整个自然组织中所必须担负的功能，从而促成了个体在整体中的和谐，这一功能亦即个体存在之缘由。”[1]

1853年，著名的地质学家凯萨林伯爵（Count Keyserling）提出［《地质学会会刊》（*Bulletin de la Soc. Geolog.*），第二编，第十卷，第357页］，假定由某种瘴气所引起的一些新疾病已经发生并传遍世界，那么现存物种的胚芽在某个时期内，也可能从其周围具有特殊性质的分子那里受到化学影响，因而产生新的类型。

同在1853年，沙福豪生（Schaaffhausen）博士发表了一本很棒的小册子［《普鲁士莱茵地方博物学协会讨论会纪要》（*Verband. des Naturhist, Vereins*

[1] 据勃龙的《进化法则之研究》（*Untersuchungen über die Entwickelungs-Gesetze*）所载，似乎著名植物学家和古生物学家翁格（Unger）在1852年，就发表了他相信物种是经历着发展和变异的观点。同样，戴尔顿（Dalton）在潘德尔（Pander）与戴尔顿合著的有关树懒化石的著作（1821年）中，也表达了相似的信念。众所周知，奥根（Oken）在其神秘的《自然哲学》（*Naturphilosophie*）中也持有相似的观点。从高德龙（Godron）所著《论物种》（*Sur l'Espece*）中可知，圣文森特（Bory Saint-Vincent）、布达赫（Burdach）、波伊列（Poiret）和付瑞斯（Fries）也都承认新种在不断地产生。

容我加一句，这篇《简史》所提到的三十四位作者，都相信物种的变异，或起码不相信物种是被分别创造出来的，其中二十七位都在博物学或地质学的某一分支学科里有过著述。

der Preuss Rheinlands）］。其中，他认为地球上的生物类型是发展的。他推论很多物种长期不变，而少数物种却发生了变异。他用中间过渡类型的消亡来解释物种间的区分。“现生的植物和动物并非由于新的创造而跟灭绝了的生物隔离开来，应看成是灭绝了的生物的继续繁殖下来的后裔。”

著名法国植物学家勒考克（M. Lecoq）在1854年写道［《植物地理学研究》（*Etuides sur Geograph. Bot.*），第一卷，第250页］：“人们可以看到，我们对物种的固定性或者变异性的研究，直接把我们引向圣提雷尔与歌德这两位名副其实的杰出学者所提出的观点。”散见于勒考克的这部巨著中的一些其他章节，让人对他在物种变异这一观点上拓展的尺度不免有点儿怀疑。

巴登·鲍维尔（Baden Powell）牧师1855年在《大千世界统一性文集》（*Essays on Unity of Worlds*）中，精湛地讨论了“创造的哲学”（Philosophy of Creation）。他以无与伦比的高明方式，指出了新种的产生是一种“有规律的而不是偶然的现象”，或像约翰·赫舍尔（John Herschel）爵士所表达的那样，这是“一种自然而非神秘的过程”。

《林奈学会学报》（*Journal of the Linnean Society*）第三卷上刊载了华莱士先生和我的论文，同是在1858年7月1日宣读的。正如本书绪论所言，华莱士先生以令人称羡的力度和清晰的条理，传播了自然选择的理论。

深受所有动物学家敬重的冯贝尔（von Baer），大约在1859年表达了他的信念［参阅鲁道夫·瓦格纳（Rodolph Wagner）教授的《动物学与人类学研究》（*Zoologisch-Anthropologische Untersuchungen*），1861年，第51页］。主要依据生物地理分布法则，他认为：现在完全不同的类型是从一个单个的亲本类型（a single parent-form）传衍下来的。

1859年6月，赫胥黎（Huxley）教授在皇家研究院（Royal Institution）做过一次演讲，题为《动物界的持续生存类型》（“Persistent Types of Animal Life”）。关于这些情形，他说：“倘若我们假定动植物的每一物种或每一组织大类，皆由单个的创造行动，在相隔年代久远的不同时段单独形成并被逐一安置在地表上，那么，就很难理解‘动物界的持续类型’这类事实的意义了。值得注意的是，这种假定既与自然界的一般类比法相左，也无传统或启示的支持。反之，倘若我们假定生活在任何时代的物种，皆为先存的物种逐渐变异的结果，并以此来考虑‘持续类型’的话，那么，即使这一假定尚未得到证明，且被它的某些支持者们可悲地损害了，但它依然是生理学所能支持的唯一假说。这些持续类型的存在似乎显示，生物在地质时期中所发生的变异量，比之它们所经历的整体变化系列而言，实在是微不足道的。”

1859年12月，胡克（Hooker）博士的《澳洲植物志导论》（*Introduction to the Australian Flora*）出版。在这部巨著的第一部分里，他承认了物种的传衍与变异是真实的，并用很多原始的观察来支持这一信念。

该书第一版于1859年11月24日问世；第二版于1860年1月7日出版。

绪论

0-1 达尔文环球科考所乘的英国皇家海军小猎犬号（又称贝格尔号）军舰

作为博物学家，我曾随贝格尔号皇家军舰做环游世界的探索之旅，此间，南美的生物地理分布以及那里的现代生物与古生物间地质关系的一些事实，给我的印象至深。这些事实似乎对物种起源的问题有所启迪；而这一问题，曾被我们最伟大的哲学家之一者称为“谜中之谜”[1]。归来之后，我于1837年就意识到，耐心地搜集和思考各种可能与此相关的事实，

[1] 达尔文这里所指的“我们最伟大的哲学家之一者”，乃英国伟大的数学家和天文学家约翰·赫舍尔爵士（Sir John Herschel，1792—1871）。维多利亚时代的“哲学家”概念，也包括“自然哲（科）学家”在内。赫舍尔爵士所称“谜中之谜”的问题，出自他1836年写给莱尔爵士的一封信。——译注

也许有助于这一问题的解决。经过五年的研究，我允许自己对这一问题予以“大胆假设”，并做了一些简短的笔记；我于1844年将其扩充为一篇纲要，概括了当时看来似乎是比较确定的结论。从那时起直到如今，我一直不懈地追求着同一个目标。我希望读者原谅我赘述这些个人的细枝末节，我只是想借此表明，我未曾仓促立论而已。

我的工作已接近尾声；然而，真的要完成它，尚需两三年的时间，加之我的身体又远非健壮，因此我被敦促先发表这一摘要。令我这样做的特殊缘由，盖因正在研究马来群岛自然史的华莱士先生（Mr. Wallace），在物种起源上得出了几乎与我完全一致的综合结论，去年他曾寄给我有关这个问题的一篇论文，并托我转交给查尔斯·莱尔（Charles Lyell）爵士；莱尔爵士遂将这篇论文送给林奈学会，刊载在该会会刊的第三卷里。莱尔爵士和胡克博士认为，应该把我的原稿的某些提要与华莱士先生的卓越论文一起发表，以表彰我的贡献。二位都了解我的工作，胡克还读过我写于1844年的那篇纲要。

我现在发表的这个摘要，诚然不够完善。我无法在此为我的若干论述提供参考文献和依据来源；我期望读者会对我论述的准确性给予一定的信任。虽然我诚望自己一向谨小慎微、从来只信赖可靠的依据来源，但错误的混入仍可能在所难免。在此，尽管我只能陈述我所获得的一般性结论，并以少数事实为例，但我希望，在大多数情况下，这样做也就够了。当然，我比任何人更能深切地感受到，今后有必要把我的结论所依据的全部事实，连同其参考资料详细地发表出来；我希望能在未来的新著中了此心愿。因为我十分清楚，本书所讨论的方方面面，几乎无一不可用事实来参证，而这些事实引出的结论，却常常显得与我所得出的结论南辕北辙。唯有对每一个问题的正反两面的事实与争论均予以充分地表述和权衡，方能得出公允的结果；但在这里，这却是不可企及的了。

非常遗憾的是，由于篇幅所限，在此我不能尽情地对许许多多曾慷慨相助的博物学家们一一表示谢忱，其中有些人还从未谋面。然而，我无论如何不能坐失对胡克博士表示深挚感激的良机，十五年来，他以渊博的学养与卓越的识见，给了我尽可能多的、方方面面的帮助。

关于物种起源，完全可以想见的是，倘若一位博物学家考虑到生物间的相互亲缘关系、胚胎关系、地理分布、地质演替以及其他诸如此类的事实的话，那么或许会得出如下的结论：每一个物种不是独立创造出来的，而如同各种变种一样，是从其他的物种传衍而来的。尽管如此，这一结论即令是有根有据，却依然不能令人信服，除非我们能够阐明这大千世界的无数物种是如何地产生了变异，进而在结构和相互适应性（coadaptation）方面达到了如此完美、让我们叹为观止的程度。博物学家们继续把变异的唯一可能的原因，归诸外界条件，如气候、食物等等。从某一极为狭义的角度而言，正如下述可见，这种说法或许是正确的。可是比方说，若把啄木鸟的结构，连同它的脚、尾、喙以及舌能如此令人倾倒地适应于捉取树皮下的昆虫，也都纯粹地归因于外界条件的话，那便是十分荒谬的了。在槲寄生的这个例子里，它只从几种特定的树木中吸取营养，而这几种树木的种子又必须由几种特定的鸟类来传播。不特此也，这几种树木还是雌雄异花，并一定需要几种特定的昆虫的帮助，才能完成异花授粉。那么在这种情况下，用外界条件、习性，或植物本身的意志的作用，来说明这种寄生生物的结构以及它与几种截然不同的生物间的关系，同样也是十分荒谬的。

我想，《创世的遗迹》（*Vestiges of Creation*）的作者会说，在不知多少世代之后，某种鸟孵育了啄木鸟，某种植物生出了槲寄生，而这些生物生来之初便像我们现在所见的那样完美。可是，这一假定在我看来，什么也解释不了；因为它对生物彼此之间以及生物与自然环境之间的协同适应现象，既没有触及也没有解释。

因此，至关重要的是，要弄清变异与协同适应的途径。我在观察这一问题伊始就感到，仔细研究家养动物和栽培植物，对于弄清这一难题，可能会提供一个最佳机缘。它果然没有让我失望。在这种场合以及所有其他错综复杂的场合下，我总是发现，有关家养下变异的知识，即令不那么完善，却也总能提供最好和最为可靠的线索。我不揣冒昧地表示，我坚信家养变异方面的这类研究具有很高的价值，尽管它通常被博物学家们所忽视。

鉴于此，本摘要的第一章将专门用来讨论家养下的变异。因此，我们将会看到，大量的遗传变异至少是可能的；同样重要甚或更为重要的是，我们将会看到，在积累连续微小的变异方面，人类进行选择的力量是如何之大。然后，我将讨论物种在自然状况下的变异；但遗憾的是，只有陈述连篇累牍的事实，方可适当地讨论这一问题。因而，在此我只能蜻蜓点水般地讨论一下。尽管如此，我们仍将能够讨论什么样的环境条件，对变异是最为有利的。接下来的一章要讨论的是，世界上所有生物之间的生存斗争，这是它们按照几何级数高速增生的难以避免的结果。这便是马尔萨斯学说（doctrine of Malthus）在整个动物界和植物界的应用。每一物种所产生的个体数，远远超过其可能存活的个体数。其结果是，由于生存斗争此起彼伏，倘若任何生物所发生的无论多么微小的变异，只要能通过任一方式在错综复杂且时而变化的生活条件下有所获益，获得更好的生存机会的

0-2 晚年查尔斯·罗伯特·达尔文

话，便会被**大自然选择**。根据强有力的遗传原理，任何被选择下来的变种，都会趋于繁殖新的、变异的类型。

自然选择（Natural Selection）的这一根本问题，我将在第四章里详述；我们将会看到，自然选择如何几乎不可避免地导致完善程度较低的生物大量灭绝，并且导致我所谓的“性状分异”（divergence of character）。在接下来的一章里，我将讨论复杂并鲜为人知的变异法则与相关生长律法则（laws of variation and of correlation of growth）。在其后的四章里，我将讨论演化理论所遭遇的最显著以及最严重的困难。第一，转变（transition）的困难性；或者说，一种简单的生物或一个简单的器官，如何变成及改善成为一种高度发展的生物或构造复杂精良的器官。第二，本能（instinct）的问题，或是动物的智能。第三，杂交（hybridism），或是种间杂交的不育性以及变种间杂交的可育性。第四，地质记录的不完整。在接下来的一章里，我将考虑生物在时间上的地质演替。在第十一章和第十二章里，我则探讨生物在空间上的地理分布。在第十三章里，我将讨论生物的分类或相互的亲缘关系，既包括成熟期也包含胚胎期。在最后一章里，我将对全书做一简要的复述，加之我的结束语。

如果我们愿意承认，自己对生活在我们周围的许多生物之间的相互关系几近一无所知的话，恐怕就没有人会对关于物种与变种的起源不甚了了的现状感到大惊小怪了。谁能解释，为什么某一物种分布广且个体多，而另一与其亲缘关系很近的物种却分布窄且个体少呢？然而，这些关系具有高度的重要性，因为它们决定了世上万物现今的繁盛。而且我相信，它们也将决定世上万物未来的成功与变异。我们对地史上的很多地质时期、世界上无数生物间的相互关系，所知就更少了。尽管很多问题至今还扑朔

0-3 达尔文的书房，他在这里完成《物种起源》的写作

迷离，甚或在今后很长时期内依然扑朔迷离，但通过我所擅长的最为审慎的研究以及冷静的判断，我毫无疑问地认为，大多数博物学家所持有的，也是我过去曾经持有过的观点（即每一物种都是独立创造出来的）是错误的。我完全相信，物种并非是一成不变的；而那些所谓同一个属的物种，都是某些其他的并通常业已灭绝的物种的直系后裔，正如任何一个物种的各个公认的变种，乃是该物种的后裔一样。此外，我深信：自然选择是变异的主要的途径，虽然并非是唯一的途径。

I

第一章

家养下的变异

变异性诸原因——习性的效应——生长的相关——遗传——家养变种的性状——区别物种和变种的困难——家养变种起源于一个或多个物种——家鸽及其差异和起源——自古沿袭的选择原理及其效果——着意的选择及无心的选择——家养生物的不明起源——人工选择的有利条件。

1-1 家鸽的变种

在较古即已栽培的植物和家养的动物中，当我们观察同一变种或亚变种的不同个体时，最引人注目的一点是，它们相互间的差异，通常远远大于自然状态下的任何物种或变种的个体间的差异。植物经过栽培，动物经过驯养，并世代生活在气候与调理迥异的状况下，因而发生了变异，方才变得五花八门、形形色色；倘若作如是观，我想我们定会得出如下结论：此种更为巨大的变异性，是由于我们的家养生物所处的生活条件，不像自然状态下的亲本种（parent-species）所处的生活条件那样统一，而且与自然条件也有所不同。耐特（Andrew Knight）指出，这种变异性或许与食料过剩有着部分的关联；我想，他的这一观点，也有一些可能性。似乎很明显，生物必须在新条件下，生长几个世代后，方能发生可观的变异；而且，生物组织结构一旦开始变异，通常能够持续变异很多世代。没有记录表明，一种可变异的生物体会在培育状态下停止变异。诸如小麦之类的最古老的栽培植物，迄今还常常产生新的变种；最古老的家养动物，至今仍能迅速地改进或变异。

无论变异的原因可能是什么，一直饶有争议的是：通常在生命的哪一个阶段，变异的诸原因在起着作用？是在胚胎发育的早期还是晚期，抑或是在受孕的瞬间？圣提雷尔的一系列实验显示，对胚胎的非自然的处理会造成畸形；然而，畸形与单纯的变异之间，并无明显的界线存在。但是，我极度倾向于猜测，变异最常见的原因，可以归因于受孕发生前，雌雄生殖器官或成分所受到的影响。数种原因令我相信这一点；但其中主要的一点是，隔离或驯化对生殖系统诸项功能所起的显著作用；对于生活条件的任何变化，该系统似乎比生物组织结构的任何其他系统，都更为敏感地受到影响。要去驯养动物，是最容易不过的事了；然而，若让它们圈养在槛内，自由地繁殖，则是再难不过的事了；在很多情况下，即令雌雄交配，也难以生殖。有多少动物，即使在原产地、在没有很严密圈养限制的状态下，也不能繁殖！通常把这种情形归因于本能缺陷；可是，很多栽培植物外观极为茁壮，却鲜于结实，或从不结实！在少数情况下，业经发现，一些微不足道的变化，例如在某一特殊的生长期内，水分稍多一些或稍少一些，便能决定植物会否结实。对这个奇妙的问题，我已搜集了大量的细节，然而无法在此详述；但要表明决定圈养动物生殖的诸法则是何等地奇妙，我只想提一下（即便来自热带的）肉食动物中，除了跖行类或熊科外，均能较自由地在本国的槛内繁殖。然而，肉食性鸟类，除极少数的例外情况，几乎从未产出过能够孵化的卵。很多外来的植物，就像最不育的杂种一模一样，其花粉是完全无用的。一方面，我们目睹多种家养的动物和植物，虽然常常体弱多病，但尚能在槛内非常自由地繁殖；另一方面，我们却看到一些个体，虽然自幼就脱离了大自然，并已被完全驯化，且长寿和健康（我可以举出无数例证），然而，它们的生殖系统却不知何故而受到了严重的影响，以至于丧失了功能。在这种情况下，当我们看到生殖系统即便在槛中行事时，也很不规则，而且所产出的后代同它们的双亲也不十分相像，即发生了变异，我们也就无需大惊小怪了。

不育性被认为是园艺的克星；但就此而言，我们同样应把变异性归功于造成不育性的原因；而变异性则是花园里所有精选产物之源头活水。容我补充一点，有些生物能在最不自然的条件下（例如养在笼子里的兔和貂）自由繁殖，这显示它们的生殖系统并未因此受到影响；同理，有些动物和植物能够经受住家养或栽培，而且变化非常细微——也许几乎不会大于在自然状态下所发生的变化。

把“芽变植物”（“sporting plants”）列成一张长长的单子，是件轻而易举的事；园艺家用这一名词来指一个单芽或旁支，它突然有了新的、有时是与同株的其余部分有着显著不同的性状。它们可用嫁接等方法来繁殖，有时候也可用种子来繁殖。这些“芽变”在自然状态下极为稀少，但在栽培状态下则远非罕见。在这种情况下，我们看到了对亲本的处理，已经影响了一个单芽或旁支，但并未影响到胚珠或花粉。然而，绝大多数生理学家认为，在一个单芽和胚珠形成的最初阶段，它们之间并无实质性的差别；事实上，“芽变”支持了我的观点，即变异性可能主要归因于胚珠或花粉（抑或两者）受到了授粉前它们的亲本植物所经过的处理的影响；总之，这些例子表明，变异并不像一些作者所认为的那样，一定跟生殖的行为相关。

正如穆勒（Muller）所指出的，尽管幼体跟其双亲有着完全相同的生活条件，但同一果实生出的树苗以及同一窝里下出的幼仔，有时候相互间差异极大。这说明，相较于生殖、生长及遗传诸方面的法则，生活条件的直接效果是多么地无足轻重。倘若生活条件的作用有直接影响的话，那么若任何幼体发生变异，大概所有的都应以同样的方式发生变异。就任何变异而言，要判断有多少应归因于热、水分、光照、食物等等的直接作用，是最为困难的：我的印象是，对动物而言，上述因素的直接作用的影响，微乎其微，虽然对植物而言，影响显然会大一些。根据这一观点，巴克曼先生（Mr. Buckman）最近的一系列有关植物的实验似乎尤为珍贵。当面临某些条件的所有的或近乎所有的个体，都受到同样的影响时，那么这种变化起初看起来与那些条件直接相关；然而，在一些情况下，业经显示，完全相反的条件，却产生了相似的结构变化。无论如何，窃以为，一些轻微的变化，是可以归因于生活条件的直接作用的——在某些情况下，诸如个头的增大与食物的数量有关，颜色与特定种类的食物与光照有关，以及毛皮的厚度与气候有关。

习性肯定有着影响，诚如植物从一种气候下被移至另一种气候下，其开花期便会发生变化。至于动物，其影响则更为显著；譬如我发现，与整体骨骼重量的比例相较，家鸭的翅骨要比野鸭的翅骨轻，而其腿骨却比野

1-2 野猪与人工驯化后的家猪

鸭的腿骨重；窃以为，把这种变化归因于家鸭比其野生祖先飞翔剧减而行走大增，大概是错不了的。另一个“用进废退”的例子是，相比于那些不挤奶的地区，在惯常挤奶的地区，牛与山羊的乳房更为发育，而且这种发育是遗传的。每一种家养动物至少都会在某一地区，被发现长有下垂的耳朵，无一例外；有些作者认为，家养动物耳朵的下垂，盖因其很少受到危险的惊吓、耳朵肌肉派不上用场了所致，这一观点似乎是大差不离的。

支配变异的法则众多，其中只有少数几条，我们现在算是略知皮毛，这些将在稍后简要提及。在此，我将仅仅间接地谈一谈或可称为“生长相关”（correlation of growth）的现象。胚胎或幼虫如若发生任何变化，几乎肯定也会引起成体动物发生变化。在畸形生物里，迥然不同的器官之间的相关性，是很奇特的；小圣提雷尔在论述这一问题的杰作里，记载了很多的实例。饲养者们都相信，修长的四肢几乎总是与加长了的头部相伴。有些相关的例子还十分蹊跷，例如蓝眼睛的猫无一不聋；体色与体质特性的关联，在动植物中更是不乏显著的实例。霍依辛格（Heusinger）搜集的事实显示，对于某些植物中的毒素，白色的绵羊和猪与其有色的个体之间，所受影响不尽相同。无毛的狗，牙齿不健全；毛长与毛粗的动物，据说有角长或多角的倾向；具足羽的鸽子，外趾间有皮；短喙的鸽子足小，而长喙的鸽子则足大。因此，如果人们选择并借此加强任何特性的话，那么由于有此神秘的生长相关律，几乎必然地会在无意之中，改变身体其他部分的结构。

各种不同的、全然不明的或略知皮毛的变异法则，其结果是无限复杂及形形色色的。对于几种古老的栽培植物（如风信子、马铃薯，甚至大丽花等）的论文，去进行一番仔细的研究，是十分值得的；变种与亚变种之间，在构造和体质的方方面面，彼此间存在的些微差异，委实令我们惊讶不已。整个生物的组织结构似乎已成为可塑的了，倾向于在细小的程度上偏离其亲本类型的组织结构。

任何不遗传的变异，对于我们来说，皆无关紧要。但是，对于能够遗传的结构上的差异，则其无论是轻微的，或是在生理上相当重要的，它们的数量和多样性却都是无穷尽的。卢卡斯博士（Dr. Prosper Lucas）的两大卷论文，是有关这一论题的最全面及最优秀的著作。饲养者中无人会怀疑遗传倾向是何等之强；“龙生龙、凤生凤”（“like produces like”）是他们的基本信念：只有空头理论家们才对这一原理提出了一些质疑。当任何偏差的出现并不罕见，而且既出现在父亲身上也出现在子女身上时，我们无法识别这是否是由于同一原始的原因作用于二者之故。但是，在众多的个体中，明显地处于相同的条件，那么，当任何非常罕见的偏差（由于环境条件的某种异常结合），既出现于亲代（例如数百万个体中的一个），又重现于子代时，简单概率的原则就几乎要迫使我们把它的重现归因于遗传。每个人想必都听说过白化病（albinism）、刺皮及身上多毛等出现在同一家庭中数个成员身上的病例。倘若稀奇的结构偏差委实遗传的话，那么，不甚奇异的和较为常见的偏差，自然也可以被理所当然地认为是可遗传的了。也许认识这整个问题的正确方式应该是：每一性状皆视其遗传为通则，视其非遗传（non-inheritance）为例外。

支配遗传的诸法则，很不明了。无人能够言说，为何同一特性在同种的不同个体间或者异种的个体间，有时候能遗传，有时候则不能遗传；为何子代常常重现祖父或祖母，甚或其他更远祖先的某些性状；为何一种特性常常从一种性别传给雌雄两性，或只传给其中的一种性别，更为常见的，但并非绝对的是传给跟自己相同的那种性别。一个对我们来说有点儿小意思的事实是，出现于雄性家养动物的一些特性，常常是绝对地或者极大程度地传给了雄性。还有一个更为重要的规律，窃以为是可信的，即一种特性，无论在生命的哪一个时期中初次出现，它倾向于在后代身上的相应年龄出现，虽然有时候会提早一些。在诸多例子里，这是必定如此的情况：例如，牛角的遗传特性，仅在其后代行将成熟时方会出现；所知蚕的一些特性，亦出现于相应的幼虫期或蛹期里。但是，遗传性的疾病以及其他一些事实使我相信，这一规律有着更广的适用范围；并使我相信，尽管没有明显的理由来说明，为何一种特性竟会在特定的年龄段出现，然而这种特性在后代身上出现的年龄段，委实倾向于与其初次出现在父（或母）身上的时期是相同的。我相信，这一规律对解释胚胎学的法则，是极端重要的。这些意见当然是专指特性的初次**出现**，而不是指其初始原因，初始原因或许已经对胚珠或雄性元素（male element）产生了影响；几乎是以同样的方式，一如短角母牛和长角公牛交配后，其杂交的后代的角也加长了，这虽然出现得较晚，但显然是由于雄性元素所致。

我已经间接地谈到了返祖的问题，在此我愿提及博物学家们时常论述的一点——即我们的家养变种，当返归野生状态时，便逐渐地但必然地重现它们原始祖先的性状。因此，有人曾经力主，不能用演绎法从家养的族群来推论自然状态下的物种。我曾徒劳地力图去发现，人们如此频繁并大胆地作此论断，其确凿的事实依据是什么。要证明其真实性，会是极其困难的：我们可以有把握地得出以下的结论，即很多最为强烈驯化了的家养变种，大概不可能再生活在野生状态下了。在很多情况下，我们无法知晓其原始祖先为何物，因而，我们也就无法辨识所发生的返祖现象是否近乎完全。为了防止杂交的效应，似有必要仅将一单个变种放归其山野新家。尽管如此，由于我们的变种，偶尔确会重现祖代类型的某些性状，因而，下述情形依我看来并非是不可能的：如果我们能成功地在许多世代里，譬如，让卷心菜的若干族群，在极其瘠薄的土壤里（然而，在这种情形下，有些影响必须归因于瘠薄土壤的直接作用）去归化抑或栽培，它们将会大部甚或全部地重现野生原始祖先的性状。这一试验能否成功，对于我们的论辩并不十分重要，因为试验本身业已改变了它们的生活条件。倘若能够显示，当把我们的家养变种放在不变的条件下，并且大群地养在一起，以至于能借助相互混合而让其自由杂交，以防不变结构上有丝毫的偏差，这样，如果它们依旧显示强烈的返祖倾向——即失去它们所获得的性状的话，那么在此情形下我会同意，我们不能从家养变种来推论有关物种的任何问题。但是，丝毫没有支持这一观点的证据：要断定我们不能使我们的辕马和跑马、长角牛和短角牛、各个品种的家禽、各类食用的蔬菜，几近无数世代地繁殖下去的话，则与我们的一切经验是相左的。容我补充一句，当自然界里的生活条件的确变化，性状的变异和返祖大概委实发生，但诚如其后我将予以解释的，自然选择将决定如此产生的新性状会被保存到何种程度。

当我们观察家养动物和栽培植物的遗传变种或称族群（race），并把它们同亲缘关系相近的物种相比较时，我们通常会发觉如上所述的情形，即每一家养族群在性状上不如真实的种（true species）那样一致。此外，同种里的不同的家养族群，经常会有一个多少有些畸形的性状；我的意思是说，它们彼此之间、它们与同属的其他物种之间，虽然在若干方面有着微不足道的差异，但是，当在它们相互之间进行比较时，经常会显示出在身体的某一部分有着极大程度的差异，尤其是把它们与自然状态下的与其亲缘关系最近的所有的物种相比较时，更是如此。除了畸形的性状之外（还有变种杂交的完全能育性——这一问题此后再讨论），同种的家养族群间的彼此差异，与自然状态下同属里的亲缘关系相近的不同物种间的彼此差异是相似的，只不过前者在大多数情况下，其差异程度比后者较小而已。我认为必须承认，我们发现几乎没有任何一些家养的族群（无论是动物还是植物），不被一些有能力的鉴定家们看作仅仅是变种，却被另一些有能力的鉴定家们看作是一些不同的野生物种的后裔。倘若一些家养的族群与一物种之间存在着任何显著区别的话，那么，这一令人疑惑的情形，便不至于如此反反复复地出现了。有人常常这样说，家养的族群之间的性状差异，不具有属一级的价值。我认为可以表明这种说法是不正确的；但博物学家们对确定究竟何种性状方具属的价值时，则众说纷纭；所有这些评价，目前均为经验主义的。此外，关于我即将讨论的属的起源问题，我们无权期望在我们的家养生物中，能经常看到属一级的诸多差异。

当我们试图估计同一物种的不同家养族群之间的结构差异量时，由于对它们是从一个抑或数个亲本种传衍下来的情形一无所知，我们很快就会陷入疑惑之中。若能予以厘清，那么，这一点将会是饶有趣味的；譬如，若能表明，众所周知的纯种繁衍的灵缇犬（greyhound）、嗅血警犬（bloodhound）、㹴犬（terrier）、长耳猎狗（spaniel）和斗牛犬（bulldog），均为任何单个物种的后裔的话，那么，这些事实就会十分有力地引起我们对下述说法的怀疑，即栖居在世界各地的很多亲缘关系非常近的自然种——例如很多狐的种类——是不变的说法。我并不相信，诚如我们即将看到的，这几个品种狗之间的所有差异，均由家养驯化而产生。我相信，有那么一小部分差异，是由于它们是从不同的物种传衍下来的。至于其他一些家养物种，却有假定的，甚或有力的证据表明，所有驯养的品种均从单个的野生亲种（wild stock）传衍下来。

一种常见的假设是，人类已经选择作为驯化对象的，都是一些具有异常强烈的遗传变异倾向的动物和植物，并且能经受得住各种各样的气候。我并不质疑这些能力已经大大地增加了大多数家养生物的价值。但是，未曾开化的人类在最初驯养一种动物时，焉能知道它是否会在连续的世代中发生变异，又岂能知道它是否能够经受得住其他的气候呢？驴和珍珠鸡

（guinea-fowl）的变异性很弱，驯鹿的耐热力小，普通骆驼的耐寒力也小，这妨碍它们被驯养了吗？我不能怀疑，倘若从自然状态下采回来一些动物和植物，其数目、产地及分类纲目的多样性都与我们的家养生物相当，并且假设它们在家养状态下繁殖了同样多的世代，那么，它们发生的变异，平均而言，会像现存家养生物的亲本种所曾发生的变异一样大。

就大多数自古即被我们驯养了的动物和植物而言，它们究竟是从一个抑或几个物种传下来的问题，我不认为现在有可能得出任何明确的结论。那些相信我们的家养动物是多起源的人们的论点，主要依据我们在最古老的记录里（更具体地说是在埃及的石碑上），所发现的家养动物品种的相当丰富的多样性；而且其中有些与现存的品种非常相像，也许一模一样。即令上述的这一事实，其真实程度被证实比我所认为的要更为严格、更为普遍，那么，它除了显示我们的一些家养动物的品种，在四千或五千年以前就起源于那个地方之外，还能说明什么呢？然而，霍纳先生（Mr. Homner）的研究在某种程度上，已经使下述情形让人觉得很可能存在，即一万三千或一万四千年前，在尼罗河河谷地区，人类文明的程度达到足以制造陶器的地步；那么谁又能妄称在这些古老年代之前的多久，拥有了半驯化的狗，但尚未开化的人类（如火地岛或澳大利亚的土著）或许还没有出现在埃及呢？

窃以为，这整个论题只能处于胶着不清的状态；然而，在此抛去细节不谈，我可以说明，从地理和其他方面的考虑，我认为：我们家养的犬类极有可能是从好几个野生物种传衍下来的。如我们所知，未开化的人类是很喜欢驯养动物的；就狗这一属（dog-genus）而言，它在野生状态下遍布全世界，要说从人类首次出现以来，只有一个种已被人类驯化了的话，这在我看来，是不大可能的。有关绵羊和山羊，我不能妄言。从布利斯先生（Mr. Blyth）告知我的有关印度瘤牛的习性、声音、体质及构造等事实来看，我应该认为：它们与欧洲牛是从不同的原始祖先传衍下来的。而且，几位有能力的鉴定家相信，欧洲牛的野生祖先还不止一个。关于马，出于我无法在这里给出的理由，我有保留地倾向于相信，马的所有族群都是从同一个野生物种传衍下来的，当然，这与好几位作者的意见是相左的。布利斯先生知识渊博，对于他的意见，我比对几乎其他任何人的意见都更为看重；他认为，所有品种的鸡，都是普通的野生印度鸡（Gallus bankiva）的后代。关于鸭和兔，各种家养品种彼此间结构差异很大，我不怀疑，它们皆是从普通的野生鸭和野生兔传衍下来的。

有关我们的几种家养族群起源于几个原始祖先的信条，已被一些作者推向了荒谬的极端。他们相信，每一个纯系繁殖的家养族群，无论其特有的性状多么轻微，也都各有其野生的原始型（prototype）。以此比率计，仅在欧洲一处，至少必须生存过二十个物种的野牛、二十个物种的野绵羊以及数个物种的野山羊；即便在大不列颠，也得有好几个物种方可。一位作者相信，先前英国所特有的野生绵羊物种，多达十一个。倘若我们考虑到英国目前几乎连一种特有的哺乳动物都不复存在的话，法国只有少数的哺乳动物和德国的不同（反之亦然），匈牙利、西班牙等国也是如此。但是，这其中的每一个国家里，各有好几种特有的牛、绵羊等品种，因此我们必须承认，许多家养的品种乃起源于欧洲。否则，由于这几个国家没有那么多特有的物种作为独特的亲本种源，它们会来自何方呢？在印度，也是如此。甚至有关全世界的家犬品种问题，我完全承认它们大概是从数个野生物种传衍下来的，然而，我无法怀疑其中也有大量的遗传性变异的存在。意大利灵缇犬、嗅血警犬、斗牛犬或布莱尼姆长耳猎狗（Blenheim spaniel）等等——它们与所有野生的狗科（Canidae）动物均不相像，那么，有谁竟会相信与它们极为相像的动物曾经在自然状态下自由生存过呢？人们常常信口说道，所有我们的家犬族群，皆由少数原始物种杂交而产生；但是，我们只能从杂交中，获得某种程度上介于其双亲之间的一些类型；倘若用这一过程来说明我们的几个家养族群的话，我们就必须得承认，诸如意大利灵缇犬、嗅血警犬、斗牛犬等最为极端的类型，先前也曾在野生状态下生存过。此外，通过杂交产生不同族群的这一可能性，也被过度夸大了。毫无疑问，偶然的杂交，会使一个族群发生变异，倘若借助于仔细选择一些有着我们所需要的性状的杂交体的话；然而，若想从两个极为不同的族群或物种之间，获取一个中间类型的族群，我几乎难以相信。西布赖特爵士（Sir J. Sebright）曾特意为此做过实验，结果却失败了。两个纯系品种第一次杂交后所产生的后代，其性状尚为一致，有时则极为一致（如我在家鸽中所见），于是一切都似乎足够简单了；然而，当这些杂交种相互间进行杂交至数代之久以后，其后代几乎没有两个会是彼此相像的；至此，该项任务的极端的困难性，抑或彻底的无助，便显而易见了。诚然，若非进行极为仔细以及长久持续地选择，是无法获得**两种非常不同**的品种之间的中间型品种的；同样，在记载的实例中，我也无法发现哪怕一例，是能够说明一个永久的族群是这样形成的。

论家鸽的品种。——由于我把研究某一特殊的类群一向奉为上策，经过深思熟虑之后，我便选取了家鸽。我已保留了我所能买到或得到的每一个品种，并且最为有幸地获得了来自世界数地馈赠的各种鸽皮，最为感佩的是尊敬的艾略特（Hon. W. Elliot）寄自印度的以及默里阁下（Hon. C. Murray）寄自波斯的。关于鸽类研究，已有很多论文见诸数种不同文字，其中有些论文极为古老，因而至关重要。我已和几位有名的养鸽专家交往，并已被接纳而进入了两个伦敦的养鸽俱乐部。家鸽品种之多，颇让人惊讶不已。比较一下英国信鸽（English carrier）与短面翻飞鸽（short-faced tumbler），看看它们在喙部之间的奇特差异，并由此所引起的头骨的差异吧。信鸽，尤其是雄性个体，也很不一般，其头部周围的皮有着奇特发育的肉突；与此相伴生的，还有很长的眼睑、极大的外鼻孔以及开合宽阔的大口。短面翻飞鸽的喙部的外形，几近雀科的鸣鸟类（finch）；普通翻飞鸽有一种独特并必定遗传的习性，它们密集成群地翱翔高空并在空中翻筋斗。侏儒鸽（runt）的身体巨大，喙长且粗，足亦大；其中有些亚品种有很长的颈；有些则有很长的翅和尾，还有一些则具有特短的尾巴。短喙鸽（barb）与信鸽相近，但却不具信鸽那样的长喙，其喙短而阔。凸胸鸽（pouter）具很长的身体、翅以及腿；其异常发育的嗉囊，因膨胀而使其得意洋洋，大可令人目瞪口呆甚或捧腹大笑。浮羽鸽（turbit）的喙短，呈锥形，胸下有一列倒生的羽毛；它有一种使食管上部持续不断地微微膨胀起来的习性。毛领鸽（Jacobin）的羽毛沿着颈背向前倒竖，形成羽冠；与其身体的大小比例相较，其翅羽和尾羽均很长。顾名思义，喇叭鸽（trumpeter）和笑鸽（laugher）发出的咕咕叫声，也是非常与众不同的。扇尾鸽（fantail）有三十甚或四十支尾羽，而不像庞大鸽科所有成员那样，具有十二或十四支尾羽这一正常数目；而且这些羽毛都是蓬展开来，并竖立着的，以至于一些优良的品种竟可头尾相触；其脂肪腺却十分退化。其他尚有几个差异较小的品种或许已被详述。

在这几个品种的骨骼里，其面骨的长度、宽度和弯曲度方面的发育，有巨大的差异。下颌骨的形状以及宽度和长度，都有着极为显著的不同。尾椎和荐椎的数目不同；肋骨的数目也不同，肋骨的相对宽度和突起的存在与否，也有不同。胸骨上的孔的大小和形状，皆有极大的变化；叉骨两支间的分开的角度和相对大小，同样变化很大。口裂的相对宽度，眼睑、鼻孔、舌（并非总是与喙的长度有着严格的相关）的相对长度，嗉囊和上部食管的大小；脂肪腺的发达与退化；第一列翅羽和尾羽的数目；翅和尾的彼此相对长度及其与身体的相对长度；腿和足的相对长度；趾上鳞板的数目，趾间皮膜的发育程度，这些结构都是易于变异的。羽毛完全出齐的时期上有差异，孵化后雏鸽的绒毛状态，亦复如此。卵的形状和大小有差异。飞翔的方式有显著差异；一些品种的声音和性情，皆有显著的差异。最后，有些品种的雌雄间显出细微的彼此差异。

总共至少可以选出二十种鸽子，如果将其示于鸟类学家，并且告诉他这些都是野生鸟类的话，我想，他准会将其列为界限分明的不同物种。此外，我也不相信，任何鸟类学家会把英国信鸽、短面翻飞鸽、侏儒鸽、短喙鸽、凸胸鸽以及扇尾鸽，放在同一个属里；特别是把这些品种中的每一品种里的几个纯粹遗传的亚品种（他或许会称它们为物种呢）拿给他看的话，更是如此。

尽管鸽类各品种之间的差异很大，可我还充分相信博物学家们的一般意见是正确的，即它们都是从岩鸽（Columba livia）传衍下来的，包括岩鸽这一名称所涵盖的几个彼此间差异极小的地理族群（或称亚种）在内。由于导致我具此信念的一些理由在某种程度上也适用于其他情形，故在此予以简述。如果这几个品种不是变种，也不是来源于岩鸽的话，那么，它们至少必须是从七或八种原始祖先那里传衍下来的；倘若少于此数目的祖先种进行杂交的话，就不可能造就如今这么多的家养品种；譬如，两个品种之间进行杂交，如果亲本之一不具巨大嗉囊的性状，岂能产生出凸胸鸽来呢？这些假定的原始祖先，必定都是岩鸽，也就是说它们不在树上繁殖，也不喜欢在树上栖息。但是，除却这种岩鸽及其地理亚种外，所知道的其他岩鸽只有两或三个物种，而它们都不具家养品种的任何性状。因此，所假定的那些原始祖先，要么至今还生存在鸽子最初被驯养的，但鸟类学家们尚未发现的地方；但就其大小、习性和显著的性状而言，这似乎是不大可能的；抑或它们在野生状态下业已灭绝了。然而，在岩崖上繁殖的和善飞的鸟，是不太可能灭绝的；跟家养品种有着相同习性的普通岩鸽，即令在几个较小的英伦岛屿或地中海沿岸，也还都尚未灭绝。所以，假定岩鸽中如此多的具有家养品种的相似习性的物种均已灭绝，这在我看来，似乎是一种轻率的假设。此外，上述几个家养品种曾被运往世界各地，因而必然有几种会被重新带回原产地；但是，除了鸠鸽（dovecot-pigeon，一种稍经改变了的岩鸽）在数处变为野生之外，还从来没有一个品种变为野生的。所有最近的经验再度显示，欲使任何野生动物在家养状态下自由繁殖，是极为困难的；然而，根据家鸽多源说，则必须假定至少有七或八个物种，在古代已被半开化的人类彻底驯养了，而且还能在笼养下大量繁殖。

一个在我看来是有力的，且适用于其他几种情形的论点是，上述的诸品种尽管在体质、习性、声音、颜色及其结构的绝大部分方面，一般说来皆与野生岩鸽相一致，但是其结构的其他一些部分，委实是极为异常的；在鸠鸽科（Columbidae）的整个大科里，我们找不到一种像英国信鸽或短面翻飞鸽抑或短喙鸽那样的喙；也找不到一种像毛领鸽那样的倒羽毛、像凸胸鸽那样的嗉囊、像扇尾鸽那样的尾羽。因而必须假定，不但半开化人成功地彻底驯化了几个物种，而且他们也有意识地或者偶然地选出了异常畸形的物种；进而还必须假定，这些物种自那时以来，全部灭绝或者不为人知了。这么多奇怪的偶发事件，在我看来是极不可能的。

关于鸽类颜色的一些事实，很值得思考。岩鸽是石板青色的，尾部白色［印度的亚种，即斯特里克兰（Strickland）的青色岩鸽（C. intermedia），尾部却呈青色］；岩鸽的尾端有一深色横带，其外侧尾羽的基部具白边；翅膀上有两条黑带；一些半驯化了的品种和一些显然是真正的野生品种，翅上除有两条黑带之外，还分布着黑色的花斑。这几种斑、带，并不同时出现在全科的任何其他的物种身上。在任何一个家养品种里，只要是彻底驯养好了的鸽子，所有上述斑、带，甚至外尾羽的白边，有时候均发育完善。此外，当两个属于不同品种的鸽子进行杂交后，虽然两者无一具有青色或上述斑、带，但其杂种后代却很容易突然获得这些性状。譬如，我把一些纯白色的扇尾鸽与一些纯黑色的短喙鸽进行杂交，它们产出的是杂褐色和黑色的鸟。我又用这些杂种再进行杂交，一个纯白色的扇尾鸽与一个纯黑色的短喙鸽的第三代后裔，有着像任何野生岩鸽一样美丽的青色、白尾、两条黑色的翼带以及带有条纹和白边的尾羽！倘若一切家养品种都是从岩鸽传下来的话，根据著名的返祖遗传原理，我们便能理解这些事实了。但是，如果我们否认这一点的话，那么，我们就必须在下列两个极不可能的假设中，选取其一。第一，要么所有想象的几个原始祖先，都具有岩鸽那样的颜色和斑、带，以至于每一不同品种里，也许都有重现同样颜色和斑、带的倾向，尽管没有其他现存物种具有这样的颜色和斑、带。第二，要么每一个品种，即令是最纯粹的，也曾在十二代或至多二十代之内，同岩鸽杂交过：我之所以说在十二代或二十代之内，是因为我们不知道有支持这一信念的事实，即一个后代能重现超过很多代的祖先性状。在只与一个不同的品种杂交过一次的品种里，重现从这次杂交中所获得的任何性状的倾向，自然会变得越来越小，因为其后各代里的外来血统将逐代减少。然而，倘若不曾与一不同品种有过杂交的话，就存在双亲均会重现前几代中业已消失了的性状的倾向；依我们所见，这一倾向跟前一种倾向恰恰相反，它可能会毫不减弱地遗传到无数世代。这两种不同的返祖情形，在有关遗传的论文里，常常被混为一谈了。

最后，根据敝人对最为独特的品种所作的有计划的观察，窃以为，所有鸽子的品种之间的杂种，都是完全能育的。然而，想要在两个**明显不同**的动物之间的杂交后代中，找出一个完全能育的例证的话，却是困难的，也许是不可能的。有些作者相信，长期持续的驯养可以消除这种不育性的强烈倾向；从狗的历史来看，倘若将此假说应用于彼此亲缘关系相近的物种，是有些可能性的，尽管没有一个实验支持这一假说。然而，若把该假说延伸，进而假定那些原本就像现在的信鸽、翻飞鸽、凸胸鸽和扇尾鸽一样有着显著差异的物种，竟能彼此间产生完全能育的后代的话，依我看则似乎是极端轻率的了。

根据这几个理由，即人类不可能曾使七个或八个假定的鸽种，在家养状态下自由地繁殖；这些假定的物种，全然未见于野生状态，也还远未向野生方向转变；这些物种与鸠鸽科的所有其他物种比较起来，虽然在某些方面具有极为变态的性状，但在其他的大多数方面却酷似岩鸽；无论是在纯系繁衍或是在杂交的情况下，所有的品种都会偶尔地重现青色并具各种颜色的斑、带；杂种的后代完全能够生育；把这些理由放在一起，我可以

1-3 不同品种的家鸽：1. 蓝岩鸽；2. 翻飞鸽；3. 白鸽；
4. 毛领鸽；5. 扇尾鸽；6. 凸胸鸽

毫无疑问地说，我们所有家养的品种都是从岩鸽及其地理亚种传衍下来的。

为了支持上述观点，我补充如下：第一，业已发现野生岩鸽能在欧洲和印度被驯化，而且它们在习性和很多结构特点上，跟所有的家养品种一致。第二，虽然英国信鸽或短面翻飞鸽在某些性状上与岩鸽大相径庭，然而，把这些品种的几个亚品种加以比较，尤其是把从远方带来的亚品种加以比较的话，我们即可在结构差异的两极之间连成一条几近完整的系列。第三，每一品种的那些主要的鉴别性的性状，在每一品种里又是显著易变的，如：信鸽的肉垂和喙的长度，翻飞鸽的短喙以及扇尾鸽的尾羽数目；对于这一事实的解释，待我们讨论到“选择”一节时，便会显而易见。第四，鸽类曾受到很多人的观察、极为细心的保护和热爱。它们在世界数地被饲育了数千年；关于鸽类的最早记载，如莱普修斯教授（Prof. Lepsius）曾向我指出的，约在公元前3000年埃及第五王朝的时候；但伯奇先生（Mr. Birch）告知我，在此之前的一个王朝，鸽名已出现于菜单之上了。根据普利尼（Pliny）所言，在罗马时代，鸽子的价格极为昂贵；“不，他们已经达到了这一步，他们已经能够推断出它们的谱系和族群了”。印度的阿克巴汗（Akbar Khan）也非常珍视鸽子，大约在1600年，宫中饲养的鸽子数，就从未在两万只以下。“伊朗国王和都兰国王曾送给他一些极为珍稀的鸽子；”宫廷史官接着写道，“陛下用前人从未用过的方法，对各类品种进行杂交，把它们改良得令人惊讶不已。”大约在同一时期，荷兰人也像古罗马人那样爱好鸽子。这些考虑对解释鸽类所经历的大量变异的无比重要性，待我们以后讨论“选择”一节时，就显而易见了。此外，我们还会理解，为何这些品种常常多少有些畸形的性状。雄鸽和雌鸽能够方便地终身相配，对产生不同品种，也是最有利的条件；因此，不同的品种可以放在同一个饲养场里，一起饲养。

我已对家鸽的可能的起源，进行了一番讨论，但还远远不够；因为当我开始养鸽并注意观察几类鸽子的时候，很清楚它们能够多么纯粹地繁殖；我也充分地感到，很难相信它们自驯化以来竟然都来自同一祖先，正如同让任何博物学家，对大自然中雀科的鸣鸟类的很多物种（或其他鸟类的一些大的类群），要做出类似的结论，也会有同样的困难一样。有一种情形给我的印象至深，即所有的各种家养动物的饲养者和植物的栽培者（我曾与他们交谈过或者读过他们的论文），都坚信他们所养育过的几个品种，是从很多不同的原始物种传下来的。诚如我已经询问过的一样，请你问一问一位知名的赫里福德（Hereford）牛的饲养者，他的牛是否是从长角牛传衍下来的吧，他定会嘲弄你的。我遇见过的鸽、鸡、鸭或兔的饲养者们，无一不充分相信每一个主要的品种，都是从一个独特的物种传衍下来的。凡蒙斯（van Mons）在其关于梨和苹果的论文里显示，他是多么完全不会相信几个种类［譬如，橘苹（Ribston-pippin）或尖头苹果（Codlin-apple）］能从同一株树的种子里产生出来。其他的例子，不胜枚举，我想，解释起来很简单：根据长期持续的研究，几个族群间的差异给他们留下了强烈的印象；尽管他们熟知每一族群的变化很小，正因为他们选择这些轻微的差异而获得了犒赏，他们却忽略了所有普通的论辩，并且拒绝在头脑里总结那些在很多连续世代里累积起来的轻微差异。那些博物学家们所知道的遗传法则，远比饲养者要少，对漫长传衍支系中的中间环节的知识也不比饲养者为多，可是他们都承认很多家养族群是从同一祖先传衍下来的——那么，当他们嘲笑自然状态下的物种是其他物种的直系后代这一观点时，难道不该上一上“谨慎”这一课吗？

选择。——现在让我们来扼要地讨论一下，家养族群从一个物种抑或数个相近物种产生出来的步骤。些许微小的效果或许可以归因于外界生活条件的直接作用，另一些可以归因于习性；但是，倘若有人以此来说明辕马和跑马、灵缇犬和嗅血警犬、信鸽和翻飞鸽之间的差异的话，那就未免太冒昧了。我们的家养族群的最显著的特征之一，是我们在它们身上所看到的适应性，而这种适应性确实不是为了动物或植物自身的利益，而是为了适应人的使用或喜好。有些于人类有用的变异，大概是突然发生的，或一步到位的；譬如，很多植物学家相信，生有刺钩的恋绒草（fuller's teascl，其刺钩是任何机械装置所望尘莫及的）只是野生川续断草（Dipsactus）的一个变种而已；而且这一变化，可能是在一株秧苗上突然发生的。转叉狗（turnspit dog）大概也是如此起源的；所知安康羊（Ancon sheep）的起源亦复如此。但是，当我们比较辕马与跑马、单峰骆驼与双峰骆驼、适于耕地或适于山地牧场的，以及毛的用途各异的不同种类的绵羊时；当我们比较各以不同方式服务于人类的诸多狗的品种时，当我们比较顽强好斗的斗鸡和与世无争的品种时，比较斗鸡与"占着鸡窝"不孵卵的品种时，比较斗鸡和小巧玲珑的矮脚鸡（bantam）时，当我们比较无数的农艺植物、蔬菜植物、果树植物以及花卉植物的族群时（它们在不同的季节、以不同的目的惠益人类，或者美丽悦目）；窃以为，我们对其研究，必须超出单纯的变异性之外。我们不能设想，所有品种都是突然产生的，而一产生就像我们如今所看到的这样完善和有用；其实在数种情形下，我们知道它们的历史确非如此。其关键在于人类的积累选择的力量；自然给予了连续的变异，人类在对己有用的某些方向上积累了这些变异。在此意义上，方可谓人类为自己打造了有用的品种。

这一选择原理的巨大力量不是假设的。委实有几位著名的饲养者，仅在其一生的时间里，即在很大程度上改变了他们的牛和绵羊品种。为了充分地理解他们业已完成的工作，几乎有必要去阅读若干有关这一问题的众多文献，以及观察那些动物。饲养者习以为常地把动物的组织结构说成是可塑性很强的东西，几乎可以任由他们随意塑造似的。倘若篇幅许可的话，我能从极富才能的权威人士的著作中，引述很多有关的章节。尤亚特（Youatt）对农艺家们的工作，可能比几乎其他任何人都更为熟悉，而且他本人即是一位非常优秀的动物鉴定家，他说选择的原理“可以使农学家不仅能够改变他所饲养的禽畜的性状，而且能够彻头彻尾地将之改造。‘选择’宛若魔术家的魔杖，用这根魔杖，他可以随心所欲地把生物塑造成任何类型和模式”。萨默维尔勋爵（Lord Somerville）谈到饲养者们培育羊的成果时，作如是说：“就好像他们用粉笔在墙壁上画出了一个完美的形体，然后令其化为生灵。”对于鸽子，那位最熟练的饲养高手约翰·西布赖特爵士（Sir. John Sebright）曾说过：“他在三年之内能培育出任何一种羽毛，但若要获得头和喙的话，则需要六年之久。”在撒克逊，选择原理对于美丽诺羊（merino sheep）的重要性已被充分认识，以至于人们把“选择”当作了一种行业：把绵羊放在桌子上，研究它，如同鉴赏家鉴定图画一样；相隔数月共举行三次，每次在绵羊身上都做出记号并予以分类，其最佳者最终被选择出来进行繁育。

英国饲养者实际上业已实现的，被优良谱系的动物售出的高价所证明；它们现今几乎被运往世界的每一角落。这种改良并不意味着，通常是由于不同品种间的杂交；所有最好的饲养者都强烈地反对这样的杂交，除非有时在极为相近的亚品种之间。而且，一旦杂交之后，严密的选择甚至于比

1-4 同种真菌的变异

在普通情况下更不可或缺。倘若选择仅在于分离出某些很独特的变种、令其繁殖的话，那么，其中的原理会是如此明显，以至于几乎不值得注意了；然而，它的重要性却在于使未经训练过的眼睛所绝对看不出来的一些差异（我就是看不出这些差异的人们中之一员），在若干连续世代里，朝着一个方向累积起来而产生出极大的效果。具有足够准确的眼力和判断力而能成为一个卓越的饲养家的人，千里挑一都很难。倘若天赋这些品质，并能多年研究他的课题，而且能毕其一生百折不挠地从事这项工作，他就会成功，并可能做出巨大的品系改进；如果他缺乏这些品质，则必将失败。很少有人会轻易地相信，连成为一个熟练的养鸽者，也还必须具备天赋才能以及多年的经验呢。

园艺家们也遵循相同的原理，但植物的变异通常更为突然。无人会假定，我们最珍爱的一些品系，是从其原始祖先只经一次变异即会产生的。在一些例子里，我们有准确的记录可以证明，情况并非如此；譬如，普通鹅莓（common gooseberry）的大小是稳步增长的，即是一个微不足道的例证。当我们拿今日的花与仅仅二十或三十年前所画的花相比较的话，我们即可看出花卉栽培家对很多种花卉，业已做出了令人惊讶的改进。一个植物的族群一旦较好地"立足"之后，种子培育者并非挑那些最好的植株，而只是检查一下苗床，清除那些"劣种"，他们称这些偏离适当标准的植株为劣种。对于动物，事实上，也同样采用这种选择方法；几乎无人会粗心大意到允许最劣的动物去繁殖的地步。

关于植物，还有另一种方法可以观察选择的累积效果，即在花园里，比较同种的不同变种的花的多样性；在菜园里，与一些相同变种的花相比较，叶、荚、块茎或任何其他有价值部分的多样性；在果园里，与同一套变种的叶和花相比较，同种的果实的多样性。看看卷心菜的叶子是何其不同，而花又是何其相似；三色堇（heartsease）的花是何其不同，而叶子又是何等相似；各种不同的鹅莓，它们的果实在大小、颜色、形状和茸毛诸方面是何其不同，然而，它们的花所表现出的差异却极为微小。这并非意味着，在某一点上差异很大的变种，在所有其他各点上一点儿差异也没有；情形很少如此，也许从来就不是如此。生长相关律会确保一些差异的出现，故其重要性决不容忽视；然而，作为一个普通法则，我无可置疑，无论是叶、花还是果实，对其微小变异进行持续选择的话，就会产生出主要在这些性状上相互间有所差异的各种族群。

也许有人会不同意上述说法，认为选择原理付诸井井有条的实践，差不多也就四分之三个世纪而已；近年来选择委实比以前受到更多的关注，而且有关这一论题，已发表了很多论文，加之其成果也相应地出得快而且重要。但是，倘若要说这一原理是近代的发现，就未免与真实相距甚远了。我可以引用远古著作中的若干文献，其中提及这一原理的重要性业已得到充分的认识。在英国历史上的粗鲁和蒙昧时期，常常进口一些精选的动物，并且颁布过法律以防止其出口；并有明令规定，一定身材大小之下的马要予以消灭，此举堪比园艺家们拔除植物里的“劣种”。我曾在一部中国古代的百科全书里，发现有关选择原理的清楚记载。一些古罗马的著述家们，已经制定了明确的选择规则。从《创世记》的章节里，可以清楚地看到，早在其时，家养动物的颜色即受关注。未开化的人类现在有时还让他们的狗和野生狗类进行杂交，以改进狗的品种，他们以前也是这样做的，这在普利尼的文字里可以得到印证。南非的未开化的土著按照挽牛（draught cattle）的颜色让其交配，有些爱斯基摩人对他们的雪橇狗也是如此。利文斯通（Livingstone）说，未曾与欧洲人接触过的非洲内地的黑人，同样高度重视优良品种的家养动物。这类事例有些并不表明是实际意义上的选择，但却表明在古代便已经密切注意到家养动物的培育了，而且现在连最不开化的人们也同样注意到这一点。由于优劣的遗传是如此地明显，若是对于家畜的培育视而不见的话，那反倒是一桩离奇之事了。

目前，出类拔萃的饲养者们，都着眼于一个明确的目标，试图用着意的选择方式，来培育优于国内任何现存种类的新品系或亚品种。但是，为了我们的目的，还有一种更为重要的选择方式，可以称作无心的（unconscious）选择，它是人人皆想拥有及培育最佳个体的结果。因此，要养波音达猎犬（pointer）的人，自然而然地会去竭力获得最为优良的狗，其后他会用自己所拥有的最优良的狗来繁育，但他并没希望或指望去永久地改变这一品种。然而，我毫不怀疑，倘若把这一过程持续若干世纪，定会改进并且改变任何品种，正如贝克韦尔（Bakewell）和考林斯（Collins）等人用同样的程序，只是进行得更加有计划而已，甚至于在他们有生之年，便已大大地改变了他们的牛的形体和品质。除非很久之前即对有关的品种予以正确的测量或细心的绘图以资比较，否则的话，这些缓慢而不易察觉的变化，也许压根儿就不会被识别出来了。然而，在某些情形下，同一品种的未经改变或略有变化的个体，也可能见于文明程度较为落后的地区，那里的品种得到了较小的改进。有理由相信，查理王长耳猎犬自那一朝代以来，已经无意识地被大大地改变了。一些极有水平的权威人士相信，塞特犬（setter）直接来自长耳猎犬，大概是从其缓慢变更而来。已知英国波音达猎犬在上一世纪内，已发生了重大的变化；而且在这一例子里人们相信，这种变化主要是由于跟猎狐犬（fox hound）的杂交所致；但我们所关心的是，这种变化实现的过程是无意识的、缓慢的，却是极有成效的；虽然以前的西班牙波音达猎犬确实是从西班牙传来的，但诚如博罗先生（Mr. Borrow）告知我的，他还未曾见过任何西班牙本地狗，与我们的波音达猎犬相像。

经过类似的选择过程并通过细心的训练，英国跑马的整个体格在速度和身材方面，都已超过了其祖先阿拉伯马，以至于依照古德伍德赛马的规则，阿拉伯马的负荷量被减轻了。斯潘塞勋爵（Lord Spencer）以及其他人曾经指出，英国的牛与过去此地的原种相比，其重量和早熟性都已有所增加。把各种旧文献中有关不列颠、印度、波斯的信鸽、翻飞鸽的论述，与现今的状态加以比较的话，窃以为，我们便可以清楚地追溯出它们经过的不显眼的各个阶段，于今所到达的与岩鸽差异极大的地步。

尤亚特精彩地展示了一种可称为无意识地遵循的选择过程的效果，以至于饲养者压根儿未曾预期过的，甚或未曾希望过的结果却产生了，即产生了两个不同的品系。尤亚特先生说，巴克利先生（Mr. Buckley）和伯吉斯先生（Mr. Burgess）所养的两群莱斯特绵羊（Leicester sheep）“都是从贝克韦尔先生的原种纯正地繁衍下来的，已有五十多年的历史。稍微熟悉这一问题的任何人，都不会有一丝怀疑，上述任何一位物主曾在任何情况下，使贝克韦尔先生的羊群的纯粹血统得以偏离，然而，这两位先生的绵羊彼此间的差异却如此之大，以至于从它们的外貌上看，简直像极其不同的变种”。

倘若现在有一种未开化的人类，野蛮到了从不考虑家养动物后代的遗传性状问题，可是当他们在极易遇到的饥荒或其他灾害期间，他们也还会把无论是在哪一方面特别对他们有用的动物，小心地保存下来的。这样选

1-5 三色堇

择出来的动物比起劣等动物来，一般都会留下更多的后代；在这种情形下，就会有一种无心的选择在进行了。我们见到，甚至火地岛上未开化的人类，也重视其动物的价值，遇饥荒之时，他们甚至杀食老年妇女，对他们而言，这些老年妇女还不如狗的价值高。

在植物方面，同样逐步改进的过程，清晰可见。这表现在诸如三色堇、蔷薇、天竺葵、大丽花以及其他植物的一些变种，比起旧的变种或它们的亲本种来，在大小和美观方面的改进。而这一改进的过程是通过最优良个体的偶然保存而实现的，无论它们在最初出现时，是否有足够的差异可被列入独特的变种，也无论是否由于杂交把两个或更多的物种或族群混合在了一起。向来无人会奢望，从野生植物的种子得到上等的三色堇或大丽花。也无人会奢望，从野生梨的种子能培育出上等的软肉梨；然而，如果这野生的瘦弱梨苗原本来自果园培育的族群的话，他也许会成功。虽然古代即有梨子的栽培，但从普利尼的记述来看，其果实品质似乎很低劣。我曾看到园艺著作中，对园艺家们的惊人技巧所表现出来的惊叹不已，他们能从如此低劣的原本品种里产生出如此优秀的结果。不过，我不能质疑，这技艺是简单的，就其最终结果而言，几乎都是无意识地进行的。这就在于总是用所知最佳的变种来栽培，播下它的种子，当稍好一点儿的变种偶然出现时，便选择下来，并照此进行下去。在某种很小的程度上来说，虽然我们的优良果实，有赖于古代园艺家们自然地选择并保存了他们所能寻觅到的最优良的品种，然而，他们在栽培那些可能得到的最好的梨树时，却压根儿就未曾想到过，我们如今该吃到何等美妙的果实。

诚如我所相信的，我们的栽培植物中所出现的这些缓慢地和无意识地累积起来的大量变化，解释了以下的众所周知的事实，即在大量的情形下，对于花园和菜园里栽培悠久的植物，我们已经无法辨识因而也无从得知其野生的亲本种。倘若需要几个世纪或数千年的时间，我们大多数的植物方得以改进或改变到了现今对人类有用的标准的话，我们便能理解：为何无论是澳大利亚、好望角抑或其他一些居住着很不开化的人类的地方，皆不能为我们提供哪怕是一种值得栽培的植物。这些地区拥有如此丰富的物种，它们之所以不能为我们提供值得栽培的植物，不是因为出于奇怪的偶然性而令其没有任何有用植物的土著原种，而是因为这些地方的土著植物还没有经过连续选择而得以改进，尚未达到能与古文明国家的植物相媲美的那么完善的标准。

关于未开化的人类所养的家养动物问题，有一点不容忽视的是，至少在某些季节里，它们几乎经常要为自己的食物而进行斗争。在环境极为不同的两个地区，体质或结构上有着轻微差别的同种个体，在一个地区常常会比在另一地区更为成功一些；因此，像其后将要更充分阐释的那样，通过这一“自然选择”的过程，便会形成两个亚品种。这也许能够部分地解释一些作者曾评论过的，即为何未开化的人类所养的一些变种，比起在文明国度里所养的变种来，会具有更多的种的性状。

根据在此陈述的人工选择所起的十分重要的作用来看，我们家养族群的结构或习性为何会适应于人类的需要或爱好，便顷刻昭然。窃以为，我们还能进一步理解，我们家养族群为何会经常出现畸形的性状，同样，为何其外部性状的差异如此巨大，而相对来说其内部构造或器官的差异却如此微小。除了外部可见的性状外，人类几乎无法选择或仅能极为困难地选择结构上的任何偏差；其实，他们也很少关心内部器官的偏差。除非大自然首先向人类提供了一些轻微程度上的变异，人类决不能进行选择。一个人只有看到了一只鸽子尾巴出现了某种轻微程度上的异常状态，他才会试图育出一种扇尾鸽；同样，除非他看到了一只鸽子的嗉囊的大小已经有些异乎寻常，否则他也不会试图去育出一种凸胸鸽的；任何性状，在最初发现时表现得越是畸形或越是异常，就越有可能引起人们的注意。但是，我毫不怀疑，用人类“试图育出扇尾鸽”的这种说法，在绝大多数情况下是完全不正确的。最初选择一只尾巴稍大一点儿的鸽子的人，决不会梦想到在历经长期持续的、部分是无心及部分是着意的选择之后，那只鸽子的后代最终会变成什么模样。也许所有扇尾鸽的始祖只有略微扩展的十四支尾羽，宛若现今的爪哇扇尾鸽，抑或像其他独特品种的个体那样，尾羽的数目多达十七支。也许最初的凸胸鸽，其嗉囊的膨胀程度也并不比如今浮羽鸽食管上部的膨胀程度为大，而浮羽鸽的这种习性并不被所有的养鸽者所注意，因为它并非是该品种的主要培育特点之一。

莫以为只有某种结构上的大的偏离，方能引起养鸽者的注意：其实他能察觉极其微小的差异，况且人的本性即在于，对他所拥有的任何东西的新奇性，无论多么轻微，也会给予珍视。先前赋予同一物种诸个体的轻微差异，其价值是无法用几个品种已经基本建立后的当今的价值去判断的。鸽子现在或许还会发生（而且实际上确实还在发生着）很多轻微的变异，不过此等变异却被当作各品种的缺点抑或偏离完善的标准而遭抛弃。普通鹅尚未产生过任何显著的变种；图卢兹（Toulouse）鹅和普通鹅只有颜色上的不同，而且这是最不稳定的性状，但最近却被当作不同的品种，在家禽展览会上展出了。

窃以为，这些观点进一步地解释了这个时有提及的说法，即我们对于我们任一个家养品种的起源或历史皆一无所知。其实，一个品种如同语言里的一种方言，几乎不能说它有什么确定的起源。人们保存和培育了在结构上稍有偏差的个体，或者是特别关注了他们的优良动物的繁殖并以此使它们得以改进，而且业已改进的个体慢慢地会扩散到邻近的地方去。然而，由于它们不太会具有一个特有的名称，又由于它们只受到很少的重视，因此，其历史也就会遭到忽视。当它们被同样缓慢而逐渐的过程进一步改进之时，它们将会扩散得更广，而且会被看成是独特的以及有价值的，唯在其时，它们大概才会首次获得一个地方名称。在半文明的国度里，很少有什么信息的自由传播，任一新亚品种的传布、认可的过程都会是缓慢的。一旦新的亚品种中有价值的诸点被充分认识之后，被我称为无心的选择这一原理，总是趋向于缓慢地强化这一品种的特性，这一过程的进展依品种的盛衰时尚，也许此时多些，彼时少些；亦依各地居民的文明状态，也许此地多些，彼地少些。然而，有关这种缓慢、各异以及不易察觉的变化，其记载能被保留下来的机会，则是微乎其微的。

对人工选择力的有利的或不利的条件，现在我得稍说几句。高度的变异性显然是有利的，因为它能自由地为选择的进行提供素材。并不是说，仅仅是个体差异，便不足以向着几乎任何所希冀的方向积累起大量的变异，倘若极度关注，则也能。但是，由于对人们显著有用的或取悦于他们的变异，仅仅偶尔出现，故饲养的个体越多，变异出现的机会也就越多。因此，数量对于成功来说，还是极为重要的。马歇尔（Marshall）曾依据这一原理，对约克郡各地的绵羊作过如下的评述：“由于绵羊通常为穷人所有，而且大部分只是**小群饲养**，因而它们从来不能改进。”另一方面，由于园艺家们栽培着大量的相同植物，故其在培育新的以及有价值的变种方面，一般而言就会远比业余人士更为成功。在任何地方，要保持一个物种的大量的个体，必须要把它们置于有利的生活条件下，以至于它们能在该地得以自由的繁殖方可。倘若任一物种的个体稀少的话，那么，无论其品质如何，都得让它们全部繁殖，这便会有效地妨碍选择。然而，其中最重要的因素或许是，动物或植物对人类必须极端有用，或是受到人类的极大重视，故此，连其品质或结构上最微小的偏差，都会引起人们的密切注意。倘若没有这样的注意，便一无所成了。我曾看到有人严肃地指出，最为幸运的是，正值园艺家们开始密切注意草莓的时候，它开始发生了变异。无可置疑，草莓自被栽培以来，总是在发生变异的，只不过微小的变异被忽视了而已。然而，一旦园艺家们选出一些长有略大些、略微早熟些或略好些果实的植株，然后用它们来培育幼苗，复又选出最好的幼苗并用它们来繁育，于是(借助与不同物种的一些杂交)，那些让人称羡的、近三四十年间所培育出来的许多草莓变种，便一一登台亮相了。

在具有雌雄异体的动物方面，防止杂交之便乃是成功地形成新族群的一个重要因素——至少在已有其他动物族群的地方是如此。在这一方面，土地的封圈发挥着作用。漂泊的未开化人类或者开阔平原上的居民们所饲养的同一物种里，很少有超出一个品种的。鸽子保持终身的雌雄配对，这极大地便利了养鸽者，因为这样的话，它们虽被混养在同一个鸽场里，许多族群依然能保持纯系；此等环境，对于新品种的改进与形成，一定大有裨益。我可以补充地说一下，鸽子能够大量而迅速地繁殖，劣等的鸽子很容易被除去，如：把它们杀掉，可供食用。另一方面，猫由于有夜间漫游的习性，不能控制其交配，虽然极受妇女和小孩们所喜爱，但我们几乎从未看到过，一个能够长久保存的独特的品种；即便有时我们确实能看到的那些独特品种，也几乎总是从外国进口来的，常常来自岛上。尽管我并不怀疑，某些家养动物的变异少于其他一些家养动物，然而，猫、驴、孔雀、鹅等鲜有或缺乏独特的品种，则可能主要归因于选择在其间尚未发挥作用：猫，盖因难控制其交配；驴，由于只有穷人饲养的少数，其繁育很少受到关注；孔雀，在于不易饲养且为数甚少；鹅，则因为其被重视的目的有二：一为食物，二为羽毛，尤其是对其独特品种的展示，毫无乐趣可言。

总结一下有关我们家养动物和植物族群的起源。敝人相信，在造成变

1-6 雌雄山羊的异同

异性上，目前看来，生活条件（从其对生殖系统的作用上来看）具有高度的重要性。与有些作者所想象的不同，我不相信变异性在一切条件下、对所有的生物都是内在的和必要的偶然性。各种不同程度的遗传和返祖，会使变异性的效果得以改变。变异性是由很多未知的法则所支配的，尤以生长相关律为甚。有一些，可以归因于生活条件的直接作用。有一些，则必须归因于器官的使用与不使用。最终的结果因此便成为无限复杂的了。在一些情形中，我不怀疑，不同的、独特的土著原种的杂交，在我们家养的品种起源上，起了重要的作用。在任何地方，当若干品种一经形成后，它们的偶然杂交，同时借助于选择的作用，无疑对于新的亚品种的形成大有帮助；但对于动物以及靠种子繁殖的植物，我相信，变种间杂交的重要性已被过分地夸大了。对于暂时用插枝、芽接等方法进行繁殖的植物，种间以及变种间杂交的重要性是极大的；因为栽培者在这里大可不必顾虑杂种和混种的极度变异性，也无需顾虑杂种常常出现的不育性；但是，不靠种子繁殖的植物对我们来说是无关紧要的，因为它们的存在只是暂时的。在所有这些变异的原因之上，我深信，选择的累积作用是最具优势的"力量"，无论它是着意地和迅速地实施的，还是无心地和缓慢地（但更为有效地）实施的。

II

第二章

自然状态下的变异

变异性——个体差异——悬疑物种——广布的、分散的和常见的物种变异最多——任何地方的大属的物种均比小属的物种变异更多——一大属里很多物种类似于变种，有着很近的但不均等的亲缘关系，而且分布范围局限。

2-1 猫科的各种动物

在把前一章里所得出的诸原理应用到自然状态下的生物之前，我们必须先扼要地讨论一下，自然状态下的生物是否可能发生任何变异。若要适当地讨论这一问题的话，得列出一长串枯燥无味的事实；但这些事实将留待我在未来的著作里陈述。我也不在此讨论“物种”这个名词的各种各样的定义。虽然尚未有一项定义能令所有的博物学家们皆大欢喜，但每个博物学家谈及物种时，都能含含糊糊地明白自己是在指什么。一般说来，这名词包含了某一特定造物行为的未知因素。“变种”一词，几乎也是同样地难于定义；但是它几乎普遍地暗含着共同世系传承（community of descent）的意思，尽管这一点很少能够得到证明。我们还有一些所谓的畸形，但它们逐渐过渡到变种的范围。我认为畸形是指某一部分的结构发生了显著的偏差，而这一偏差对于物种来说，是有害的或是无用的，而且通常是不遗传的。有些作者是在专门意义上使用“变异”这一名词的，意指一种直接由生活的物理条件所引起的变化；这种意义上的“变异”，照理是不遗传的；但是，诸如波罗的海半咸水里矮化的贝类，或是阿尔卑斯山峰顶上的矮化植物，或是极北部地区较厚毛皮的动物，谁又能说在有些情形下不会遗传至少几代呢？窃以为，在此情形下，该类型会被称为变种的。

再者，我们有许多可称为“个体差异”（individual differences）的细微差异，譬如，它们常见于同一父母所生的后代中，或者因为常见于栖居在同一局限区域内的同一物种的个体中，也可以假定是同一父母所生的后代中产生的细微差异。没人会假设同一物种的所有个体，都是一个模子里造出来的。这些个体差异，对于我们来说太重要了，因为它们为自然选择的累积提供了材料，恰如人类在家养生物里朝着任一既定方向积累个体差异那般。这些个体差异通常影响的那些部分，博物学家们认为是不重要

2-2 不同花纹的豹

的；但是，我可以用一连串的事实表明，一些无论从生理或分类的观点来看都必须被称为重要的部分，它们有时在同一物种的不同个体间，也会发生变异。我相信，最富经验的博物学家，也会对变异的实例之多感到惊奇，甚至于在身体结构的重要部分亦是如此，对于这些实例，他在若干年内也能根据可靠的材料搜集到，正如我业已搜集到的那样。应该铭记，分类学家们极不乐意在重要的性状中发现变异，而且，也没有多少人愿意去

2-3 多种形态的昆虫

费力地检查内部的和重要的器官，并去比较同一物种的许多标本。我压根儿就不该预料到，昆虫的靠近大中央神经节的主干神经分支，在同一个物种里竟会发生变异；我该预料到的是，这种性质的变异，只能是以缓慢的方式发生的；然而，最近拉伯克爵士（Sir Lubbock）已经阐明，在介壳虫（coccus）里，这些主干神经的变异程度，几乎堪比树干的不规则分支。容我补充一句，这位富有哲理的博物学家最近还已阐明，某些昆虫的幼虫的肌肉很不一致。当作者们说重要器官从不变异的时候，他们有时是在循环地论辩；因为正是这些作者们，实际上把不会变异的部分列为重要的器官（诚如少数博物学家们业已坦承的）；在这种观点下，自然就找不到重要器官发生变异的例子了；但在任何其他观点之下，此等例子无疑是不胜枚举。

与个体差异相关联的一个现象，在我看来非常令人困惑：我所指的，即那些被称为“变形的”（protean）或“多态的”（polymorphic）属，在这些属里，物种表现了异常大的变异量；然而，其中究竟哪些类型应列为物种，哪些是变种，几乎没有两个博物学家的意见是一致的。我们可以举植物里的悬钩子属（Rubus）、蔷薇属（Rosa）、山柳菊属（Hieracium）以及昆虫类和腕足类的几个属为例。在大多数多态的属里，有些物种具有一些固定的及明确的性状。除了少数例外情况之外，在一个地方为多态的属，似乎在其他地方也是多态的，而且从腕足类来判断，在先前的时代也是如此。这些事实似乎很令人困惑，因为它们似乎表明这种变异是独立于生活条件之外的。我倾向于臆测，在这些多态的属里，我们所看到的结构里的一些变异，对于物种是无用的或无害的，结果，它们尚未受到自然选择的光顾，也未被自然选择确定下来，正如其后将要解释的那样。

有这么一些类型，在几个方面对于我们的讨论是最为重要的；这些类型在相当大的程度上具有物种的属性，但由于它们与其他一些类型如此地密切相似，抑或通过一些中间的过渡类型与这些类型如此紧密地连接在一起，以至于博物学家们不乐意把它们列为分立的物种。我们有种种理由相信，很多这些有疑问的以及紧密相关的类型，已在其原产地长期地永久保存了它们的性状；据我们所知，它们保持这些性状的时间，与实实在在的、真正的物种一样悠久了。实际上，当一位博物学家，通过其他一些具有若干居间的性状，能够把两个类型联合在一起的时候，他就把一个类型当作另一类型的变种；他把最常见的（但有时会把最早描述的）那个类型作为物种，而把另一个类型作为其变种。然而，在决定可否把一个类型作为另一类型的变种时，即便这两个类型被一些中间环节紧密地连接在一起，有时也会出现一些极为困难的例子，这些例子我就不在此列举了。即令这些中间环节具有通常所假定的杂交性质，也并非总能消除这种困难。然而，在很多情形下，一个类型之所以被列为另一类型的变种，并非因为确已发现了一些中间环节，而是由于类比，导致了观察者去假定这些中间类型现在的确生存于某些地方，抑或它们从前可能曾经生存过；这样的话，便为疑惑或臆测的进入敞开了大门。

因此，当决定一个类型究竟应该列为物种还是列为变种的时候，具有可靠识见以及丰富经验的博物学家们的意见，似乎是唯一可循的指南。然而，在众多的情况下，我们必须根据大多数博物学家们的意见来做决定，因为几乎所有的特征显著且众所周知的变种，无不曾被至少几位胜任的鉴定者们列为物种。

具有这种可疑性质的变种远非稀见，这一事实无可争辩。比较一下不同植物学家们所列的英国的、法国的或者美国的几个植物群的话，即可看出有何等惊人数目的类型，往往被一位植物学家列为一些实实在在的物种，但却被另一位植物学家列为仅仅是些变种。对我襄助良多而令我感激万分的沃森先生（Mr. H. C. Watson）告诉过我，有182种英国的植物已经被植物学家们列为了物种，而现在看来，全都是一些变种；在他开列这个名单之时，他还略去了很多微不足道的变种，而这些变种竟也曾被一些植物学家们列为物种；此外，他还把几个高度多态的属完全删除了。在属这一级之下，包括最为多态的一些类型，巴宾顿先生（Mr. Babington）列举了251个物种，而本瑟姆先生（Mr. Bentham）只列举了112个物种，两者之间竟有139个有疑问的类型之差！在靠交配来生育以及有着极高的移动性的动物里，有些悬疑类型，也会被一位动物学家列为物种，而却被另一位动物学家列为变种，但它们很少见于同一个地区，却常见于各自的地域。在北美和欧洲，何其多的鸟类和昆虫，尽管彼此间差异极小，却被某一位知名的博物学家列为无可置疑的物种，但却被另一位博物学家列为变种，抑或惯常称其为地理族群啊！多年前，当我比较以及目睹别人比较加拉帕戈斯群岛（Galapagos Archipelago）的诸岛之间的鸟的异同，以及这些岛上的鸟与美洲大陆的鸟的异同时，我被物种和变种之间的区别是何等的、彻头彻尾的含糊与武断而震撼。小马德拉群岛（little Madeira group）的小岛上的很多昆虫，在沃拉斯顿先生（Mr. Wollaston）的令人称羡的著作中被称作变种，但毫无疑问会被很多别的昆虫学家们列为不同的物种。甚至在爱尔兰，也有少数曾被一些动物学家们列为物种的动物，而今却通常被视为变种。几位最富经验的鸟类学家们认为，不列颠的红松鸡只是一个挪威种的特点显著的族类，而更多的人则把它列为大不列颠所特有的、无可置疑

2-4 栎树有数百个变种

的物种。倘若两个悬疑类型的原产地相距遥远，便会导致很多博物学家们将其列为不同的物种；然而，曾有人不无理由地问过，究竟多远的距离堪称为“足够”呢？倘若美洲和欧洲间的距离是绰绰有余的话，那么，欧洲大陆和亚速群岛（the Azores）或马德拉群岛或加那利群岛（the Canaries）或爱尔兰之间的距离，是否也是足够的呢？必须承认，有很多被极为胜任的鉴定者们视为变种的类型，具有如此完美的物种的属性，以至于被其他极为胜任的鉴定者们列为实实在在的真实物种。然而，在物种和变种这些名词的定义还没有被普遍接受之前，就去讨论什么应该称作物种，什么应该称作变种，不啻是白费力气。

很多特点显著的变种或悬疑物种的例子，十分值得考虑；因为来自地理分布、类比的变异、杂交等方面若干有趣的辩论，对试图确定它们的阶元，是有意义的。我在此仅举单个一例，即众所周知的报春花和立金花（Primula elatior 和veris）。这两种植物在外表上大相径庭；它们味道不同，释放出来的气味也不同；它们的开花期也略为不同；它们所生长的生境也有些不同；它们分布在山上不同的高度；它们有着不同的地理分布范围；最后，根据最为仔细的观察者伽特纳（Gartner）几年期间所做的无数实验显示，它们之间的杂交极为困难。我们几乎无法期望比这更好的例证，以说明两个类型表现出的在种一级上的不同了。另一方面，它们之间有很多中间环节相连接，很难说这些中间环节是否是些杂种；在我看来，有大量的证据表明，它们是从共同的亲本传衍而来的，因此，它们必须被列为变种。

在很多情形下，仔细的研究，会使博物学家们在如何确定悬疑类型的阶元归属上，取得一致的意见。然而，必须得承认，正是在研究得最好的地区，我们所发现的悬疑类型的数目亦最多。下述事实引起我的注意，即倘若在自然状态下，任何动物或植物对于人类极为有用，或是由于任何原因，引起了人们的密切关注，那么，它的一些变种就几乎会被普遍地记载下来。此外，这些变种还常常会被一些作者列为物种。看看普通的栎树吧，它们已被研究得何等仔细；然而，一位德国作者竟从几乎被普遍认为是一些变种的类型中，确定了十二个以上的物种；在我国，能够引述到一些植物学的最高权威和实际工作者的不同看法，既可表明无梗的和有梗的栎树是实实在在的独特物种，亦可表明它们仅仅是变种而已。

当一位青年博物学家开始研究一个对其十分陌生的生物类群时，最初令其感到极为困惑的，便是决定把什么样的差异视为物种的差异，把什么样的差异视为变种的差异；因为他对该类群所发生的变异程度和变异种类一无所知；这至少显示，生物发生某种变异，简直是家常便饭。但是，如果他把注意力仅局限于一个地区里的某一类生物，他会很快地打定主意，如何确定大多数悬疑类型的阶元级别。他的一般倾向会是定出很多物种来，这是因为像如前所述的那些养鸽或养鸡的爱好者们一样，他所不断研究着的那些类型的差异程度，会给他深刻的印象：而且，他对其他地区和其他生物类群的类似的变异常识，所知甚少，很难以此来纠正他的最初印象。及至他扩大了观察视野之后，便会遇到更多困难的例子；因为他会遇到为数更多的密切相关的类型。但是，倘若他进一步扩大其观察视野的话，最终他通常会拿定主意，哪些可称为变种，哪些可称为物种。不过，他要在这方面获得成功，就得承认大量的变异存在，然而做这样的承认是否符合事实，又往往会遭到其他博物学家们的质疑。此外，当他从事研究来自现今已不连续的一些地区的相关类型时，在这种情况下，他很难指望从中能够发现那些悬疑类型间的中间环节，于是他几乎不得不完全依赖类比，这将会使他的困难上升到极点。

诚然，在物种和亚种之间，委实尚未划出一条清晰的界线，即一些博物学家们认为有些类型已经非常接近物种，但还没有完全达到物种这一级；另外，在亚种和显著的变种之间，或在较不显著的变种和个体差异之间，情形也是如此。这些差异交错融合，形成不易察觉的系列，而系列则给人留下差异层次上确实存在过渡的印象。

因此，尽管分类学家对个体差异的兴趣很小，但敝人视其对我们有着高度的重要性，因为这类差异是迈向轻微变种的第一步，而这些轻微变种几乎不值得载入博物学文献之中。同时，依我看来，在任何程度上较为显著的和较为永久的一些变种，是迈向更为显著及更为永久的一些变种的步骤；而更为显著及更为永久的一些变种，则是走向亚种及至走向物种的步骤；在有些情况下，从一个阶段的差异过渡到另一个及更高阶段的差异，可能仅仅是由于两个不同地区的不同物理条件持续作用的结果；但是，我对此观点却不以为然，我将一个变种从与其亲种差异很小的阶段过渡到差异更多的阶段，归因于自然选择的作用，即在某些确定的方向上累积生物结构方面的差异（这一点其后将予更充分的解释）。因此，我相信一个显著的变种可以被正当地称作雏形种（incipient species）；至于这一信念是否合理，还必须依据本书通篇所列举的几种事实和观点的总体的分量来加以判断。

不必假定所有的变种或雏形种都一定会达到物种这一阶元。它们或许在处于雏形种状态就灭绝了；抑或长时期地停留在变种的阶段，一如沃拉斯顿先生所指出的一个例子，即马德拉地方某些化石陆地贝类的变种。如果一个变种很繁盛，以至于超出了其亲种的数目，那么，它就会被列为物种，而其亲种反而被列为变种了；或者它也许会取代并消灭其亲种；或许两者并存，均被列为独立的物种。我们其后将不得不回到这一论题。

综上所述可见，我把物种这一名词视为，为了方便而任意地给予一群彼此间极为相似的个体的一个称谓，它与变种这个名词并无本质上的区别，变种只是指区别较少而波动较大的一些类型而已。同样，变种这个名词与单纯的个体差异相比较的话，也是任意取用的，仅仅是为了方便而已。

在理论方面考虑的指导下，我曾经思索，倘若把几个研究甚好的植物群中的所有变种列表整理出来的话，对于变化最多的物种的性质和关系，也许会获得一些有趣的结果。乍看起来，这似乎是一件简单的工作；然而，不久沃森先生使我相信其中有很多困难，我深为感激他在这一问题上所给予我的宝贵的建议和帮助；其后，胡克博士也作如是说，甚至格外地强调了其困难性。这些困难以及各变异物种的比例数目表格本身，我将留待未来的著作里去讨论。胡克博士允许我补充说明，当他详细地阅读了我的原稿并且检查了各种表格之后，他认为下面的立论是颇能站得住脚的。然而，整个问题是相当令人困惑的，但在此只能十分扼要地予以叙述，而其后还要讨论到的“生存斗争”、“性状分异”以及其他一些问题，也不可避免地在此予以提及。

德康多尔（Alph. de Candolle）与其他一些人已经展示，分布很广的植物通常会出现变种；这或许已是可以预料到的，因为它们暴露在各种各样的物理条件之下，也因为它们还须和各类不同的生物进行竞争（这一点，以后我们将会看到，是远远更为重要的条件）。但是我的这些列表进一步显示，在任何一个有限的地区里，最常见的物种，即个体最繁多的物种，以及在它们自己的区域内最为分散的物种（这与分布广的意义不同，在某种程度上，与“常见性”也不同），也最常发生变种，而这些变种有足够显著的特征，足以载入植物学文献之中。因此，最繁盛的物种，抑或可以称为优势的物种——它们分布最广，在自己区域内最为分散，个体也最为繁多——最常产生显著的变种，或者如我所称的雏形种。而且，这也许是可以预料到的；因为作为变种，倘若要获得任何一点恒久性，必定要和这个区域内的其他居住者们斗争；业已占据优势的物种，最有可能留下后代，虽然这些后代有着某种轻微程度的变异，但依然将会继承那些令其亲本物种胜于同地其他生物的优点。

倘若把任何植物志里记载的某一地方的植物分成两个相等的部分，把大的属（即含有很多物种的属）的植物放在一边，小的属的植物放在另一边的话，那么，较多数目的很常见的、极分散的物种或优势物种会出现在大属那一边。再次，这也许是可以预料到的；因为在任何地域内栖息着同属的诸多物种这一简单事实即可说明，该地的一些有机的或无机的环境条件中，有某种东西对这个属是有利的；结果，我们也许会预料到，在大属里，或含有很多物种的属里，会发现比例上数目较多的优势物种。然而，如此众多的原因可使这种结果变得模棱两可，以至于大属这一边的优势物种即便在表格中只略占多数，对我来说也是出乎意料。我在此仅提及两个含糊不清的原因。淡水及喜盐的植物，通常分布很广，且极为分散，但这似乎与它们的生境性质相关，而与该物种所归的属的大小关系不大或没有关系。此外，组织结构低等的植物一般远比高等的植物分散得更为广阔；同样，这与属的大小也无密切的关联。组织结构低等的植物分布广的原因，将在“地理分布”一章里予以讨论。

由于我把物种视为只是特点显著而且界限分明的变种，因而我期望，每个地区大属的物种，应比小属的物种更常出现变种；因为在很多亲缘关系相近的物种（即同属的物种）业已形成的地区，按照一般规律，应有很多变种或雏形种正在形成。在有很多大树生长的地方，我们指望会找到幼树。在一个属中有很多物种因变异而形成的地方，各种条件应该曾经对变异有利；因此，我们可望这些条件通常依旧对变异有利。另一方面，我们若把每个物种视为一次专门的造物活动的话，那么，就没有明显的理由来解释，为何含有多数物种的类群比含有少数物种的类群会产生更多的变种。

为了验证这种期望的真实性，我把十二个地区的植物及两个地区的鞘翅类（Coleopterous）昆虫排列为两个大致相等的部分，大属的物种列在一边，小属的物种列在另一边；结果，这些一概证实了，大属一边的物种所产生的变种数，在比例上，多于小属一边的物种所产生的变种数。此外，产生任何变种的大属的物种，总比小属的物种所产生的变种在平均数上为多。如若采用另一种划分法，把只有一到四个物种的最小的一些属都一概排除在列表之外的话，同样得到了上述的两种结果。这些事实对于物种仅是显著而永久的变种这一观点，有着明显的意义；因为当同属的很多物种已经形成，或者倘若我们可以说，在物种的制造厂已经活跃的地方，我们一般仍可发现这些制造厂还在运行，尤其是我们有充分的理由相信，新种的制造过程是缓慢的过程。这肯定如此，倘若我们视变种为雏形种的话；因为我的这些表格作为一般规律清楚地显示了，在一个属的很多物种业已形成的任何地方，这个属的物种所产生的变种（即雏形种）就会超出平均数。并非所有的大属，现在的变异都很大，因此其物种数都正在增长，亦非小属现在都不在变异且不增长；倘若真的如此的话，它对我的理论会是

2-5 昆虫的多样性

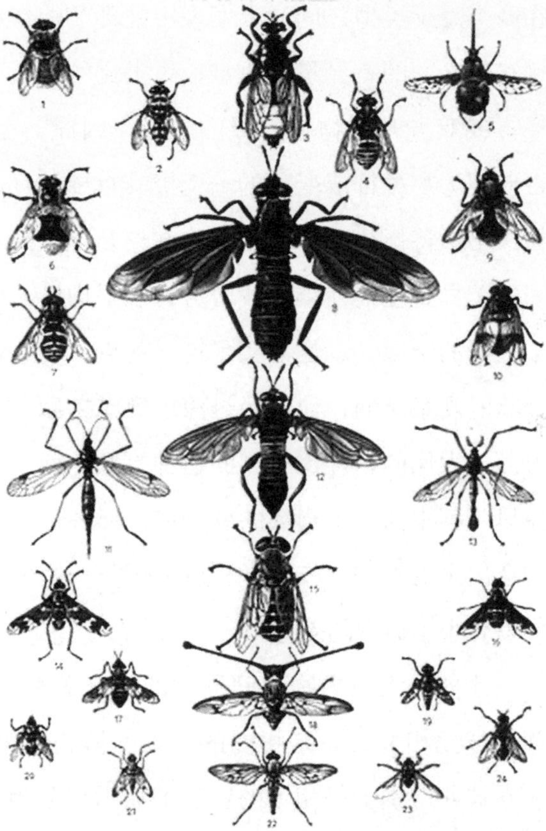

致命的；盖因地质学明白地告诉我们，小属随着时间的推移常常会大大地增长，而大属常常已经达到了顶点，进而衰落了、消失了。我们所要表明的仅仅是：在一个属的很多物种业已形成的地方，平均而言，很多物种还正在形成；这一点依然适用。

大属里的物种与其记录于册的变种之间的其他一些关系，也值得注意。我们已经看到，物种和显著变种间的区别，并没有准确无误的标准；

在两个悬疑类型之间尚未发现中间环节的情况下，博物学家们就不得不根据它们之间的差异量来决定，用类比的方法，来判断其差异量是否足以把一方或双方升至物种一级的阶元。因此，差异量便成为解决两个类型是否应列为物种抑或变种的一个极其重要的标准。付瑞斯（Fries）在论及植物、韦斯特伍德（Westwood）在论及昆虫时已经指出：在大属里，物种之间的差异量往往极小。我曾努力以平均值从数字上来验证它，我所得到的不完美的结果，总是证实了这一观点。我也曾询问过几位有洞察力和极富经验的观察家们，他们经过深思熟虑之后，也同意这一观点。因此，在这方面，大属的物种比小属的物种更像变种。这种情形抑或换言之，即在大属里（其中高于平均数的变种或雏形种目前正在“制造”中），很多业已制造出来的物种，在某种程度上仍与一些变种相似，因为这些物种彼此间的差异小于通常的差异量。

此外，大属内物种间彼此的相互关系，恰如任一个物种内诸变种之间的彼此相互关系是相似的。无一博物学家会妄称，一个属内的所有物种在彼此区别上是相等的；它们通常可分为亚属、派（section）或更小的类群。诚如付瑞斯恰当地说过，小群簇中的物种通常犹如卫星一样聚集在某些其他物种的周围。因此，所谓变种，其实不过是一群类型，它们彼此间的亲缘关系不相等，环绕在某些类型亦即其亲本种的周围而已；除此而外，还能是什么呢？毫无疑问，变种和物种之间有一个极重要的不同之处，即变种之间的差异量，在彼此之间或与其亲本种之间相比时，大大小于同一属里不同物种间的差异量。但是，当我们讨论到我所谓的“性状分异”的原理时，我们将会看到这一点是作何解释的，以及变种之间的较小的差异如何会趋向于增大为物种之间的更大的差异。

在我看来，还有一点也值得注意。变种的分布范围通常都受到很大的局限：这一陈述委实是不言而喻的；盖因如若我们发现一个变种比它假定的亲本种具有更广的分布范围的话，那么，它们两者的名称就该倒转过来了。然而，也有理由相信，那些与其他物种非常密切相关而且类似变种的物种，常常有着极为局限的分布范围。譬如，沃森先生曾把精选的《伦敦植物名录》（*London Catalogue of Plants*，第四版）里的63种植物为我标示出来，这些植物在该书中被列为物种，但沃森先生认为它们同其他物种如此相似，以至于怀疑其价值。根据沃森先生所作的大英区划，这63个可疑物种的分布范围平均为6.9个区。在同一名录里，还载有53个公认的变种，它们的分布范围为7.7个区；然而，这些变种所属的物种的分布范围，则为14.3个区。因而，这些公认的变种与那些非常密切相关的类型（亦即沃森先生告诉我的所谓悬疑物种），具有几乎相同局限的平均分布范围，而"那些非常密切相关的类型"，却几乎普遍地被大英植物学家们列为实实在在的、真实的物种了。

最后，变种与物种有着同样的普通属性；变种与物种无法区分开来——除非，第一，通过发现具有中间环节性质的一些类型，而此类环节的出现并不影响它们所连接的那些类型的实际性状；又除非，第二，两个类型之间具有一定量的差异，倘若差异很小，通常会被列为变种，尽管尚未发现中间环节的类型；但是，却无法确定多大的差异量才足以将这两个类型列为物种的阶元。在任何地方，那些所含物种数量超过平均值的属，其物种所含的变种数量通常也超过平均值。在大属里，物种间倾向于有着密切但不均等的亲缘关系，围绕着某些物种聚集成一个小的群簇。与其他物种有着密切亲缘关系的物种，其分布范围显然受到局限。在所有这几个方面，大属的物种都与变种十分相像。如果物种曾一度作为变种而生存过，并且也是由变种起源的，我们便可以清晰地理解这些类比性了；然而，倘若物种是被逐一独立创造的，这些类比性就完全是莫名其妙的了。

我们也已看到，正是大属里的极其繁盛以及占有优势的物种，平均而言，变化亦最大；而变种（诚如我们其后将会看到）倾向于转变成新的及独特的物种。因此，大属趋于越变越大；而且在自然界中，现在占优势的生物类型，由于留下了很多变异的和具有优势的后代，趋于变得更具优势。但是，通过其后将要解释的一些步骤，大属也趋于分裂为小属。所以，普天下的生物类型，便在类群之下复又分为隶属类群了。

III

第三章

生存斗争

与自然选择的关系——该名词的广义运用——几何比率的增长——归化动、植物的迅速增加——抑制繁增的本质因素——竞争的普遍性——气候的效果——出自个体数目的保护——自然界里所有动、植物间的复杂关系——生存斗争在同种的个体间以及变种间最为激烈，在同属的物种间也常常很激烈——生物个体间的关系在所有关系中最为重要。

在进入本章的主题之前，我得先做些初步的阐述，以表明生存斗争如何与“自然选择”相关。在前一章里业已见到，在自然状态下，生物中是存在着一些个体变异性的；事实上，我知道，对此从来就未曾有过任何的争议。把一些悬疑类型称作物种，还是亚种，抑或变种，对于我们来说，都无所谓；譬如，只要承认任何显著的变种存在的话，那么，无论把不列颠植物中两三百个悬疑类型列入哪一个阶元，也都无伤大雅。然而，光知道个体变异性的存在以及某些少数显著变种的存在，作为本书的基础尽管是有必要的，但无助于我们去理解物种在自然状态下是如何起源的。生物组织结构的这一部分对另一部分及其对生活条件的所有巧妙的适应，此一独特的生物对于彼生物的所有巧妙的适应，这些是如何臻于至美的呢？我们目睹这些美妙的协同适应，在啄木鸟和槲寄生中，最为清晰；仅仅略逊于如此清晰的，则见于附着在哺乳动物毛发或鸟类羽毛上的最低等的寄生虫、潜水类的甲壳虫的结构、随微风飘荡的带有冠毛的种子；简言之，我们看到这些美妙的适应无处不在，在生物界随处可见。

再者，可以作如是问：在大多数情况下，物种间的彼此差异，显然远远超过同一物种里的变种间的差异；那么，变种（亦即我所谓的雏形种）最终是如何变成实实在在的、独特的物种的呢？一些物种群（groups of species）构成所谓不同的属，它们彼此之间的差异，也大于同一个属里的不同物种间的差异；那么，这些物种群又是如何产生的呢？诚如我们在下一章里将更充分地论及，所有这些结果可以说是必然源于生存斗争。由于这种生存斗争，无论多么微小的变异，无论这种变异缘何而生，倘若它能在任何程度上、在任何物种的一个个体与其他生物以及外部条件的无限复杂的关系中，对该个体有利的话，这一变异就会使这个个体得以保存，

3-1 自然界的弱肉强食

而且这一变异通常会遗传给后代。其后代也因此而有了更好的存活机会，因为任何物种周期性地产出的很多个体中，只有少数得以存活。我把通过每一个微小的（倘若有用的）变异被保存下来的这一原理称为“自然选择”，以昭示它与人工选择的关系。我们业已看到，通过累积“自然”之手所给予的一些微小但有用的变异，人类利用选择，确能产生异乎寻常的结果，且能令各种生物适应于有益人类的各种用途。但是，正如其后我们将看到，“自然选择”是一种“蓄势待发、随时行动”的力量，它无比地优越于人类的微弱的努力，宛若“天工”之胜于“雕琢”。

现在我们来稍微详细地讨论一下生存斗争。在我未来的著作里，还要更为详尽地讨论这一问题，因为这是极为值得的。老德康多尔（the elder de Candolle）与莱尔业已充分地且富有哲理地阐明了，世间万物皆面临着剧烈的竞争。就植物而言，曼彻斯特区教长赫伯特对这一问题的研究极富热情与见地，无人能望其项背，这显然是由于他在园艺学方面的造诣精深。生存斗争无处不在，在口头上承认这一真理，易；而在心头上时常铭记这一结论，则难（至少我已发现如此）。然而，除非对此有着深切的体味，我确信，我们便会对整个自然界的经济体系，包括分布、稀有、繁盛、灭绝以及变异等种种事实，感到迷茫甚或完全误解。我们目睹自然界外表上的光明和愉悦，我们常常看到食物的极大丰富；我们却未注意到或是遗忘了那些在我们周围安闲啁啾的鸟儿，大多均以昆虫或种子为食，因而它们在不断地毁灭着生命；我们抑或忘记了这些唱歌的鸟儿，或它们下的蛋，或它们的雏鸟，也多被鸷鸟和猛兽所毁灭；我们亦非总能想得到，尽管眼下食物很丰富，但并非常年四季都是如此丰富的。

我应首先说明，我是在广义与隐喻的意义上使用“生存斗争”这一名词的，它包含着一生物对另一生物的依存关系，而且更重要的是，也包含着不仅是个体生命的维系，而且是其能否成功地传宗接代。两只犬类动物，在饥馑之时，委实可以称为彼此间为了争夺食物与求生而斗争。但是，沙漠边缘的一株植物，可以说是在为抗旱求存而斗争，虽然更恰当地说，应该把这称为植物对水分的依赖。一株植物，每年产一千粒种子，而平均只有一粒种子能够开花结籽，这可以更确切地说成是，它与业已覆

3-2 槲寄生

被地表的同类以及异类的植物作斗争。槲寄生依存于苹果树和其他少数几种树，只能牵强附会地说它在跟这些树相斗争，因为如果同一株树上此类寄生物过多的话，该树就会枯萎而死。然而，倘若数株槲寄生的幼苗密生在同一根枝条上的话，那么可以更确切地说，它们是在相互斗争。由于槲寄生的种子是由鸟类散布的，因此其生存便依赖于鸟类；这可以隐喻地说成，在引诱鸟来食其果实，并借此传布其种子，而非传布其他植物的种子这一点上，它就是在和其他果实植物相斗争了。在这几种彼此相贯通的含义上，为方便计，我使用了生存斗争这一普通的名词。

由于所有的生物都有着高速繁增的倾向，因此必然就会有生存斗争。每种生物在其自然的一生中都会产生若干卵或种子，它一定会在其生命的某一时期，某一季节，或者某一年遭到灭顶之灾，否则按照几何比率增加的原理，其个体数目就会迅速地过度增大，以至于无处可以支撑它们。因此，由于产出的个体数超过可能存活的个体数，故生存斗争必定无处不在，不是同种的此个体与彼个体之争，便是与异种的个体间作斗争，抑或与生活的环境条件作斗争。这是马尔萨斯学说以数倍的力量应用于整个动物界和植物界；因为在此情形下，既不能人为地增加食物，也不能谨慎地约束婚配。虽然某些物种，现在可以或多或少迅速地增加数目，但是并非所有的物种皆能如此，因为这世界容纳不下它们。

毫无例外，每种生物都自然地以如此高的速率繁增，倘若它们不遭覆灭的话，仅仅一对生物的后代很快就会遍布地球。即令生殖较慢的人类，也能在二十五年间增加一倍，照此速率计算的话，几千年内，其后代着实即无立足之地了。林奈计算过，一株一年生的植物倘若一年仅产两粒种子（没有任何植物会如此低产），它们的幼苗翌年也各产两粒种子，以此类推，二十年后这种植物可达一百万株了。在所有已知的动物中，大象被认为是生殖最慢者，我已花了些力气，估算了它可能的最低的自然增长速率；可以保守地假定，它从三十岁开始生育，一直生育到九十岁，其间共计产出三对雌雄小象；倘如此的话，五百年之后，就会有近一千五百万只大象存活着，而且均是由最初的那一对传衍下来的。

有关这一论题，除了单纯理论上的计算之外，我们尚有更好的证据，即无数记录的实例表明，各种动物在自然状态下若遇上连续两三季有利的环境的话，其数目便会有惊人的迅速增长。更令人惊异的是来自多种家养动物的证据，它们在世界若干地方已重返野生状态：有关生育较慢的牛和马在南美（近来在澳洲）的增长率的陈述，若非已被证实的话，会是非常令人难以置信的。植物也是如此；由外地引进的植物，不足十年间，即成为常见植物而布满了诸岛，这样的例子不胜枚举。拉普拉塔（La Plata）的几种植物，原来是从欧洲引进的，于今已成为那广袤平原上最为繁茂的植物了，它们遍布在数平方里格的地面上，几乎排除了所有其他的植物。我还听法孔纳博士（Dr. Falconer）说，在美洲发现尔后引入印度的一些植物，已从科摩林角（Cape Comorin）分布到喜马拉雅了。在这些例子（此类例子俯拾皆是）中，无人会设想这些动物或植物的生殖力会突然地、暂时地、明显地增加了。显而易见的解释是，生活条件非常有利，结果，老幼个体均很少死亡，而且几乎所有幼体都能长大生育。在此情形下，几何比率的增长（其结果总是惊人的）便直截了当地解释了，这些归化了的动植物何以能在新的地方异常迅速地增加和广布。

在自然状态下，几乎每一植物都产籽，而动物之中，几乎无不年年交配。因此，我们可以充分断定，所有的植物和动物都有依照几何比率增

3-3 生殖率很低的大象

加的倾向，凡是它们能够得以生存之地，均被其极为迅速地填满；而且，这种几何比率增加的倾向，必定会在生命的某一时期，由于死亡而遭到抑制。窃以为，我们对大型家养动物的熟悉，会引起我们的误解：我们看不到它们的厄运降身，忘记了它们之中每年有成千上万的被宰杀以供食用；也忘记了在自然状态下同样多的个体会因种种原因而遭淘汰。

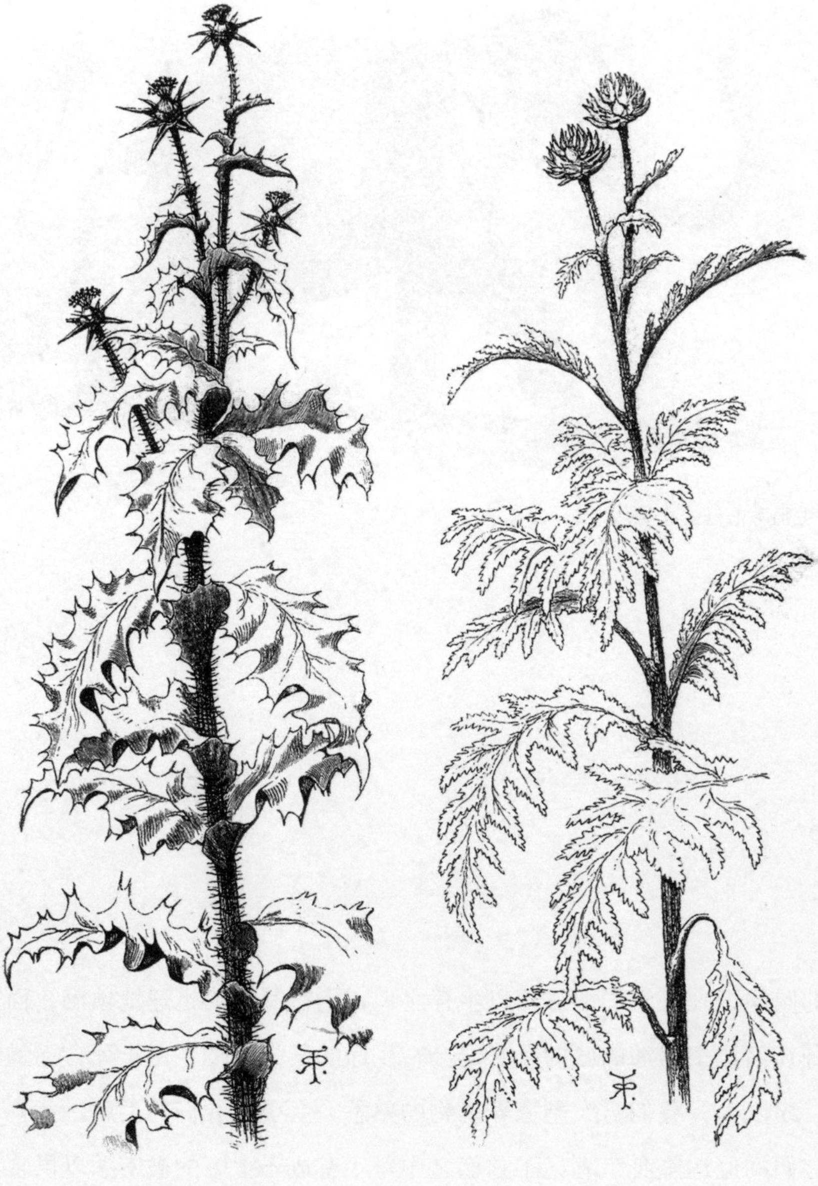

3-4 由欧洲引进南美的高蓟

有的生物每年产卵或产籽上千，有的则产极少的卵或籽，二者之间仅有的差别是，生殖慢的生物，在有利的条件下，要晚几年方能遍布整个区域，无论该区会有多大。一只南美秃鹰（condor）产两个卵，一只鸵鸟（Ostrich）则产二十个卵；然而，在同一个地区，南美秃鹰的数目可能多于鸵鸟。虽然管鼻鹱（Fulmar petrel）只产一个卵，但据信却是世界上为数最多的鸟。一只家蝇产数百个卵，而另一个，如虱蝇（hippobosca），却只产一个卵；然而，这一差别并不能决定这两个物种在一个地区内所能生存下来的个体数目。大凡对数量波动迅速的食物有依赖的物种，多产卵是有必要的，因为它能使其个体数迅速增加。然而，大量产卵或结籽的真正重要性，却在于补偿生命的某一时期所遭的重挫；而这一时期多为生命的早期。如果动物能设法保护好它们的卵或幼仔，即便少生少育，依然能够充分保持其平均数目；倘若大量的卵或幼仔夭折的话，那么就得多产多育，否则物种就会灭绝。如若有一种树平均能活一千年，在这一千年中只产一粒种子，而这粒种子决不会被毁灭掉，并确保能在适宜的地方萌发，那么便足以保持这种树的原有数目了。因而，在所有情形下，无论何种动物或植物，其平均数仅间接地取决于卵或种子的数目。

观察“大自然”时，很有必要牢记上面讨论的那些内容——不能忽视我们周围的每一个生物，可以说都在竭力地增加个体数目；每一生物在其生命的某一时期，得靠斗争方能存活；在每一代或间隔一段时期，或老或幼都难免遭到重创。抑制一旦放松，灭亡一旦稍许和缓，该物种的个体数目就会几乎顷刻大增。自然界的面貌，堪比柔顺的表面，上万个尖尖的楔子紧紧地挤在一起被不停地往里夯击，有时是一个楔子被夯击，然后另一个楔子被更重地往里面夯击。

每一物种个体数增加的自然倾向所受抑制的原因，最为扑朔迷离，观察一下最强健的物种，盖因其个体云集、数目极大，盖因其增多的趋势也将进一步加强。至于抑制增多的因素究竟是什么，我们竟连一个实例也无法确知。这一点也许并不奇怪，任何人但凡思索一下我们对此是何等的无知，即使对于人类亦复如此，尽管我们对人类的了解远胜于对任何其他动物的了解。这一论题已被若干作者很好地讨论过了，我拟在将来的著作里再详细地予以讨论，尤其是有关南美洲的重返野生的家养动物。在此我聊表几句，仅提请读者注意一些要点。卵或极幼小的动物，似乎通常受害最甚，但也并非一概如此。至于植物，种子被毁的极多，然而，据我的一些观察，我相信在有其他植物丛生的地上，发芽的幼苗受害最甚。此外，幼苗还会大量地被各种敌害所毁灭，譬如，在一块三英尺长、二英尺宽的地里，经过耕作和清理，不再会受到其他植物的阻塞，当我们土生土长的杂草幼苗冒出来之后，我一一作了记号，结果357株中至少有295株遭到覆灭，主要是被蛞蝓和一些昆虫所毁灭。长期刈割过的草地（被兽类尽食过的草地亦然），倘若任其生长，那么较弱的植物即令已经完全长成，也会逐渐被较强的植物消灭掉；因此，生长在三英尺宽、四英尺长的一小块草地上的二十个物种里，其中有九个物种因受到其他物种的自由生长的排挤而消亡。

每一物种所能增加的极限，当然得靠食物的数量而定；但一个物种的个体的平均数目的决定，往往不在于食物的获得量，而在于它们被其他动物所掠食的情形。因此似乎毫无疑问，在任何大块田园上的鹧鸪、松鸡、野兔的数目，主要依赖于消灭危害狩猎动物的祸害。倘若今后的二十年里的英国，不射杀一头狩猎动物，同时也不毁灭一个危害狩猎动物的动物，

3-5 猫头鹰捕食野兔

则狩猎动物很可能会比现在还少，尽管现在每年会有成千上万头狩猎动物遭到屠戮。另一方面，在某些情形下，譬如大象和犀牛，向来不为猛兽所害；即便印度的虎，也极少敢去袭击母象保护下的小象。

气候在决定一个物种的平均数方面，起着重要的作用，而且我相信，周期性的极端寒冷或干旱的季节，在所有抑制因素中则最为有效。我估算在1854年至1855年冬季，我所居住的地方的鸟的死亡率达五分之四；这真是巨大的毁灭；试想人类因传染病而死去百分之十时，已是极为惨重的死亡了。气候的作用，初看起来似乎与生存斗争毫不相关；但从气候的主要作用在于减少食物这一点来说，它便给那些靠同类食物而存活的个体间，带来了最为激烈的斗争，不管这些个体是属于同种还是异种。甚至当诸如严寒这样的气候，直接发生作用时，受害最甚者，依然是那些最为孱弱的个体，或是那些过冬食物储备最少的个体。我们若作自南而北之旅，或从潮湿地区到干燥地区，总会看到某些物种渐趋稀少而终至绝迹；由于气候的变化显而易见，因此我们不免将此整体效应归因于气候的直接作用。然而，这种见解是十分错误的；我们忘记了每一物种，即使在其最繁盛之处，也常常由于敌害的侵袭或因竞争同一地盘和同类食物，在生命的某一时期，遭受重挫；如若气候有稍许变化并且稍微有利于这些敌害或竞争对手的话，其数目便会增加；由于各地业已布满了生物，其他物种势必相应减少。倘若我们南行，目睹某一物种的个体数在逐渐减少，我们可以确信，原因在于这一物种本身蒙受了损害，但同样在于别的物种因势得益。我们北行的情形亦复如此，只不过程度较轻而已，因为所有物种的数目向北都在减少，竞争对手相应也减少了；故此，当北行或登山时，比之于南行或下山时，我们惯常见到矮小的生物为多，这是气候的**直接**不利作用所致。当我们到了北极区，或积雪的山顶，或茫茫的沙漠时，生物生存斗争的对象，则几乎完全是气候因素了。

气候的作用，主要是间接地有利于其他物种，我们从下述可以清楚地看出这一点：我们花园里大量的植物，能够完全忍受这里的气候，但永远不能在此安身立命，因为它们既不是本地植物的竞争对手，又无法抵御本地动物的侵害。

一个物种，由于有了极为有利的环境条件，在一个小的分布区内个体数过度增长的话，常常会发生传染病（至少在我们的狩猎动物中似乎是屡见不鲜的）；此中有一种与生存斗争无关的抑制个体数量的机制。然而，一些所谓的传染病的发生，似乎是由于寄生虫所致，这些寄生虫由于某种原因（部分地可能是由于在密集动物中易于传播之故）而格外地受益：这就涉及一种寄生物和寄主之间的斗争。

另一方面，在许多情况下，一个物种绝对需要有大大超出其敌害的个体数目，唯此该物种方能得以保存。因此，我们能很容易地在田间收获大量的谷物和油菜籽等等，因为它们的种子数目与食其种子的鸟类数目相比，要多出许多。而这些鸟儿尽管在这一季里拥有异常丰富的食物，但它们也无法按照种子供给的比例来增加其个体数，盖因其数量在冬季会受到抑制。但凡做过这种尝试的人都知道，若想从花园里的少数几株小麦或其他此类植物获得种子是何等的麻烦；我在这种情形下，未曾收获到哪怕是一粒种子。同一物种的众多个体，对于该种的保存是必要的，我相信这一观点可以解释自然界中若干独特的事实：譬如，极稀少的植物，有时会在它们所出现的少数地方极为繁盛；又如，某些丛生性的植物，甚至在其分布范围的边界地带，依然丛生，亦即个体繁多。在此情形下，我们可以相信，一种植物只有在多数个体能够共同生存的有利生活条件下，方能生存下来，以使相互不至于完全灭绝。我应补充说明，经常杂交的优良效果，以及近亲交配的恶果，大概会在上述若干例子中起到作用；但我不拟在此对这一错综复杂的问题予以赘述。

很多记录在案的例子显示，在同一地方势必相互斗争的生物之间，其彼此消长以及相互关系，是何等地复杂与出人意料。我仅举一例，虽然简单，却引起我的兴趣。在斯代福特郡（Staffordshire），我的一位亲友有片田产，可供我做充分的研究。那里有一大块极为贫瘠、从未开垦过的处女地；但有数百英亩性质完全相同的土地，于二十五年前被围起来，并种上了苏格兰冷杉。在这片荒地上被开垦种植的那一部分，其土著植物群落发生了极为显著的变化，而且变化的显著程度，远甚于两片十分不同的土壤上通常所见的变化程度：不但荒地植物的比例数完全改变了，且有十二个不见于荒地的植物种（禾本草类及莎草类不计）在植树区内繁盛。对于昆虫的影响必然更大，因为有六种未曾见于荒地的食虫鸟，在植树区内却非常普遍；而经常光顾荒地的，却是两三种截然不同的食虫鸟。在此我们看到，仅仅引进了一种树便会产生何等强大的影响，而且除了筑起了围栅以防牛的进入之外，其余什么也未曾添造。然而，我在萨里（Surrey）的法纳姆（Farnham）附近，清楚地看到了把一处土地围起来是何等重要的因素。那里有大片的荒地，远山顶上有几片老的苏格兰冷杉林；近十年来，大块土地已被围了起来，于是自生的冷杉树便如雨后春笋般的长出来，其密度之大以至于不能全部成活。当我断定这些幼树并非人工种植时，我为其数量之多而十分惊异，于是我查看了数处，看到了未被围起来的数百英亩荒地上，除了几处原来种植的老树外，委实看不到一棵苏格兰冷杉。但当我在荒地上的茎干之间仔细察看时，发现那里有很多树苗和小树反复地被牛吃掉而愣是长不起来。在距一棵老树约数百码之遥，我在一处三英尺见方的地上数了一下，有三十二株小树；其中一株，从年轮上判断，已历经二十六年，终未能在荒地的树干丛中得以“出人头地”。无怪乎荒地一经被围起来，生机勃勃的幼龄冷杉便密集丛生其上。可是，这片荒地极度贫瘠且辽阔，以至于无人曾想象到，牛竟能如此细腻且卓有成效地满地搜寻食物。

由此我们可以看出，牛绝对地决定着苏格兰冷杉的生存；但在世界上的若干地方，昆虫又决定着牛的生存。对此大概巴拉圭可以提供一个最为奇异的例子；因为那里从没有牛、马或狗重返野生的现象，尽管在巴拉圭以南和以北，牛、马或狗呈野生状态成群结队地游荡；阿扎拉（Azara）和伦格（Rengger）业已指出，这是由于巴拉圭有一种蝇类过多所致，当这些动物初生时，这类蝇就产卵于它们的脐中。此蝇虽多，但它们的数量的增加，必定经常要受到某种抑制，大概是受到鸟类的抑制。因此，倘若巴拉圭的某些食虫的鸟类（其数目大概为捕食它们的鸷鸟或猛兽所调节）增加了，蝇类就会减少——于是牛和马便会重返野生状态了，而这必然会大大地改变植物群落（我确曾在南美的一些地方见过这种现象）；这进而又会大大地影响昆虫；恰如我们在斯代福特郡所见到的那样，从而又会影响食虫的鸟类；这种日益复杂的关系，一圈一圈地不断扩展。在这一系列里，我们自食虫的鸟类开始，又止于食虫的鸟类。并非是自然界里的各种关系都是如此简单。相互重叠的战役，此起彼伏，胜负无常；尽管最微细的差异，必定使一种生物战胜另一种生物，然而从长远看，各方势力是如此协调地平衡，自然界的面貌可长期保持一致。可是，我们是如此地无知，又是如此地自以为是，故闻及一种生物的灭绝而惊诧不已；复又不知其原因，便乞助于灾变而令大千世界空荡荡的解说，或虚构出一些定律以表明生物类型的寿数！

我想再举一例，以说明在自然界地位相距极远的植物和动物，是如何被一张复杂的关系网罗织在一起的。我此后将有机会展示，有一种外来植物叫墨西哥半边莲（Lobelia fulgens），在英国的这一区域从未被昆虫光顾过，结果由于它的特殊构造，也从未结籽。很多兰科植物都绝对需要蛾类的光顾，以传授花粉，因而使其受精。我也有理由相信，三色堇（Viola tricolor）的受精，离不开野蜂，因为别的蜂类都不来造访这种花。在我近来所做的试验中，我已发现三叶草（clover）的受精，得益于蜂类的造访（即便不是非靠它们不可）；光顾普通红三叶草（Trifolium pretense）者，唯有野蜂，因为其他蜂类碰不到其花蜜。因此，我几乎毫不怀疑，倘若整个野蜂属都在英国灭绝了或变得非常罕见，三色堇和红三叶草也会变得极为稀少甚或完全消失。任一地方的野蜂数目，很大程度上取决于田鼠的数目，因为田鼠破坏它们的蜜巢和蜂窝；纽曼先生（Mr. H. Newman）长期研究过野蜂的习性，他认为“全英格兰三分之二以上的野蜂都是这样被毁灭的”。众所周知，田鼠的数量很大程度上又取决于猫的数量；纽曼先生说：“在一些村庄和小镇的附近，我看见野蜂窝远较其他地方为多，我将此归因于有大量的猫消灭了田鼠的缘故。”因此，这一点是很可信的，即倘若一个地区有着大量的猫类动物，通过首先对田鼠、继而对蜂的干预，便可以决定该地区内某些花的丰度！

对每一个物种而言，在其生命的不同时期，在不同的季节或年份，大概有很多不同的抑制因素对其发生着作用；其中某一种或者少数几种抑

3-6 蜜蜂通过造访植物来采蜜授粉

制作用一般最为强大；然而，所有抑制因素共同参与发挥作用，决定该物种的平均数甚或决定它的存亡。在某些场合可以见到，同一物种在不同的地区，会受到截然不同的抑制。当我们看到河岸上郁郁丛生的植物和灌木时，我们倾向于把它们的比例数和种类均归因于我们所谓的偶然的机会。然而，这一观点何其荒谬！人人皆有所闻，当美洲的一片森林遭到砍伐后，迥然不同的植被随之而起；但是人们还看到，现在美国南部的古代印第安人的城垛上所长的一些树，与周围的处女森林一样，呈现了同样美丽的多样性和同样比例的树木种类。在漫长的世纪中，各种各样的树木之间，斗争曾是何等激烈啊，年复一年，各自播撒着数以千计的种子。昆虫与昆虫之间，昆虫、蜗牛、其他动物与捕食它们的鸟兽之间，又是怎样的战争啊，它们都在努力地增殖，彼此相食，或者以树、树的种子和幼苗为食，或者以最初丛生于地面而抑制这些树木生长的其他植物为食！将一把羽毛掷向空中，它们都会依照一定的法则坠落到地面上；但这一问题，比起数百年中，无数植物和动物的作用与反作用，决定了而今生长在古印第安废墟上各类树木的种类和比例数，又是何其简单啊！

生物间彼此的依存关系，一如寄生物之于寄主，通常发生于自然界地位上相距甚远的生物之间。这种情况常见于那些严格说来彼此为生存而斗争的生物之间，蝗虫和食草兽之间便是如此。不过，最激烈的斗争，几乎总是发生在同一物种的不同个体之间，因为它们同居一地，所需食物相同，所面对的危险也相同。同一物种内的变种之间的斗争，一般几乎同样激烈，而且我们有时会看到，竞争的胜负迅速即见分晓：譬如，把几个小麦变种播在一起，再把它们的种子混播在一起，其中最适于该地土壤或气候的，或者天生繁殖力最强的变种，便会战胜其他变种，产出更多的种子，结果不消几年，便会取代其他的变种而一枝独秀。要维持那些即使是极为相近的变种（如颜色不同的香豌豆）能在一起混合种植，也必须每年分别收获，播种时再将种子按适当的比例混合，否则，较弱的变种的数量，便会不断地减少而终至消失。绵羊的变种亦复如此；据说某些山地绵羊的变种，会令另一些山地绵羊的变种饿死，因此不能把它们养在一起。若将不同变种的医用蚂蟥养在一处，会是同样的结果。假如我们的任一家养植物和动物的一些变种，任其像自然状态下的生物那样相互斗争的话，或者任其种子或幼苗不经过每年按适当的比例分选，那么很难设想，这些变种会有如此完全同等的活力、习性和体质，以至于其混合养育的原有比例能够维持达六代之久。

由于同属的物种在习性和体质（以及总是在构造）方面，通常（尽管并非绝对如此）具有一些相似性，故当它们彼此间遭遇竞争时，它们之间的斗争，一般要比异属的物种之间的斗争更为剧烈。这一点我们从下述可见，近来有一种燕子在美国的一些地方扩大繁殖了，致使另一个种燕子的数量减少。近来在苏格兰一些地方，槲鸫（missel-thrush）的增多，造成了歌鸫（song-thrush）的减少。我们岂不是常常听说在极端不同的气候下一个鼠种取代了另一鼠种！在俄罗斯，自亚洲的小蟑螂入境后，到处驱逐同属的亚洲大蟑螂。野芥菜（charlock）的一个种取代了另一个种；诸如此类的例子比比皆是。我们隐约可知，在自然界占几近相同经济地位的相关类型之间的竞争何以最为激烈，但是，对在生存大搏斗中为何一个物种战胜了另一个物种，我们大概尚未能精当地阐明哪怕是一个实例。

综上所述，我们可以得出一个极为重要的推论，即每一种生物的构造，通过最基本却又时常隐秘的方式，与所有其他生物的构造相关联；它与其他生物争夺食物或住所，或者不得不避开它们，或者靠捕食它们为生。这明显地表现在虎牙或虎爪的构造上，同时也明显地表现在黏附在虎毛上的寄生虫的腿和爪的构造上。但是，蒲公英的美丽的、带有茸毛的种子以及水生甲虫的扁平的、饰有缨毛的腿，初看起来似乎仅仅与空气和水有关。然而，种子带有茸毛的好处，无疑和地上业已长满了其他植物密切相关；唯此，其种子方能广泛传播，得以落到未被其他植物所占据的空地

3-7 老鹰捉小鸟

上。水生甲虫的腿的构造，非常适于潜水，使它能与其他水生昆虫竞争，以猎取食物，且幸免成为其他动物的捕食对象。

很多植物种子里贮藏着养料，乍看起来似乎与其他植物并无任何瓜葛。然而，此类种子（譬如，豌豆和蚕豆）即令被播种在高大的草丛中，其幼苗也能茁壮地成长；我借此猜想，种子中养料的主要用途，乃利于幼苗的生长，以便与疯长在其周围的其他植物作斗争。

看看处在分布范围之中的一种植物吧，为何其数目没有翻两倍或四倍呢？我们知道它能抵挡稍热或稍冷、稍潮湿或稍干燥的气候，因为它业已分布到具有此类气候的其他地方了。在此情形下，我们能清楚地看到，倘若我们要幻想给予该植物以增加其数量的能力的话，我们就得给予其某种优势，去击败其竞争对手或以其为食的一些动物。在其地理分布范围之内，其体质依气候所发生的变化，显然会有利于我们的植物；但我们有理由相信，仅有为数很少的植物或动物，会分布到如此远的地方，以至于竟单单被严酷的气候所灭除。除非抵达生物分布范围的极限（如北极地区或荒漠边缘），斗争是不会止息的。即令在可能是极为寒冷或极为干旱的地方，在少数几个物种之间或同一物种的不同个体之间，也会为争夺最为温暖或最为湿润的地盘而竞争。

因此，我们也看到，当一种植物或动物迁入新地，面对新的竞争对手时，尽管气候可能与其原住地一模一样，但其生活条件通常已发生了实质性的变化。倘若想要让它的个体平均数在新住地得以增加的话，我们使其改进的方式，必须不同于其在原产地所使用过的方式；因为我们得让它在一群不同的竞争对手或敌手面前，占有某种优势方可。

如此凭借想象试图让任何一个物种对另一个物种占有优势，饶有裨益。然而，至于如何去做才能成功，恐怕无一实例可寻。但这令我们确信，对于所有生物之间的相互关系，我们尚处于无知的状态；这一信念既难获得，又颇有必要。我们力所能及的，只是牢牢记住：每一生物都竭力依几何比率增加，每一生物都必须在其生命的某一时期内、在某一年的某一季节里、在每一世代或在间隔期内，进行生存斗争，并遭到重创。每当我们念及此种斗争之时，我们或能聊以自慰的是：我们完全相信，自然界的战争并非是连绵不断的，恐惧是感觉不到的，死亡通常是迅即的，而活力旺盛者、康健者和幸运者则得以生存并繁衍。

IV

第四章

自然选择

自然选择——其力量与人工选择的比较——对于非重要性状的作用——对于各年龄以及雌雄两性的作用——性选择——同一物种的个体间杂交的普遍性——对自然选择有利和不利的诸条件，即杂交、隔离、个体数目——缓慢的作用——自然选择所引起的灭绝——性状分异，与任何小地区生物多样性的关系以及与外来物种归化的关系——通过性状分异和灭绝，自然选择对于一个共同祖先的后代的作用——对于所有生物的类群归属的解释。

前一章里过于简略地讨论过的生存斗争，对于变异究竟会发挥什么样的作用呢？我们业已见证的在人类手中发挥了巨大作用的选择原理，能否应用于自然界呢？窃以为，我们将会看到，它是能够最有效地发挥作用的。让我们牢记，家养生物以及（在较小的程度上）自然状态下的生物，它们奇奇怪怪的一些特征的变异，是多么地不计其数，而且其遗传倾向又是多么地强大。在家养状态下，真可以说是，生物的整个结构在某种程度上已变为可塑的了。我们还应牢记，所有生物彼此间的相互关系及其与生活的环境条件间的相互关系，是何等地无限错综复杂且密切相适。目睹一些于人类有用的变异无疑业已发生过，那么，在浩瀚而复杂的生存斗争中，对于每一生物在某一方面有用的其他一些变异，在成千上万世代之中，难道就不可能时而发生吗？倘若此类变异确乎发生，而且别忘了产出的个体远远多于可能存活的个体，那么，难道我们还能怀疑那些比其他个体更具优势（无论其程度是多么轻微）的个体，会有最好的生存和繁衍的机会吗？另一方面，我们可以确信，哪怕是最为轻微的有害的变异，也会被"格杀勿论"的。这种保存有利的变异以及消灭有害的变异的现象，我称之为"自然选择"。一些既无用亦无害的变异，则不受自然选择的影响，它们会成为漂移不定的性状，大概一如我们在某些具多态性的物种中所见到的情形。

对正在经历着某种物理（如气候）变化的一处地方加以研究的话，我们即可最好地领会自然选择的大致过程。气候一经变化，那里的生物比例数几乎立时就会发生变化，有些物种或许会绝迹。从我们所知的各地生物间的密切而复杂的关联看来，我们可以断定：即令不去考虑气候的变化，某些生物的比例数如果发生任何变化，也会最严重地影响很多其他的生物。如果该地的边界是开放的，则新的类型必会乘虚而入，这也就会严重地扰乱一些“原住民”生物之间的关系。别忘了从外地引进来哪怕是一种树或一种哺乳动物，业已显示出其影响力是何其大也。然而，在岛屿上或在周围被天然障碍部分地隔离起来的区域，倘若新的较能适应的类型无法自由迁入，而“原住民”生物中有一些在某种方式上恰好有所改变的话，它们必会很好地填补上该地区自然经济结构中空出的几席之地；因为若是该地曾为外来生物敞开门户的话，这几席之地早就被入侵者们所捷足先登了。在此情形下，任何轻微的变异，在时间长河中碰巧出现，只要在任何方面对一物种的任何个体有利，使其能更好地适应于变更了的条件的话，便趋于被保存下来；自然选择也就有了实现改良的自由空间。

诚如第一章里所述，我们有理由相信，生活条件的变化，尤其是对生殖系统发生作用的变化，造成或增加变异性；前述情形中，假定生活条件业已发生了一种变化，这将为有益的一些变异的出现提供更好的机会，进而显然会有利于自然选择。除非有利的变异出现，否则，自然选择便无用武之地。诚如敝人相信，并无必要非得有极大量的变异方可；因为人类只要把一些个体差异按照一个既定的方向积累起来，即能产生巨大的效果；大自然亦复如此，且更为容易，因为大自然有不可比拟的更为长久的时间任其支配。同时我并不相信，实际上必须非得有巨大的物理（例如气候）变化，或者异常程度的隔离以阻碍外来生物的迁入，方能产生一些新的、未被占据的空间，以便自然选择改变及改善某些处在变异中的生物而使其登堂入室。由于每一地区的所有生物，均以微妙制衡的力量相互斗争着，一个物种在构造或习性上极细微的变更，常会令其优于别种生物；此种变更愈甚，其优势也常常愈显。尚未发现有一处所在，其本土所有生物而今

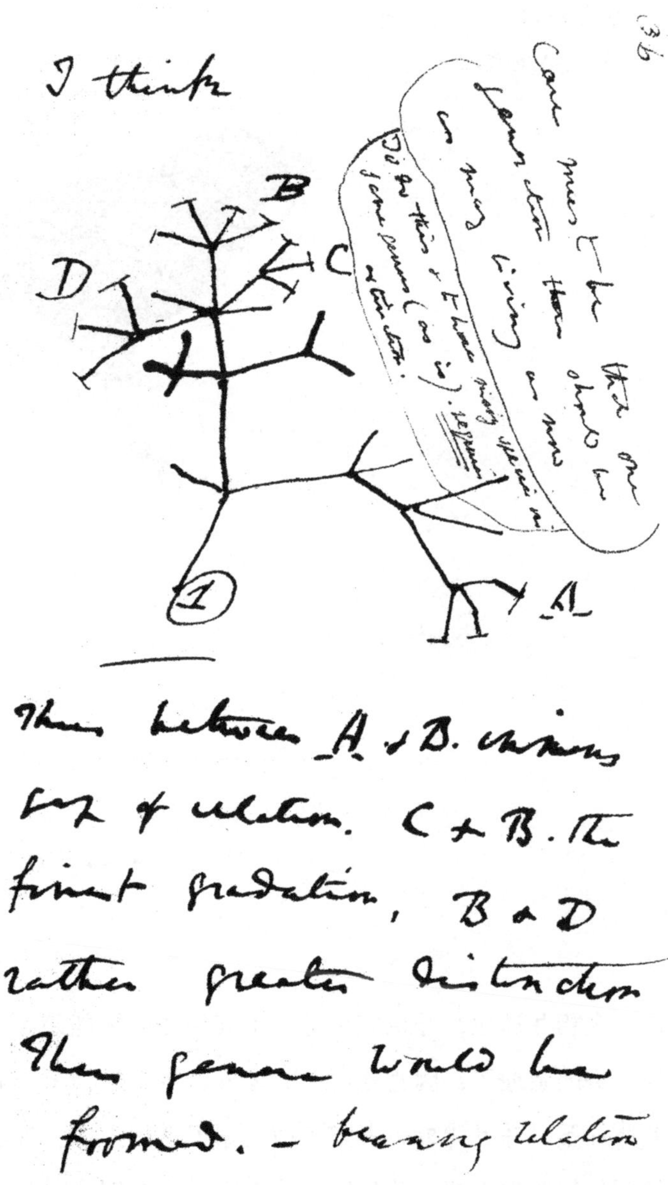

4-1 达尔文在其私密笔记本上所记录的他最初关于通过自然选择形成新物种的想法

4-2 中等大小的达尔文地雀，是加拉帕戈斯群岛发现的多种达尔文地雀之一

彼此间均已完全相互适应，并也完全适应了其生活的物理条件，以至于它们毫无任何改进的余地了；因为在所有的地方，本土生物于今业已被归化了的外来者所征服，并且让外来者牢牢地占据了这片土地。既然外来者已经能如此地到处战胜本土的一些生物，我们可以有把握地断言：本土生物本来也会朝着具有优势的方面变更，以便更好地抵御这些入侵者。

既然人类通过着意的和无心的选择方法，能够带来而且委实业已带来了伟大的结果，大自然难道会有什么效果不能得以实现吗？人类仅能对外在的和可见的性状加以选择："大自然"并不在乎外貌，除非这些外貌对于生物是有用的。"自然"作用于每一件内部器官、每一丁点儿体质上的差异以及生命这一整部机器。人类只为自身的利益而选择："自然"则只为她所呵护的生物本身的利益而选择。每一个经过选择的性状，均充分地得到了"自然"的锤炼；而生物则被置于对其十分适合的生活条件下。人类把许多在不同气候的产物，置于同一个地方；他很少用某种特殊的和适宜的方法，来锤炼每个经过选择的性状；他用同样的食物，喂养长喙鸽和短喙鸽；他不用任何特别的方法，去训练背长或脚长的四足动物；他把长毛的和短毛的绵羊，养在同一种气候里。他不让最强健的雄体间为占有雌性而搏斗。他并不严格地清除劣质的动物，反而在力所能及的范围内，在不同季节里，良莠不分地保护他所有的生物。人类往往根据某些半畸形的类型，或者至少根据某些足以引起他注意的显著变异，或者明显地对其有用的变异，方开始选择。在自然状态下，构造或体质上的一些最细微的差异，便可能会改变生存斗争的恰到好处的平衡，并因此而被保存了下来。人类的愿望和努力，是何等地瞬息即逝啊！其涉及的时间又是何等地短暂啊！因而，比之大自然在整个地质时代的累积产物，人工的产物是何等地贫乏啊！因此，大自然的产物远比人工的产物，应具"更为真实"的属性，更能无限地适应最为复杂的生活条件，并且明显地带有远为高超的技艺的印记，那么，对此我们还有什么可大惊小怪的呢？

或可说，自然选择每时每刻都在满世界地审视着哪怕是最轻微的每一个变异，清除坏的，保存并积累好的；随时随地，一旦有机会，便默默

4-3 同种鸟的不同羽色和纹饰为它们提供了不同环境下的保护色

地、不为察觉地工作着，改进着每一种生物跟有机的与无机的生活条件之间的关系。我们看不出这些处于进展中的缓慢变化，直到时间之手标示出悠久年代的流逝。然而，我们对于久远的地质时代所知甚少，我们所能看到的，只不过是现在的生物类型不同于先前的类型而已。

尽管自然选择只能作用于每一生物并是为了每一生物的利益而起作用的，但是，自然选择也可借此作用于我们往往认为无关紧要的那些性状和构造。当我们看见食叶昆虫是绿色的，食树皮的昆虫是斑灰色的；高山的松鸡在冬季是白色的，红松鸡是石楠花色的，而黑松鸡是土褐色的，我们不得不相信，这些颜色对于这些鸟与昆虫，是有保护作用的，以使它们免遭危险。松鸡如若不在其一生的某个时期遭遇不幸的话，其个体必会增生到不计其数；它们受到鸷鸟的大量的伤害是为人所知的；鹰靠其目力捕食——其目力是如此地锐利，以至于欧洲大陆有些地方的人们被告诫不要去饲养白鸽，盖因其极易受害。因此，毋庸置疑，自然选择曾如此卓有成效地赋予每一种松鸡以适当的颜色，并在它们获得了该种颜色后，使其保持纯正且永恒。切莫以为偶尔除掉一只特别颜色的动物，其作用微不足道：我们应该记住，在一个白色的羊群里，清除每一只哪怕只有一星半点儿黑色的羔羊，是何等地重要啊！植物当中，植物学家们把果实上的茸毛和果肉的颜色，视为最无关紧要的性状；然而，据一位优秀的园艺学家唐宁（Downing）所说，在美国，一种叫作象鼻虫（curculio）的甲虫，对光皮的果实的危害，远较对生有茸毛的果实的危害为甚；紫色的李子远较黄色的李子，易于遭受某种病害的侵袭；而另一种病害，对黄色果肉的桃子的侵害，远较对其他颜色果肉的桃子为甚。倘若（借助于人工匠艺）这些细微的差异能在培育这几个变种时产生重大影响的话，那么可以肯定，在自然状态下，当一些树不得不与其他一些树以及一大帮敌害争斗时，这些差异就会有效地决定哪一个变种将要成功，是果皮光滑的还是生有茸毛的，是黄色果肉的还是紫色果肉的。

物种间的很多细微的差异，以我们的无知来判断，似乎颇不重要，但我们不可忘记气候、食物等，大概会产生某种轻微的和直接的效果。然而，更有必要铭记的是，由于存在着许多不为人知的生长相关的法则，如若生物结构的一部分通过变异而改变了，加之这些变化因对生物有利而通过自然选择得以累积，便会引起一些其他的变化，而后面这类变化又常常具有最为出乎意料的性质。

我们知道，在家养状态下，在生命的任一特定时期出现的那些变异，在后代身上往往也于同时期重现——譬如，蔬菜和农作物的很多变种的种子；家蚕变种的幼虫期和茧蛹期；家禽的卵，雏禽绒毛的颜色；近于成年的绵羊和牛的角，都是如此——在自然状态下亦复如此，自然选择也能在任一年龄对生物起作用，并使之变更，自然选择可以把这一年龄的有利变异累积起来，并且通过遗传使下一代在其相应年龄表现出同样的变异。如若一种植物因其种子被风力更为广泛地传播而获益的话，那么，通过自然选择产生这一结果的过程，其困难我看未必大于棉农用选择的方法来增长和改进棉桃里的棉绒。自然选择能够改变一种昆虫的幼虫，令其适应与成虫所遭遇的完全不同的很多坎坷生涯。这些变异，通过相关法则，无疑会影响到成虫的构造；而在一些大概仅成活几个小时、从未摄食的昆虫中，其大部分成虫构造只是幼虫构造相继变化的相关结果而已。因此反之亦然，成虫的变异大概也常常会影响幼虫的构造；但在所有情况下，自然选择将确保这一点，即由生命的不同时期的其他变异所引起的变异，决不能有任何害处，否则，它们就会造成该物种的绝迹。

自然选择会着眼于亲体而改变子体的结构，也会着眼于子体而改变亲体的结构。在社会性的动物中，自然选择能使每一个体的结构适应于整个群落的利益；如果被选择的变异仍使每一个体最终受益的话。自然选择所不能做的是，为使其他物种受益而改变一个物种的结构，而这一改变却对该物种自身毫无益处。虽然此类陈述也许见诸一些博物学著作，但我尚未找到一个经得住查证的实例。动物一生中仅用一次的构造，如果对其生活是高度重要的，那么自然选择能使这种构造改变到任何一种程度；例如某些昆虫所具有的专门用以破茧的大颚，或者未孵化的雏鸟用以啄破蛋壳的坚硬喙端。据说，最好的短喙翻飞鸽中，“胎”死“壳”中的远比能够破卵而出的要多；因此，养鸽者在孵化时要伸出援手。那么，倘若大自然为了鸽子自身的优势，让充分成长的鸽喙变得很短的话，这种变异过程会是非常缓慢的，同时蛋内的雏鸽也要受到严格的选择，即选择那些具有最有力、最坚硬的鸽喙的雏鸽，盖因所有具弱喙的雏鸽，都必定会消亡：要么就是那些蛋壳较脆弱且易破的会被选择，因为像其他各种构造一样，蛋壳的厚度据知也是不同的。

性选择。——由于在家养状态下，有些特性往往只见于一个性别，并且作为遗传性状表现于同一性别的后代身上，那么，在自然状态下，也大抵如是。果如此的话，自然选择可以针对与异性个体的功能关系，抑或针对雌雄两性完全不同的生活习性，使单一性别的个体产生变异。这就让我对于我所谓的“性选择”略表几句。这种选择，并不依赖于生存斗争，而是依赖于雄性之间为了占有雌性而进行的斗争，其结果并非是败者而亡，

4-4 骁勇善战的雄鸡

而是败者少留或不留后代。性选择因此不像自然选择那么严酷无情。一般而言，最强健的雄性，是那些最适于它们在自然界中的位置的，它们留下的后代也最多。但在很多情形下，胜利靠的将不是一般的体格强壮，而是雄性所独有的特种武器。无角的雄鹿或无腿距的公鸡，留下后代的机会便很少。性选择，通过总是让胜者得以繁殖，笃定赋予了公鸡骁勇、长距以及拍击距脚的有力翅膀，正如无情的斗鸡者们那样，深知通过仔细选配最好的公鸡，便能改良其品种。这种搏斗的法则，往下充斥到自然阶梯的哪一层级才算是个头呢？我不得而知。据载，雄性鳄鱼欲占有雌性之时，它们搏斗、吼叫、旋游，宛若跳战斗舞的印第安人；有人观察到，雄性鲑鱼能整日战斗不止；雄性锹形甲虫（stag-beetles）常常带有被其他雄虫用巨颚咬伤的伤痕。“一夫多妻”动物的雄性之间的斗争，大概最为惨烈，而这类雄性动物，又最常生有特种武器。雄性肉食类动物本来已经武装到牙齿了；但对它们以及别的一些动物来说，通过性选择的途径，仍可以获得特别的防御手段来，譬如狮子的鬃毛、公野猪的肩垫（shoulder-pad）和雄性鲑鱼的钩形颚（hooked jaws）；因为在夺取胜利上，盾牌会像剑和矛一样的重要。

这种斗争在鸟类里，其性质常常较为温和。凡对此有过涉猎的人均相信，很多种鸟类的雄性之间，存在着用歌喉去引诱雌鸟的最为剧烈的竞争。圭亚那的岩鶇、极乐鸟以及其他一些鸟类，聚集一处，雄鸟在雌鸟面前轮番地展示其美丽的羽毛并表演一些奇异的动作；而雌鸟则作为旁观者站立一旁，最后选择最具吸引力的伴侣。密切关注笼养鸟的人们都熟知，它们往往对异性个体“爱憎分明”：因此，赫伦爵士（Sir R. Heron）曾描述过一只斑纹孔雀，对所有的雌性个体都是那么具有突出的吸引力。认为这种看似微弱的选择方式能产生任何效果，也许看起来很幼稚：但我无法在此赘述能足以支持我的这一观点的细节；然而，倘若人类能在短期内，依照其审美标准，使他们的矮脚鸡获得了优雅的姿态和美貌，那么，我找不出什么好的理由来怀疑这一点，即雌鸟依照其审美标准，在成千上万的世代期间，通过选择歌喉最好或最为美丽的雄鸟，而产生了显著的效果。我强烈地认为，与雏鸟羽毛相比，有关雄鸟和雌鸟的羽毛的某些著名法则，可以根据羽毛主要是为性选择所改变的这一观点来解释，这种选择主要在接近繁殖年龄或者处于繁殖期间起作用；由此而产生的变异，也是在相应的年龄或季节，或许单独传给雄性，或许传给雌雄两性；然而，这里篇幅有限，就不再讨论这一问题了。因此，诚如敝人所信，当任何动物的雌雄双方具有相同的一般生活习性，却有着不同的构造、颜色或装饰时，这些差异主要是由性选择所造成的：也就是说，在连续世代中，一些雄性个体在其武器、防御手段或吸引力上，比其他的雄性个体略胜一筹；而且，这些优胜之处又传给了雄性后代。然而，我不想把所有的性别差异都归因于这一作用：因为我们在家养动物里，看到了一些特性的出现并为雄性所专有（譬如雄性信鸽的垂肉、某些雄性禽类的角状突起等等），而这些特性无人会相信是与雄性间的搏斗有关，或是与吸引雌性有关。譬如，类似的情形见于：野生雄火鸡胸前的丛毛，既无用处也非装饰；说实在的，倘若此种丛毛出现在家养状态下，肯定会被称作畸形性状。

自然选择作用的实例。——为了阐明自然选择是如何（依我所信的）起作用的，务请容我举一两个试想的例子。让我们以狼为例，狼捕食各种动物，得手的方式视动物的不同，或施以狡计，或施以力量，或施以迅捷。我们假设，在狼猎食最为艰难的季节里，如鹿之类的最为敏捷的猎物，倘若受到该地区的任何变化的影响，而增加了数量，或者其他猎物的数量相应减少了。在此情形下，我无理由怀疑，只有最迅捷的和最细长的狼，才有最好的生存机会，故得以保存或得以选择了——假使它们在不得不捕猎其他动物的这个或那个季节里，仍保持能制服其猎物的力量。我没有理由怀疑这一点，恰如我确信如若人类通过仔细和着意的选择，或者通

4-5 生活在山地的狼群

过无心的选择（亦即人人都想保存最优良的狗，但全然未曾想到要改良这一品种），便能够改进灵缇犬的迅捷的话。

即令狼所猎食的动物间的相对比例数无任何变化，也许会有一只小狼崽生就喜欢捕猎某些类型的猎物。这一点并非是不可能的，因为我们常常看到家养动物中的大相径庭的天然倾向；譬如，有的猫爱捉大耗子，有的猫则爱捉小老鼠；据圣约翰先生（Mr. St. John）称，有的猫爱抓鸟类，有的猫则爱抓兔子或大野兔，还有的则爱在沼泽地并几乎总是在夜间抓丘鹬（woodcocks）或沙锥鸟（snipes）。据知，爱捉大耗子而不是小老鼠的倾向是遗传的。故此，倘若习性或结构方面任何细微的变化，对一只狼是有利的话，那么这只狼就会有最好的机会存活并留下后代。它的一些幼仔大概也学会继承同样的习性或结构，并通过不断地重复这一过程，一个新的变种就会形成，而且要么取代狼的亲本类型，要么与其共存。此外，生活在山地的狼以及栖居在低地的狼，很自然地会捕食不同的猎物；由于连续地保存那些最适应于两处的一些个体，两个不同的变种也就会逐渐地形成。这些变种在它们相遇的地方，会杂交及混合；但我们将很快会回到有关杂交的讨论。容我补充一下，据皮尔斯先生（Mr. Pierce）说，在美国的卡茨基尔山脉（Catskill Mountains）栖息着狼的两个变种，一种类似于轻快的灵缇犬，是捕猎鹿的，而另一种则是身体较庞大、腿较短，它们则常常袭击牧民的羊群。

现在，让我们来看一个更为复杂的例子。有些植物分泌一种甜液，直观地看是为了排除树（植物体）液里有害的物质：譬如，某些豆科（Leguminosae）植物用托叶基部的腺体来分泌这种液汁，普通月桂树则通过叶背上的腺体来分泌。这种液汁的量虽少，却为昆虫贪婪地追求。现在让我们来假设，一种花的花瓣的内托体，分泌出一点甜液或花蜜。在此情形下，寻求花蜜的昆虫就会沾上些花粉，并必然往往会把这些花粉，从一朵花带到另一朵花的柱头上去。因此，同种的两个不同个体的花得以杂交；我们有很好的理由相信（其后将做更为充分的讨论），这种杂交，能够产生强健的幼苗，而这些幼苗最终得到了繁盛和生存的最好机会。其中的一些幼苗，大概也会继承这种分泌花蜜的能力。那些具有最大的腺体即蜜腺的、会分泌最多蜜汁的花，也就会最常受到昆虫的光顾，并且最常进行杂交；长此以往，这些花就会取得优势。同样，花的雄蕊和雌蕊的位置，如若与来访的那些特定的昆虫的大小和习性相适应，以至于在任何程度上都有利于花粉在花间传送的话，那么这些花也会受到青睐或得以选择。我们可用往来花间只为采集花粉而非为采蜜的昆虫为例；由于花粉的形成专为受精而用，因此花粉的毁坏对植物来说似乎是纯粹的赔损；然而，如若有少许花粉被喜食花粉的昆虫在花间传送，起初是偶然的，尔后成了习惯，并因此实现了杂交；尽管十分之九的花粉被毁坏了，然而，这对于植物来说可能还是大有益处的；那些产生愈来愈多花粉以及具有愈来愈大的粉囊的个体，就会被选择。

通过这样连续保存的过程或自然地选择越来越具吸引力的花朵，植物就对昆虫产生了高度的吸引力，昆虫便会情不自禁地按时在花间传送花粉；我可以用很多显著的例子，很容易地展示昆虫在这方面是极为有效的。我仅举一例，而且并非是非常显著的例子，而是由于它同时还可表明植物雌雄分化的一个步骤；植物雌雄分化将稍后提到。有些冬青树只生雄花，它们有四枚雄蕊，仅产极少量的花粉，加上一枚发育不全的雌蕊；另一些冬青树则只生雌花，这些花具有健全的雌蕊，而四枚雄蕊上的粉囊均已萎缩，无一粒花粉可寻。在距一株雄树整整六十码之处，我找到了一株雌树，从它不同的枝条上我采了二十朵花，将其柱头放在显微镜下观察，所有柱头上无一例外的都有几粒花粉，而且有几个柱头上布满了花粉。由于几天来风都是从雌树吹向雄树，因此花粉不会是通过风传送的；这期间天气冷且有狂风，所以对蜜蜂也是不利的；然而，我观察过的每一朵雌花，皆因蜜蜂往来树间采蜜时意外地沾上了花粉而有效地受精了。那么，

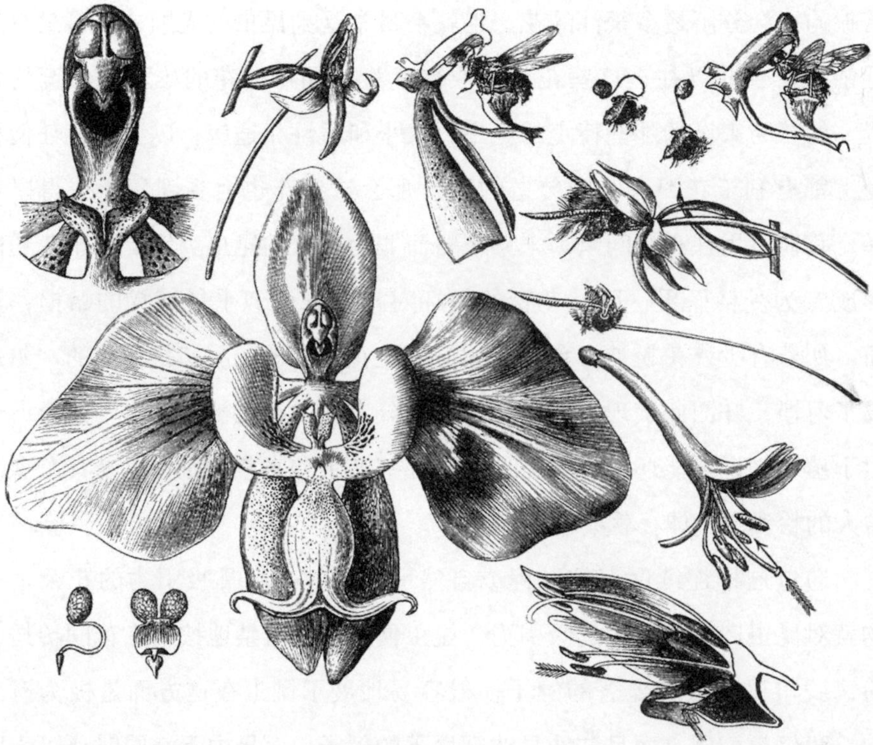

4-6 兰科形态各异的花儿吸引不同种类的昆虫与鸟类进行异花传粉

回到我们曾想象的情形吧：一旦植物能够达到高度地吸引昆虫、花粉经常由昆虫在花间传送之时，另一过程或许启动了。没有一个博物学家会怀疑所谓“生理分工”的优势；所以我们可以相信，一朵花或整株植物只生雄蕊，而另一朵花或另一整株植物只生雌蕊，对于该种植物是有利的。栽培下的植物，处在新的生活条件下，雄性器官或是雌性器官，有时候多少会失去其功能。现在如果我们假定，在自然状态下也有类似情况发生，不论其程度是多么轻微，那么，由于花粉已经常常在花间传送，又由于依照分工的原则，植物的更为彻底的雌雄分离是有利的，因此，越来越倾向于雌雄分离的个体，便会不断地被青睐或得以选择，直到最终达到两性的彻底分离。

现在让我们转过来谈一谈我们所想象的情形中的食花蜜的昆虫吧：假设我们通过连续选择使花蜜慢慢增多的植物，是一种普通植物；又假设某些昆虫主要是靠该植物的花蜜为食。我可以举出很多事实，以表明焦急的蜂类，是要节省时间的：譬如，它们习惯于在某些花的基部咬些洞来吸蜜，而只要稍微多麻烦一点点，它们就可以从花的口部进去。若记住这些事实，我看就没有理由怀疑，身体的大小和形态，抑或吻的曲度和长度等等，出现一些偶然的偏差，尽管微细到我们难以觉察的地步，然而或许会有利于蜂或其他昆虫，进而使具有此类特征的一些个体，比其他个体能够更快地获得食物，并且因此获得更好的机会得以存活及繁衍后代。它们的后裔，大概也会继承类似的构造上的些微差异。普通红三叶草和肉色三叶草（Trifolium pratense 和 incarnatum）的管形花冠的长度，乍看起来似乎并无差异；然而蜜蜂能够很容易地吸取肉色三叶草的花蜜，却不能吸取普通红三叶草的花蜜，唯有野蜂才来光顾红三叶草；所以，尽管红三叶草漫山遍野，供应着源源不断的珍贵花蜜，蜜蜂们却无缘享用。因此，对蜜蜂来说，若能有稍长一点儿的或构造稍许不同的吻的话，是大为有利的。另一方面，我通过试验发现，三叶草的受精依赖于蜂类的来访以及移动部分花管，以便把花粉推到柱头的表面。因而在任何地区，倘若野蜂变得稀少了，而红三叶草若有较短的或分裂较深的花管，则大为有利，唯此蜜蜂便能光顾它的花了。因此，我也就能理解，通过连续保存具有互利的以及些微有利的构造偏差的个体，花和蜂是如何同时或先后逐渐发生变化，及至彼此间相互适应到尽善尽美的地步。

敝人深知，上述想象的一些例子所展示的自然选择的学说，是会遭到人们的反对，正如莱尔爵士的“以地球近代的变迁来解释地质学”这一高见最初所遭到的反对一样；然而，譬如现在用海岸波浪的作用，来解释一些深谷的凿成或内陆的长形崖壁的形成时，我们就很少再听到有人说这种作用是微不足道的原因了。自然选择的作用，仅在于能保存和积累每一个有利于生物的极其微小的遗传变异；正如近代地质学近乎抛弃了一次洪水大浪就能凿成深谷的观点一样，自然选择，倘若是一条真实的原则的话，也会排斥掉持续创造新生物的信条，或生物的结构能发生任何巨大的或突然的改变的信条。

论个体的杂交。——我在此得插一点儿题外的话。有关雌雄异体的动物和植物，当然很明显的一点是，每次生育，两个个体总得进行交配；但在雌雄同体的情况下，这一点却并不明显。然而，我十分倾向于相信，在所有的雌雄同体中，两个个体不是偶然地便是习惯地通过交合以繁殖其类。这一观点由耐特（Andrew Knight）首次提出。我们即将看到这一观点的重要性；虽然我为充分讨论这一问题准备了素材，然而我在此不得不蜻蜓点水地略作讨论。所有的脊椎动物，所有的昆虫以及其他一些大类的动物，每次生育都得交配。近代研究已大大减少了曾被认为是雌雄同体的生物的数目；在真正的雌雄同体生物中，大量的也行交配；亦即两个个体往往进行交配以生殖，这正是我们所关心的。但是，依然有很多雌雄同体的动物，肯定不是习惯性地进行交配，而且绝大多数植物是雌雄同株的。也许有人会问：有什么理由可以假定在这些情形下，两个个体在生殖过程中曾经进行过交合呢？由于不可能在此对这一问题进行详细的讨论，因此我不得不仅做一般的探讨。

首先，我已搜集了大量的事实，表明动物和植物的不同变种间的杂交，或者同变种而不同品系的个体间的杂交，可以提高后代的强壮性和能育性；另一方面，近亲交配则降低其强壮性和能育性，这与饲养家们几近普遍的信念是相吻合的。这些事实本身就令我相信，自然界的一般法则（尽管我们对该法则的意义一无所知）是：没有一种生物能够自体受精繁殖而万世不竭的；而偶然地（或许间隔较长一段时间）与另一个体进行交配，则是必不可缺的。

在相信这是自然法则的基础上，我想我们方能理解下述的几大类事实，而这些事实用任何其他观点都解释不通。一如每个培育杂交品种的人所知：暴露在雨水下，对于花的受精是何其不利，然而，粉囊和柱头完全暴露的花儿又是何其多也！倘若偶然的杂交是不可或缺的，那么，为了来自异花的花粉能够完全自由地进入这一点，便可解释上述雌雄蕊暴露的情况了；尤其是由于植物自己的粉囊和雌蕊通常排列得如此地接近，自花受精似乎几近不可避免，考虑到这一点，就更易解释雌雄蕊何以如此暴露了。另一方面，很多花的结实器官是紧闭的，如蝶形花科或豆科这一大科即是如此；但是在几种（或许是所有的）此类的花中，花的构造与蜂吸食花蜜的方式之间，有一种非常奇特的适应；因为这样一来，蜂要么把花的花粉推到该朵花自己的柱头上，要么把花粉从另一朵花上带过来。蜂的光顾对于很多蝶形花是如此必要，通过已在别处发表的实验，我发现倘若蜂的来访受阻，花的能育性便会大大地降低。显然，蜂在花间飞舞，几乎不可能不在花间传粉的，我相信，这大大地有益于植物。蜂的作用如同一把驼毛刷子，它只要先触及一朵花的粉囊，随后再用同一把刷子触及另一朵花的柱头，就足能确保受精作用的完成了。然而，我们不能就此假定，蜂这样一来即会在不同的物种间造就出大量的杂种来；因为，倘若这把刷子带来植物自己的花粉以及来自另一物种的花粉，前者的花粉占有如此大的优势，以至于它会毫无例外地完全毁灭外来花粉的影响，正像伽特纳（Gartner）业已指出的那样。

当一朵花的雄蕊突然跳向雌蕊，抑或雄蕊一个接一个地慢慢地移向雌蕊，这种精心布局似乎是确保自花受精的专门适应，而且无疑对自花受精有所裨益；但是，还要借助昆虫，以使雄蕊向前弹跳，诚如科尔路特（Kolreuter）所表明的小蘖（barberry）情形便是如此；有意思的是，在似乎具有这种特别的设计、以利自花受精小蘖属里，众所周知，如若把十分密切相关的类型或变种栽培在附近的话，那么就很难得到纯粹的幼苗，它们大多进行自然杂交。在很多其他的例子里，不但对自花受精没有任何协助，反而有特别的设置，能够有效地阻止柱头接受本花的花粉，这一点我可以根据斯布伦葛尔（C. C. Sprengle）的著述以及我本人的观察来证明：譬如，亮毛半边莲（Lobelia fulgens）具有着实美丽而精巧的设计，把花中相连的粉囊里的不计其数的花粉粒，在该花柱头还来不及接受它们之前，就全部扫将出去；由于从无昆虫来访此花（至少在我的花园中是如此），因此它从不结籽。然而，我把一朵花的花粉放在另一朵花的柱头上，结果培育了很多幼苗；附近的另一种半边莲，却有蜂来光顾，并能自由地结籽。在很多其他情形中，尽管没有特殊的机关，来阻止柱头接受本花的花粉，诚如斯布伦葛尔所指出的以及为我所能证实的那样：要么粉囊在柱头

4-7 同一朵花的粉囊和柱头裸露且接近，以利自花受精

能受精之前便已裂开，要么在花粉尚未成熟之前柱头业已成熟，所以，这些植物事实上是雌雄分异的，而且通常必须进行杂交。这些事实是何等奇异啊！同一朵花中的花粉和柱头表面是如此地接近，好像专为自花受精而设计似的，然而，在很多情形中，彼此间竟毫无用处，这又是何等奇异啊！倘若我们用不同个体间的偶然杂交是有益或必需的这一观点，来解释这些事实的话，又是何等简单明了啊！

如若将卷心菜、小萝卜、洋葱以及其他一些植物的数个变种在距离相近的地方传代结籽的话，我发现由此培育出来的大多数幼苗都是杂种：比如，我在种植在邻近的卷心菜的几种变种中，培育出了233株幼苗，其中只有78株纯粹地保持了它们原来种类的性状，其中还有一些并非是完全纯

粹的。然而，每一朵卷心菜花的雌蕊不但被自己的六个雄蕊所围绕，而且还被同株植物上的很多其他的花的雄蕊所围绕。那么，这么多的幼苗是如何变为杂种的呢？我猜想，这准是源于不同变种的花粉比自己的花粉更具优势之故；这也正是同种异体杂交是有益的这一普遍法则的一部分。倘若不同的物种间杂交，其情形则恰好相反，因为一种植物自己的花粉总是要比外来的花粉更具优势；关于这一问题，我们留待其后一章再做讨论。

可能指出一种情况用来反驳上述观点，即一棵盛开无数花朵的大树，其花粉很少在树间传送，充其量仅在同一棵树的不同花朵间传送而已；而且同一棵树上的花，只能在狭义上，方可被视为不同的个体。窃以为，这一反论并非无的放矢，但是大自然对此也充分地留了一手，它令大树强烈地倾向于开雌雄分离的花。当雌雄分化了，尽管雄花和雌花同生于一棵树上，然而，我们会看到花粉必然会从此花传至彼花；这样一来，便会提供更为良好的机会，让花粉偶尔地从此树传至彼树。在植物所有的“目”（Orders）里，乔木在雌雄分化上较其他植物更为常见，我发现这在英国是如此：应我所求，胡克博士把新西兰的乔木整理列表，阿萨·格雷博士（Dr. Asa Gray）把美国的乔木整理列表，其结果均如我所料。另一方面，胡克博士告知我，他发现这一规律不适用于澳洲；我对于树的两性问题所作的这些简述，仅仅旨在引起对这一问题的关注而已。

现转向动物方面，略作讨论：在陆地上，诸如陆生软体动物和蚯蚓，有些是雌雄同体的；但它们都行交配。迄今我尚未见过一例能够自行受精的陆栖动物。对于这一显著的事实（这与陆生植物形成了鲜明的对照），只要考虑到陆生动物生活的媒介及其精子的性质，用偶尔杂交是不可或缺的这一观点，我们便能予以理解；因为我们知道，陆栖动物不像植物那样可凭借昆虫或风为媒介，因此若无两个个体的交配，偶尔的杂交便无法完成。水生动物中，有很多种类是能自行受精的雌雄同体；水流显然可以为它们的偶尔杂交提供媒介。在我请教过最高权威之一的赫胥黎教授之后，如同花中的情形一样，我至今未能找到一种雌雄同体的动物，它的生殖器官是如此完全地封闭在体内，以至于没有暗度陈仓的途径，而且在体质方面明显不可能接受不同个体的偶然影响。正是由于持此观点，我长久以来觉得蔓足类是很难解释的一例；然而，一个侥幸的机会，让我在其他场合得以证明：尽管它们是自行受精的雌雄同体，但两个个体之间有时确也进行杂交。

对于大多数博物学家来说，此种情形肯定被视为奇怪的异常现象，即在动、植物中，同科甚至同属的一些物种，尽管在整个体制上彼此间十分相近，其中不乏雌雄同体者，而有些则是雌雄异体的。但是，如若所有雌雄同体的生物事实上也偶尔杂交，那么，若从功能而言，雌雄同体与雌雄异体的物种之间的差异，就变得微乎其微了。

基于这几方面的考虑以及我搜集到的但却无法在此一一列举的很多特别的事实，我强烈地感到，在动物界和植物界，两个不同个体之间的偶然杂交，乃是一条自然定律。我深知，在这一观点上，还存在一些困难的情形，其中一些我正试图调查。那么，最后我们可以得出如下结论：在很多生物中，两个个体之间的杂交，对于每一次生殖来说，显然是必要的；在很多其他生物中，或许仅在长久的间隔里，才有必要；然而我怀疑，没有任何一种生物可以永久地自行繁殖。

对自然选择有利的诸条件。——这是一个极为错综复杂的问题。大量的可遗传的及多样化的变异是有利的，但我相信仅仅个体差异的存在，便足以发挥作用。个体的数量大，可为在特定时期内出现有利变异提供更好的机会，便能补偿单一个体的变异量较小的不足；故此我相信，此乃成功之极其重要的因素。虽然大自然给予自然选择以长久的时间去工作，但它不能给予无限长的时间；由于可以说是所有生物都极力在自然的经济结构中争夺一席之地，那么，任何一个物种，倘若不能发生与其竞争者有着相应程度的变异和改进的话，它很快就将必死无疑。

在人类着意选择的情形下，饲养者为了一定的目的而进行选择，自由杂交即会完全阻止其工作。当很多人在无意改变品种的情况下，却对品种的完善持有近乎共同的标准，并都试图得到最优良的动物来培育，这种无心的选择过程，肯定会使品种缓慢地大为改进，尽管会有大量的与劣等动物杂交。因此，在自然的状态下，亦复如此；在一个局限的区域内，其自然结构中的若干地方尚未达到天衣无缝般地被完美占据的地步，自然选择总是倾向于保存所有向正确方向变异的个体，尽管保存程度各有不同，以便更完美地布满尚未被占领的空间。但倘若地域辽阔的话，其中的数个区域几乎必然要有着不同的生活条件；那么，如若自然选择在这几个区域里改进一个物种的话，在每个区域的边界上就会发生与同种的其他个体间的杂交。在此情形下，杂交的效果几乎不能为自然选择所抗衡，因为自然选择总是倾向于依照每一地区的条件、用完全相同的方式去改变每一地区的所有的个体；而在一个连续的区域内，各种条件总会逐渐地从一个地区向另一个地区缓慢过渡的。凡是每次生育必须交配、游动性很大、繁殖速率不十分迅速的一些动物，受到杂交的影响则最甚。因此，这类性质的动物中，例如鸟，其变种通常仅局限于隔离的地区内，我相信情形正是如此。仅仅偶尔进行杂交的雌雄同体的生物中，同样，在每次生育必须交配，但很少迁移且增殖很快的动物中，一个新的和改良了的变种可能很快地在任何一处地方形成，并且能在那里自成一体，以至于无论何种杂交发生，大抵主要是发生在这个新变种的个体之间。一个地方变种一旦如此形成之后，其后可能会缓慢地散布到其他地区。根据上述原理，园艺家们总是喜欢从同一变种的大群植物中留种，这样一来，与其他变种杂交的机会于是就减少了。

即令在增殖缓慢、每次生育必行交配的动物中，我们也不能高估杂交在妨碍自然选择方面的效果；因为我可以罗列相当多的事实来表明，在同一地区内，同一种动物的不同变种，可以长久地保持各自的本色，或因占据不同的栖息地，或因有着略为不同的繁殖季节，或因同一变种的个体喜欢与自己的同类交配所致。

杂交在自然界中所起的一个很重要的作用，是使同一物种或同一变种的不同个体，在性状上保持着纯粹和一致。这种作用对于每次生育必行交配的动物来说，显然更为有效；但是，我已试图表明，我们有理由相信，偶尔的杂交见于所有的动物和植物。即便这种杂交只在很长的间隔期之后方会发生，我深信通过杂交所产生的幼体，在强壮和能育性方面，均远胜于那些长期连续自行受精的生物所生的后代，因此它们便会有更好的机会得以生存并繁衍其类；倘如此，即令杂交的间隔期很长，但从长远来说，其影响依然是巨大的。倘若有从不杂交的生物的话，只要它们的生活条件一成不变，其性状的一致性，只有通过遗传的原理，以及通过自然选择以消灭那些偏离固有类型的个体来实现。一旦它们的生活条件发生了变化，而且它们也经历了变异，那么，唯有依靠自然选择保存相同的有利变异，其变异了的后代方能获得性状的一致性。

隔离在自然选择过程中，也是一个重要的因素。在一个局限的或者隔离的地区内，若其范围不太大的话，其有机的和无机的生活条件，一般而言在很大程度上是一致的；所以，自然选择就趋于依照同样的方式，使该地区内一个变异中的物种的所有个体出现适应相同的生活条件的变化。隔离使原本与居住在周围环境不同的地区内的同种生物的杂交，也由此受到了阻止。当发生了诸如气候、陆地高度等物理变化之后，隔离在阻止那些适应性较好的生物的迁入方面，大概更为有效；因此，这一区域的自然经济体制里就为原产的生物保留了新的空间，供其竞争，并通过其构造和体制方面的变异，来适应这新的空间。最后，通过阻止生物的迁入并因此而减轻了竞争，隔离能为新变种的缓慢改进而提供了时间；这对于新种的产生有时可能是至关重要的。然而，如若或因其周围有屏障，或因其物理条件很特别，而致使隔离的地区很小的话，那么，依存在该地的生物的总数，也就必然会很小；这样一来，个体数的减少，使出现有利变异的机会也减少，因此也会大大地阻碍通过自然选择所产生的新种。

倘若我们转向自然界去检验这些评论真实与否，并仅着眼于诸如海岛之类的任一小的隔离区域的话，虽然生活在那里的物种的总数会很少，诚如我们将在《地理分布》一章中所见；但是这些物种中有很大的比例为土著物种，亦即是土生土长、别处所没有的。所以，乍看起来，海洋岛屿似乎有利于新种的产生。但是，我们因此可能会大大地欺骗了自己，因为我们若要确定究竟是一个小的隔离区域，还是一个大的开放区域（如大陆），最有利于生物新类型的产生，那么，我们就应当在相等的时间内来比较；然而，这却是我们所难以企及的。

尽管我不怀疑隔离对于新种的产生相当重要，但整个来说，我倾向于相信区域的广大尤为重要，尤其是在产生能够历久不衰并且广为分布的物种方面。在广袤而开放的地区内，不仅由于那里可以维系同种的大量个体的生存，因而就为从中产生有利的变异，创造了更好的机会，而且由于那里业已存在很多的物种，致使生存条件无限的复杂；倘若这众多的物种中有些产生变异或改进，那么，其他物种势必也会在相应的程度上加以改进，否则便会消亡。同时，每一新类型一旦得到大大的改进之后，便能向开放的、连绵的地区扩展，故会同很多其他类型竞争。因此，在大的区域内，会形成更多的新场所，那么占领这些新场所的竞争也会比小的和被隔离的地区更为剧烈。此外，广袤的地区，虽然现在是连续的，却由于地面的升降，不很遥远的过去曾常常是不连续的；因此隔离的优良效果，在某种程度上一般说来曾经是同时发生过的。最后，我的结论是：尽管小的隔离地区在某些方面对于新种的产生极为有利，然而变异的过程一般在大的区域内更为迅速；而且更重要的是，在大的区域内产生出来的一些新类型，由于业已战胜了很多竞争对手，将会分布得最广、产生出最多的新变种和物种，因此会在生物的变迁史中发挥重要的作用。

根据这些观点，我们大概就能理解在《地理分布》一章里还将述及的某些事实；例如，产于澳洲这样较小的大陆的生物，无论是过去还是现在，都抵挡不住产于较大的欧亚区域的生物。也正是同样的原因，大陆的生物，在诸岛上大多得以归化。在小岛上，生活竞争不太剧烈，故那里的变异较少，灭绝的情形也较少。因此，出于上述原因，按照希尔（Oswald Heer）所言，马德拉（Madeira）的植物区系类似于欧洲的业已灭绝的第三纪植物区系。与海洋或陆地相比，所有的淡水盆地合在一起，也只是一个很小的区域；其结果，淡水生物间的竞争也不及别处那么剧烈；故新类型的产生就较缓慢，而且旧类型的灭亡也较缓慢。正是在淡水里，我们发现了硬鳞鱼类（Ganoid fishes）的七个属，这些只是曾盛极一时的一个目之残余而已；在淡水里我们还发现了现今世界上几种形状最为奇异的动物，如鸭嘴兽（Ornithorhynchus）和南美肺鱼（Lepidosiren），它们如同化石一样，在某种程度上，与现今在自然等级上相隔甚远的一些目相关联。这些奇异的动物几乎可以称作活化石；它们能苟延残喘至今，盖因其居住在局限的地区之内，因而所遭遇的竞争不太剧烈所致。

在该论题极端复杂性允许的情况下，来总结一下对自然选择有利与不利的诸项条件。敝人的结论是，展望未来，对陆栖生物来说，广袤的区域，地面可能会经历多次升降，其结果将会有长时期的不连续的情形，这对很多新生物类型的产生，最为有利，而这些新生物类型也趋于经久不衰、广为传布。因为该地区将会先是一片大陆，那么，这时的生物在种类和个体数目上都会很多，因而就要陷入剧烈的竞争。当地面下陷而变为相互分离的大的岛屿时，每个岛上还会有很多同种的个体生存着：在每一物种分布的边界上的杂交，就会受到抑制；如若有任何形式的物理变化之后，生物迁入也会受阻，因而每一岛上的自然组成中的新场所，势必为原有生物的变异所填满；同时，每一岛上的变种，也有足够的时间得以充分地变异和改进。倘若通过地面的复又升高，诸岛再度变为大陆的话，剧烈的竞争便会重现：最受自然宠护的或改进最佳的变种，便能广布开来，而改进较少的类型就会大部灭绝，而且新连接的大陆上的各种生物的相对比例数，又会发生变化；自然选择的乐土复现，使居住在此的各种生物进一步得到改进，并从而产生出新的物种。

我完全承认，自然选择总是极其缓慢的。自然选择要发挥作用，有

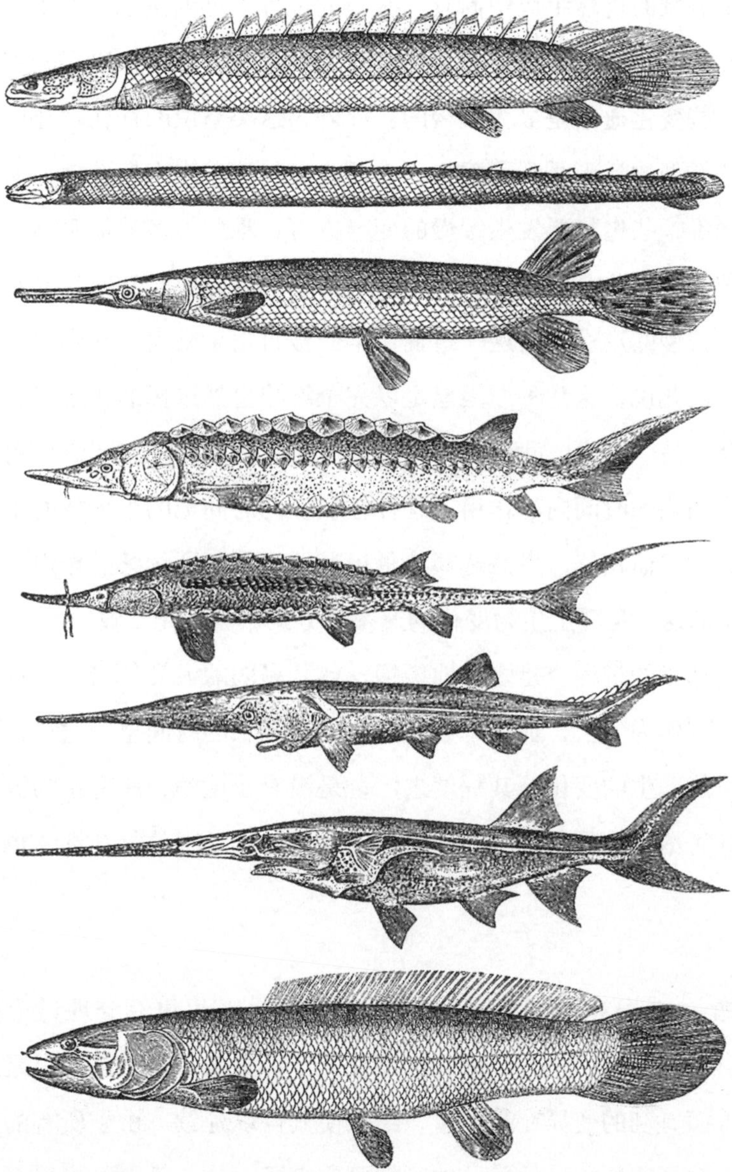

4-8 在地球历史上曾经盛极一时的硬鳞鱼类所残存下来的一些现生种类

赖于一个区域的自然组成中尚有一些空的位置，可供该地一些正在进行着某种变异的生物更好地去占据。这类空位的存在，常常取决于一些物理变化，而这些变化通常是极为缓慢的：此外，这类空位的存在，还取决于较能适应的类型的迁入受到了阻止。然而，自然选择作用的发挥，大概更要常常有赖于一些生物要发生缓慢的变异方可；唯此很多其他生物的互相关系才会被打乱。除非出现有利的变异，否则一事无成，然而变异本身分明总是非常缓慢的过程。而这一过程又常会被自由杂交大大地延滞。很多人会提高嗓门儿说，这几种原因已足以完全终止自然选择的作用了，我相信不会如此。另一方面，我确信自然选择总是极为缓慢地在起着作用，常常仅在较长间隔的时间内起作用，且往往仅在同时同地的极少数的生物身上起作用。我进而相信，自然选择这种极其缓慢和断断续续的作用，与地质学所揭示的这一世界上生物变化的速率和方式，竟不无二致。

无论选择的过程会是多么地缓慢，倘若羸弱的人类凭借人工选择的力量尚能大有作为的话，那么，在我看来，在漫长的时间里、通过自然的选择力量所能产生的变化，其程度之广，是没有止境的；所有生物彼此之间以及与其生活的物理条件之间相互适应的美妙和无限的复杂性，也是没有止境的。

灭绝。——这一论题将会在《地质学》一章里更充分地讨论；但由于它与自然选择密切相关，因此必须在此予以提及。自然选择只是通过保存某些方面有利的变异在起作用，结果使其得以延续。由于所有的生物均按几何级数高速增加，故每一地区都已充满了生物；于是，当得以选择的以及被自然宠护的类型在数目上增加了，那么，较不利的类型就会减少乃至于变得稀少了。地质学启示我们，稀少便是灭绝的先兆。我们也清楚，仅剩少数个体的任何类型，一遇季节或其敌害数目的一些波动，就很有可能完全灭绝。然而，我们可以更进一步地说，因为当新的类型不断地、缓慢地产生出来，除非我们相信物种类型数可以长久地、近乎无限地增加，那么，很多势必会灭绝。地质学清晰地显示，物种类型数目尚未无限地增加过；委实我们能够了解它们为何没有无限地增加过的缘由，因为自然界组成结构中的位置数目并非是无限大的，当然并不是说，我们有什么途径知悉任何一个地区是否已达到了物种数的极限。大概还没有什么地区已经"种"满为患，因为在好望角，比之世界上任何其他地方，有着更多的植物物种拥挤在一起，但依然有外来的植物在该地得以归化，而且据我们所知，这并未造成任何土著的消亡。

此外，个体数目最为繁多的物种，在任一既定的期间，产生有利变异的机会也最佳。第二章所述的一些事实，已包含这方面的证据，它们显示：正是这些常见的物种，有着最大数量的记录在案的变种，亦即雏形种。因此，个体数目稀少的物种，在任一既定期间内的变异或改进，都相对较为缓慢；在生存竞争中，它们就要被那些常见物种的业已变异了的后代所击败。

根据这几方面的考虑，我想，必定会有如下的结果：当新的物种历时既久、经自然选择而形成，其他的则会越来越稀少而最终消亡。那些同正在进行着变异与改进的类型相竞争最甚者，自然受创亦最甚。我们在《生存斗争》一章里业已看到，关系最近的类型（即同种的一些变种，以及同属或亲缘关系相近的属里的一些物种），由于具有近乎相同的构造、体质和习性，一般而言彼此间的竞争也最为剧烈。结果，每一新变种或新种在形成的过程中，一般对其最近的同类压迫最甚，并倾向于将它们斩尽杀绝。在家养生物中，通过人类对于改良类型的选择，我们也看到了同样的消亡过程。我们可以举出许多奇异的例子，表明牛、绵羊以及其他动物的新品种，加之花卉的变种，是何等迅速地取代了那些较老的和低劣的种类。在约克郡，从历史上可知，古代的黑牛被长角牛所取代，长角牛“又被短角牛所清除”，“宛若被某种致命的瘟疫所清除一样”（我在此引用了一位农学家的话）。

性状分异。——我用这一术语所表示的原理对我的理论是极为重要的，并如我所信可以用来解释若干重要的事实。首先，诸变种（即令是特征显著的那些变种）虽然多少带有物种的性质，但诚如在很多情形下，对于如何将其分类，充满无望的疑问所显示，它们彼此间的差异，肯定远比那些纯粹而明确的物种之间的差异为小。然而，依敝人之见，变种是正在形成过程中的物种，或曾被我称为的雏形种。那么，变种间的些许差异是如何增进为物种间的较大差异呢？变种差异增进为物种差异的过程屡见不鲜，我们只能从以下情况推知，即自然界中无数物种的大多数呈现着显著差异；而变种（这些未来的明确物种的假想原型和亲本）却呈现着一些细微的以及并非泾渭分明的差异。纯粹的偶然（我们或可如此称呼）也许会致使一个变种在某一性状上与其亲本有所差异，此后该变种的后代在同一性状上又与它的亲本有更大程度的差异；但是仅此一点，决不能说明同种的诸多变种间以及同属的异种间所惯常出现的、巨大的差异。

如我一向的做法，还是让我们从家养生物那里去寻求启迪吧。在此我们会发现相似的情形。一个养鸽者对喙部稍短的鸽子有所注意；而另一个养鸽者却对喙部略长的鸽子产生了兴趣；在“养鸽者现在不喜欢而且将来也不喜欢中间标准，而只喜欢极端类型”这一公认的原则下，他们就都继续（如同在翻飞鸽中实际发生的那样）选育那些要么喙部愈来愈长的，要么喙部愈来愈短的鸽子。再者，我们可以设想，在早期，一个人需要快捷的马，而另一个人却需要强壮和块头大的马。早期的差异可能是极为细小的；但是，随着时间的推移，一些饲养者连续选择较为快捷的马，而另一些饲养者却连续选择较为强壮的马，差异就会增大起来，以至达到形成两个亚品种的显著程度。最终，经过若干个世纪之后，这些亚品种就会变为两个确定的和不同的品种了。随着差异逐渐变大，具有中间性状的劣等动物，由于既不太快捷也不太强壮，便会被忽视，并将趋于消失。这样一来，我们从人类选择的产物中看到了所谓分异原理的作用，它引起了差异，最初几乎难以察觉，尔后稳步增大，于是各品种彼此之间及其与共同亲本之间则在性状上发生分异。

但是也许要问，类似的原理怎能应用于自然界呢？单就以下情形而论，这一原理能够应用而且确已应用得极为有效，即任何一个物种的后代，倘若在构造、体质、习性上越是多样化的话，那么，它们在自然组成中，就越能同样多地占有很多以及形形色色的位置，而且它们在数量上也就越能增多。

这一点可清晰地见于习性简单的动物之中。以肉食的四足兽类为例，在任一地区所能负担它们的总平均数，早已达到了饱和。若任其自然增长力发挥的话，它的成功的增长（在该地区的条件未经历任何变化的情形下），唯有依靠其各种变异的后代去夺取其他动物目前所占据的地方，方能达到：例如，能够猎食新的种类，死的也好，活的也好；有些能生活在新的处所，或树栖，或水栖，有些大概索性减低其肉食习性。这些肉食动物的后代，在习性和构造方面变得越多样化，它们所能占据的地方也就越多。能应用于一种动物的原理，也能应用于一切时间内的所有动物；前提是它们发生变异，否则，自然选择便无能为力。植物的情形亦复如此。试验证明，如若在一块土地上仅播种同一物种的草，而在一块相似的土地上播种若干不同属的草的话，那么，后者便由此可得更多株数的植物以及更大重量的干草。在两块同样大小的土地上，若一块只播种一个小麦变种，而另一块则混杂地播种几个不同的小麦变种，也会发生同样的情形。所以，倘若任何一个物种的草正在变异，并且如果各个变种被连续地选择着，彼此间的不同，完全像不同的种和属的草之间那样彼此相异的话，那么，这个物种就会有更大数量的个体（包括其变异了的后代），成功地生活在同一块土地之上。我们深知，每一物种和每一变种的草，每年都要散播几乎不可胜数的种子；因此，或可如是说，它们都在竭力地增加数量。结果，我毫不怀疑，历经数千世代，任一物种的草的最为显著的变种，总会有最好的机会得以成功并增加其数量，并因此而排除那些较不显著的变种；变种一旦到了彼此截然分明之时，便能达到物种的等级了。

高度的构造多样性能支撑最大数量的生物，这一原理的真实性见于很多自然情况下。在一极小的地区内，特别是允许自由迁入时，那里的不同个体之间的竞争必然激烈，我们也总能看到居住在那里的生物有着高度的多样性。譬如，我发现一块四英尺长、三英尺宽的草地，多年来面临着一模一样的条件，其上生长着二十个物种的植物，属于十八个属和八个目，显示这些植物彼此间的差异是何等之大。条件一致的小岛上的植物和昆虫，以及淡水池塘中的情形，亦复如此。农民们发现，用隶属最为不同的“目”的植物来轮种的话，可以收获更多的粮食：自然界中发生的情形可称为同时的轮种。密集地生活在任何一小块土地上的大多数动物和植物，皆能在那里生活（假定这片土地在性质上没有任何特别之处的话），并且可以说，它们都竭尽全力地在那里求生；但是，可以看到，在它们彼此之间短兵相接地竞争之处，构造分异性的优势，连同与其相伴的习性和体质方面的差异的优势，一般说来决定了彼此间紧密相争最厉害的生物，会是那些我们称为不同的“属”和“目”的生物。

同样的原理，见于植物通过人类的作用在异地归化的现象之中。或许人们以为，在任何一块土地上能够成功地归化的植物，通常会是一些与土著植物亲缘关系相近的种类；因为土著植物一般被看作是特别创造出来而适应于本土的。或许人们还会以为，归化了的植物，大概只属于特别能适应新居的某些地点的少数类群。但实际情形却十分不同；德康多尔在其了不起的、令人称羡的著作里曾精辟地阐明，若与土著的属和物种的数目在比例上相比较的话，植物群通过归化所获得的新属要远多于新种。仅举一例：在阿萨·格雷博士的《美国北部植物手册》（*Manual of the Flora of the Northern United States*）的最后一版里，曾举出260种归化的植物，而这些属于162个属。由此可见，这些归化的植物具有高度的分异性。此外，它们在很大程度上与土著植物不同，因为在162个归化的属中，非土生“属”的不下100个，因此，这些北部各州植物“属”的数目，在比例上有了很大的增加。

通过考虑在任一地区与土著的生物相斗而获胜并因此得以在那里归化了的植物或动物的性质，我们能够大体认识到，某些土著生物必须如何发生变异，才能胜过其他一些土著生物；而且，我们至少能够有把握地推断，构造的分歧性达到新属一级的差异，对它们是会很有利的。

4-9 澳洲的袋鼠

事实上，同一地区生物的构造上的多样化所具有的优势，与一个个体各器官的生理分工的多样化所产生的优势是相同的——米尔恩·爱德华兹（Milne Edwards）已经精辟地阐明过这一问题。没有一个生理学家会怀疑，专门消化植物物质的胃，或专门消化肉类的胃，能够从这些物质中吸收最多的养料。所以，在任何一块土地的总的经济体系中，动物和植物对于不同生活习性的适应分化地越广阔、越完善，则能够支持自身生活在那里的个体数量也就越大。一组体制分异度很低的动物，很难与一组构造分异度更完全的动物相竞争。例如，澳洲各类的有袋动物可以分成若干群，但彼此差异不大，如沃特豪斯先生（Mr. Waterhouse）及其他一些人所指出的，它们隐约代表着食肉的、反刍的、啮齿的哺乳类，但它们是否能够成功地与这些泾渭分明的哺乳类各目动物相竞争，也许令人怀疑。在澳洲的哺乳动物里，我们看到多样化的过程还处在早期和不完全的发展阶段。

在上述讨论（本应更为详尽才是）之后，我想我们可以假定，任何一个物种的变异了的后代，在构造上的分异度越高，便越能更为成功，而且越能侵入其他生物所占据的位置。现在让我们看一看，从性状分异获益的原理，与自然选择的原理以及灭绝的原理结合起来之后，会起到什么样的作用。

本书所附的一张图表，有助于我们来理解这一比较复杂的问题：以A到L代表该地区的一个大的属的诸物种；假定它们的相似程度并不相等，正如自然界中的一般情形那样，也如图表里用不同距离的字母所表示的那样。我所说的是一个大的属，因为在第二章里已经说过，在大属里比在小属里平均有更多的物种发生变异；而且大属里发生变异的物种有更大数目的变种。我们还可看到，最普通的和最广布的物种，比稀有的和分布窄的物种变异更甚，假定A是普通的、广布的、变异的物种，并属于本地的一个大属，从A发出的小扇形的不等长的、分歧散开的虚线，可代表其变异的后代。假定这些变异极其细微，但其性质却极为多样；假定它们并不是同时一起发生，而是常常间隔很长一段时间才发生；又假定不是所有的变异都能存在相等的时期。只有那些具有某些有益的变异，才会被保存下来，或被自然选择下来。这里由性状分异能够获益的原理的重要性便出现了；因为一般地这就会导致最不同的或最分异的变异（由外侧虚线表示）得到自然选择的保存和累积。当一条虚线遇到了一条横线，在那里就用一带有数字的小写字母标出，那是假定变异的数量已得到了充分的积累，从而形成了一个相当显著的变种，诸如在分类工作上被认为是值得记载的变种。

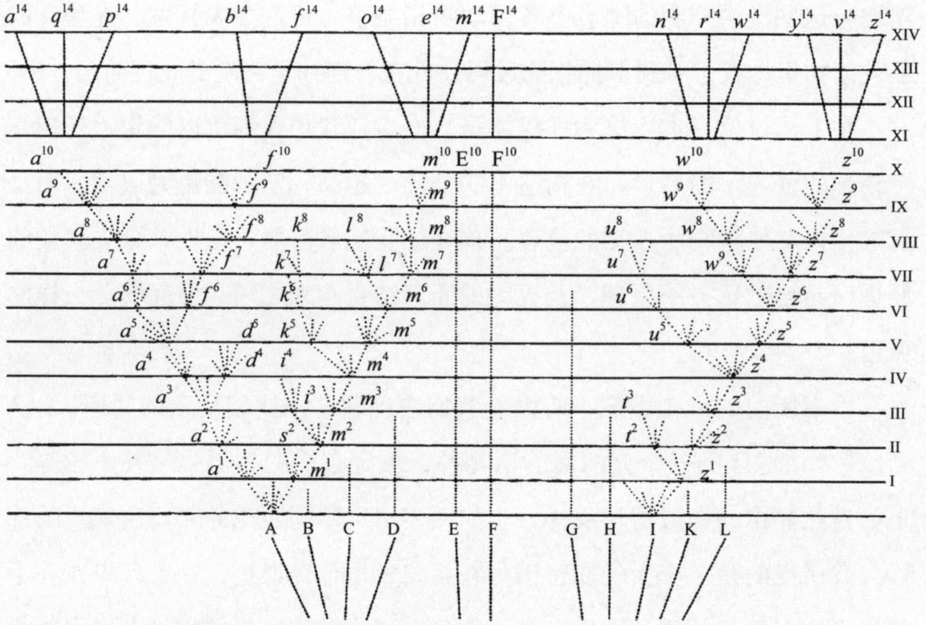

图表中横线之间的距离，可代表一千个世代；然而，若是能代表一万个世代，或许会更好。一千代之后，假定物种（A）产生了两个相当显著的变种，即a^1和m^1。这两个变种继续处在一般来说与它们的亲本发生变异时所处的相同条件，而且变异倾向本身也是遗传的；结果，它们便同样地具有变异的倾向，并且一般以几乎与其亲本一样的方式发生着变异。此外，这两个变种，只是轻微变异了的类型，所以倾向于通过遗传继承了其共同亲本（A）的优点，这些优点使其亲本比本地大多数其他生物更为众多；同样，它们还继承了亲种所隶属的那一属的更为一般的优点，这些优点使这个属在它自己的地区内成为了一个大属。我们知道，所有这些条件对于新变种的产生都是有利的。

那么，倘若这两个变种依旧变异，它们那些分异最甚的变异，在此后的一千代中，一般都会被保存下来。在这之后，假定在图表中的变种a^1产生了变种a^2，根据分异的原理，a^2和（A）之间的差异，将会大于a^1和（A）之间的差异。假定m^1产生两个变种，即m^2和s^2，两者彼此不同，但与其共同亲代（A）之间的差异更大。我们可按照同样的步骤，把这一过程延伸到任何长度的期间；有些变种，在每一千代之后，只产生一个变种，但在变化越来越大的条件下，有些则会产生两个或三个变种，而有些却不能产生任何变种。因此，源自共同亲代（A）的变种或变异了的后代，通常会继续增加其数量，且继续着性状分异。在图表中，这个过程被显示至第一万代为止，此后及至第一万四千代之间，则用压缩和简化的形式来显示。

但我在这里必须说明，我并不认为这种过程会像图表中那样有规则地进行，尽管图表本身已多少有些不规则性。我更不认为，最为分异的变种必然会成功及繁衍：一个中间类型时常能够长久地生存，但能否产生一个以上的变异了的后代，也是说不准的：因为自然选择总是会根据未被其他生物占据的，抑或未被完全占据的地方的性质而发挥作用的；而这一点又取决于无限复杂的关系。但是，按照一般的规律，任何一个物种的后代，其构造上的分异度越大，便越能占据更多的地方，而且其变异了的后代也越能得以增加。在我们的图表里，谱系线在有规则的间隔内中断了，在那里标有带有数字的小写字母，它们标示着相继的类型，而这些类型已变得显著不同，足以被记录为变种。但这些间断是想象的，在间隔的长度允许相当多的分异的变异得以积累之后，可以将这些间断插入任何地方。

由于源自一个普通的、广布的、属于一个大的属的物种的所有变异了的后代，均会趋于承继那些使其亲代在生活中得以成功的相同的优点，因此通常它们既能不断地增加数量也能继续性状分异：这由图表中自（A）所分出的数条虚线来代表。从（A）产生的变异了的后代，以及谱系线上更高度改进了的分支，往往会取代（并因此而消灭）较早的和改进较少的分支；这在图表中由几条较低的、没有达到上面横线的分支来表示。在某些情形里，我不怀疑，变异的过程只限于一条谱系线上，后裔的数量并未增加；尽管在相继的世代里，分异变异的程度可能业已扩大了。如若从图表里将从（A）出发的、除a^1到a^{10}的那一条之外的各条线都去掉的话，便可表示出这种情形。同样，譬如英国的赛跑马和向导犬，两者的性状显然从其原来的祖干缓慢地分异，但未曾分出任何新的支系或族群来。

一万代之后，假定（A）种产生了a^{10}、f^{10}和m^{10}三个类型，由于它们经过历代的性状分异，相互之间及与共同祖代之间的差别将会很大，但也许这些差别并不均等。如若我们假定图表中的两条横线间的变化量极其微小，那么，这三个类型可能还只是十分显著的变种，抑或可能已经达到了亚种这一有疑问的阶元；但我们只要假定这变化过程在步骤上较多或在量上较大，即可将这三个类型变为明确的物种。因此，这张图表说明了由区别变种的较小差异，增至区别物种的较大差异的一些步骤。把同样过程推进到更多个世代（如图中以压缩和简化的形式所示），我们便得到了八个物种，系用小写字母a^{14}到m^{14}所表示，所有这些物种都是从（A）传衍下来的。由此，诚如敝人所信，物种倍增了，属也就形成了。

在大的属里，发生变异的物种大概总会超出一个以上。在图表里，我业已假定第二个物种（I）经过类似的步骤，在一万世代以后，产生了两个显著的变种（w^{10}和z^{10}）或是物种，至于它们究竟是变种还是物种，则要根据横线间所假定表示的变化量而定。一万四千世代后，假定产生了六个新物种，标记为n^{14}到z^{14}。在每一个属里，性状业已极为不同的物种，一般会产出最大数量的变异了的后代；因为在自然组成中，这些后代拥有最好的机会，去占据新的和大不相同的位置：故此，我在图表里选取极端物种（A）与近极端物种（I），作为那些变异最大的和业已产生了新变种和新物种的物种。原有的属里的其他九个物种（用大写字母表示的），在很长时期内，可能依然继续传下未曾变更的后代；这在图表里是用虚线来表示的，但由于空间所限，这些虚线没有向上延伸很远。

但在变异过程中，如图表中所示，我们的另一个原理，即灭绝的原理，也起着重要的作用。因为在每一处布满了生物的地域内，自然选择的作用，必然在于选取那些在生存斗争中比其他类型更具优势的类型，故任一物种的改进了的后代，在其谱系的每一阶段，总是趋于排斥和消灭其先驱者及其原始亲本。应该记住，那些习性、体质和构造方面彼此最为相近的类型，一般说来，它们之间的竞争尤为剧烈。因此，介于较早的和较晚的状态之间（亦即介于同一个种中改进较少的和改进较多的状态之间）的中间类型以及原始亲种自身，一般都趋于灭绝。所以，谱系上的很多整个的旁支大概会这样地走向灭绝，乃为后来的和改进了的支系所战胜。然而，倘若一个物种的变异了的后代进入了另一不同的地域，抑或很快地适应于一个全新的地方，在此情形下，后代与祖先间就不会产生竞争，二者均可继续存在。

假定我们的图表所表示的变异量相当大的话，则物种（A）及所有较早的变种均会业已灭亡，而为八个新物种（a^{14}至m^{14}）所取代；物种（I）也将会被六个新物种（n^{14}至z^{14}）所取代。

然而，我们还可由此更进一步。假定该属的那些原始种彼此间的相似程度并不均等，一般说来自然界的情况正是如此；物种（A）跟B、C及D之间的关系，比跟其他物种间的关系较近；物种（I）与G、H、K、L之间的关系，比跟其他物种的关系较近。并且假定（A）和（I）都是极为普通而广布的物种，故此它们肯定原本就比同属中的其他多数物种占有若干优势。它们的变异了的后代，在一万四千世代时已共有十四个物种，它们大概也都承继了部分同样的优点：它们在谱系的每一阶段中还以形形色色的方式经历了变异和改进，这样便在其居住的地域的自然经济组成中，逐步适应了很多与其有关的位置。据我所见，因此它们极有可能，不仅会取代亲本种（A）和（I）并将其消灭，而且还会消灭与其亲本种最为接近的一些原始物种。所以，原始物种中极少能够传到第一万四千世代的。我们可以假定，与其他九个原始物种关系最疏远的两个物种中，只有一个物种（F）会将其后代传到谱系的这一晚期阶段。

在我们的图表里，从开始的十一个物种传下来的新物种数目现在是十五个了。由于自然选择的分异倾向，a^{14}与z^{14}之间在性状方面的极端差异量，远比原来的十一个种之间的最大的差异量还大。此外，新种间的亲缘关系的远近，也大不相同。从（A）传下来的八个后代中，a^{14}、q^{14}、p^{14}三者，皆为新近从a^{10}分出来的，故亲缘关系较近；b^{14}和f^{14}则是在较早的时期从a^{5}分出来的，故与前述三个物种在某种程度上有所区别；最后，o^{14}、e^{14}、m^{14}在亲缘关系上彼此相近，但因其在变异过程的初始便业已分歧，故与其他五个物种大不相同，可构成一个亚属甚或一个独立的属。

从（I）传下来的六支后裔将形成两个亚属甚或两个属。但是，因为原来的物种（I）与（A）大不相同，两者在原来的各属里几乎位于两极，故而从（I）分出来的六支后裔，由于遗传的缘故，就足以会跟由（A）分出来的八支后裔大相径庭；此外，我们还假定这两组生物，一直是向不同的方向继续分化的。而连接在原来物种（A）和（I）之间的中间种（这一点至关重要），除了（F）之外，均已灭绝了，且未留下任何后代。因此，从（I）传下来的六个新种，以及从（A）传下来的八个新种，势必被分类为十分不同的属，甚或不同的亚科。

故如我所信，两个或两个以上的属，是从同一个属中两个或两个以上的物种通过兼变传衍（descent with modification）而产生的。而这两个或两个以上的亲本种，又可假定是源自更早期的一个属里的某一物种。在我们的图表里，这是用大写字母下方的虚线来表示的，其各分支向下方的一个单一点汇集；这一点则代表一个单一的物种，它便是几个新的亚属以及属的假定的单一祖先。

在此值得略为回顾一下新物种F^{14}的性状，其性状假定未曾有过太多的分异，依旧保存着（F）的类型，要么无甚变化，要么变化甚微。在这种情形下，它和其他十四个新种的亲缘关系，具有奇妙而曲折的性质。因为它是从（A）和（I）两个亲本种之间的类型那里传下来的，而这一过渡类型现在假定业已灭亡而不为人知，那么，它（F^{14}）的性状大概在某种程度上也介于这两个物种所传下来的两群后代之间。然而，由于这两群的性状已经和它们的亲本种类型有了分歧，因此，新物种（F^{14}）并不直接介于其两个亲本种之间，而是介于这两群的类型之间；大概每一个博物学者的脑子里，都会浮现出此类情形。

在这张图表里，每一条横线都假定代表一千个世代，但也可代表一百万个或一亿个世代；同样，它还可以代表含有灭绝了的生物遗骸的地壳的地层层序的一部分。我们在《地质学》一章里，还得再行述及这一问题，而且我认为，彼时我们将会看到这张图表对灭绝生物的亲缘关系的启示，亦即尽管这些灭绝了的生物一般与现生的生物属于同目、同科甚或同属，但是通常在性状上多少介于现今生存的各类群生物之间；我们是能够理解这一事实的，盖因灭绝了的物种生存于远古时代，那时谱系线上的分支线之间的分异尚小。

我看没有什么理由把于今所解释的变异过程，仅限于属的形成。在图表中，如若我们假定分歧虚线上的每一相继的类群所代表的变异量是巨大的话，那么，标示着a^{14}到p^{14}、b^{14}和f^{14}，以及o^{14}到m^{14}的类型，会形成三个极不相同的属。我们还会有从（I）传衍下来的两个极不相同的属；而且由于后面这两个属既有持续不断的性状分异又有不同亲本的遗传，它们会与源自（A）的那三个属大不相同。这些属因而分别聚成两个小群，按照图表所假定代表的分歧变异量，遂形成了两个不同的科，或不同的目。这两个新科或新目，是从原先那个属的两个物种传衍下来的，而这两个物种又假定是从某个更古的以及未知的属里的一个种那儿传衍下来的。

我们业已见到，在每一地域内，总是较大的属里的物种，最常产生变种或雏形种。这委实可属预料之中的事儿；盖因自然选择是通过一种类型在生存斗争中优胜于其他类型方起作用的，故其主要作用于那些业已具有某种优势的类型；而任一类群之为大，即显示了其物种业已从共同祖先那里承继了某些共同的优点。因此，旨在产生新的、变异了的后代的斗争，则主要发生在那些均在极力增加数目的大类群之间。一个大类群将缓慢地征服另一个大类群，使后者的数量减少，并因此而减少了它进一步变异和改进的机会。在同一个大类群里，后起的和更为高度完善的亚类群，由于分歧发展且在自然组成中占据了很多新的位置，故而经常趋于排挤和消灭掉较早的、改进较少的亚类群。小的以及衰败的类群和亚类群终将趋于绝迹。展望未来，我们可以预言：大凡眼下庞大的、风头正健的、也是分崩离析最少并于今最少受到灭顶之灾的生物类群，将会在一个很长的时期内继续增加。然而，哪些类群最终能够稳操胜券，却无人能够预言；因为我们知道有很多类群先前曾是极为广泛发展的，但现在都已灭绝了。展望更远的未来，我们还可预言：由于较大的类群继续稳步地增长，大量的较小的类群终会完全灭绝，且不会留下任何变异了的后代；结果，生活在任一时期内的物种中，仅有极少数的物种能把它们的后代传到遥远的未来。我将在《分类》一章里再度讨论这一问题，然而，我或可在此补充一下，鉴于仅有极少数较古老的物种能把后代传至今日，又鉴于同一物种的所有后代组成为一个纲，于是我们就不难理解，为何在动物界和植物界的每一主要大类里，现存的纲是如此之少了。虽然只有极少数最为古老的物种留下了现生的变异了的后代，但在过去遥远的地质时代里，地球上也可能宛若今天一样，曾遍布着很多属、科、目以及纲的众多物种。

本章概述。——在时代的长河里，在变化着的生活条件下，若生物组织结构的几部分发生变异的话，我认为这是无可置疑的；由于每一物种都按很高的几何级数增长，若它们在某一年龄、某一季节或某一年代发生激烈的生存斗争的话，这当然也是无可置疑的；那么，考虑到所有生物相互之间及其与生活条件之间，有着无限复杂的关系，并引起构造、体质及习性上对其有利的无限的多样性，而有益于人类的变异已出现了很多，若是说从未发生过类似的有益于每一生物自身福祉的变异的话，我觉得那就太离谱了。然而，如果有益于任何生物的变异确实发生过，那么，具有这种性状的一些个体，在生存斗争中定会有最好的机会保存自己；根据强劲的遗传原理，它们趋于产生具有同样性状的后代。为简洁起见，我把这一保存的原理称为“自然选择”；它使每一生物在与其相关的有机和无机的生活条件下得以改进。

根据品质在相应年龄期得以遗传的原理，自然选择能像改变成体那样，易如反掌地改变卵、种子、幼体。在很多动物中，性选择通过确保最强健的、最适应的雄性个体产生最多的后代，可助普通选择一臂之力。性选择又让雄性个体获得仅对雄性有利的性状，以便与其他雄性个体分庭抗礼。

自然选择是否确能如此发挥作用，致使各种生物类型适应于各自的若干条件和住所，尚有待其后各章所举证据的要旨与权衡来判断。然而我们业已看到，自然选择是如何地引起了生物的灭绝；而在世界史上灭绝的作用又是何等地巨大，地质学已清晰地阐明了这一点。自然选择还能导致性状的分异；因为生物的构造、习性及体质上分异愈甚，则该地区所能支撑的生物就愈多，对此我们只要稍加观察任何一个小地方的生物及归化的生物便可以得到证明。所以，在任何一个物种的后代的变异过程中，以及在所有物种为增加其个体数而不断的斗争中，若其后代变得越多样化，它们在生存斗争中成功的机会也就越多。因此，区别同一物种中不同变种的微小差异，也就趋于逐渐增大，直到能与同属的物种（甚或不同的属）之间的更大的差异相媲美。

我们业已看到，比较大的属里的那些普通的、极为分散的，以及广布的物种，也是变异最甚的；而且，这些物种将趋于传给其变异了的后代的那种优越性，正是令其现今能在本土上占有优势的优越性，如方才所述，自然选择导致性状的分异，并导致改进较少的和中间类型的生物大量灭绝。根据这些原理，我相信，所有生物间的亲缘关系的性质均可得到解释。这委实是件奇妙的事（我们对此奇妙却熟视无睹），即一切时间和空间内的所有的动物和植物，都通过层层隶属的类群而彼此相连，诚如我们到处所见的那样，亦即同种的变种间的关系最为密切；同属的不同物种间的关系较疏远且不均等，乃形成派（section）和亚属；异属的物种间的关系更为疏远；属间关系视远近程度不同，乃形成亚科、科、目、亚纲及纲。任何一个纲里的几个次级类群，不能列入单一行列，而是环绕数点、聚集一起，这些点又环绕着另外一些点，以此类推，几乎成为无穷的环状。倘若物种是一一独立创造的话，这一了不起的事实在生物分类中，便无可解释；但是，据我最好的判断，用遗传以及自然选择的复杂作用（涉及到灭绝和性状分异），如我们在图表中所示，这一点便可得到解释。

同一纲中的所有生物的亲缘关系，有时已用一株大树来表示。我相信这一比拟在很大程度上道出了实情。绿色的、生芽的小枝可以代表现存的物种；往年生出的枝条可以代表那些长期以来先后灭绝了的物种。在每一生长期中，所有生长着的小枝，都试图向各个方向分枝，并试图压倒和消灭周围的细枝和枝条，正如物种以及物种群在生存大战中试图征服其他物种一样。主枝分为大枝，再逐次分为越来越小的枝条，而当此树幼小之时，主枝本身就曾是生芽的小枝；这种旧芽和新芽由分枝相连的情形，大可代表所有灭绝物种和现存物种的层层隶属的类群分类。当该树仅是一株矮树时，在众多繁茂的小枝中，只有那么两三根小枝得以长成现在的大枝并生存至今，支撑着其他的枝条；生存在遥远地质年代中的物种也是如此，它们之中极少能够留下现存的、变异了的后代。自该树开始生长

4-10 鸭嘴兽为卵生的哺乳动物，曾被认为是爬行动物与哺乳动物之间的过渡类型

以来，许多主枝和大枝都已枯萎、折落；这些失去的大小枝条，可以代表那些未留下现生后代而仅以化石为人所知的整个的目、科及属。诚如我们偶尔可见，树基部的分叉处生出的一根细小柔弱的枝条，由于某种有利的机缘，至今还在旺盛地生长着；同样，我们偶尔看到诸如鸭嘴兽或肺鱼之类的动物，通过亲缘关系，在某种轻微程度上连接起生物的两大分支，并显然因为居于受到庇护的场所，而幸免于生死搏斗。由于枝芽通过生长再发新芽，这些新芽如若生机勃勃，就会抽出新枝并盖住周围很多孱弱的枝条。所以，我相信这株巨大的“生命之树”的代代相传亦复如此，它用残枝败干充填了地壳，并用不断分叉的、美丽的枝条装扮了大地。

V

第五章

变异的法则

外界条件的效应——器官的使用与不使用，与自然选择相结合；飞翔器官和视觉器官——气候适应——生长相关性——不同部分增长的相互消长与节约措施——伪相关——重复的、退化的及低等的结构易于变异——发育异常的部分易于高度变异：物种的性状比属的性状更易变异：副性征易于变异——同属内的物种以类似的方式发生变异——消失已久的性状的重现——概述。

我以前有时把变异说得好似偶然发生的，尽管变异在家养状态下的生物里是如此地普遍而且多样，而在自然状态下其程度稍许差些。诚然，这是完全不正确的一种说法，可它也清晰地表明，我们对于每一特定的变异的原因一无所知。有些作者相信，产生个体差异或构造的些微偏差，宛若子女与其双亲相像那样，乃生殖系统的功能。然而，在家养状态（或栽培）下比在自然状态下，变异要大得多、畸形更常发生，这令我相信：构造的偏差在某些方式上是与生活条件相关的，而在几个世代中，其双亲及其更远的祖先业已处在这样的生活条件之中了。我业已在第一章里谈到（然而要表明我所言之真实的话，得要列出一长串的事实，而此处又无法做到），生殖系统是最易受到生活条件影响的；我把后裔变异或具有可塑性的情况，主要地归因于其双亲的生殖系统在功能上受到了干扰。雄性和雌性的生殖因子，似乎是在交配前受到影响的，而交配是为了产生新生命。至于“芽变”植物，仅是芽受到了影响，而芽最早的情形，跟胚珠在实质上并无甚明显的区别。但是，为何由于生殖系统受到干扰，这一部分或那一部分就会或多或少地发生变化呢？对此我们茫然无知。然而，我们点点滴滴、隐隐约约地捕捉到一线微光，我们可以有把握地认为，构造的每一处偏差，无论其多么细微，皆定有缘由。

气候、食物等的差异，对任何生物究竟能产生多大的直接影响，是极为可疑的。我的印象是，这种影响对动物来说，是极小的，或许对植物来说，影响要大一些。但是，我们至少可以有把握地断言，这类影响是不会业已产生了不同生物间构造上的很多显著和复杂的相互适应的，而这些相互适应在自然界比比皆是。一些小的影响或许可归因于气候及食物等：福布斯（E. Forbes）很有把握地说，生长在南方范围内的贝类，若是生活在

5-1 美洲鸵鸟的雄鸟具有能充气鼓起的巨大喉囊

浅水中，比生活在北方或深水中的同种贝类的颜色，要鲜亮得多。古尔德（Gould）相信，同种的鸟，生活在清澈的大气中的，其颜色比生活在海岛或近岸的，要更为鲜亮：昆虫也同样如此，沃拉斯顿（Wollaston）相信，在海边生活的昆虫，其颜色会受到影响。摩奎因—谭顿（Moquin-Tandon）曾列出一张植物的单子，这张单子上的植物，当生长在近海岸处时，在某种程度上叶内多肉质，虽然在别处并非如此。还可以举出其他几个类似的例子。

一个物种的一些变种，当分布到其他物种的居住带时，会在非常轻微的程度上获取后者的某些性状，这一事实与我们的所有各类物种仅是一些显著的和永久的变种这一观点，是相吻合的。因此，局限于热带和浅海的贝类物种，较之局限于寒带和深海的贝类物种，一般说来颜色要更鲜亮一些。依古尔德先生所言，生活在大陆上的鸟类，要比海岛上的鸟类更为鲜亮。如每一个采集者所知，局限于海岸边的昆虫物种，常常更呈黄铜色或灰黄色。那些只生活在海边的植物，极易于长肉质的叶子。对于相信每一个物种皆是创造出来的人来说，他必须说，譬如，这个贝类的鲜亮的颜色是为温海所创造的；但另一个贝类则是分布到较温暖或较浅的水域时，通过变异才变得鲜亮起来的。

当一种变异对一生物哪怕只有最微小的用处时，我们便无法辨别这一变异究竟有多少应当归因于自然选择的累积作用，又有多少应归因于其生活条件。因此，皮货商们都很熟悉，同种动物，生活在愈严酷的气候下，其毛皮便愈厚而且愈好；但谁能够弄清楚这种差异，有多少是由于毛皮最温暖的个体在许多世代中得到了垂青而被保存下来的，有多少是由于严寒气候的直接作用呢？因为气候似乎对于我们家养兽类的毛皮，是有着某种直接作用的。

有很多例子显示，在但凡可以想象的极为不同的生活条件下，能产生相同的变种；而另一方面，在相同条件下的同一物种，亦会产生不同的变种。这些事实显示，生活条件是如何必然在间接地起着作用。另外，有些物种虽然生活在极相反的气候下，仍能保持纯粹，或完全不变，无数这样的事例，每一位博物学家都烂熟于胸。类似的考虑使我倾向于认为，生活条件的直接作用并不那么重要。如我业已指出，它们似乎在影响生殖系统方面间接地起着重要的作用，并因此诱发变异性；而自然选择然后就会积累所有有益的变异，无论其多么微小，直到变异的发展达到明显可见、引人注意的程度。

器官使用与不使用的效应。——根据第一章里所提及的一些事实，窃以为，无疑在我们的家养动物里，某些器官因为使用而得以增强及增大了，某些器官则因为不使用而减弱了；而且此类变化是遗传的。在自由自在的自然状况下，由于我们对亲本类型（parent-form）一无所知，因而我们缺乏任何可供比较的标准，来判断器官连续长久使用与长久不用的效应；但是，很多动物所具有的一些构造，则能为不使用的效应所解释。正如欧文教授所言，在自然界里，没有什么比鸟不能飞更为异常的了；然而，有几种鸟则确乎如此。南美的大头鸭（logger-headed duck）只能在水面上扑打着它的翅膀，而它的翅膀跟家养的艾尔斯伯里鸭（Aylesbury duck）几乎并无二致。由于在地上觅食的较大个体的鸟类，除了逃避危险之外很少飞翔，因而我相信，现今栖息在或不久之前曾经栖息在若干海岛上的几种鸟，因为那里无捕猎的兽类，故其近乎无翅的状态概因不使用所致。鸵鸟委实是栖息在大陆上的，当它面临危险时，不能用飞翔来逃避，

5-2 非洲鸵鸟的左腿，它奔跑的时速高达 64 公里

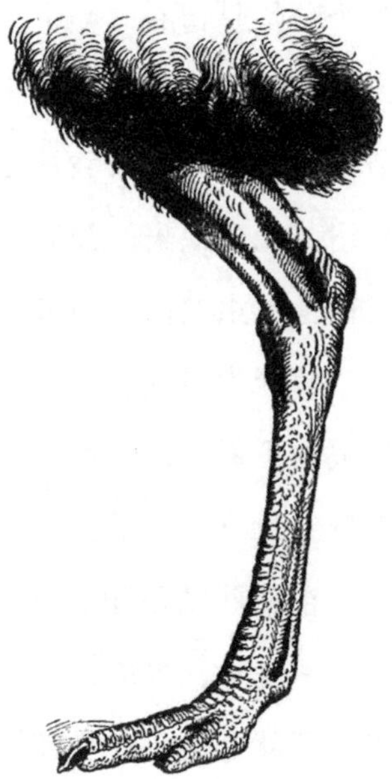

而是颇能像任何小型的四足兽那样，以踢打其敌人来自卫。我们可以想象，鸵鸟祖先的习性原本与野雁相像，但因其身体的大小和重量，被世世代代的自然选择所增加，它就越来越多地使用腿，而越来越少地使用其翅膀，终至不能飞翔了。

科尔比（Kirby）业已说过（我也已见过同样的事实），很多食粪的雄性甲虫的前跗节（或足）常常会断掉；他观察了所采集的16个标本，没有

一个哪怕是留有一点儿残迹的。在阿佩勒蜣螂（Onites apelles）中，跗节惯常消失，乃至于该昆虫被描述为不具跗节。在另一些属里，它们虽具跗节，但仅呈一种发育不全的状态。埃及人视为神圣的甲虫（Ateuchus），其跗节完全缺失。没有足够的证据能让我们相信，肢体的残缺竟能遗传；对神圣甲虫的前足跗节的完全缺失，以及其他一些属的跗节发育不全，我毋宁解释为自其祖上以来长久连续不使用所致；由于很多食粪的甲虫几乎都失去了跗节，这种情形准是发生在其生命的早期阶段；因此，在这些昆虫身上跗节未能派上什么用场。

在某些情形里，我们或许很容易会把完全或主要由自然选择所引起的构造变异，当成是不使用的缘故。沃拉斯顿先生曾发现一个不寻常的事实，那就是栖息在马德拉的550种甲虫中，有200种甲虫的翅膀甚为残缺乃至于无法飞翔；而且在29个土著的属中，不下23个属的全部物种均是如此！有几项事实，即世界上有很多地方的甲虫常常被风吹到海里而淹死；据沃拉斯顿先生的观察，马德拉的甲虫隐蔽得很好，直到风和日丽之时方才出现；无翅甲虫的比例数，在无遮无挡的德塞塔群岛（Desertas）要比在马德拉本身为大；特别是还有一种异常的、尤为沃拉斯顿先生所重视的事实，就是生活习惯上几乎必须经常使用翅膀的某些大群甲虫，在其他地方异常之多，但在此处却几乎完全缺失；这几种考虑令我相信，如此多的马德拉甲虫无翅的情形，主要的是由于自然选择的作用，但很有可能与器官不使用的作用相结合。因为在成千上万的连续的世代中，那些或者因其翅膀发育得稍欠完善，或者因其习性怠惰，而飞翔最少的甲虫，不会被风吹到海里去，从而获得了最好的生存机会；反之，那些最喜欢飞翔的甲虫，则最常被风吹到大海中去，因而遭到了灭顶之灾。

在马德拉，那些不在地面上觅食的昆虫，如某些在花朵中觅食的鞘翅目和鳞翅目昆虫，必须经常地使用其翅膀以获取食物，正如沃拉斯顿先生所猜测的，这些昆虫的翅膀非但压根儿就未退化，甚至反而会增大。这完全符合自然选择的作用。因为当一种新的昆虫最初抵达该岛时，自然选择究竟倾向增大或者倾向缩小其翅膀，将取决于大多数个体究竟是成功地战胜风以求生存，抑或放弃这种企图、很少飞翔，甚或不飞而以免厄运。犹如船在接近海岸处失事，对于善于游泳的船员来说，能够游得越远则越好，对于不善游泳的船员来说，毋宁是干脆不会游泳、以守住破船为妙。

鼹鼠和某些穴居的啮齿类动物的眼睛，在大小上是发育不全的，而且在某些情形下，其眼睛完全被皮、毛所遮盖。眼睛的这种状态大概是由于不使用而逐渐缩小所致，不过也许还得到自然选择的帮助。南美洲有一种叫作吐科—吐科（tuco-tuco）的穴居啮齿动物，亦即Ctenomys，其地下穴居的习性甚至胜过鼹鼠；据一位常捕获它们的西班牙人向我确认，它们的眼睛常常是瞎的。我曾养过的一只，其情形也确乎如此；经解剖后显示，其原因是瞬膜发炎。由于眼睛老是发炎对于任何动物都必然是有损害的，加之眼睛对于具有穴居习性的动物来说，断然不是非有不可的，所以，其大小的缩减、上下眼睑粘连，且有毛发生长其上，在此情形下反倒可能是有利的；倘若如此，自然选择就会不断地增进不使用的效应。

众所周知，有几种属于极其不同纲的动物，栖息在斯塔利亚（Styria）以及肯塔基的洞穴里，眼睛都是瞎的。有些蟹，虽然已经没有眼睛了，而眼柄却依然存在；犹如望远镜连同透镜已经失去了，而镜架却还依然存在一样。因为很难想象对于生活在黑暗中的动物来说，眼睛尽管没用，却会有什么害处，所以，我将它们的丧失完全归因于不使用。有一种目盲的动

5-3 各种食虫类哺乳动物

物，即洞鼠，眼睛却是出奇的大；而西利曼教授（Prof. Silliman）认为，如若将其置于光线下生活一些时日之后，它能重新获得一些微弱的视力。正如在马德拉，自然选择在器官使用与不使用的帮助下，使有些昆虫的翅膀增强而另一些则退化一样，在洞鼠这一情形中，自然选择似乎跟失去的光线有些争斗，并使洞鼠的眼睛增大；然而，洞穴中的其他动物，似乎则由不使用效应去发挥自身作用。

很难想象，还有比近乎相似气候下的石灰岩深洞里的生活条件更为相似的了；因此，依照目盲的动物是为美洲和欧洲的岩洞所分别创造出来的通行观点，可以料到它们的体制和亲缘关系有很近的相似性。然而，如希阿特（Schiodte）及其他一些人所指出的，事实却并非如此；两个大陆的洞穴昆虫间的相似程度，并不像根据北美和欧洲其他生物间的一般相似性所想象的那样更为密切。据我看来，我们必须假定美洲动物具有正常的视力，它们代复一代从外部世界向肯塔基洞穴的纵深处缓慢地渐次推移，如同欧洲的动物移入欧洲的洞穴一样。对于这种习性的渐变，我们有一些证据；因为如希阿特所述："与普通类型相差并不很远的动物，起初准备着从明亮向黑暗的过渡。进而，出现的是一些其构造适应于微光的类型；最后，则是那些注定适应于完全黑暗的类型。"一种动物经过无数世代，达到最纵深处时，其眼睛依据这一观点因为不使用之故，差不多完全退化了，而自然选择则常常会带来一些其他的变化，如触角或触须的加长，以补偿其失去的视觉：尽管有着这些变异，我们仍然期望看到美洲的洞穴动物与美洲大陆其他动物的亲缘关系，以及欧洲的洞穴动物与欧洲大陆其他动物的亲缘关系。我从丹纳教授（Prof. Dana）那里了解到，美洲的某些洞穴动物确实如此；而欧洲的某些洞穴昆虫，与周遭地区的昆虫也极为密切相关。如果按照它们是被独立创造出来的普通观点来看的话，我们对目盲的洞穴动物与两个大陆的其他动物之间的亲缘关系，就很难给予合理的解释。新旧两个大陆的几种洞穴动物的亲缘关系应当是密切的，这一点我们可以从众所周知的大多数其他生物间的亲缘关系上料想到。有些穴居动物十分特别，这不值得大惊小怪，正如阿格塞（Agassiz）说过的盲鳝（Amblyopsis），又如欧洲的爬行类中目盲的盲螈（Proteus），均很奇特，我所奇怪的只是古代洞穴生命的残骸未曾保存得更多，因为栖息在黑暗处的动物稀少，它们大概所面临的竞争也并不那么激烈。

气候适应。——习性在植物中是遗传的，一如在开花时节，种子发芽时所需的雨量，以及在休眠期间等等，故此我要略表一下气候适应。由于同属的不同物种的植物栖息在很热的热带和很冷的寒带，是极为常见的，又由于正如我所相信的那样，同属的所有物种均由单一的亲种传衍下来的，倘若这一观点是正确的话，那么气候适应定会在长久连续的世代传衍中极易发生作用。众所周知，每个物种都适应其本土的气候：来自寒带甚或温带的物种，难以忍受热带的气候，反之亦然。另外，很多肉质植物难以忍受潮湿的气候。然而，一个物种对其所在地气候的适应程度，常常被高估了。这一点我们可从如下事实推知：我们常常不能预测一种引进植物能否忍受我们的气候，而从较暖地区引进的许多植物和动物，却能在此健康地生活。我们有理由相信，物种在自然状态下，其分布上所受到的限制，缘自其他生物的竞争，较之缘自对特殊气候的适应，旗鼓相当，抑或更甚。然而，无论这种适应性是否通常与环境十分紧密对应，我们有证据表明，一些植物在一定程度上，变得自然习惯于不同的气温了，或是说，它们变得适应气候了：因此，胡克博士从喜马拉雅山上的不同高度的地点，采集了松树和杜鹃花属的种子，将其栽培于英国，便发现它们在此具有了不同的抗寒力。塞韦兹先生（Mr. Thwaites）告诉我说，他在锡兰见到过类似的事实；沃森先生（Mr. H. C. Watson）曾对从亚速尔群岛（Azores）移植到英国的欧洲种植物做过类似的观察。关于动物，也有若干可靠的实例，自有史以来，物种大大地扩展了其分布范围，既有从较暖的纬度扩展到较冷的纬度，也有反向的扩展；然而，我们不能确知这些动物是否严格地适应了它们本土的气候，尽管在通常情况下我们假定如此；我们也不知道它们其后是否又重新适应了新居住地的气候。

由于我相信之所以家养动物最初由未开化人选择出来，是因为它们有用，并在家养状态下也容易繁殖，而不是因为其后所发现的它们能被输送到远方。因此我认为，我们家养动物的共同的以及非凡的能力，不仅能够抵抗极其不同的气候，而且完全能够在那种气候下生育（这是远为严格的考验），据此可以论证现今生活在自然状态下的其他动物中的一大部分，能够很容易地忍受差异很大的各种气候。诚然，我们切不可把这一论点推得太远，因为考虑到我们的一些家养动物很可能起源于好几个野生祖先：譬如，我们家养的品种里或许会混有热带狼和寒带狼或野狗的血统。老鼠和耗子虽不能被视为家养动物，然而它们被人们带往世界的很多地方，现今其分布之广，远胜于任何其他啮齿动物；它们既能在北方法罗群岛（Faroe）以及南方福克兰群岛（Falkland）的寒冷气候下自由生活，也能在热带的许多岛屿上生活。因此，我倾向于将对于任何特殊气候的适应性，视为易于与体质上天赋的、广泛的可塑性相结合的一种性质，而这种体质上的可塑性是为大多数动物所共有的。据此观点，人类自身及其家养动物忍受极端不同气候的能力，以及大象和犀牛先前一些种曾能忍受冰河期的气候，而其现存种却均具热带或亚热带的习性，诸如此类的事实都不应被视为异常现象，而仅是非常普通的体质可塑性在特殊环境下所表现出来的一些例子而已。

物种对于任何特殊气候的适应，有多少是由于单纯的习性，有多少是由于具有不同内在体质的变种的自然选择，又有多少是由于上述二者的结合，这是一个非常模糊不清的问题。我不得不相信习性或习惯是有一些影响的，这既是根据类比，也是根据农学著作，甚至中国古代的百科全书中的喋喋不休的忠告，言及将动物从此地运往彼地时，必须非常谨慎。因为人类未必能够成功地选择那么多的品种和亚品种，令其各自具有特别适于自己地区的体质：窃以为，端有此结果，必定是习性使然。另一方面，我没有理由怀疑，自然选择必然不断地倾向于保存那样一些个体，它们有着与生俱来的、最适应于其居住地的体质。在有关栽培植物不同种类的一些论文里，某些变种被认为比其他变种更能抵抗某种气候：这在美国出版的有关果树的著作中非常明显地得以阐明，其中某些变种经常被推荐栽培在北方，而其他一些变种则被推荐栽培于南部诸州；而且，由于这些变种大多数都起源于近代，所以它们间的体质差异不能归因于习性。菊芋（Jerusalem artichoke）一例已被用来证明气候适应是不能奏效的！因为它从不以种子来繁殖，结果也从未产生过新变种，它于今仍似往昔一样的娇嫩惧寒。菜豆（kidney-bean）的例子，也常常以类似的目的被引证，而且更为有力；然而，除非有人很早就播种菜豆（历经二十个世代），以至于其大部被霜冻死，然后从少数的幸存者中采集种子，并且谨防它们的偶然杂交，尔后复又以同样严谨的步骤从这些幼苗中采集种子，否则，这个试验可以说连试都还没有试过。也不能假定菜豆苗的体质从未出现过差异，因为业已有一个出版了的报告称，某些豆苗似乎比其他豆苗更具抗寒力。

总的说来，我认为我们可以得出下述结论，即习性或者器官使用与不使用，在某些情况下，对于体质和各种器官构造的变异，是起着相当重要的作用的；但器官使用与不使用的一些效果，大多往往与内在差异的自然选择结合起来了，而且有时还会为后者所主宰。

5-4 菊芋

生长相关性。——我用这一表述意指，整个体制结构在其生长和发育期间，是如此紧密地结合在一起，以至于当任何一部分出现些微的变异，并为自然选择所累积时，其他部分也会产生变异。[1]这是一个极为重要的论题，然而对其理解却极不完善。最明显的例子，莫过于一些单纯为有利于幼体或幼虫所累积的变异，将会（可以有把握地这么说）影响成体的构造；恰如影响早期胚胎的任何畸形，都会严重地影响成体的整个体制结构。身体上若干同源，且在胚胎早期相似的部分，似乎易于以相近的方式发生变异：我们看到身体的右侧和左侧，依照同样的方式变异；前腿和后腿，甚至颌与四肢一起变异，因为据信下颌与四肢是同源的。我不怀疑，这些倾向或多或少地完全受制于自然选择：譬如，曾有一群雄鹿只在一侧长角，倘若这对该品种曾有过任何大的用处的话，大概自然选择就会令其永久如此了。正如一些作者业已指出的那样，同源的部分趋于相互愈合；这种情形常见于畸形的植物中；正常构造中同源器官的结合是最为常见的，一如组成花冠的花瓣愈合成管状。硬组织构造似乎能影响到相邻的软组织构造的形态；有些作者相信，鸟类骨盘形状的多样性，造成了它们的肾的形状显著各异。还有一些人相信，人类母体的骨盆的形状，由于压力的关系，会影响到胎儿头部的形状。据施莱格尔（Schlegel）称，蛇类的体形及吞食方式，决定了几种最为重要的内脏器官的位置。

---

[1] 达尔文这里用生长相关性（correlation of growth），来指生物发育中的一个当时令人困惑的现象，即：一个构造上的变化，会伴随着另一个似乎完全不相关的构造的变化。达尔文从《物种起源》第五版开始，则用“相关变异”（correlated variation）取代了“生长相关性”一词。——译注

这种相互关联现象的本质，最为扑朔迷离。小圣提雷尔先生业已强调指出，某些畸形之间常常关联共存，而另一些畸形则极少关联共存，要确定这一情形的缘由所在，我们却无能为力。还有什么比下述这些关系更为奇特的呢：猫中蓝眼睛与耳聋的关系，龟甲色的猫与雌性的关系；鸽子中有羽的足与外趾间蹼皮的关系，初孵出的乳鸽绒毛的多少与未来羽毛颜色的关系；此外，还有土耳其裸狗的毛与牙齿之间的关系，尽管同源大概在这里也有作用。关于上述相关作用的最后一例，哺乳动物中表皮最为异常的两个目，即鲸类和贫齿类（犰狳及穿山甲等），而其牙齿又同样都是最为异常的，我认为这几乎不可能是偶然的。

据我所知，若表明生长相关律在改变一些重要构造上的重要性，而又不诉诸使用以及自然选择作用的话，最佳的例子，莫过于某些菊科和伞形科植物的外花和内花之间的差异了。人人都知道，诸如雏菊的外围的小花与中央小花，是有差异的，而这种差异往往伴随着部分花的夭折。但是，在某些菊科植物中，种子的形状和花纹也有差异；正如卡西尼（Cassini）所描述的，有些甚至于连子房本身以及附属器官，也都不同。有些作者把这些差异归因于压力，而且某些菊科的外围小花的种子的形状，支持这一观点。然而，如胡克博士告诉我，在伞形科的花冠上，其内花和外花常常差异最大的，绝非花序最密的那些物种。我们可以作如是想，外围花瓣的发育，是靠着从花的某些其他部分吸收养料，这就造成了后者的夭折。然而，在某些菊科植物里，虽然内花和外花的种子存在差异，但花冠并无不同。也许，这几种差异与养料流向中心花和外围花的某些差异有关：至少我们知道，在不整齐的花簇中，那些最接近花轴的，则是最常变为反常整齐的花（peloria），即变得整齐了。关于这点，容我再补充一例，以作为相关作用的一个显著例子，即我新近在许多天竺葵属（pelargoniums）植物里观察到，花序的中心花的上方两个花瓣，常常失去较深色的斑块；当出现此种情形时，其附着的蜜腺便甚为退化；当上方的两个花瓣中只有一瓣失去颜色时，蜜腺只是大大地缩短了而已。

至于头状花序或伞形花序的中心花和外围花的花冠间的差异，斯布伦格尔（C. C. Sprengel）认为：外围的小花与中央小花的作用旨在引诱昆虫，而昆虫的媒介对于这两个目的植物的受精是极为有利的，这一看法初看起来可能似乎是牵强附会，然而我则没有任何把握感到这是牵强之说：倘若这果真是有利的话，那么自然选择可能业已发挥了作用。但是，至于种子的内部和外部结构的差异，并非总与花冠的任何差异相关，故而似乎不大可能对植物有什么利益可言：在伞形科植物里，这类差异却具有如此明显的重要性——据陶什（Tausch）称，种子在有些情形下是，外围花具直生的种子，中心花具中空的种子——以至于老德康多尔对于该目的主要分类，便依据类似的差异。因此，我们见到分类学家们认为有高度价值的构造变异，可能完全由于我们不太了解的相关生长法则所致，而据我们所知，这对于物种并无丝毫用途。

整群的物种所共有的而事实上是纯属遗传而来的构造，可能常被我们错误地归因于生长相关性；因为一个古代的祖先通过自然选择，可能已经获得了某一种构造上的变异，而经过数千世代之后，又获得了另一种不相关的变异；这两种变异既经遗传给习性多样的所有后代，那么自然会被认为，它们在某种方式上必然是相关的。此外，我不怀疑，出现在整个一些目里的某些明显的相关性，显然完全是由于自然选择的单独作用所致。譬如，德康多尔曾指出，带翅的种子从未见于不裂开的果实内：对于这一规律，我应做此解释：果实若不裂开，种子就不能通过自然选择作用而逐渐地变成带翅的；故而，那些产生稍微适于被吹扬更远的种子的植物，便可能会比那些较不适于广泛散布的种子占有优势；倘若果实不开裂的话，这一过程便不可能得以延续。

老圣提雷尔和歌德差不多同时提出了生长的补偿或平衡法则；或如歌德所言："为了要在一边消费，大自然就不得不在另一边节约。"我想，这在一定程度上，也适用于我们的家养动植物：如果养料过多地输送到一个部分或一个器官，那么它就很少会输送到另一个部分，至少不会过量；因此，很难获得一头既产乳多而又容易长胖的牛。甘蓝的同一些变种，不会既产生茂盛而富有营养的叶子，又结出大量的含油种子。当我们的水果的种子萎缩时，其果实本身却在大小和品质方面均大为改善。家鸡头上带大丛毛冠的，其肉冠往往相应地变小了，而多须者，其肉垂则变小。至于自然状态下的物种，很难说这一法则是普遍适用的；不过很多善于观察者，尤其是一些植物学家们，均确信其真实性。然而，我将不在此罗列任何实例，因为我感到几乎无法辨别以下的两种效果，即一方面有一部分通过自然选择而发达了，而另一邻近部分却由于同样的作用或不使用而缩小了；另一方面，一部分的养料实际上被抽取，盖因另一邻近部分的过分生长所致。

我也猜想，某些业已提出过的补偿的例子，以及一些其他类似的事实，可以融合为一个更为普遍的原则，即自然选择试图令体制结构的每一部分不断地趋于节约。在生活条件改变后，倘若原先有用的一种构造，变得无甚用处了，该构造发育过程中出现的任何些微的萎缩，都会被自然选择所抓住，因为这可以使个体不把养料浪费在建造一种无用的构造上，其结果对生物是有利的。据此，我方能理解当初观察蔓足类时曾颇感惊奇的一项事实，而类似的例子则不胜枚举，即一种蔓足类若寄生在另一种蔓足类体内而得到保护时，它原有的外壳或背甲，便或多或少地完全消失了。四甲石砌属（Ibla）的雄性个体即属于这种情形，寄生石砌属（Proteolepas）的情形亦然，而且委实更加不同寻常：因为所有其他蔓足类的背甲都是极为发达的，由十分发达的头部前端的三个高度重要的体节所组成，且具有巨大的神经和肌肉；但寄生的和受保护的寄生石砌，其整个头的前部却大大退化，仅留下一点残迹，附着在具有抓握作用的触角的基部。当大而复杂的构造，像行寄生生活方式的寄生石砌那样，成为多余时，尽管要经过很多缓慢的步骤才能把它省去，但这对于该物种的每一世代的个体，都是笃定有益的；因为每一动物都处于生存斗争之中，通过减少将养料浪费在发育一个不再有用的构造上，每一个寄生石砌的个体，都有了更好的机会来支持自身。

因此，诚如我所相信的，身体的每一部分，一旦成为多余，久而久之，自然选择总会成功地使其削弱并简化，并且完全不需要相应地使某些其他的部分甚为发达。反之，自然选择可能完全成功地使任何一个器官甚为发达，而无需以某一邻近部分的退化来作为必要的补偿。

正如小圣提雷尔所说，无论在变种还是物种里，凡是同一个体的任何部分或器官重复多次（如蛇的椎骨以及多雄蕊花中的雄蕊），其数目即是可变的；当同样的部分或器官数目较少时，这一数目会保持不变，这似乎是一条规律。该作者以及一些植物学家们还进一步指出，重复的器官，在构造上也很容易发生变异。用欧文教授的话来说，这叫作“生长的重复”（vegetative repetition），似乎是体制结构低的一个标志，故前面所述似乎与博物学家们的普遍意见是相关联的，即在自然阶梯中，低等的生物比高等的生物更容易变异。我所谓低等的意思，在此是指体制结构的几个部分很少为一些特殊的功能而专门化；只要同一器官不得不从事多种多样的工作，我们也许即能理解，它们为何容易变异，也就是说，为何自然选择对于这种器官形态上的每一微小的偏差，无论是保存或是排斥，都不像对于专营特定的功能的器官那样严格。这好似一把要切割各种东西的刀子，可能几乎具有任何形状；而专为某一特殊目的的工具，最好还是具有某一特殊的形状。切莫忘记，自然选择能对每一生物的每一器官产生作用，而其运作的途径与目的都是对生物本身有利。

诚如一些作者所陈述的（我也确信），退化器官极易变异。我们将来还会回到退化的与完全不发育的器官这个一般论题上来；我在此仅补充一点，即它们的变异性似乎是由于它们的无用，故而也是由于自然选择无力阻止它们构造上的偏差。所以，退化器官径自面对各种生长定律的自由摆布，面对长久和连续的不使用的效应，面对回复变异（返祖）的倾向，只能随波逐流。

任一物种的异常发达的部分，比之亲缘关系相近物种的同一部分，趋于高度变异。——几年前，沃特豪斯的与这一标题十分相近的论点，曾引起我的至为关注。从欧文教授对有关猩猩臂长的观察，我推知他似乎也得出了几乎相似的结论。倘若不把我所搜集到的一长串的事实列举出来，是不能指望任何人会相信上述主张的真实性的，然而这一长串的事实，是不可能在此介绍的。我只能陈述敝人的信念：这是一个极为普遍的规律。我意识到可能产生错误的几种原因，然而，我希望我已经就此做了适当的

5-5 各种蝙蝠

考量。必须理解，这一规律决不能应用于身体的任何部分，即令是异常发达的部分，除非在与其亲缘关系极为密切的物种的同一部分相比之下，依然是异常发达时，方能应用这一规律。因此，蝙蝠的翅膀，在哺乳动物纲中是一个最异常的构造，但在此并不能应用这一规律，因为所有的蝙蝠都具翅膀；倘若某一蝙蝠物种与同属的其他物种相比较，而具有显著发达的翅膀时，这一规律方能适用。这一规律在副性征以任何异常方式出现的情况下，最为适用。亨特（Hunter）所用的副性征一词，是指仅见于一种性别，而与生殖作用并无直接关系的那些性状。这一规律既适用于雄性，也适用于雌性，但由于雌性很少具有显著的副性征，故也很少适用于雌性。这一规律之所以能够很明显地适用于副性征，可能是因为这些性状无论是否以异常的方式出现，总是具有极大的变异性——对这一事实，我想很少有什么疑问。然而，至于我们这一规律并不局限于副性征，雌雄同体的蔓足类便是明显的例证；容我在此赘言，我在研究这一目时，特别注意了沃特豪斯先生的话，我深信，这一规律对于蔓足类来说，几乎是完全适用的。在未来的著作中，我将列举出更为显著的一些例子；在此我仅简述一例，以显示此规律的广适性。无柄的蔓足类（岩藤壶）的盖瓣，从诸方面说，皆为很重要的构造，甚至在不同的属里，其差异也极小；但有一属［即四甲藤壶属（Pyrgoma）］的几个种里，这些盖瓣却表现出极为惊人的多样性；这种同源的瓣的形状，有时在异种之间竟完全不同；而且在几个种的个体里，其变异程度是如此之大，以至于我们可以毫不夸张地说，这些重要盖瓣在同种各变种间所呈现的特征上的差异，超出了它在异属的其他的一些种里所呈现出来的差异。

由于栖居在同一地域的鸟类变异极小，我对其尤为注意，依我之见，上述规律对于鸟纲也确乎适用。我不能确定这一规律同样适用于植物，若非植物的巨大变异性令其变异性的相对程度尤难比较的话，我对此规律的真实性的信心，便会产生极度的动摇了。

当我们看到任一物种的任何部分或器官，以显著的程度或方式异常发育时，自然会去假设它对该物种是极端重要的；然而，也正是这一部分，是极易变异的。为什么会如此呢？倘若依据每一物种皆是被分别创造出来的观点，其所有部分都像我们今天所见到的这样的话，依我看就很难解释。然而，要是依据每一群物种均从其他一些物种传衍下来的，且经过自然选择而发生了变异的观点，我想，我们便能获得一些启迪。在我们的家养动物中，倘若其任一部分或整个动物被忽视、不加任何选择的话，那么，该部分［如道金鸡（Dorking fowl）的肉冠］，甚或整个品种，就不再有几近一致的性状了。该品种便可说是退化了。在退化器官里，那些很少为特殊目的而特化了的器官，以及或许是多态性的类群中，我们可以看到几近平行的自然情形；因为在这些例子中，自然选择尚未充分发挥作用抑或不能充分发挥作用，故其体制结构还处于波动多变的状态。但是，在此我们尤为关注的是，在我们的家养动物里，那些由于持续的选择而眼下正在迅速变化的构造，也正是极易变异的。看一看鸽子的不同品种吧；看一看不同翻飞鸽的喙、不同信鸽的喙和肉垂，以及扇尾鸽的姿态及尾羽等等，其差异量何其大也；而这些，也正是目前英国养鸽者们所主要关注之处。甚至在同一个亚品种里，如短面翻飞鸽，很难繁育出近乎完美的纯鸽，而很多繁育出的个体往往与标准相距甚远。因此，真可以作如是说，有一种持续的斗争在下述两方面之间进行着：一方面，既有返回到较少变异的状态的倾向，又有强化各种变异的内在倾向；另一方面，是保持品种纯真的不断的选择的力量。最终依然是选择获胜，因而，我们不大会失败到，竟从优良的短面鸽品系里，育出像普通翻飞鸽那样的粗劣鸽子。但是，只要选择作用正在迅速进行着，总是可以预料到，正在变更的构造，则具有很大的变异性。值得进一步注意的是，这些通过人工选择所获得的可变异的特征，出于我们很不明了的一些原因，有时候在一个性别身上（通常是雄性）比在另一性别身上更为常见，譬如信鸽的肉垂和凸胸鸽的膨大的嗉囊。

现让我们转至自然界。倘若任一物种的一个部分，比之同属中的其他物种要格外的发育异常，我们也许可以断言，自从这几个物种从该属的共同祖先分支出来之后，这一部分业已经历了异常大的变异。这一时期不太会过于遥远，盖因一个物种极少能绵延一个“纪”（period）的地质时代以上。异常的变异量，则是指异常巨大的以及长期连续的变异量，这是被自然选择为了物种的利益而持续积累而成的。但是，由于异常发育的部分或器官的变异性，既如此巨大，又是在并非过于久远的时期内持续变异的，故按照一般规律，我们或许还会料想到，这一部分与那些在更久时期内几乎保持稳定不变的体制结构的其他部分相比，则具有更大的变异性。我确信，事实即是如此。一方面是自然选择，另一方面是返祖和变异的倾向，二者间的斗争久而久之将会停止；而且，最为异常发育的器官，会成为固定不变的，我认为这是无可置疑的。所以，一种器官，无论其如何异常，一经以大致相同的状态传给了很多变异了的后代（如蝙蝠的翅膀），按照我的理论，它一定业已在极为久远的时期内，保持着近乎相同的状态；因而它就不会比任何其他构造更易于变异了。只有变异是发生较近时期且异常巨大的一些情况下，我们会见到或可称作“发生的变异性”（generative variability）依旧高度存在。因为在此情形下，对于那些按照所需的方式和程度发生着变异的个体的持续选择，以及对那些试图返回到先前较少变异状态的倾向的持续淘汰，尚未将大多数变异性固定下来。

这些论述所包含的原理，或许可以予以引申。众所周知，物种的性状要比属的性状更易产生变化。试举一个简单的例子来说明这是什么意思。倘若一个大属的植物里，有些物种开蓝花，有些物种开红花，那么，颜色只是一种物种层级的性状；开蓝花的物种中若是有一个物种变为开红花的物种了，谁都不会感到大惊小怪，反之亦然；然而，若是所有物种均开蓝花，该颜色即会成为属的性状，而它的变异，便属于较为不同寻常之事了。我之所以选取这个例子，是因为大多数博物学家们所提出的解释，在这里不适用，即他们认为，种的性状之所以比属的性状更易发生变化，是因为种的性状来自的那些部分，其生理重要性要小于属的分类通常所依据的那些部分。我相信，这一解释只是部分的、尚且仅是间接的正确；然而，我将在《分类》那一章里，再回到这一论题上来。引用证据来支持上述有关种的性状要比属的性状更易变化的说法，几乎是多此一举了；然而我却在博物学著作里一再注意到，当一位作者谈及下述事实时，颇感惊奇，即某一重要的器官或部分，在一大群物种中通常是非常稳定的，但在亲缘关系相近的物种间**差异**却很大，甚至在同一物种的不同个体之间，也是**可变**的。这一事实表明，通常具有属一级价值的性状，一旦降低其价值而变为只有种一级的价值的性状时，尽管其生理重要性还依然如故，但它却常常成为可变的了。同样的情形也适用于畸形：至少小圣提雷尔似乎确信，同一群的不同物种的一种器官，通常越是不同，也就越容易在个体中发生畸形。

按照每一物种皆为独立创造出来的普通见解，那么，为什么独立创造的同属各物种之间构造上彼此相异的部分，比之若干物种间至为相似的部分，更加容易变异呢？对此，我看难以给予任何解释。然而，倘若按照物种只不过是特征明显及固定的变种而已这一见解，我们或许确能期望发现：在较近时期内变异了的、因而彼此间出现了差异的那些构造部分，往往还在继续变异。抑或换一种说法：大凡同一个属内的所有物种间彼此相似的、但与另一个属的物种所不同的各点，均称为属的性状；而这些共同的性状，我将其归因于共同祖先的遗传，因为很少发生自然选择能使若干不同的物种，依完全相同的方式发生变异，尤其是这些物种业已适应了或多或少大为不同的习性。由于所谓属的性状是在很久以前就已经遗传下来了，其时亦即物种最初从共同祖先分支出来之时，自那之后就无甚（或者仅有少许的）变化或变异，故如今大概也就不会变异了。另一方面，同属里的某一物种不同于另一物种的各点，即称为种的性状。由于这些种的性状是在物种从一个共同祖先分支出来的时期内，发生了变异并且表现出差异，因此它们大概还应在某种程度上常常发生变异，至少比体制结构中业已长期未变的那些部分，更容易发生变异。

与现在这一论题相关联的，我将只再谈两点。我想，无需做详细的讨论，大家也会承认副性征是多变的；我想，还得承认，同一类群的物种，彼此之间在副性征上的差异，比在体制结构的其他部分上的差异，要更为广泛。譬如，只要比较一下副性征表现强烈的雄性鹑鸡类之间的差异量与雌性鹑鸡类之间的差异量，这一主张的真实性便会被接受。这些副性征的原始变异性的原因还不明显；但我们能够理解，为什么这些性状没有像体制结构的其他部分那样固定和一致，盖因副性征是被性选择所累积起来的，而性选择则不像普通选择那么严格，它不致引起死亡，只是令不太受青睐的雄性个体，少留一些后代而已。无论副性征的变异性的原因是什么，由于它们是高度变异的，所以性选择便有了发挥作用的广阔范围，因而也可能轻而易举地使同一群的物种在副性征上比在结构的其他性状方面，表现出较大的差异量。

一个很不寻常的事实是，表现同种的两性间副性征差异那些部分。与在同属各物种之间彼此差异所在的部分，一般完全相同。关于这一事实，我将以两个例子来阐明，第一个例子刚好列在我的表上；因为这些例子中的差异都属于非常不一般的性质，故其关系不大可能是偶然的。甲虫足部附节的数目相同，这是甲虫类很大一部分类群所共有的一种性状；但是，在木吸虫科（Engidae）里，如韦斯伍德（Westwood）所指出的，附节的数目变化很大；而且在同种的两性间，这一数目也有差异：此外，在土栖膜翅类（fossorial hymenoptera）里，因翅脉是大部分类群所共有的性状，故也是一种具有高度重要性的性状；然而，在某些属里，翅脉在不同的种之间有所不同，而且在同种的两性间亦复如此。这种关系，对于我对此问题的观点有着明晰的意义：在我看来，同一属里的所有物种，确实是从一个共同祖先传衍下来的，一如任何一个物种的两性皆由一个共同祖先传衍下来一样。结果是，无论其共同祖先（或它的早期后代）的哪一部分是可变的，则这一部分的变异极有可能会被自然选择或性选择所利用，以使若干物种在自然经济体系中，适合于各自的位置，同样也使同一物种的两性彼此相合，抑或使雌雄两性适应于不同的生活习性，或使雄性在与其他雄性争夺占有雌性的斗争中更加适应。

那么，最后我可以得出如下结论：种的性状（即区别种与种之间的性状），要比属的性状（或该属中所有的种所共同具有的性状）具有更大的变异性；——一个物种的任何异常发达的部分（与同属的其他物种的同一部分相比较而言），常常具有高度的变异性；一个部分，无论其发育如何异常，倘若这是整个一群物种所共有的，则其变异的程度则不会很大；——副性征的变异性大，且在亲缘关系相近的物种中，相同形状的差异性亦大；——副性征的差异和普通的物种差异，通常都表现在体制结构的相同部分；——所有这些原理，都是紧密相连的。所有这些主要是由于：同一群的物种皆传衍自一个共同祖先，这一共同祖先遗传给它们很多共同的东西，——新近发生大量变异的部分，比早已遗传并且久未变异的部分，更有可能持续地变异下去，——随着时间的推移，自然选择或多或少地完全克服了返祖倾向及继续变异的倾向，——性选择不及自然选择那么严格，——同一部分的变异，业已被自然选择和性选择所积累，因而使其成为了副性征以及普通的种的特征。

不同的种会呈现类似的变异；一个种的变种常常会具有其亲缘种的一些性状，或重现其早期祖先的一些性状。——观察一下我们的家养品种，便极易理解这些主张。相隔极为遥远的一些极不相同的鸽子的品种，会出现一些头上生倒毛和脚上生羽毛的亚变种——这是土著岩鸽所不曾具有的一些性状；那么，这些就是两个或两个以上不同品种的类似变异。凸胸鸽常有的十四支，甚或十六支尾羽，可以看作是代表了另一品种扇尾鸽的正常构造的一种变异。我想无人会怀疑，所有这些类似的变异，皆因鸽子的这几个品种，从共同亲代那里继承了相同的体质构造和变异倾向，同时均受到类似的未知影响的作用所致。在植物界里，我们也有一个类似变异的例子，见于“瑞典芜菁”（Swedish turnip）和芜菁甘蓝（Ruta baga）的膨大的茎部（俗称根部）；一些植物学家们认为这两种植物是从同一祖先栽培而成的两个变种：倘若不是如此的话，这个例子便成了两个所谓不同的物种间呈现类似变异的例子了；除此而外，还可加入第三种，即普通芜菁。按照物种是逐一独立创造出来的这一普通观点，对于这三种植物的肥大茎的相似性，我们不应将其归因于共同来源的真实原因，也不应将其归因于依同一方式变异的倾向，而是要将其归因于三个独立的而又密切相关的造物行动了。

然而，关于鸽子，尚有另一种情形，即在所有品种里，会偶尔出现板岩蓝的鸽子，其翅膀上具两道黑色条带，腰部呈白色，尾端亦有一条黑带，外羽靠近基部的外缘呈白色。由于所有这些颜色标志，皆为亲本岩鸽的特征，我假定无人会怀疑，此乃一种返祖的现象，而非这几个品种中所出现的新的、类似的变异。窃以为，我们大可有信心得出这一结论，因为正如我们业已所见，这些带色的斑记，极易出现于两个不同的、颜色各异的品种的杂交后代之中；在此情形下，除了遗传法则下的单纯的杂交之外，外界生活条件中并无任何东西，会造成这种板岩蓝以及几种色斑的重现。

有些性状在已经失去了许多（也许几百）世代之后，竟然能够重现，这无疑是一件非常令人惊奇的事实。然而，当一个品种与其他品种杂交，哪怕仅仅是一次，它的后代在许多世代（有人说十二代抑或二十代）中，仍会倾向于偶尔重现外来品种的性状。十二代之后，来自任何一个祖先的血（用普通的说法），其比例仅为2 048：1；可是，诚如我们所见，一般相信，返祖的倾向是被这一极小比例的外来血所保留的。在一个未曾杂交过的品种里、然而其双亲均已失去了祖代的某一性状，重现失去了的这一性状的倾向，不管或强或弱，如前所述，几乎可以传留至无数世代，无论我们之所见与其如何相违。当一个品种的已经消失的一种性状，很多世代以后又重现，最为可能的假说是，并非是后代突然间又获得了数百代之前的祖先的性状，而是在每一连续的世代里，一直有着这一性状再生的倾向，最终，在不得而知的一些有利条件下，竟得以再现。譬如，很有可能在倒钩鸽（barb-pigeon）的每一世代里，尽管极少产出带有蓝色和黑色条带的鸽子，但却在每一世代里，又都有产生蓝色羽毛的倾向。这一观点是假定的，但能够得到一些事实的支持；一些相当无用或退化器官能被遗传无数世代，是众所周知的；与此相比，产生任一在无数世代中被潜在遗传的性状的倾向，其理论上的不可能性，依我看不会更大。确实，我们有时候可以观察到，产生退化器官的这一倾向是会遗传的：譬如，在普通金鱼草（Antirrhinum）中，第五雄蕊的残迹是如此频繁地出现，以至于这一植物必定是有遗传下来的产生这一残迹的倾向。

依照敝人的理论，既然假定同一个属的所有物种，均从同一个祖先传衍下来的，那么便可能预料到，它们偶尔会以类似的方式发生变异；因而，某一物种的一个变种在某些性状上，会与另一个物种相似；依照我的观点，这另一个物种，只不过是一个特征显著而且固定了的变种而已。但是，这样获得的性状，其性质也许不甚重要，盖因所有重要性状的存在，皆是依照该物种的形形色色的习性，通过自然选择来决定的，而生活条件与相同遗传体质间的相互作用则不会有用武之地。我们或许会进而料想到，同一个属的物种，一些久已失去的祖征偶尔也会重现。然而，由于我们压根儿就不知道一个类群的共同祖先的性状究竟是什么，所以我们也就无法区分这两种情形：譬如，倘若我们不知道岩鸽足上无羽或者不具倒冠毛，我们就无从知悉，我们家养品种中所出现的这些的性状，究竟是返祖现象，抑或仅是类似变异而已；但是，我们也许会从色斑的数目上推论出，蓝色是一种返祖的例子，因为这些色斑是与蓝色性状相互关联的，而这些众多色斑大概不像是一股脑儿出现在一次简单的变异中。尤其是当颜色不同的品种进行杂交时，蓝色和若干色斑是如此地频繁出现，由此我们更可以做如此推想了。所以，在自然状态下，何种情形属于很久以前的先存的性状的重现，何种情形属于新的，但类似的变异，通常不得不予以存疑；然而，根据我的理论，我们有时应该会发现，一个物种的变异着的后代，出现同一类群的其他成员业已具有的性状（无论是重现的，还是来自类似变异）。而这种情形在自然界是毋庸置疑的。

在我们系统分类工作中，变异的物种之所以难以识别，主要在于该种的变种与同一个属中的其他物种相像的缘故。介于两个其他类型之间的中间类型，也不胜枚举，而这两端的类型本身是否列为变种抑或物种，也必定是不无疑问的；这表明，除非把所有这些类型都视为是被分别创造出来的物种，否则，变异中的那一个类型业已获得了另一个类型的某些性状，以至于产生了那一中间类型。但是，最好的证据还在于，重要且具一致性的部分或器官偶尔发生变异，以至于在某种程度上获得了一个相近物种的相同部分或器官的性状。我搜集了一长串这类的例子；但在此，与以往一样，我实难将其一一列举出来。我只能重复地说，这类情形委实存在，且在我看来是非常值得注意的。

然而，我将举一个奇异而复杂的例子，它并不影响任何重要的性状，但是出现在同一个属的几个种里，一部分是在家养状态下的，一部分则是在自然状态下。此例显然是属于返祖现象。驴的腿上时常有一些很明显的横条纹，与斑马腿上的条纹相似：据称驴驹儿腿上的条纹尤为显著，而据我本人的研究，我相信这是实情。另外据称肩上的条纹有时是成对的。肩上的条纹在长度和轮廓方面，委实是多变的。有一头白驴，但不是白化病，被描述为脊上和肩上均无条纹；而在深色的驴子里，这些条纹有时候很模糊，抑或实际上完全消失了。据说，由帕拉斯命名的野驴（koulan of Pallas），其肩上有成对的条纹。野驴（hemionus）没有肩上的条纹；但据布立斯先生（Mr. Blyth）以及其他人说，肩上的条纹的痕迹有时会出现；普尔上校（Colonel Poole）告诉我，这个种的幼驹的腿上，通常都有条纹，而肩上的条纹却很模糊。斑驴（quagga）虽然在身体上有犹如斑马一样的明显条纹，但腿上却没有；然而，格雷博士所绘制的一个标本上，其后足踝关节处有极为明显的斑马状条纹。

关于马，我在英国业已搜集了很多马在脊上生有条纹的例子，包括各异的品种以及各种颜色的马：褐色和鼠褐色的马，在腿上生有横条纹的并不罕见，在栗色马中也有过一例：有时能见到褐色的马的肩上，生有隐隐约约的条纹，而且我见到过一匹棕色马的肩上也有条纹的痕迹。我儿子为我仔细检查并画了一匹褐色的比利时驾辕马，其双肩各有一对条纹，腿上也有条纹；一位我所能绝对信任的人，曾代我观察过，一匹褐色的韦尔奇小马（Welch pony）双肩也各有**三条**平行的短条纹。

在印度西北部，开蒂瓦品种（Kattywar breed）的马，通常都生有条纹，以至于我听曾为印度政府检验过这一品种的普尔上校说，没有条纹的马，则被视为非纯种马。它们的脊上总会有条纹；腿上通常会有条纹，肩上的条纹也很常见，有时是成对的，有时则是三条；此外，脸的两侧有时候也生有条纹。幼驹的条纹通常最为明显；有时老马的条纹完全消失了。普尔上校曾见过灰色和褐色的开蒂瓦马，在初生时均有条纹。另外，从爱德华先生（Mr. W. W. Edwards）提供给我的信息来看，我也有理由推测，英国的赛马中，幼驹脊上的条纹远比成年马身上要普遍得多。即令在此不加赘述，我也可以说，我业已搜集了腿上和肩上都生有条纹的马的很多实例，它们品种各异且来自各国，从英国到华东，北到挪威，南至马来群岛。在世界各地，这些条纹最常见于褐色和鼠褐色的马；褐色这一名词，包括的颜色范围很广，从介于褐色和黑色中间的颜色起，直至接近乳脂色为止。

5-6 不同品种的马

我知道，对此论题有过著述的史密斯上校（Colonel Hamilton Smith）相信，马的几个品种是从几个土生种传衍下来的——其中一个褐色的土生种，是具有条纹的；他还相信，上述的外貌盖因古时候与褐色的土生种杂交所致。但是，我对这一理论一点儿也不满意，实在不情愿将它应用到五花八门的品种身上去，诸如壮硕的比利时驾辕马，韦尔奇小马，结实的矮脚马，细长的开蒂瓦马等等，它们栖居在相隔最为遥远的世界各地。

现在让我们转而谈一谈马属中几个物种的杂交效果吧。罗林认为，驴和马杂交所产生的普通骡子，腿上特别容易生有条纹。我曾见过一匹骡子，腿上条纹之多，足以令任何人起初都会想到它是斑马的杂种；在马丁先生（Mr. W. C. Martin）有关马的一篇优秀论文里，亦绘有一幅与其相似的骡子图。我还曾见过四幅绘有驴和斑马的杂种的彩图，它们的腿上生有极明显的条纹，远比身体其他部分为甚；而且其中一幅图中，还有肩上生有一对条纹的。茅敦爵士（Lord Morton）育有一著名的杂种，为栗色雌马与雄斑驴所生，这一杂种，连同其后这栗色雌马与黑色阿拉伯雄马所产生的纯种后代，其腿部所生的横向条纹，甚至于比纯种斑驴都还要更为明显得多。最后，也是另一个最为奇特的例子，格雷博士曾绘制过驴子和野驴的一个杂种（他告诉我他还知道有第二例）；尽管驴子腿上很少会生有条纹，而野驴腿上和肩上均没有条纹，然而这杂种的四条腿上都生有条纹，而且像褐色的韦尔奇小马那样，肩上还生有三条短条纹，甚至于脸的两侧也生有一些斑马状的条纹。有关最后这一点，我坚信：没有任何一条带色的条纹，会出自通常所谓的偶然发生，因而，正是由于驴和野驴的杂种在脸上生有条纹这件事，使我去问了普尔上校，是否条纹显著的开蒂瓦品种的马在脸上也曾出现过条纹，如前所述，他的回答是肯定的。

对于这几项事实，我们现在何以言说呢？我们看到了马属的几个不同的种，经过简单的变异，便像斑马似的在腿上生有条纹，或者像驴似的在肩上生有条纹了。在马中，每当褐色（这种颜色与该属其他种的常见颜色接近）出现时，我们可见这种倾向十分强烈。条纹的出现，并不与形态上的任何变化或任何其他新性状相伴。我们还看到，这种条纹出现的倾向，以几个极为不同的种之间所产生的杂种最为强烈。现在来看看鸽子的几个品种的情形：它们都是从一种呈蓝色并具有一些条纹和其他标志的鸽子（包含两三个亚种或地域族群）传衍下来的；倘若任一品种由于简单的变异而呈蓝色时，这些条纹和标志必定重现；但并无任何形态或性状上的变化。当颜色各异的、最古老的和最纯粹的品种进行杂交时，我们看到所生的杂种就有重现蓝色、条纹和其他标志的强烈倾向。我业已说过，阐明此类古老性状重现的最为可能的假说是，每一连续世代的幼体，皆有产生久已失去的性状的倾向，这一倾向，由于一些未知的原因，有时脱颖而出，得以表现。我们刚才业已看到，在马属的几个种里，马驹身上的条纹，要比老马更为明显或者出现得更为普遍。倘若把鸽子的不同品种（其中有些已保持纯正品种长达好几个世纪）称为不同的种的话，那么，这与马属里的几个种的情形，是何等地完全一致！就我而言，我充满自信地试图追溯到成千上万世代以前，我即目睹一种像斑马一样具条纹的动物，也许除此而外它在构造上却与斑马大相径庭，这便是我们家养马、驴、野驴、斑驴和斑马的共同祖先，无论家养马是否是从一个还是数个野生原种传衍下来的。

大凡相信马属中的每一个种都是独立创造出来的人，我想他必会主张，每一个种被创造出来就有着这一倾向，即无论在自然状态下还是在家养状态下，均依这一特别的方式发生变异，致使其经常像马属的其他种一

5-7 马属的变种：斑马、马及驴

样，变得生有条纹；同时每一个种被创造出来就有着一种强烈的倾向，即当其与栖居在世界上远方的物种进行杂交时，所产生出的杂种，在生有条纹方面，与其双亲并不相似，而是与该属的其他种相似。依敝人之见，倘若接受了这一观点，无异于舍弃了真实的原因，而追求不真实的，或者至少是不得而知的原因。这一观点，遂令上帝的工作，徒成模仿伎俩和骗术而已；倘若接受这一观点，我几乎像那些老朽而无知的天地创成论者一样，毋宁相信贝壳化石压根儿就不曾作为贝类而生活过，只不过是被创造于岩石中，以模仿如今生活在海边的贝类而已。

概述。——我们对变异法则是极度的无知。对于这部分或那部分缘何与双亲中的同一部分，都或多或少地有所不同，在一百个例子中，我们甚至连一例都不能假装说是弄清楚了。但每当我们使用比较的方法时，便可见同种的变种之间的差异较小，而同属的物种之间的差异较大，两者似乎皆为同样的法则所支配。诸如气候和食物等外界条件的变化，似乎业已诱发了一些轻微的变化。习性对于体质结构差异的产生、使用对于器官的强化，以及不使用对于器官的削弱和缩小，其效果似乎更为有力。同源部分倾向于以同样的方式变异，而且倾向于结合生长。硬体部分和外表部分的改变，有时会影响较为柔软及内在的部分。当一部分特别发达时，它也许就倾向于自邻近的部分吸取养料；但凡构造的每一部分倘若能被省掉而对个体了无损害的话，它将会被省掉。早期构造的变化，通常会影响到其后发育的部分；还有很多其他的生长相关性现象，对其性质，我们远未能理解。重复的部分在数目和构造上，都易于变异，大概是由于这些部分没有为某一特殊的功能而特化所致，所以，它们的变异尚未受到自然选择的密切制约。也许出于同样的原因，在自然阶梯上位置低的生物，比那些整个体制结构比较专门化，故较为高等的生物，更易变异。退化器官，因无用而被自然选择所忽视，因而大概也易于变异。物种的性状，即同一属内的若干物种从一个共同祖先分支出来之后而变得不同的性状，要比属的性状更易变异，即属的性状遗传既久，且在这同一时期内未曾变化。在这些评述里，我们业已提到特殊部分或器官依然具有变异性，盖因其新近已发生了变异，且因此而变得不同；然而，我们在第二章里也业已看到，同样的原理亦可应用于整个个体；因为若是在一个地区，发现了一个属的很多个种，亦即在那里先前曾已有过许多的变异和分化，或者说在那里制造新种的过程活跃，那么，平均而言，我们现在能发现最多的变种或雏形种。副性征是高度变异的，而此类性征在同一群的物种中，差异甚大。体制结构中相同部分的变异性，通常已被利用来赋予同一物种中两性间的副性征的差异，以及同一属里几个物种的种间差异。任何部分或器官，与其亲缘关系较近的物种的同一部分或器官相比较，倘若发育成异常的大小，或以异常的方式发育，则自该属形成以来，它们必定业已经历了异常数量的变异；我们因此可以理解，它们何以至今仍会比其他部分常常有更高程度上的变异；由于变异是一长期、持续、缓慢的过程，因而自然选择在此情形下，尚无足够的时间来制服进一步变异的倾向以及返回到变异较少状态的倾向。但是，倘若具任何异常发达器官的一个物种，已经变成了很多变异了的后代的祖先（以我之见，这定是一个十分缓慢的过程，且历时甚久），在此情形下，自然选择便会易如反掌地赋予这一器官以固定的性状，不管它会是以如何异常的方式发育起来的。一个物种，若是从一个共同祖先遗传下了几乎同样的体质架构，又受到相似的影响，自然而然地就趋向于呈现出类似的变异，而且这些相同的物种偶尔可能会重现其古代祖先的一些性状。尽管新的、重要的变异可能不会来自返祖和类似变异，然而这些变异将会增进大自然美妙而和谐的多样性。

无论后代和亲代之间的每一细微差异的原因何在（每一差异必有原因），正是这些差异（当其对生物个体有利时）通过自然选择的逐渐的累积，引起了构造上的所有较为重要的变异，借此，地球表面上的无数生物方能彼此竞争，而最适者得以生存。

VI

第六章

理论的诸项难点

兼变传衍理论的诸项难点——过渡——过渡变种的缺失或稀少——生活习性的过渡——同一物种中多种多样的习性——具有与近缘物种极为不同习性的物种——极度完善的器官——过渡的方式——难点的例子——自然界中无飞跃——重要性小的器官——并非总是绝对完善的器官——自然选择理论所包含的型体一致性法则及生存条件法则。

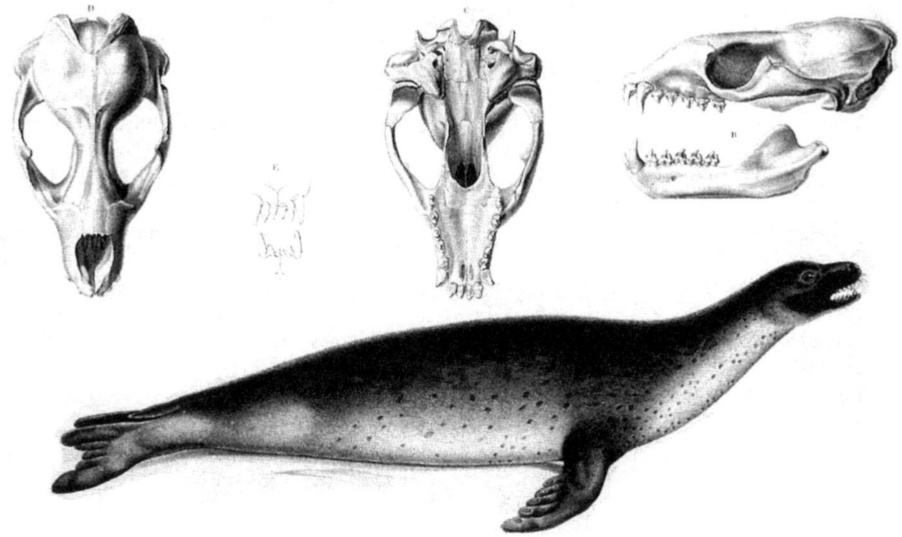

6-1 南极的海豹

远在读到本书的这一部分之前，读者想必业已遇到许许多多的难点。有些难点是如此之严重，以至于眼下每当我回想起来，依然不知所措；然而，据我所能做出的判断而言，大多数的难点仅止于表面，而那些真实的难点，窃以为，对敝人的理论并不是致命的。

这些难点和异议，可分为以下几类：第一，倘若物种是通过其他物种的极细微的变化逐渐演变而来的，那么，为何我们未曾见到应随处可见的、不计其数的过渡类型呢？为何物种诚如我们所见到的那样泾渭分明，而整个自然界并非是混沌不清的呢？

第二，一种动物，譬如说具有像蝙蝠那样的构造和习性，它有可能是从某种习性和构造与之完全不同的动物变化而成的吗？我们能否相信，自然选择一方面可以产生出无关紧要的器官，如长颈鹿用作驱赶蚊蝇的尾巴，另一方面，又可以产生出像眼睛那样的奇妙器官，对其无与伦比的完美，我们至今尚未完全了解？

第三，本能的获得和改变是否能通过自然选择而实现？引导蜜蜂营造蜂房的本能，实际上出现在博大精深的数学家们的发现之前，对此类奇妙的本能，我们将作何解说呢？

第四，物种之间杂交的不育性及其后代的不育性，而变种之间杂交时，其能育性则不受损害，对此，我们又能作何解说呢？

前两类将在此讨论，本能和杂交则在另两章里讨论。

论过渡变种的缺失或稀少。——由于自然选择仅仅在于保存有利的变异，因而，在被各类生物占满的地域内，每一个新的类型，对于比其改进较少的亲本以及其他与其竞争但较少受到垂青的类型，趋向于取而代之并最终将其消灭。因此，正如我们业已看到的，灭绝和自然选择是并驾齐驱的。所以，倘若我们把每一物种都视为是从某一个其他的未知类型那里传衍下来的话，那么，一般来说，恰恰是这一新类型的形成和完善的过程，导致了其亲种以及所有过渡变种的消亡。

然而，依照这一理论，无数过渡的类型必然曾经生存过，可为何我们未曾发现它们大量地埋藏在地壳之中呢？在《论地质记录的不完整性》一章里来讨论这一问题，将会更为便利；我在此仅声明，我相信其答案主要在于，地质记录的不完整远非一般所能设想到的；地质记录的不完整，主要在于生物没有栖息在大海极深的水域，还在于这些生物的遗骸倘若能被埋藏并保存至未来时期，掩埋它们的沉积物必须要有足够的厚度和广布，以经受得住巨量的未来剥蚀；此外，这些含化石的沉积物，只能堆积在一边在缓慢沉降，一边又有大量的沉积物沉积的浅海底层。这些偶发的事件，仅在极少的情况下同时发生，而且在极长的间隔期间后偶尔发生。当海底不降甚或上升的时候，或者当很少有沉积物沉积的时候，地史纪录上就会出现空白。地壳是一个巨大的博物馆；但其自然标本，仅仅是零星地采自相隔极为久远的各个时段。

但是，可能会有人极力主张，当几个亲缘关系密切的物种栖居在同一地域时，我们委实应该在目前发现很多的过渡类型。让我们列举简单一例：当我们在一个大陆上作从北向南的旅行时，我们一般会在连续的各段地区，见到亲缘关系密切的或具代表性的物种，显然在当地的自然经济体系中，占据着几乎相同的位置。这些代表性的物种，常常相遇并交错分布；当一个物种变得愈来愈少时，另一物种则变得愈来愈多，及至这（后）一物种代替了那（前）一物种。然而，倘若我们将这些物种在其汇合的地方加以比较的话，那么，一般说来，它们的构造的每一个细节相互都绝对不同，就像从各物种的中心栖息地采得的标本那般不同。根据我的理论，这些亲缘关系相近的物种，是从一个共同亲种那里传衍下来的；在变异的过程中，每一物种都已适应了自己区域的生活条件，而且业已排斥和消灭了其原来的亲本以及所有处于过去和现在的状态之间的过渡变种。因此，我们不应该指望于今还能在各地见到无数的过渡变种，尽管它们必定曾经在那里生存过，并且可能以化石状态埋藏在那里。可是，在具有中间生活条件的中间地带，为何现今我们未曾见到紧密相连的中间型变种呢？这一难点长久令我惶惑。但是我觉得，它大体上也是可以解释的。

首先，我们应当十分谨慎，不能因为一个区域现在是连续的，便能推论它在一个长久的时期内一直都是连续的。地质学令我们相信：几乎每一个大陆，甚至在第三纪较晚的时期内，也还分裂成一些岛屿；在此类岛屿上，不同的物种或许是分别形成的，因而毫无可能在中间地带存在着一些中间变种。由于陆地的形状和气候的变迁，即令现在是连续的海面，在距今很近的时期，定然曾经常常是远非如今这样地连续和一致。然而，我将不借此途径来逃避困难；因为我相信，很多界限十分明确的物种，业已在严格连续的地域上形成；尽管我并不怀疑，而今连续的地域上先前的隔断的状态，对于新种的形成，尤其是对于自由杂交和游移的动物的新种形成，曾经起了重要的作用。

当我们看一下如今分布在广袤地域上的物种，我们通常会发现，它们在一个广大的地域内数目繁多，而在边界地带，就或多或少地突然变得愈来愈稀少，及至最终消失。因此，两个代表性物种之间的中间地带，比之每一个物种的固有疆域来说，通常便显得狭小了。我们在登山的过程中，可以见到同样的事实，有时诚如德康多尔所观察的那样，一个普通的高山植物物种竟消失得何其突然，委实令人感叹不已。福布斯在用捕捞船探查海水深处时，也曾注意到同样的事实。对那些视气候与生活的物理条件为分布的最重要因素的人来说，这些事实不得不令他们感到惊诧，因为气候与高度或深度都是不知不觉地逐渐改变的。但是，当我们记住几乎每一个物种，甚至在其分布中心，倘若没有与其竞争的物种，其个体数目也会极度增加；倘若我们记住，几乎所有的物种，要么捕食别的物种，要么就会被别的物种所捕食；总之，倘若我们记住，每一个生物都与别的一些生物之间，以极为重要的方式直接或间接地发生着关系，那么，我们便会知悉，任何地域的生物分布范围，绝非毫无例外地取决于缓慢变化着的物理条件，而是大部取决于其他物种的存在，抑或依赖于其他物种而生存，抑或被其他物种所消灭，抑或与其他物种相竞争；因为这些物种业已是彼此区别分明的实体（不管它们是如何变成如此的），由于没有细微的渐变类型相混，因而，任何一个物种的分布范围，盖因其取决于其他物种的分布范围，故而趋向于界限极为分明。此外，每个处于其分布范围的边缘上的物种，因其个体数目在此处较少，在其敌害或其猎物数量的变动，抑或季节性的变动时，便极易遭到灭顶之灾；所以，它的地理分布范围的界限，也就会变得愈加明显了。

倘若我的下述信念是正确的话，即近似的或代表性的物种，当其栖居在一个连续的地域内时，一般的分布情形是，每一个物种都有广大的分布范围，而介于其间的是一个比较狭小的中间地带，而在这一地带内，各物种会相当突然地变得愈来愈稀少；又由于变种和物种没有什么本质上的区别，故而同样的法则大概可以应用于二者；倘若我们设想让一个正在变异中的物种适应于一个非常广大的区域，那么，我们必须要让两个变种适应于两个广大的区域，而且让第三个变种适应于狭小的中间地带。其结果，由于中间变种栖居在一个狭小的区域内，其个体数目必然变少；实际上，就我所能察觉到的而言，这一规则是适用于自然状态下的变种的。在藤壶属（Balanus）里，我见到了显著变种之间的中间变种的情形，就是这一规则的显著例子。根据沃森先生、阿萨·格雷博士和沃拉斯顿先生提供给我

6-2 各种藤壶

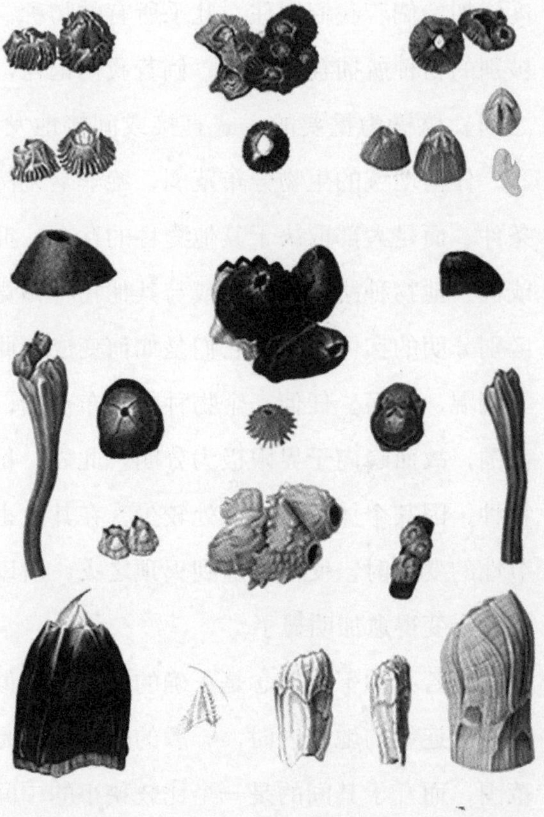

的信息，一般说来似乎是，当介于两个类型之间的中间变种出现时，其个体数目远比与它们所连接的那两个类型的个体数目要少。总而言之，倘若我们相信这些事实和推论的话，并且由此得出结论，连接两个其他变种的那一变种的个体数目，一般要比它们所连接的类型少的话，那么我认为，我们便能够理解为何中间变种不能持续许久了；——为何（作为一般规

则）它们会比被其原来所连接的那些类型要灭绝和消失得更为迅速。

如上所述，任何个体数目较少的类型，比之个体数目较多的类型，会遭遇到更大的灭绝机会；在这一情形里，中间类型极易被两边有着密切亲缘关系的类型所侵害。我相信，一个远为重要的理由是，根据我的理论，当两个变种假定通过进一步变异的过程，转变并完善为两个不同物种时，因栖居于较大的地域而个体数目较多的两个变种，比之那些栖居在狭小中间地带、个体数目较少的中间变种来说，便占有强大优势。这是因为，与个体数目较少的稀少类型相比，个体数目较多的类型，在任何一个特定的时期内，总是有更好的机会，出现更有利的变异，以供自然选择去利用。因此，在生存竞争中，较常见的类型就趋于压倒和取代较不常见的类型，因为后者的改变和改良，皆更为缓慢。我相信，诚如第二章所指出的，这一相同的原理，也可以说明为何每一地区的常见物种比起稀有物种来，平均能呈现更多的明显变种。我可以举一个例子来表明我的意思，假如饲养了三个绵羊的变种，第一个适应于广大的山区；第二个适应于较为狭小的丘陵地带；第三个适应于山下广阔的平原。再假定这三处的居民，都均有同样的决心和技巧，通过人工选择来改良各自的品种；在此情形下，成功的机会，将会大为垂青拥有多数绵羊的山区或平原的饲养者们，他们在改良品种方面，也会比拥有少数绵羊的中间狭小丘陵地带的居民们，更为迅速。结果，改良了的山地品种或平原品种，就会很快地取代改良较少的丘陵品种。这样一来，原本个体数目较多的这两个品种，便会在分布上紧密相接，而那个被取代了的丘陵地带的中间变种，便不再夹在另两个品种之间了。

总而言之，敝人相信物种会发展成界限尚属分明的实体，在任何一

6-3 经过优选杂交后的长毛绵羊

个时期内，都不至于会因一些仍在变异的中间环节，而呈现出“剪不断，理还乱”的无序状态。首先，由于新变种的形成是十分缓慢的，盖因变异即是一个缓慢的过程，在有利的变异偶然发生之前，自然选择是无能为力的。此外，倘若在这一地区的自然体系中，没有空余的地盘可供一个或多个改变了的生物更好地占据的话，自然选择同样也是无能为力的。这样的一些新地盘，取决于气候的缓慢变化，抑或取决于新生物的偶尔迁入，而且在更重要的程度上，也许取决于某些旧有生物的缓慢变异，因此而产生一些新的类型，与旧的类型之间相互发生作用和反作用。所以，在任何一个地方，在任何一个时候，我们应该只会见到少数物种在构造上显现出细微的，且在某种程度上持久的变异；而这委实是我们所目睹的情形。

第二，现今连续的地域，在距今不远的时期，必定常常曾是因隔离而成为许多部分的，在这些地方，许多类型，尤其是属于必行交配方能生育以及游动甚广的那些类型，可能业已分别变得泾渭分明，而足可分类为明显不同的典型种了。在此情形下，若干典型种与其共同祖先之间的一些中间变种，先前必定在这个地域的各个隔离部分内曾经存在过，然而，在自然选择的过程中，这些中间环节均已被取代和消灭，所以，现如今它们已不复存在了。

第三，当两个或两个以上的变种，业已在一个严格连续地域的不同部分得以形成时，很可能在中间地带最初也形成了一些中间变种，但是它们一般存在的时间很短。由于业已指出过的那些理由（即由于我们所知道的亲缘关系密切的物种或代表性物种的实际分布情形，以及公认的变种的实际分布情形），这些中间变种生存在中间地带的个体数量，要比被它们所连接的变种的个体数量少一些。仅从这一项原因来看，中间变种就很容易遭遇偶然的灭绝；在通过自然选择进一步变异的过程中，它们几乎必定会被它们所连接的那些类型所击败并取代；因为这些类型的个体数量既多，整体上变异也就更多，并因此通过自然选择而得以进一步的改进，进而获得更大的优势。

最后，倘若敝人理论属真，莫要着眼于一时，而是着眼于所有的不同时段，那么，无数的中间变种确定无疑地曾经存在过，它们把同群的所有物种最紧密地连接在一起：但是诚如业已屡屡陈述过的，正是自然选择这一过程，往往趋于消灭亲本类型以及中间环节。结果，它们曾经存在过的证据，便只能见诸化石遗骸之中了，而这些化石是保存在极不完整并且充满间断的地质记录里的，对此，我们在其后的一章里将试图予以阐明。

论具特殊习性及构造的生物之起源与过渡。——反对我的这一观点的人们曾经问道，譬如说，一种陆生肉食动物如何能够转变成为水生习性的动物；这种动物在其过渡状态中，如何能够营生？应该不难显示，在同一类群中，很多肉食动物有着从真正的水生习性到严格的陆生习性之间的每一个中间阶段；而且由于每一个动物都必须为生存而斗争，显然各自在生活习性上，均很好地适应了它在自然界中所处的位置。试看北美的水貂（Mustela vison）吧，其足生有蹼，其毛皮、短腿以及尾巴的形状，皆与水獭相似。夏天这种动物入水捕鱼为食，但在漫长的冬季，它便离开冰冻的水体，像其他臭鼬类一样，捕食鼠类及其他陆生动物。倘若另举一个例子的话，所问的问题便会是，一种食虫的四脚兽怎么可能转变成飞翔的蝙蝠呢？那么，这一问题就会远为困难，而我也将无从回答。然而，我仍认为，类似的难点无足轻重。

正如在其他场合一样，在此我也处于极端劣势，因为在我搜集到的许多明显例证里，我仅能举出一两个例子，来说明一个属内亲缘关系相近的物种的过渡习性和构造；还有同一物种之中的形形色色的习性，无论其是经常的还是偶尔的。在我看来，像蝙蝠这类特定的情况，除非给出一长串此类的例子，否则似乎不足以减少其中的困难。

看一看松鼠科；这里我们有最好的过渡的例子，有的种类，其尾巴仅

6-4 美洲水貂

仅稍微扁平，还有的种类，诚如理查森爵士（Sir J. Richardson）所述，其身体后部相当宽阔、身体两侧的皮膜相当宽大，直到所谓鼯鼠；鼯鼠的四肢甚至尾的基部，均连成宽阔的皮膜，起着降落伞般的作用，可以使鼯鼠在树间的空中滑翔达到惊人的距离。我们不可置疑，每一种构造对于每一种松鼠在其栖居的地方都各有其用，它使松鼠在面临捕食它的鸟类和兽类时能够逃之夭夭，或者使其能更快地采集食物，或者，如我们有理由相信，使其能减少偶然跌落的危险。然而，不能从这一事实，就可以说每一种松鼠的构造，在所有的自然条件下，都是我们所可能想象到的最佳构造。假使气候与植被变化了，假使与其竞争的其他啮齿类或新的猎食动物迁移进来了，或旧有的猎食动物起了变化，所有诸如此类的情形，会令我们相信，至少有些松鼠的个体数量要减少，甚或灭绝，除非其构造能以相应的方式产生了变异和改进。因此，对如下的情况，我看不出有什么难点可言，尤其是在变化着的生活条件下，每一个两侧皮膜越来越大的个体，将被继续保留下来，它的每一点变异都是有用的，皆会传衍下去，直至这种自然选择过程的累积效果造就出一种完美的鼯鼠。

现在来看一看猫猴（Galeopithecus，亦称飞狐猴）吧，先前它曾被错误地放入蝙蝠类中。它有着极宽的体侧皮膜，从颌的角落处起，一直延伸到尾部，包括带有长爪的四肢在内：该皮膜还生有伸展肌。虽然尚无适于空中滑翔的构造的一些渐变环节，现在能把猫猴跟其他的狐猴连接在一起，但并不难想象，此类环节先前曾经存在过，而且每一环节的形成，皆通过了像尚未能够完全滑翔的松鼠所经过的同样的步骤；而且每一阶段的构造，对生物本身都有用处。同样，我也不觉得有任何不可逾越的难点，妨碍我们进一步相信下述是可能的，即猫猴的由皮膜所连接的指头与前臂，恐怕是因自然选择而大大地加长了；仅就飞翔器官而言，这一过程便可以使其变成为蝙蝠。在一些蝙蝠里，翼膜自肩顶起一直延伸至尾部，且包括后腿在内，我们或许可以从这里看到一些蛛丝马迹，显示这一构造原本就是为适应于滑翔，而不是为适应于飞翔的。

倘若有十二个左右的鸟类的属灭绝了或不为人知，谁会敢于臆测竟有下述这些鸟类，居然曾经存在过呢，如：像艾顿所称的大头鸭（Micropterus

6-5 鼯鼠

of Eyton）那样的只将翅膀用来击水的一些鸟；像企鹅那样将翅膀在水中当鳍用、在陆上则当前脚用的一些鸟；像鸵鸟那样将翅膀当作风帆用的一些鸟；以及像无翼鸟（Apteryx）那样翅膀无任何功用的一些鸟？然而，上述每一种鸟的构造，在其所处的生活条件下，都是有用处的，因为每一种鸟都势必在斗争中以求生存；但是，它未必是所有可能条件下，最可能好的。切勿从这番评述而去推论，这里所提及的每一类的翅膀的构造（或许所有这些均因为不使用所致），代表着鸟类获得完全飞翔能力过程中所经历的一些自然步骤；但这些至少足以显示，多种多样的过渡方式是可能的。

看到像甲壳动物和软体动物这些在水中呼吸的动物中，有少数成员可适应于陆生生活；又看到飞行的鸟类和飞行的哺乳类，形形色色飞行的昆虫，以及先前一度存在过的飞行的爬行类，那么，可以想象那些靠鳍的拍击而稍微上升、旋转而在空中滑翔甚远的飞鱼，或许会变成为翅膀完善的动物。倘若此类事情已曾发生，谁会想象到，它们处于早先的过渡状态时，曾是生活于大洋之中呢？而且，就我们所知，它们飞翔的雏形器官，竟是专门用来逃脱其他种鱼的吞食呢？

当我们看到任何构造对某一特殊习性的适应已达尽善尽美时，诚如适应飞翔的鸟翼，我们应当记住，显示早期各个过渡构造阶段的那些动物，很少会至今仍继续生存，盖因其正是被自然选择使器官完善化的那一过程所淘汰。此外，我们或可断言，适应于不同生活习性的构造之间的过渡类型，在早期很少会大量发展，亦很少具有许多从属的类型。因此，我们再回顾一下所假想的飞鱼一例，真正会飞的鱼，直到它们的飞翔器官已达到高度完善的阶段、令其在与其他动物的生存斗争中能够稳操胜券之前，大概不会在具有很多从属的类型的情况下，为了在陆上和水中用多种方式以捕食多种食物，而发展起来。因此，在化石里面发现具有各种过渡构造的物种的机会，将总是很少的，盖因其个体数目，原本就少于那些在构造上完全发达了的物种的个体数。

现在让我举两三个例子，均是有关同一物种的个体间的多样化的以及改变了的习性。这二者中的任一情形出现，自然选择都会容易地通过动物构造的某些改变，而使其适应它所改变了的习性，或者使其单独适应于几种习性中的一种。然而难以明了（但对我们来说也无关紧要）的是，究竟习性通常变化在先而构造的变化在后呢，抑或是构造的些微变化引起了习性的改变呢？两者大概差不多常常是同时发生的。关于改变了的习性的情况，只要提及很多现今食用外来植物或单吃人造食物的英国昆虫就足够了。关于多样化的习性，其例子不胜枚举：在南美我曾常常观察一种凶残的鹟（Saurophagus sulphuratus），有时像茶隼一样翱翔于一处，然后飞至他处，有时则静立水边，随后似翠鸟一般，俯冲入水捕鱼。在我们本国，有时可见一种较大的山雀（Paurs major），几乎像旋木雀一样攀行枝上；它有时又像伯劳一样啄击一些小鸟的头部而致其死亡；我还多次耳闻目睹它们在枝头啄食紫杉的种子，如同鸸鸟一般将种子砸开。在北美，赫恩（Hearne）还看到黑熊在水里游泳历数小时之久，嘴巴大张，因此几乎像鲸鱼一般，捕捉水中的昆虫。即令像如此极端的情形，倘若昆虫的供给源源不断的话，又假如该地并无更为适应的竞争对手的话，那么通过自然选择，有一种黑熊在构造和习性上变得越来越适应于水中的生活，嘴巴变得越来越大，直到变成鲸一样异乎寻常的大，这又有何难呢？

当我们有时候见到一些个体的习性，与其同种的以及同属的异种的其他个体的习性，大相径庭，依照我的理论，我们则可以预期，这些个体或许偶尔会产生新种，该新种有着异常的习性，其构造不是轻微地就是显著地发生了改变，偏离了其固有的构造模式。此类情形在自然界里委实存在。啄木鸟攀缘树木并从树皮的裂缝里觅食昆虫，还有比这种适应性更为显著的例子吗？然而在北美，有些啄木鸟主要以果实为食物，另有一些啄木鸟却生有长长的翅膀，在飞行中捕捉昆虫；在拉普拉他平原上，了无一树，那里却有一种啄木鸟，以其体制结构的每个实质性部分，甚至其色彩、粗糙的音调以及波状的飞翔，明白无误地告诉我，它与我们的啄木鸟的常见种，有着密切的

6-6 水雉鸟

血缘关系；然而，它却是一种从未爬上过树的啄木鸟！

海燕是最具空栖性和海洋性的鸟，但是在恬静的火地岛，水雉鸟（Puffinuria berardi），在其一般习性上、在其惊人的潜水力上、在其游泳和不甘情愿地起飞时的飞翔姿态上，都会使人将其误认为海雀或是鹏鹛；然而，它实质上还是海燕，但其体制结构的很多部分业已经历了深刻的变化。另一方面，一具河乌（water-ouzel）的尸体，即令是最敏锐的观察者来检验，也断不会想象到它有半水生的习性；然而，严格意义上为陆生的鸫科中的这一异常成员，却完全以潜水为生——它在水下，用双足抓握石子并使用翅膀。

大凡相信各种生物一经创造出来便宛若如今所见的人，当其见到一种动物的习性与构造完全不一致时，肯定有时会感到很奇怪。鸭子和鹅的蹼足是为游泳而生的，还有什么会较此更为明显呢？然而，生于高地的鹅，尽管生着蹼足，但它很少或从未涉水；而且，军舰鸟的四趾皆生有蹼，但除了奥杜邦（Audubon）之外，无人看见过它曾飞落在海面上。另一方面，鹛鷉与大鹞明显都是水生鸟类，尽管它们仅在趾缘处生有膜。涉禽类长趾的形成，是为了便于在沼泽地和漂浮的植物上行走，还有什么似乎比这更为明显呢？可是，鹬几乎和大鹞一样是水生的，而陆秧鸡几乎和鹌鹑或鹧鸪一样是陆生的。在这些例子以及其他很多可以举出的例子中，习性虽业已改变，但构造却并未产生相应的变化。高地上的鹅的蹼足，在功能上可以说是已沦为残迹了，但在其构造上却并非如此。军舰鸟的足趾之间的深凹的膜，显示其构造业已开始发生变化了。

相信生物是分别而且无数次地被逐一创造出来的人，会作如是说，即在这些例子中，是由于造物主喜欢让一种生物占据另一种生物的位置；但对我而言，这似乎只是用冠冕堂皇的语言重述一遍事实罢了。相信生存斗争和自然选择原理的人，则承认每一种生物都在不断地努力去增多其个体数目，并承认倘若任一生物，无论在其习性上或构造上，即令产生很小的变异，因而能比同一地方的另一生物占有优势的话，它便会攫取那一生物的位置，不管那个位置与其本身原有的位置是何等地不同。因此，他对下述一些事实，便不足为怪了：具有蹼足的鹅和军舰鸟，或竟然生活于干燥

6-7 南美洲的鹅

的陆地上，或只在极偶然时降落于海面；具有长趾的秧鸡，竟然生活于草地之上而非沼泽之中；在几乎没有树的地方，竟然也有啄木鸟；世上竟然有潜水的鸫，以及具有海雀习性的海燕。

极度完善与极度复杂的器官。——眼睛具有不可模仿的装置，可以调焦至不同的距离、接收不同量的光线，以及校正球面和色彩的偏差，若假定眼睛能通过自然选择而形成，我坦承这似乎是极为荒谬的。然而理性告诉我，倘若能够显示在完善及复杂的眼睛与非常不完善且简单的眼睛之间，有无数各种渐变的阶段存在的话，而且每一个阶段对生物本身都曾是有用的；进而如若眼睛委实也曾发生过哪怕是细微的变异，并且这些变异也确实是能够遗传的；加之，倘若该器官的这些变异或改变，对于处在变化着的外界条件下的动物是有用的；那么，相信完善而复杂的眼睛能够通过自然选择而形成的这一困难，尽管在我们想象中是难以逾越的，却几乎无法被认为是真实的。神经是如何会对光变得敏感的，一如生命本身是如何起源的一样，几乎用不着我们担心；但我可以指出，几项事实让我猜测，任何敏感的神经都可能会对光线敏感，同样，它也会对产生声音的空气中的那些较粗的振动敏感。

在探寻任一物种的某一器官完善化的各个渐变阶段时，我们应当专门观察它的直系祖先；但这几乎是不可能的，于是在每一种情形下，我们都不得不去观察同一类群中的物种，亦即来自共同原始祖先的一些旁系，以便了解在完善化过程中有哪些阶段是可能的，也许尚有机会从世系传衍的较早的一些阶段里，看到遗传下来的没有改变或几乎没有什么改变的某些阶段。在现存的脊椎动物中，在眼睛的结构方面，我们仅发现了少量的渐变阶段，但是，在化石种中有关这方面我们一无所获。在这一大的纲里，我们大概要追寻到远在已知最低化石层之下，去发现眼睛的完善化所经历过的更早的一些阶段。

在关节动物（Articulata）[1]中，我们可以展开一个系列，从只是被色素层所包围着的视神经且无任何其他机制开始；自这一低级阶段，可见其构造的无数过渡阶段存在着，分成根本不同的两支，直至达到相当高度完善的阶段。譬如在某些甲壳类中，存在着双角膜，内面的一个分成很多小眼，在每一个小眼中有一个晶状体形状的隆起。在另一些甲壳类中，一些色素层包围着的、只有排除侧光束方能恰当工作的晶锥体，其上端是凸起的，而且必须通过汇聚才能起作用；而在其下端，似乎有一不完全的透明体。鉴于这些事实（尽管陈述的远为简略和不完全），它们显示在现生的甲壳类的眼睛中，有着很大的逐渐过渡的多样性；倘若我们考虑到，与业已灭绝类型的数目相比，现生动物的数目是多么之小，那么，就不难相信（不会比很多其他构造的情形更难相信），自然选择能把一件被色素层包围着的和被透明膜遮盖着的一条视神经的简单装置，改变成为关节动物的任何成员所具有的那么完善的视觉器官。

对业已走了这么远的人，倘若读罢此书，发现大量的事实只能用传衍的理论方能得以解释，否则的话，则令人费解，那么，他就应当毫不犹豫地继续下去；并应当承认，甚至像鹰的眼睛那样完善的构造，也可以经由

[1] 即我们现在通常所称的“节肢动物”（arthropods）。——译注

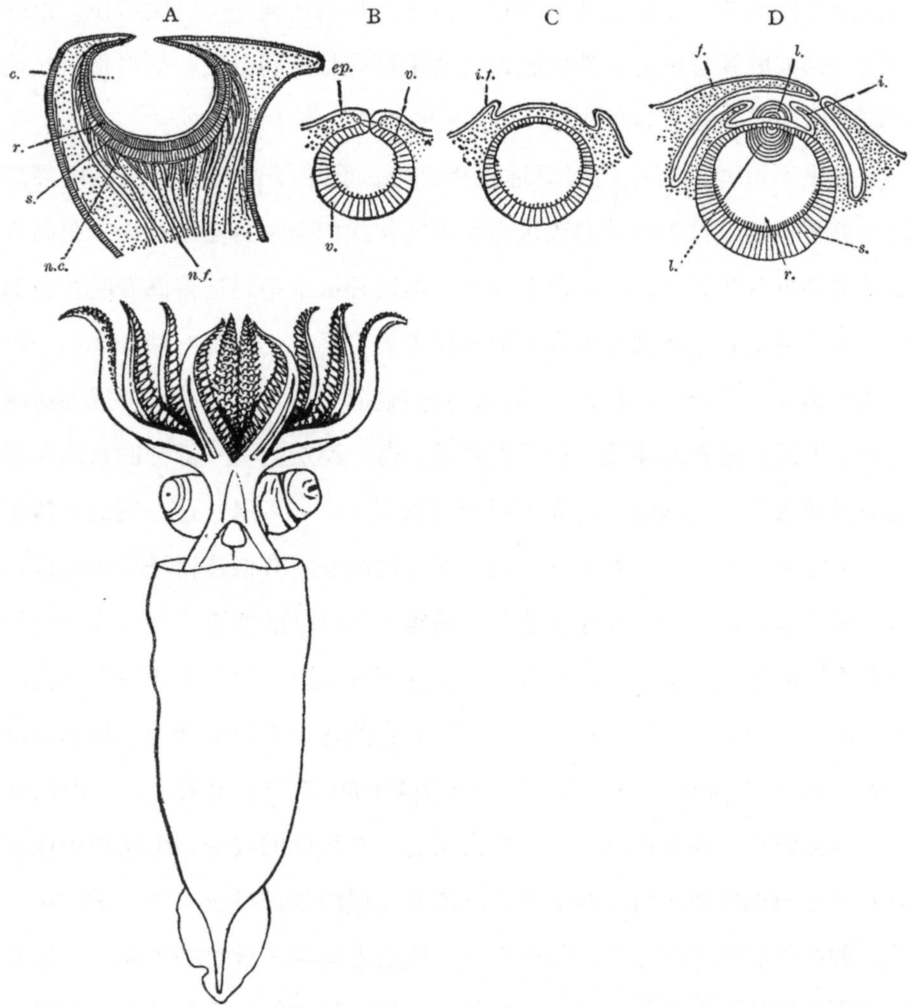

6-8 头足类动物（乌贼）眼睛发育阶段的切面图

自然选择而形成，尽管在此情形中，他并不知道任何一个过渡阶段。他的理性应该战胜其想象力；然而敝人对此困难尚且感同身受，故对把自然选择原理引申得如此之远而持有任何程度的踌躇，毫不奇怪。

几乎不可能不将眼睛与望远镜相比较。我们知道这一器具是由最高的人类智慧经过长久持续的改进而完善的；我们会很自然地推论，眼睛也是经由多少有些类似的过程而形成的。但这种推论不是自恃高傲吗？我们有何理由可以假定造物主也像人类那样用智力来工作的呢？倘若我们一定要把眼睛与一个光学器具相比的话，我们就应当想象，它有一厚层的透明组织，下面有感光的神经，然后再假设，这一厚层内每一部分的密度在持续缓慢地改变着，以便分离成不同密度和厚度的诸多层，这些层的彼此距离各不相同，每一层的表面形状也在缓慢地改变。我们还得进一步假设，有一种力量，总是十分关注着透明层的每一个些微的变更；并且仔细地选择在不同的条件之下，以任何方式或在任何程度上，偏向于产生更为清晰映像的每一个变异。我们必须假定，该器官的每一种新的状态，均达乘以一百万次计[1]；每种状态一直被保存到更好的状态产生出来之后，旧的状态才会被毁灭。在生物体内，变异会引起一些轻微的改变，生殖作用则令其几乎无限地繁增，而自然选择将以准确无误的技巧挑选出每一个改进。让这种过程历经千百万年；每年作用于成百万的很多种类的个体；难道我们会不相信这样形成的活的光学器具，一如造物主的作品胜过人工作品那

[1] 这里是指，些微变异的出现是连续不断的，些微好的、新的状态得以保存，旧的状态遭到淘汰，这一过程不断地重复，均达“乘以一百万次计”，如此缓慢地积累，器官因而达到功能和结构上的完美。——译注

样，胜过玻璃器具吗？

倘若能够证明存在着任何复杂器官，它不可能是经由无数的、连续的、些微的变异而形成的，那么，敝人的理论就绝对要分崩离析。然而，我未能发现这种情形。毫无疑问，有很多器官，对其一些过渡阶段我们尚不得而知，尤其是当我们观察那些十分孤立的物种时，依照我的理论，其周围的类型已大都灭绝了，更复如此。抑或倘若我们观察一个大的纲内的所有成员均共有的一种器官，因为在此情形中，该器官必定最初是在极为久远的时代里形成的，其后，该纲内的所有的众多成员才发展起来；为了发现该器官经过的早期各过渡阶段，我们应该不得不在非常古老的祖先类型里寻找，但这些类型却早已灭绝了。

当断言一种器官可以不通过某些过渡阶段而形成时，我们必须极为谨慎。在低等动物里，同一器官同时能够执行截然不同的功能的例子，简直不胜枚举；譬如，蜻蜓的幼虫和泥鳅（Cobites），其消化管同时具有呼吸、消化和排泄的功能。水螅（Hydra）的身体可把内面翻至外面，然后，外层即营消化，而原本营消化的腔，便改营呼吸了。在此类情形中，自然选择可能会很容易地使原本具有两种功能的器官或部分专营一种功能，倘若由此可以获得任何利益的话，因而通过无法察觉的一些步骤，而完全改变器官的性质。两种不同的器官，有时可同时在同一个体里执行相同的功能；举一个例子吧，鱼类用鳃呼吸溶于水中的空气，同时用鳔呼吸游离的空气，鳔则有鳔管供给其空气，并被满布血管的隔膜分开。在这些例子里，两种器官之中的一个器官，可能很容易地被改善，以担负全部的工作，它在变异的过程中，并得益于另一种器官的帮助；然后，这另一种器官可能会改营其他的、十分不同的功能，或者完全废弃掉。

鱼鳔这个例子是个好例子，因为它清楚地向我们显示了一个极为重要的事实：即原本为了一种目的（即漂浮）所构建的器官，可以转变为一个完全不同的目的的器官（即呼吸）。在某些鱼类里，鳔又成为听觉器官的一种辅助器官；由于我不清楚哪一种观点现在更为流行，抑或是听觉器官的一部分成了鱼鳔的辅助器官。所有生理学家们都承认，鳔与高等脊椎动物的肺是同源的，即在位置和构造上具有“理想型相似性”：因此，对我来说不难相信，自然选择实际上业已将鳔变成了肺，或是变成了专司呼吸的器官。

委实我几乎不可置疑，所有具有真肺的脊椎动物，都是从我们对其一无所知的一种古代的具有漂浮器或鳔的原始型那里，普普通通地代代相传而来。那么，诚如我根据欧文教授有关这些器官的有趣描述所推论的，我们便可理解一个奇怪的事实，即为何我们吞咽下去的每一粒食物及饮料，都得由气管小孔的上方经过，时有落入肺部去的危险，然而那里有一种美妙的装置可以关闭声门。高等脊椎动物已经完全失去了鳃弓——但在它们的胚胎里，颈的两侧的裂缝以及弯弓形的动脉依然标志着鳃弓的先前位置。然而可以想象，现今完全失掉的鳃弓，大概业已被自然选择逐渐利用于某种十分不同的目的：据一些博物学家所持的观点，一如环节动物的鳃和背鳞是与昆虫的翼和翼面覆盖层同源的，大概在非常古老的时期曾经作为呼吸的器官，实际上业已转变成了飞翔器官。

在考虑器官的过渡时，记住一种功能有转变成另一种功能的可能性，是如此之重要，故我再举一个例子。有柄蔓足类有两个很小的皮褶，我称其为保卵系带，它通过分泌黏液的方法把卵保持在一起，直到它们在袋中孵化为止。这种蔓足类没有鳃，全身表皮和卵袋表皮包括小保卵系带在内，均执行呼吸功能。另一方面，藤壶科或无柄蔓足类则没有保卵系带，它们的卵松散地位于袋底，包在紧闭的壳内；但是它们有大的褶皱的鳃。我想，现在无人会否认这一科里的保卵系带与另一科里的鳃是严格同源的；实际上，它们是相互逐渐过渡的。因此，毋庸怀疑，原来那些小皮褶，原本是当作保卵系带、并同样略为帮助呼吸之用，业已通过自然选择，仅仅由于其尺寸的增大及其黏液腺的消失，便逐渐地转变成了鳃。倘若所有的有柄蔓足类皆已灭绝的话（而有柄蔓足类确已比无柄蔓足类遭受的灭绝更为厉害），谁又能想到无柄蔓足类里的鳃，原先是用来防止卵被冲出袋外的一种器官呢？

尽管在断言任何器官不可能由连续的、过渡的各个阶段所产生时，我们必须极为谨慎，然而，一些严重的难点毫无疑问地依然出现，其中一些将在我未来的著作中予以讨论。

最严重的难点之一，当属中性昆虫，其构造常常与雄虫和能育的雌虫大相径庭；但是，这一例子将留待下一章里讨论。鱼的发电器官，是另一个特别难以解释的例子；因为不可能想象，这些奇异的器官是经过什么一些步骤产生出来的；但诚如欧文和其他一些人所指出的，其内部结构与普通肌肉的内部结构极其相似；正如最近所显示的那样，鳐鱼有一个器官与该发电装置十分类似，然而按照玛泰西（Matteucci）所称，它并不放电；我们必须承认，我们对此所知甚少，远不足以力称，没有任何类型的过渡是可能的。

发电器官提供了另一更加严重的难点，因为它们仅见于约十一二个种类的鱼里，其中有几个种类在亲缘关系上相距甚远。一般而言，倘若同样的器官见于同一个纲中的几个成员中，尤其是这些成员生活习性大为不同时，我们将这一器官的存在归因于共同祖先的遗传；并可把某些成员中这一器官的缺失，归因于不使用或自然选择所引起的丧失。然而，如若发电

6-9 鳐鱼

器官是从所提供的某一古代祖先那里遗传下来的，我们或可预料到，所有电鱼彼此间均应有特殊的亲缘关系。地质学也完全不能令人相信，大多数鱼类先前曾有过发电器官，而其大多数变异了的后代失去了它们。在属于几个不同的科和目的几种昆虫里，具有发光的器官，这提供了一个类似的难点的例子。还可举出其他的例子；譬如在植物里，生在末端具有黏液腺的足柄上的花粉块这一十分奇妙的装置，在红门兰属（Orchis）和马利筋属（Asclepias）里是相同的——这两个属在显花植物中，其亲缘关系相距是再远也不过的了。在两个显著不同的种却生有明显类似的器官的所有的例子中，应该看到，尽管这些器官的一般形态和功能可能是相同的，但是常常可以找见某种根本的差异。我倾向于相信，近乎一如两个人有时会独立地颖悟到同一种发明，因此，自然选择为了每一生物体的利益而工作着，并且利用着类似的变异，因而有时以近乎相同的方式改变了两个生物里的不同的部分，这些生物体共有的构造，很少是因为遗传于共同的祖先。

尽管在众多情形中，很难猜测到器官曾经过了哪些过渡阶段，竟然达到了如今的状态，然而，考虑到现生的和已知的类型比之灭绝了的和未知的类型，其比例甚小，令我诧异的倒是很难指出哪一个器官不是经过了过渡的阶段而形成的。这一论述的真实性，确为自然史里那句古老的但有些夸张的格言“自然界里无飞跃”（“Nature non facit saltum”）所彰显。在几乎每一个有经验的博物学家的著作里，我们都可以见到对于这一格言的承认；或者，诚如米尔恩·爱德华兹（Milne Edwards）所精当表述的那样，“大自然”虽奢于变化，却吝于革新。那么，倘若依据特创论，何至于如此呢？很多独立的生物，既然被认为是为其在自然阶梯上的适当的位置而分别创造出来的，那么，为何它们的所有的部分和器官，却这样总是被逐渐过渡的一些步骤连接在一起呢？为何在构造与构造之间，“大自然”不来个飞跃呢？依据自然选择理论，我们就能明白地理解，大自然为何不该飞跃呢；因为自然选择只能通过利用一些细微的、连续的变异而起作用；它从来不能飞跃，而必须以最短的以及最缓慢的步伐前进。

看似无关紧要的器官。——由于自然选择是通过生死存亡（通过保存那些带有任何有益变异的个体，消灭那些带有任何不利的构造偏离的个体）而起作用的，所以，我有时感到很难理解一些简单的部分的起源，因其重要性似乎不足以使连续变化着的个体得以保存。在这方面我有时感到其困难，堪比诸如眼睛这样的完美和复杂的器官之情形，尽管是一种不同类型的困难。

首先，我们对有关任何一种生物的整个体制知之太少，以至于不能够说何种轻微的变异是重要的或是不重要的。在先前的一章里，我曾列举过一些很是微不足道的性状的例子，诸如果实上的茸毛以及果肉的颜色，由于决定是否受昆虫的侵害，或由于与体质结构的差异相关，或许委实受制于自然选择。长颈鹿的尾巴，看起来像人造的苍蝇拍；若说全为了赶掉苍蝇这样微不足道的用场，而经过连续的、些微的变异以适应于现在的用途，每一次变异都越来越好，这乍听起来，似乎是难以令人置信的；然而，即令在此情形中，我们在肯定之前亦应三思，因为我们知道，在南美，牛和其他动物的分布和生存绝对取决于其抗拒昆虫攻击的力量：以至于那些无论用何种方式能够防御这些小敌害的个体，便能扩展到新的牧场并以此而获得巨大的优势。并非是这些较大的四足兽实际上会被苍蝇消灭掉（除了一些很少的例外），而是它们不停地被骚扰，体力便会降低，其结果，它们更易染病，或者在饥荒来临时，不会那么有本事地找寻食物，或者逃避野兽的攻击。

现今无关紧要的器官，在某些情形里，或许对其早期的祖先却是极为重要的，这些器官在先前的一个时期，业已缓慢地完善化之后，以近乎相同的状态传递下来，尽管现在的用处已经很小了；进而，它们在构造上的任何实际上的有害偏差，总是会受到自然选择的抑制。目睹尾巴在大多数水生动物里是何等重要的运动器官，它在如此多的陆生动物（肺或改变了的鳔暴露了它们的水生起源）里的普遍存在和多种用途，或许因此可得以解释。一条发育良好的尾巴既然形成于一种水生动物，那么，其后它或许可以有各种各样的用途，例如，作为苍蝇拍，作为握持器官，或者像狗尾巴那样帮助转身，尽管这种帮助必定是微不足道的，因为野兔几乎没有什么尾巴，却照样能够迅速地折转身体。

其次，我们有时可能对一些性状赋予重要性，可它们实际上很不重要，而且是起源于十分次要的原因，与自然选择并无干系。我们应当记住，气候、食物等大概对体制结构，有着些微的直接影响；应当记住，返祖法则会使性状重现；应当记住，生长相关，在改变各种构造方面，有着极为重要的影响；最后，还应记住，性选择常常显著地改变受意志支配的动物的外部性状，旨在给予一个雄性与另一雄性搏斗的优势，或吸引雌性的优势。此外，当一个构造的改变主要地是由以上或其他未知原因引起的话，起先它可能并没给该物种带来什么优势，但是其后该物种的后代可能在新的生活条件下以及具有了新获得的习性后，便能利用其优势了。

为阐明上述的后几句话，再举几个例子吧。倘若只有绿色的啄木鸟存在过的话，而我们不知道还曾有过很多种黑色的和杂色的啄木鸟，我敢说我们一定会以为，绿色是一种美妙的适应，使这种频繁往来于林间的鸟，在敌害面前隐蔽自己；结果，进而认为这是一种重要的性状，并且或许是通过自然选择而获得的；其实，我毫不怀疑这颜色是由于某种显著不同的原因，大概是由于性选择。马来半岛有一种蔓生竹（trailing bamboo），它靠丛生在枝端的构造精致的钩子，攀援那耸入云霄的树木，这种装置无疑对于该植物是极为有用的；然而，我们在很多非攀援性的树上也看到近似的钩子，这种竹子上的钩子可能源于一些不得而知的生长法则，其后当该植物经历了进一步的变异并且变成为攀援植物时，便利用了这一优势。秃鹫头上裸露的皮，大都认为是在腐尸中盘桓的一种直接的适应；抑或可能是由于腐败物质的直接作用；但是，我们对此类的推论应当十分谨慎，我们看到吃清洁食料的雄火鸡的头皮，也同样是裸露的。幼小哺乳动物的头骨上的骨缝，曾被认为是帮助母体分娩的美妙适应，而且这无疑帮助生产，抑或可能是生产所必不可少的；可是幼小的鸟和爬行动物只不过是从破裂的蛋壳里逃出来的，而它们的头骨也有骨缝，故我们可以推论，这一构造乃源于一些生长法则，不过为高等动物所利用于分娩过程中罢了。

对于产生每一个细微的及不重要的变异之原因，我们是极度无知的；我们只要想一想各地家养动物品种间的差异，尤其是在文明程度较低的国家里，那里还很少有人工选择，便会立刻意识到这一点。一些细心的观察者们相信，潮湿气候会影响毛发的生长，而角又与毛发相关。高山品种总是与低地品种不同；山区大概对后腿有影响，因为使其得到较多的锻炼，甚至也可能影响到骨盆的形状；进而，依据同源变异法则，前肢和头部大概也可能会受到影响。此外，骨盆的形状可能因压力而影响子宫里的胎儿脑袋的形状。高原地区必须费力呼吸，我们有一些理由相信，这会使胸部增大；而且相关性还会发挥作用。各地尚未开化的人们所豢养的动物，常常得为自身的生存而斗争，而且在某种程度上是遭遇自然选择的，同时体质结构稍微不同的个体，在不同的气候下会最为成功；有理由相信，体质结构与颜色也是相关的。一位很好的观察家也谈到，在牛里，易受蝇类的攻击也与颜色相关，正如易受某些植物的毒害，也与颜色相关一样，以至于颜色也会因此受制于自然选择的作用。然而，我们委实极为无知，以至于难以猜测若干已知和未知的变异法则的相对重要性；我在此提及这些仅在于表明，倘若我们不能解释我们家养品种的性状差异的话，尽管我们大都承认这些差异是经过寻常的世代而发生的，那么，我们就不该太过于在意我们对于物种之间的那些微小的相似差异的真正原因的无知。为此同样的目的，我或可引证人种之间的差异，这些差异是如此彰显；我或可加一句，这些差异的起源，看来多少有些迹象可循，说明主要是通过某种特定的性选择，然而在此因不能予以详述，我的推理将会显得流于轻浮。

一些博物学家最近对构造每一细节的产生都是为了生物自身利益而产生的这一功利学说提出了异议，上述评论引起我来对此略表几句。这些博物学家们相信，很多构造之所以被创造出来，是为了人类眼中的美，抑或仅仅是为了翻新花样而已。假若这一信条是正确的话，那么它对于敝人的理论则绝对是致命的。尽管如此，我完全承认，有很多构造对于生物本身并无直接的用处。物理条件大概对构造有某种些微的效应，与是否由此而获得任何利益颇无关联。生长相关性无疑起了最为重要的作用，一个部分的一个有益的变异，使其他一些部分产生形形色色并无直接用处的变化。同理而言，一些性状，其先前是有用的，或者是先前由生长相关性而产生，或者是出自一些其他未知的原因，可能因回复变异法则而重现，尽管现在这些性状已经没有直接的用处了。性选择的效应，当以显示美态吸引雌性时，且只在颇为牵强的意义上，堪称是有用的。然而，最为重要的考虑是，每一种生物的体制的主要部分，皆均由遗传而来；其结果，尽管每一生物委实很好地适于它在自然界中的位置，但很多构造与每一个种的生活习性之间，于今并无直接的关系了。因此，我们很难相信，高地的鹅和军舰鸟的蹼足，对于这些鸟会有什么特别的用处；我们也无法相信，在猴子的前臂内、马的前腿内、蝙蝠的翅膀内，以及海豹的鳍脚内，同样的骨头对于这些动物竟会有什么特别的用处。我们可以很有把握地把这些构造归因于遗传。但对高地的鹅和军舰鸟的祖先而言，蹼足无疑是有用的，一如蹼足对于大多数现生的水鸟是有用的。所以，我们可以相信，海豹的祖先并无鳍脚，而生有适于行走或抓握的五趾之足；我们进而还敢相信：猴子、马和蝙蝠的四肢内的几根骨头，是从一共同祖先遗传而来的，对其先前祖先或若干祖先，要比对现今这些具有如此多种多样习性的动物来说，更有特别的用处。所以，我们可以推论，这几根骨头或许是通过自然选择而获得的，先前与如今一样，它们都受制于遗传、返祖、生长相关性等几科法则。因此，每一个现生生物的构造的每一个细节（在多少承认物理条件的直接作用的情况下），均可作如是观，即它们不是对其某些祖先类型曾有过特别的用处，就是现如今对那一类型的后裔有着特别的用处，不是直接地，便是通过一些复杂的生长法则间接地有着特别的用处。

尽管在整个自然界中，一个物种会频繁地利用其他物种的构造并从中获益，但自然选择不可能完全为了对另一个物种有利而使任一物种产生任何变异。然而，自然选择能够而且委实经常产生出直接加害于其他动物的构造，诚如我们所见的蝰蛇的毒牙以及姬蜂的产卵管，姬蜂通过此管将卵产在其他活着的昆虫的体内。倘若能够证明任何一个物种的构造的任何一部分，专门是为另一个物种的利益而形成的，那么我的理论即被颠覆，盖因这一构造绝不会是通过自然选择而产生的。尽管在博物学的著作里，不乏与此相关的陈述，然而，我甚至找不到哪怕是一例，对我来说似乎是有任何说服力的。人们承认响尾蛇的毒牙系用来自卫和消灭猎物的；但有些作者则推想，它同时具有于己不利的响环，那就是这种响环会警告其猎物

6-10 响尾蛇的头骨（上图）以及响尾（中、下图），c. 毒牙

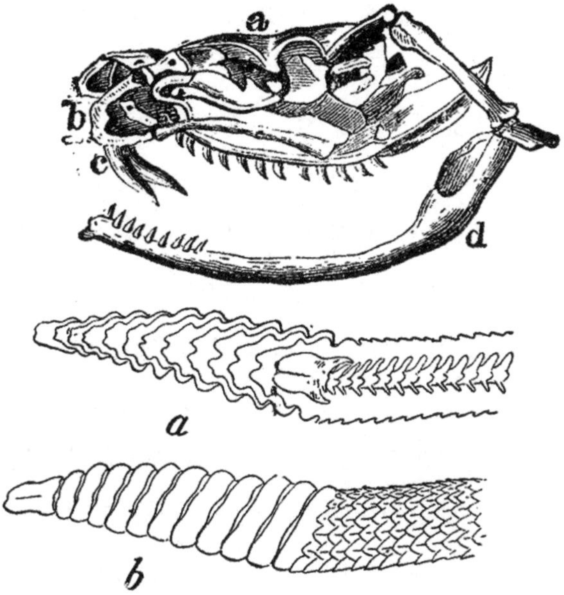

而使其逃之夭夭。倘如此，我几乎也毋宁相信，猫在准备纵跳时，卷动尾端，是为了警示已临杀身之祸的老鼠。然而，我在此没有篇幅去详述此类以及其他类似的例子。

自然选择从来不会在一种生物身上，产生任何于己为害的构造，盖因自然选择完全凭借使生物受益而发挥作用并以此为唯一目的。诚如佩利（Paley）所言，没有一种器官的形成，是为了对生物本身造成苦痛或施加损害。如果公平地权衡每一部分所引起的利和害的话，那么，从整体来

说，每一部分都是有利的。斗转星移，在变化着的生活条件下，假若任何部分变得有害了，那么，它就得改变；否则，该生物就要灭绝，一如无数的生物业已灭绝那样。

自然选择趋于仅使每一生物完善或略加完善的程度，是相对于栖居同一地方的、与其生存竞争的其他生物而言的。我们可见，自然状态下所得以完善的程度，也恰恰如此而已。譬如，新西兰的土著生物彼此相较均同等完善；但是，面临来自欧洲的引进的植物和动物的大举进犯，它们迅速地被征服了。自然选择不会产生绝对的完善，而且就我们所能判断而言，我们在自然界里，也未曾总是能遇见到如此高的标准。按极为权威者所言，对于光线收差的校正，甚至在诸如眼睛这样最为完善的器官，也不尽完美。倘若我们的理性引领我们热烈地称羡自然界里无数不可模仿的装置，那么，这同一理性又昭示我们（尽管我们在两方面均可能很容易地出错），其他一些装置则是较不完善的。我们能够认为马蜂或蜜蜂的螫刺是完善的吗？当其用于反击很多袭击它的动物时，由于它生有倒生的锯齿而不能自拔，因此，难免因将自己的内脏拉出来而遭身亡。

倘若我们把蜜蜂的螫刺视为在其远祖里即已存在，原为钻孔用的锯齿状器具，正如同一大目里的众多成员的情形那样，其后经历了改变为于今的目的服务，但并不完善，而原本诱生虫瘿的毒素其后增强了毒性，那么，也许我们便能够理解，为何蜜蜂使用螫刺，居然会如此经常地引起自身的死亡：因为总的说来，螫刺的力量对于其群落是有益的，尽管可能会造成一些少数成员的死亡，却满足了自然选择的所有要求。因为很多昆虫中的雄性个体凭借真正神奇的嗅觉力来寻觅雌性，假如我们对此赞美不已，那么，只为生育而产生成千上万的雄蜂，对整个群落别无他用，并终

6-11 蜜蜂的螯刺

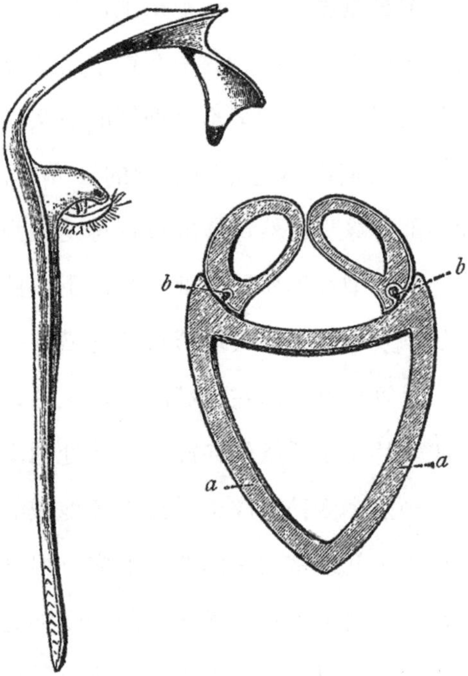

将被那些勤劳而不育的姊妹们所杀戮，我们难道对此也称羡不已吗？也可能很难如此，但是，我们亦该赞赏后蜂的野蛮的恨的本能，这一本能促使它在幼小的后蜂（即其女儿们）初生之际，即将其置于死地，或在这场战斗中自身阵亡；因为毫无疑问这是有益于群落的；况且母爱或母恨（所幸后者极少）对于自然选择的无情原则，都是同样的。倘若我们赞叹兰科植物以及诸多其他植物的花朵的几种机巧装置，借此靠昆虫的媒介作用而受精，那么，枞树为了让少数几粒花粉凑巧被吹落到胚珠上面，而产生出来的密云似的花粉，我们能够视此为同等完善的精致之作吗？

本章概述。——在本章里，我们已经讨论了可能用来对敝人理论发难的一些难点和异议。其中有很多是严重的；然而，我认为通过这番讨论，一些依照特创论完全难以理解的事实，便得以澄清。我们已经看到，物种在任一时期都不是无限变异的，亦非由无数的各级中间环节相连接在一起，部分缘于自然选择的过程总是极为缓慢的，在任一给定时期，只对少数一些类型发生作用；部分则缘于自然选择的过程本身，就几乎意味着先前的以及中间的各级环节持续地遭到排斥和灭绝。一些亲缘关系相近的物种，尽管现今生活在连续的地域上的，但它们准是常常在该地域尚未变得连成一片、生活条件在此处与彼处间尚未过渡得难以察觉时，就业已形成了。当两个变种形成于一片连续地域的两个不同地方时，常会有一个适合生存于中间地带的中间变种形成；但基于前述的一些原因，中间变种的个体数量，要少于它所连接的两个变种的数量；其结果，这两个变种，在进一步变异的过程中，由于其个体数量较多，便比个体数量较少的中间变种更具优势，因此，一般就会成功地把中间变种排斥和消灭掉。

我们在本章里业已看到，若要断言极为不同的生活习性彼此间不能逐渐转化；譬如，要断言蝙蝠不能从一种最初只是在空中滑翔的动物经自然选择而形成，我们应该如何地慎之又慎啊！

我们业已见到，一个物种在新的生活条件下，可改变其习性；或者产生多种多样的习性，其中有些与其最接近的同类的习性大相径庭。因此，只要记住每一生物都力求生活于任何它可以生活的地方，我们便能理解缘何会有长着蹼足的高地鹅、栖居地面的啄木鸟、潜水的鸫以及具有海雀习性的海燕了。

诸如眼睛这样如此完善的器官，若是相信它能够通过自然选择而形成的话，足以让任何人感到头晕目眩；然而，无论何种器官，只要我们了解了有一长串不同复杂性的各级过渡阶段，且每一阶段对生物本身皆有裨益的话，那么，在变化着的生活条件下：通过自然选择而获得任何可以想象到的完善程度，这在逻辑上并非是不可能的。即令在我们不知道有中间或过渡状态的情形下，若是断言从无这些状态存在过，也必须非常谨慎，因为很多器官的同源以及它们中间状态显示，功能上的奇妙转变，至少是可能的。譬如，鳔显然业已转变成为呼吸空气的肺了。同一器官同时执行多种非常不同的功能、然后特化为专司一种功能；两种不同的器官同时执行同种功能、一种器官因受到另一种器官的帮助而得以完善，必然常常会大大地促进了它们的过渡。

在几乎每一种情形里，我们都实在是太无知了，因而我们不能够就此认定，由于任何一个部分或器官对于物种的自身利益无关紧要，故其构造上的变异，就不可能会是通过自然选择的方式而缓慢地累积起来的。然而，我们可以有把握地相信，很多变异，完全是缘于生长法则，最初对一物种不可能有益，但其后被该物种进一步变异了的后代所利用。我们还可相信，从前曾是极为重要的部分，尽管它如今已变得无足轻重了，以至于在其目前状态下，已不可能是通过自然选择而获得的了，但常常还会被保留着（如水生动物的尾巴依然保留在其陆生后代身上）；自然选择这一力量，只能通过在生存斗争中保存有益的变异，方能发挥其作用。

自然选择不会在一个物种里产生出任何单纯是为了施惠或加害于另一个物种的东西；尽管它很可能会产生出一些部分、器官和分泌物，它们对于另一个物种来说，会极有用处甚至于不可或缺，抑或极为有害，但是在所有这些情形里，它们同时对其持有者是有用的。在每一个被各类生物占满的地方，自然选择必须通过生物之间的彼此竞争而发生作用，其结果，它只是按照该地的标准，使生物完善，或使其获得生存斗争所需的力量。因此，一地（通常是较小的地域）的生物，常常得屈服于另一地方（通常是较大的地域）的生物，一如我们所目睹，它们确实是会屈服的。因为在较大的地域内，存在着较多的个体和更为多种多样的类型，而且竞争也更为剧烈，因而完善化的标准也更高。自然选择未必会产生绝对的完善化；但就我们有限的才能来判断的话，绝对的完善化，亦非随处可见的。

根据自然选择的理论，我们便能清晰地理解博物学里“自然界里无飞跃”这一古谚的全部意义了。倘若我们仅着眼于世界上的现生生物，这一古谚并非严格正确；然而，如若我们包括过去各个时代的所有生物的话，那么，依据敝人的理论，这一古谚必定是严格正确的了。

一般公认，所有的生物都是依照两大法则而形成的，即“型体统一”法则和“生存条件”法则。型体统一，是指构造上的根本一致，这在同一个纲里的生物中可见，而且这与生活习性大不相关。根据我的理论，型体统一的法则可以用同祖传承来解释。曾被大名鼎鼎的居维叶常常坚持的生存条件说，完全可以包含在自然选择的原理之中。因为自然选择所起的作用，在于使每一生物变异的部分，要么现今适应于其有机和无机的生存条件；要么或者在久远过去的时代里，业已如此适应：这些适应在有些情形下借助于器官的使用及不使用，受到外界生活条件的直接作用的些微影响，并且在所有的情形下均受制于若干生长的法则。因此，事实上“生存条件”法则乃为更高一级的法则；因为通过先前的适应的遗传，它也包含了“型体统一”的法则。

VII

第七章

本 能

本能与习性可比，但其起源不同——本能的分级——蚜虫与蚂蚁——本能是可变的——家养的本能及其起源——杜鹃、鸵鸟与寄生蜂的自然本能——蓄奴蚁——蜜蜂及其营造蜂房的本能——本能的自然选择理论之难点——中性的或不育的昆虫——概述。

LIV

7-1 加拉帕戈斯群岛的老鹰。达尔文注意到，它们一点儿也不怕生人

本能这一论题，或许可以放在先前几章里讨论的，然而，我想也许分开来讨论，更为方便，尤其是像蜜蜂营造蜂房这种奇妙的本能，大概很多读者业已想到过，它作为一个难点，足以推翻我的整个理论。我必须预先说明，我跟最初智能的起因，没有任何瓜葛，一如我对生命本身的起因一样地撇清。我们只讨论同一个纲里的动物的本能的多样性以及其他智能水平的多样性。

我并不试图给本能下任何定义。该名词通常包含着若干不同的脑力活动，则是很容易表明的；然而，当我们说本能驱使杜鹃迁徙以及在其他鸟的巢里下蛋时，每一个人都要明白这意味着什么。对一项活动，连我们本身也得有所经验方能完成的，而被一种没有经验的动物，尤其是被幼小的动物所完成时，而且当很多个体在不知道为何目的却又按同一方式来完成时，这通常就被称作是出自本能的。但是，我能表明，本能的这些属性，无一是普遍的。诚如胡伯（Pierre Huber）所言，即令在自然等级中一些非常低等的动物里，少许的判断或理性也时有发生。

弗雷德里克·居维叶（Frederick Cuvier）与几位较老的玄学家们，曾把本能与习性加以比较。窃以为，这一比较，为完成本能活动时的心境，提供了一个极为精确的概念，但并未涉及其起源。很多习惯性的活动是如何地在不知不觉下完成的，甚至与我们的意志背道相驰者也不稀见啊！然而，它们会被意志和理性所改变。习性很容易跟其他的习性、一定的时期以及身体的状态相互发生关联。习性一旦获得，常常终身保持不变。也可举出本能与习性之间几项其他的类似之点。犹如反复吟唱一首熟悉的歌曲，在本能的行为里，同样是一个动作饶有节奏地跟随着另一个动作；倘若一个人在歌唱时被打断了，或者当他重复着任何死记硬背的东西时被打断了，通常他就要被迫重新回过头去，以恢复业已成为习惯的思路：因此胡伯发现，能够制造很复杂的茧床的毛毛虫亦复如此；因为倘若在它完成譬如说做茧的第六个阶段时，把它取出来，置放在仅完成做茧第三个阶段的茧床里，它便重筑第四、第五、第六个阶段的构造。然而，倘若把完成做茧第三个阶段的毛毛虫，譬如说放在已完成做茧第六个阶段的茧床里，那么其工作业已大部完成了，它非但不会觉得讨了便宜，反而感到十分困惑，并且为了完成它的茧床，它似乎被迫从做茧第三个阶段开始（它是先前从这一阶段中断的），试图去完成业已完成了的工作。

倘若我们假定任何习惯性的活动能够遗传的话（我想，可以看出，这种情形有时确有发生），那么，原本的习性的与本能的之间，就会相似得无法区别。如若莫扎特不是在三岁时经过极少的练习就能弹奏钢琴，而是压根儿不曾练习便能弹奏一曲的话，那么，委实可以说他的弹奏，是出于本能的。但是，假定大多数本能是由一个世代中的习性所获得的，然后通过遗传而传给了其后的数个世代的话，则是大错特错了。能够清晰地显示，我们所熟知的最奇妙的一些本能，譬如蜜蜂以及很多蚁类所具有的本能，不可能会是由习性得来的。

对于每一物种的福祉而言，在其所处的生活条件下，本能跟身体的构造是同等重要的，这一点将会得到公认。在改变了的生活条件下，至少有可能的是，本能的些微的变异或许对一个物种是有益的；而且，倘若能够显示出，本能确曾发生过哪怕是很小的变异，那么，我就不难看出，自然选择会将本能的变异保存下来，并持续地将其累积到任何有利的程度。诚如敝人所相信的，所有最复杂的和奇妙的本能，均是如此起源的。由于使用或习性引起身体构造的变异，并增强此种变异，而不使用则使其退化或丧失，因此，我并不怀疑本能亦复如此。但我相信，与所谓本能的偶发变异的自然选择的效应相比，习性的效应是颇为次要的；本能自发变异是由一些未知的原因引起的，这些未知的原因也同样产生了身体构造的些微偏差。

若非经过很多些微的，但却有益的变异的缓慢及逐渐的累积，复杂的本能断不可能通过自然选择而产生。因此，一如身体构造的情形，我们在自然界中所应寻找的，并不是每一种复杂本能所获得过程中的实际上过渡的各个阶段，因为这些阶段仅见诸每一物种的直系祖先中，而是我们应从其旁系中，去寻找这些阶段的一些证据；或者我们至少能够显示，某种逐渐过渡的阶段是可能的；而这一点，我们肯定能够做到。虑及除欧洲与北美之外，动物本能还很少被观察过，而对灭绝了的物种的本能，则更是一无所知，我很惊奇地发现，导致最复杂的本能所经过的各个过渡阶段，竟能被如此广泛地观察到。同一物种在生命的不同时期，或在一年中的不同季节，或处于不同的环境条件下等而具有的不同的本能，有时候可能促使本能发生变化；在此情形下，不是此种便是彼种本能，或可被自然选择保存下来。同一物种中本能的多样性的诸如此类的例子，可以看出也出现在自然界之中。

这又一如身体构造的情形，且与敝人的理论相符，即每一物种的本能，皆是为着一己之利，而就我们所能判断而言，它从未曾纯粹为了其他物种的利益而生。就我所熟悉的实例中，一种动物看似纯粹是为了另一种动物的利益而从事活动，最为有力的例子之一当推蚜虫自愿地将其所分泌的甜液奉送给蚂蚁：下述事实显示，它们这样做乃是自愿的。我把一株酸模植物（dock-plant）上混迹于一群大约十二只蚜虫中的所有蚂蚁，全部移走，并在数小时之内不让它们回来。过了此段时间，我觉得很有把握，蚜虫该会分泌了。我通过放大镜对其观察良久，但无一分泌的；我便用一根毛发微微地触动及拍打它们，我尽力模仿蚂蚁用触角触动它们的方式，依然无一分泌的。其后，我让一只蚂蚁去接近它们，从那蚂蚁急不可耐地扑向前的样子看，它似乎即刻感到它发现了丰富的一群蚜虫，于是它便开始用触角去拨动蚜虫的腹部，先是这一只，然后那一只；而每一只蚜虫，一经感觉到蚂蚁的触角时，即刻抬起腹部，分泌出一滴清澈的甜液，那蚂

7-2 蚂蚁在吸食蚜虫分泌的甜液

蚁便急忙吞食了甜液。即令十分幼小的蚜虫，也是如此行事，可见这一活动是出自本能，而并非经验所致。然而，由于分泌物很黏，将其除去，大概对于蚜虫来说，不啻是一种便利，因此，大概蚜虫们也不尽是本能地分泌以专门地加惠于蚂蚁。尽管我不相信，世界上会有任何动物，纯粹是为了另一个物种的利益而进行一项活动，然而，每一物种却试图利用其他物种的本能，正如每一物种皆会从其他物种的较弱的身体构造上去占便宜一样。因此，在少数一些情形下，某些本能就不能视为是绝对完善的；但是，这一点及其他类似各点的细节，并非必谈不可，故此可略去不表。

由于自然状态下的本能有某种程度的变异，加之这些变异的遗传，均是自然选择的作用所不可或缺的，那么，理应在此举出尽可能多的例子来；然而篇幅所限，令我无能为力。我仅能断言，本能委实是变异的——譬如迁徙的本能，既会在范围和方向上变异，也会完全消失。鸟巢亦复如此，其变异乃部分地依赖于所选的环境，并依赖于栖居地的性质和气候，但常常是来自我们完全不得而知的原因。奥杜邦曾举过几个显著的例子，即令是同一个种的鸟的鸟巢，在美国北部和南部也不尽相同。对于任何特别的敌害的恐惧，肯定是一种本能的特性，正如见诸巢中的雏鸟身上的情形，尽管这种恐惧可以通过经验而得以加强，也可通过目睹其他动物对同一敌害的恐惧而得以加强。然而，诚如我在其他地方业已表明，栖居在荒岛上的各类动物对于人类的恐惧，则是缓慢地获得的；即令在英格兰，我们也可以看到此类例子，所有大型的鸟类比小型鸟类的野生程度更高；盖因大型的鸟类，被人类的迫害更甚。我们可以有把握地把我们的大型鸟的更高的野生性，归于这一原因；因为在荒无人烟的岛上，大型的鸟并不比小型的鸟更胆小；此外，喜鹊在英格兰很警戒，但在挪威却很温顺，一如埃及的羽冠乌鸦（hooded crow）。

诸多事实能够表明，自然状态下产生的同一种动物，其个体的一般性情，是极其多样的。还可以举出几个例子表明，某个物种里的一些偶然、奇特的习性，若其对该物种有利的话，便可通过自然选择衍生成颇为新颖的本能。然而，我十分清楚，倘无详细的事实，这类一般性的论述，在读者的脑海中，只能产生微弱的效果。我只能重复我的担保，敝人是无征而不语的。

自然状态下本能的遗传变异的可能性（甚或盖然性[1]），通过略微考虑一下家养动物的少数几个例子，便会得以增强。我们由此也能够看到，习性和对所谓偶发变异的选择，在改变家养动物的智力上，各自所发挥的作用。有一些奇特而真实的例子，可用于说明与某些心境状态或某些时期有关的各种各样的性情与嗜好（怪癖亦复如此），皆是遗传的。然而，让我们看看我们所熟知的狗的若干品种的例子；毫无疑问，当幼小的向导犬最初一次被带出去的时候（我曾亲眼所见这种动人的例子），它有时即能引导甚至于能够援助其他的狗；寻猎犬（retriever）把猎物衔回的特性，确乎在某种程度上是遗传的；牧羊犬倾向于在羊群周围环跑，而不混在羊群之内。幼小的动物没有经验却进行了这些活动，每个个体又几乎以相同的方式进行着这些活动，而且各个品种都不明目的却乐此不疲地进行了这些活动——幼小的向导犬并不知晓它的引领是在帮助其主人，正如白蝴蝶并不知其为何要在甘蓝的叶子上产卵一样——因而，我看不出这些活动与真正的本能有何实质上的区别。倘若我们看到一种狼，在其幼小且未受过任何训练时，只要它一旦嗅到猎物，便犹如一尊雕像挺立不动，然后以特别的步法，缓慢地屈身向前；而另一种狼则环绕鹿群追逐，而不是直冲向它们，以便把它们赶到稍远的地点去，我们应该有把握地称这些活动出自本能。比之自然状态下的本能，所谓家养下的本能，委实远不像前者那么固定或一成不变；然而，家养下的本能所受的选择作用，也远不及前者那么严格，而且是在较不固定的生活条件下、在远为短暂的期间内被传递下来的。

[1] 盖然性是介于可能性与必然性之间的一种属性。——译注

当不同品种的狗之间产生杂交时，便能很好地显示出，这些家养下形成的本能、习性以及性情的遗传是何等之强烈，而它们之间的混合又是何等之奇妙。因此，大家知道，与斗牛犬杂交，灵缇犬的勇敢和顽强所受到的影响可达很多世代之久；与灵缇犬杂交，令牧羊犬的整个族群都获得了捕捉野兔的倾向。这些家养下的本能，若通过上述的杂交方法来检验时，类似于自然的本能，而自然的本能也依照同样的方式奇特地混合在一起，且在一个相当长的时间内，表现出其亲本中任何一方的本能的痕迹：譬如，李洛伊（Le Roy）描述过一条狗，其曾祖父是一只狼；它只在一方面显示了其野生祖先的痕迹，即当呼唤它时，它不是循着直线径直地走向其主人。

家养下的本能有时被说成是，单纯由长期持续的和强制养成的习性所遗传下来的行为，但依本人之见，这是不正确的。教翻飞鸽去翻飞，恐怕压根儿从来就不曾有人会想象到要这样去做，也更没有人能实际上这样去做；据我亲眼所见，雏鸽在从未见过鸽子翻飞之前就这样翻飞了。我们可以相信，有过某一只鸽子曾表现了这种奇怪习性的些微倾向，而且在连续的世代中，通过对于一些最佳个体的长久持续的选择，遂令翻飞鸽成了现如今这个样子；据布兰特先生（Mr. Brent）告知我，格拉斯哥附近的家居翻飞鸽飞至十八英寸高处便做翻飞动作。倘若未曾有过某只狗天然地具有指示猎物方向的倾向的话，是否有任何人会想到去训练一只狗用以指示猎物方向，则是大可怀疑的；大家知道这种倾向是时有发生的，诚如我曾见过的一只纯种的㹴犬一样。当指示猎物方向的初始倾向一旦显现时，其后每一世代中的着意的选择和强制训练的遗传效果，将会很快地完成此项工作；而且无意识的选择仍在进行，因为每一个人尽管本意不在于改良品种，然而总归试图获得那些最善于对峙与狩猎的狗。另一方面，在某些情形下，习性自身即已足够了；没有一种动物比野兔的幼崽更难驯养的了；也几乎没有一种动物比温顺的家兔的幼仔更驯顺的了；然而我并不认为，家兔之被选择，是因其温顺；我认为，我们必须将从极粗野到极驯服的全部遗传变化，归因于习性以及长久持续的密闭圈养。

自然的本能在家养状态下会丧失：此类的一个显著的例子，见于那些很少或从不"孵卵"的家禽的品种，亦即它们从来也不乐意坐在蛋窝里。"熟识"本身，便让我们"无睹"家养动物的心境，是如何地曾被家养驯化所通盘以及彻底地改变了。几乎不可置疑的是，狗之对于人类的热爱，业已变成为出自本能。所有的狼、狐、豺以及猫属的诸物种，即令在驯化之后，也会迫不及待地去袭击家禽、绵羊和猪；而且这一倾向在从诸如火地岛和澳洲这些地方带回英国来的小狗所养大的狗里，被发现是不可矫正的，盖因当地的土著并不饲养这些家养动物。另一方面，我们的业已被驯化了的狗，即令在十分幼小的时候，教它们不要去袭击家禽、绵羊和猪的必要性，是何等之少啊！无疑它们会偶尔出击一下的，然后即会遭受鞭打；倘若得不到矫正，它们就会被处死；因此这样一种习性，通过某种程度的选择，大概业已同时出现在借遗传作用来驯化我们的狗的过程中了。另一方面，鸡雏失去了对狗和猫的恐惧，完全是习性使然；而这种恐惧无疑原本是鸡雏发自本能的，就像野鸡的鸡雏（即便在家养母鸡抚养下）明显地出自本能一模一样。并非是小鸡失去了一切恐惧，而它们只是失去了对狗和猫的恐惧，因为如若母鸡发出一声危险在即的警报，它们便会逃离母鸡的翼下（小火鸡尤甚），躲藏到周围的草丛或灌木丛中；这显然是一种出自本能的行为，旨在让其母鸟飞离，一如我们在野生的栖居地面的鸟

7-3 扇尾杜鹃（布谷）鸟

类里所见。然而，我们的小鸡所保留的这种本能，在家养状态下已经变得毫无用处，因为由于不使用的缘故，母鸡业已几近失去了飞翔的能力。

因此，我们可以做出如下的结论：家养本能的获得，自然本能的丧失，部分是通过习性、部分是通过人类在连续世代中对独特习性及行为的选择和累积，而这些独特习性及行为，最初则出现于偶然，至于称其为偶然却必定是我们的无知使然。在某些情形下，单单强制的习性，就足以产生此类遗传的心智变化；在其他一些情形下，强制的习性却了无功用，而所有的都是着意的以及无心的选择的结果；然而在大多数情形下，习性和选择大概是相伴发挥作用的。

通过几个例子，我们或许能够更好地理解自然状态下的本能是如何因选择作用而被改变的。从未来的著作中我将不得不讨论的几个例子中，我只选择了三例，即导致杜鹃在其他鸟的巢里下蛋的本能，某些蚂蚁蓄养奴隶的本能，以及蜜蜂营造蜂房的本能：博物学家们已把后两种本能，普遍地而且恰当地列为所有已知本能中最为奇异的。

现如今公认，杜鹃的这一本能的更直接以及最终的原因，是它并非每天产卵，而是隔两天或三天才产卵一次；它若是自己造巢，孵卵的话，那么，最先产下来的那些卵，不得不过些时候方能得到孵化，否则在同一个巢里就会有不同年龄的蛋和雏鸟了。倘如此，产卵及孵卵的过程便会长而不便，尤其是雌鸟早早地便要迁徙的话，而最初孵出的雏鸟就得要由雄鸟来独自喂养。然而，美洲的杜鹃即处于此种困境；因为它要自己造巢，同时还要产卵并照料相继孵化出来的雏鸟。有人断言，美洲的杜鹃有时也会在别的鸟巢里产卵；但我听布鲁尔博士（Dr. Brewer）极为权威的意见称，这是错的。不管怎样，我还可以举出几个例子，据知有各种不同的鸟偶然会在其他鸟的鸟巢里产卵。现在让我们假定，我们欧洲的杜鹃的古代祖先也有美洲杜鹃的习性，但它们也偶尔在其他的鸟巢里产卵。倘若这种古代的鸟受益于这种偶尔的习性，或者如若雏鸟由于利用了另一种鸟的母爱本能而被误养，而且比起由其亲生母鸟来养育还更为强壮——因为亲生母鸟同时还要产卵并照料不同年龄的雏鸟，而难免受到拖累，那么，这种古代的母鸟抑或被代养的雏鸟均会获益。这一类比令我相信，如此养育起来的小鸟，通过遗传大概就会倾向于随其母鸟的偶有的及奇特的习性，而且当轮到它们产卵时，便倾向于把蛋下在其他鸟的巢里，因而便能够更成功地养育其幼鸟。经由此类性质的连续的过程，我相信杜鹃的奇异本能便能够并且业已产生出来了。此外，根据格雷博士以及其他一些人的观察，欧洲的杜鹃并未彻底丧失对其后代的全部母爱和呵护。[1]

鸟类会在其他鸟（无论是同一个种还是不同的种）的巢里产卵的偶尔习性，在鸡科（Gallinaceae）里并不是异乎寻常的；这也许解释了近源类群鸵鸟的一个奇特本能的起源。几只雌性鸵鸟（至少在美洲鸵鸟中是如此）合在一起，先在一个巢里下几个蛋，然后又在另一个巢里再下几个蛋；而这些蛋却由雄鸟去孵抱。这一本能大概可用下述事实来解释，即尽管雌鸟产卵很多，但正如杜鹃一样，每隔两天或三天才产一次。然而，美洲鸵鸟的这种本能尚未完善；因为有很多的蛋都散落在平地上，所以我在一天的猎获中，就捡到了不下二十枚遗失和废弃了的蛋。

[1] 中文里“鸠占鹊巢”的成语，便是源自杜鹃的这一本能。——译注

很多蜂是寄生的，它们总是将卵产在其他种类蜂的蜂巢里。这种情形比杜鹃更为显著；因为这些蜂从本能到构造，都随着其寄生习性而加以改变；它们不具采集花粉的工具，而这种工具对其为幼蜂贮存食物，是必不可少的。同样，泥蜂科（Sphegidae，形似黄蜂）的一些物种也寄生于其他物种；法布尔（M. Fabre）最近展示了很好的理由使人相信，虽然一种小唇沙蜂（Tachytes nigra）通常都自己筑巢，而且在巢中为其幼虫储存了瘫痪了的捕获物为食，但这一昆虫一旦发现被另一泥蜂所造并业已储存有食物的巢，便会利用这一战利品，而成为临时的寄生者。这种情形一如所假定的杜鹃的情形，只要这种自然习性对该物种有利，同时只要其蜂巢及所储存的食物被“鸠占”了的昆虫，不会因此而遭灭绝的话，那么，对于自然选择会把这种临时的习性变成为永久的习性，我则看不出会有何困难可言。

蓄养奴隶的本能。——这种非凡的本能，最初是由胡伯（Pierre Huber）在红蚁［Formica（Polyerges rufescens）］里发现的，他是一位甚至比其著名的父亲还要优秀的观察者。这种蚁绝对要依赖其奴隶的；倘若无奴隶的帮助，这一物种在一年之内肯定就要灭绝。其雄蚁以及能育的雌蚁不做任何工作。工蚁即不育的雌蚁尽管极为奋发勇敢地捕捉奴隶，却不做其他的工作。它们既不能营造自己的巢穴，也不能喂养自己的幼虫。当老巢不再方便、它们不得不迁移时，决定迁移的却是奴蚁，而且实际上也是它们将其主子们衔在颚间搬离。主子们是这般地无用，以至于当胡伯把其中三十只关起来而与其奴蚁隔绝时，尽管那里放入它们最喜爱的丰富食物，并置入它们自己的幼虫和蛹，以刺激其工作，可它们依然无所事事；它们甚至于不能自己进食，而很多即死于饥饿。胡伯然后放入一只奴蚁，即黑蚁

（F. fusca），它立即着手工作，喂食及拯救那些幸存者；而且营造了几间蚁穴、照料幼虫，并把一切都整理得井然有序。还有什么比这些有根有据的事实更为异乎寻常的吗？如若我们不曾知悉任何其他蓄奴的蚁类的话，便无法推想出如此奇妙的本能是如何能够得以这般完善的。

血蚁（Formica sanguinea），同样最初也是胡伯发现的蓄奴蚁。该种发现于英格兰的南部，其习性经大英博物馆的史密斯先生（Mr. F. Smith）研究，并且是他向我提供了有关这一问题及其他问题的信息，对此我不胜感激。尽管我完全相信胡伯以及史密斯先生的陈述，但对此问题我仍试图持“有疑”之心态，因为任何人对蓄养奴隶这一异乎寻常的本能存疑，可能都会得到谅解的。因此，我拟略为详尽地谈谈我亲自所作的观察。我曾掘开十四个血蚁的巢穴，在所有的巢中都发现了少数的奴蚁。奴种的雄蚁以及能育的雌蚁，仅见于其自身专有的群体之内，而从未见于血蚁的巢穴之中。奴蚁是黑色的，大小不超过其红色主子的一半，故它们之间在外貌上反差很大。当其巢穴稍被扰动时，奴蚁偶尔跑出来，一如其主子们一样，骚动不已，并且保卫其巢穴；当其巢穴被剧烈扰动、幼虫及蛹被暴露出来时，奴蚁同主子们一起鼎力将幼虫及蛹搬运至安全地带。因此，显然奴蚁是感到很安适的。在连续三年的六七月期间，我曾对萨瑞（Surrey）和萨塞克斯（Sussex）的几个巢穴做了很多个小时的观察，但从未见到过一个奴蚁离开或进入一个巢穴。由于在这两个月份里奴蚁的数目本来就很少，因此我想当它们数目多得多的时候，其行为或许便不相同了；然而，史密斯先生告诉我，五六月以及八月间，在萨瑞和罕布什尔（Hampshire），他在各个不同时段观察了它们的巢穴，尽管在八月间奴蚁的数目很多，但也不曾见到奴蚁离开或进入其巢穴。所以他认为，它们是严格的巢内的奴隶。另一方面，可以经常见到它们的主子们，在搬运着造巢材料以及各种食物。然而，在今年七月间，我遇上了一个奴蚁特别多的蚁群，我看到有少数一些奴蚁混在主子其间一起离巢而去，沿着同一条路，向着二十五码远的一株高大的苏格兰冷杉挺进，它们一齐爬到树上去，或许是去寻找蚜虫或球菌（cocci）。据有过很多观察机会的胡伯称，在瑞士，奴蚁在筑巢时往往跟其主子们一道工作，而在早晨和晚间则单独开门闭户；胡伯还明确地指出，奴蚁的主要职责是寻找蚜虫。两国之间的主、奴两蚁的平日习性如此大相径庭，大概仅仅在于在瑞士被捕捉到的奴蚁数目要比在英格兰为多吧。

一日，我有幸目睹了巢穴之间的迁移，但见主子们小心翼翼地将奴蚁衔在颚间带走，那真是极为有趣的景象，跟胡伯先前描述的一模一样。另一日，我又注意到二十来个蓄奴的蚁类，在同一处搜寻东西，但显然不是在找食物；它们在接近一种奴蚁（黑蚁）的独立的蚁群，并遭到后者强烈的抵抗；有时候多达三只奴蚁揪住蓄奴的血蚁的腿不放。血蚁残忍地弄死了它们的这些小小的对手们，并且将其尸体拖至二十九码开外的巢中去充当食物；但它们却无法得到任何蛹，以供其蓄养为奴。然后，我从另一个巢里掘出一小团黑蚁的蛹，放在与刚才格斗的战场毗邻的一处空地上；刚才的那一帮暴君们急迫地将蛹捉获并运走，也许自以为是先前一次战斗中的胜利者呢。

在同时同地，我又放了另一个物种［黄蚁（F. flava）］的一小团蛹，蛹团上还有几只很小的黄蚁，黏附在蚁巢的碎块上。诚如史密斯先生业已描述的，这个物种有时会被蓄为奴，尽管这很罕见。这一物种虽个头很小，却极为勇敢，我曾见其凶猛地攻击其他蚁类。有一次，我惊奇地发现，在

7-4 搬运树叶的工蚁

蓄奴的血蚁巢下的一块石头下面，有一独立的黄蚁群；当我偶然地扰动了这两个蚁巢之时，这小黄蚁就以惊人之勇去攻击它们的大邻居。这时我倒好奇地想确定一下，血蚁是否能够把黑蚁的蛹与小而猛的黄蚁的蛹区分开来，因为黑蚁常沦为其奴，而它们却很少去捕捉黄蚁，然而，显然它们确实立刻就能把两者区分开来：因为我们见到，它们会迫切和瞬时地捉获黑蚁的蛹，当它们遇到黄蚁的蛹甚或碰到其巢穴的泥土时，便惊慌失措、逃之夭夭；但是，大约经过一刻钟之后，当所有的小黄蚁都爬走之后，它们便鼓足勇气将蛹搬走。

一天傍晚，我去察看另一个血蚁群，发现其中很多血蚁正在进入巢穴，并拖着很多黑蚁的尸体（可见并非是迁移）以及无数的蛹。我追踪背负着战利品返巢的血蚁，大约四十码开外，行至一处茂密的石楠灌木丛，在此处我见到最后一只血蚁，它还拖着一个蛹；但我并未能在密丛中找到那个被摧毁的巢穴。然而，那蚁巢肯定近在咫尺，因为有两三只黑蚁张皇失措地冲来跑去，有一只黑蚁嘴里还衔着一个自己的蛹，纹丝不动地呆立在石楠枝端，看着被摧毁的家园。

尽管无需我来证实，但这些均是与蓄奴蚁的奇异本能有关的事实。可以看出，血蚁的本能习性与红蚁的习性之间，呈何等的对照。后者不会造巢，不会决定自己的迁徙，不会为自身或幼蚁采集食物，甚至不会自行进食：完全依赖于其无数的奴蚁。另一方面，血蚁拥有的奴蚁，数量上要少得多，而且在初夏时极少。主子们决定应在何时何地营造新巢；当它们迁徙之时，则是主人们运载着奴蚁。在瑞士和英格兰，似乎都是由奴蚁来专门照顾幼蚁，主人们则独自出征去捕捉奴蚁。在瑞士，奴蚁和主人们共同工作，为筑巢而制造以及搬运材料；虽然以奴蚁为主，但主、奴共同地照顾（甚至可谓哺育）其蚜虫；如此，主、奴皆为蚁群采集食物。在英格兰，则通常是主人们独自离巢出去采集筑巢的材料，并为它们自身、奴蚁以及幼蚁采集食物。所以，在英格兰，奴蚁为主人所提供的服务，比起在瑞士的来，要少得多。

血蚁的本能的起源通过了哪一些步骤，我不拟妄加推测。然而，据我所见，即令那些不蓄奴的蚁类，倘有其他物种的蛹散落在其巢穴附近时，它们也会把这些蛹带回去，那么这些原本是贮作食物的蛹，也可能会发育起来；因此，如此无意间被养育起来的蚁类，将会循其固有的本能，并且做其所能做之事。倘若它们的存在，被证明是有益于捕捉它们的物种的话——倘若捕捉工蚁比自己生育工蚁对于该物种更为有利的话——那么，原本是为了食用而采集蚁蛹的这一习性，或许会通过自然选择而得以加强，并永久地保留下来，但却是为了蓄养奴蚁这一非常不同的目的罢了。本能一旦被获得，即令其表现程度远不及我们英国的血蚁，诚如我们业已所见，这种蚁类所受其奴蚁的帮助远较瑞士的同一物种为少，我也不难看出，自然选择也会增强及改变这种本能（总是假定每一个变异对于该物种都是有用的），直到形成一种可怜兮兮地依靠奴隶来生活的蚁类，就像红蚁那样。

蜜蜂营造蜂房的本能。——对此论题，我在这里将不予细枝末节地探讨，而仅仅述及我所得结论的概要。但凡研究过蜂巢之精巧构造的人，对其如此美妙地适应其目的，若不赞赏有加的话，那么，他准是愚钝之人。从数学家们那里，我们听说蜜蜂实际上已解决了一个深奥的问题，它们已建造了适当形状的蜂房，以达到在建造中只耗用最少量的贵重蜂蜡，却能容纳最大可能容量的蜂蜜。曾有人指出，一个熟练的工人，即令有合适的工具和规格尺寸，也很难造出真正形式的蜡质蜂巢来，然而一群蜜蜂却能在黑暗的蜂巢内圆满完成。任你说这是些什么样的本能都成，乍看起来似乎是非常不可思议的，它们如何能够造出那些所有的必需的角和面，甚或它们如何能察觉出那些蜂房是被正确地筑成了。然而，这难点一点儿也不像乍看起来那么大：窃以为，这一切美妙的工作均可被显示出，只是出自几种非常简单的本能而已。

我之所以研究这一问题，是因为受到了沃特豪斯先生之启迪，他业已表明，蜂房的形状与邻接蜂房的存在密切相关；下述观点或许权作是视为对其理论的修正。让我们诉诸伟大的“渐变原理”，看看大自然是否掩盖其工作方法。在这个简短系列的一端，我们有土蜂，它们用其旧茧来贮蜜，有时候在这些旧茧上加以蜡质短管，并且同样也会造出分隔开来但是很不规则的圆形蜡质蜂房。在该系列的另一端，我们有蜜蜂的蜂房，呈双层排列：众所周知，每一蜂房皆是六棱柱体，其六面的底边呈斜角以便和一个由三个菱形面所组成的锥状体相嵌。这三个菱形面之间呈一定的角度，而且构成蜂巢一面上的一个蜂房之锥底的三个菱形面，正好组成反面的三个毗邻相接蜂房的底部。在该系列中，处于极完善的蜜蜂蜂房与简单的土蜂蜂房之间，我们还有墨西哥蜂（Melipona domestica）的蜂房，这曾为胡伯所仔细地描记和图示过。墨西哥蜂自身的构造介于蜜蜂与土蜂之间，但其亲缘关系与后者更近；它能营造几近规则的圆柱形蜡质蜂房，并在其中孵化幼蜂，此外，它还有一些大的蜡质蜂房，以作贮蜜之用。这些大的蜂房几近球状，大小亦几近相等，且聚成不规则的一团。然而，要注意的重要一点是，这些蜂房总是被建造成相互靠近的程度，倘若完全是球状的话，蜂房势必会相互交插或穿通；然而，这是绝不会发生的，因为这些蜂在倾向于交插的球状蜂房之间，将其间的蜡壁，营造得完全平坦。因此，每个蜂房都是由外方的球状部分以及两三个或更多的平面所组成，平面的多少取决于这一蜂房是与两个、三个，抑或更多的蜂房相接。当一个蜂房与其他三个蜂房相接时，由于其球形大小几近相等，故在此情形下，往往而且必然是三个平面连成一个角锥体；据胡伯称，这种角锥体与蜜蜂蜂房的三面角锥形底部，表面上看几近仿制。如同蜜蜂蜂房一样，在此任一蜂房的三个平面，必然成为毗邻相接的三个蜂房的组成部分。显然，墨西哥蜂采用这种营造方式以省蜡；因为毗邻相接的蜂房之间的平面壁，并不是双层的，而是与外面的球状部分的厚度相同，但每一个平面部分却形成了两个蜂房的一部分。

考虑到这一情形，窃以为，倘若墨西哥蜂以某一特定的间距营造其球状蜂房，而且造成同样大小，并将其对称地排列成双层的话，那么，最终的结构大概如同蜜蜂的蜂巢一样的完美了。正因为如此，我曾致信剑桥的米勒教授（Prof. Miller），又根据他所提供的信息，写了如下的论述，并承蒙这位几何学家帮忙审读，并且告知我，它是完全正确的：

倘若我们描绘几个同样大小的球体，其球心都置于两个平行层面上；每一个球体的球心距离同一层中环绕它的六个球体的球心，等于（或略小于）其半径乘以2的平方根，或半径乘以1.414 21；同时每一球体的球心与另一平行层面中毗邻相接的球体的球心的距离也是同样的；那么，如若这双层平行层面里几个球体形成交接面的话，其结果就是一个双层的若干个六棱柱体，它们皆由三个菱形面所组成的锥形底部相互联结；而这些菱形面与六棱柱体的边所成的角度，则与经过精密测量的蜜蜂蜂房的角度完全相等。

因此，我们可以有把握地做出如下的结论，倘若我们能稍微改变一下墨西哥蜂业已具有的本能的话，尽管其本身并非十分奇妙，这种蜂便可营造出犹如蜜蜂一样奇妙完善的结构。我们必须假定，墨西哥蜂会造出真正球状的以及大小相等的蜂房；而这实不足为奇了，我们见到在一定程度上它业已能够做到这点，我们还见到很多昆虫都能在树上钻出那么完美的圆柱形的孔穴，显然是围绕一个固定的点旋转而成的。我们必须假定，墨西哥蜂能把蜂房排列在水平层上，正如它业已如此排列其圆柱形蜂房的。我们必须再进一步假定，而这则是最为困难的，当几只工蜂正在营造球状蜂房时，它们能设法精确地判断该各自相互离开多远；然而它业已具有判断距离的相当的能力了，故它总能画出球状蜂房令其大多相交；然后把交切点用完全的平面连接起来。我们还得进一步假定，但这并不困难，在六面柱体经同一层的毗邻相接的球形交切而形成后，它能将六面柱体延长到可以满足储蜜的任何长度；所采用的方式，如同原始土蜂在其旧壳的圆口处添加蜡质圆柱体一样。我相信，原本并无多大奇妙之处的本能（并不见得比引导鸟类造巢的本能更为奇妙），经过变异，使蜜蜂（通过自然选择）获得了难以模仿的营造能力。

但这一理论能为实验所检验。循特盖迈尔先生（Mr. Tegetmeier）之例，我将两个蜂巢分离开，在其间置一又长又厚的方形蜡板：蜜蜂旋即开始在蜡板上掘凿极小的圆形凹坑；当其深凿这些小凹坑时，同时也将其越凿越宽，直至将小凹坑变成与蜂房直径大约相等的浅盆形，看起来完全像真正的球体或球体的若干部分。对我来说最为有趣的是，无论在什么地方，只要有几只蜂聚在一起开始掘凿盆形凹坑时，它们彼此之间保持这样的距离，即当盆形凹坑达到上述的宽度（即大约是一个普通蜂房的宽度），而且其深度达到这些盆形凹坑所构成的球体直径的六分之一时，这些盆形凹坑的边缘便交切或彼此穿通。一旦出现这种情形时，这些蜂便停止往深处掘凿，并且开始在盆形凹坑之间的交接线处筑造起平面的蜡壁，以至于每一个六棱柱体是筑造在一个平滑盆形的花彩边上，而不是像普通蜂房那样，筑造在三面角锥体的直边上。

然后，我在蜂巢中置入一块又薄又窄的（而不是厚的方形蜡板）、染成朱红色的、刀面碾成的蜡片。像先前一样，蜜蜂旋即开始在蜡片的两面上，掘凿一些彼此接近的盆形小坑；然而，蜡片是如此之薄，倘若盆底被掘凿出像在先前实验里那样相同的深度的话，那么势必要从对面相互穿通了。可是，蜜蜂却不会让这种情形发生，它们的掘凿适可而止；所以，那些盆形小坑，一旦被掘凿得稍深一些时，便成了平底；这些由咬剩下来的薄薄的朱红色小蜡片所形成的平底，就人们的眼力所能判断，恰好位于沿着蜡片正反两面的盆形小坑之间的想象上的交切面上。在正反两面的盆形小坑之间，留下了一些随处大小不等的菱形板，由于这是些非自然状态的东西，所以蜜蜂的工作未能尽善尽美地完成。尽管如此，当蜜蜂自正反两面迂回地掘凿和加深那些盆形的小坑时，它们必定还是在朱红色蜡片的正反两面，以几近相等的速率进行工作的，以便能在中间界面或交切面处戛然而止，而成功地在盆形小坑之间留下平底。

考虑到薄薄的蜡片是何等的柔软，我想，当蜂在蜡片的两面工作时，不难察觉出何时能掘凿到适当的薄度，然后便停止其工作。在普通的蜂巢里，在我看来，蜂在正反两面的工作速率，并非总能成功地保持着完全相等；因为我曾注意到一个刚开始筑造的蜂房底部上的才完成一半的菱形板，它在一面稍为凹进，我想这是由于蜜蜂在这一面掘凿得太快了一点的缘故，而它的另一面则凸出，这是由于蜜蜂在这一面上工作得稍慢一些而致。在一个显著的事例里，我把这蜂巢放回蜂箱中，让蜜蜂继续工作一小段时间，然后再检查蜂房，我发现菱形板业已完成，而且变成**完全平的了**：从这小菱形蜡片的超薄来看，绝对不可能是蜜蜂从凸的一方面把蜡凿去而致；我猜想，在此情形下蜜蜂站在相反的蜂房两面，将可塑而温暖的蜡推弯至适当的中间界面处（我曾试验过，这很容易做到），因此即将其整平了。

从朱红色蜡片的试验里，我们可以清晰地看出，如若蜜蜂要为自己筑造一堵蜡质的薄壁的话，那么它们便通过彼此站在一定的间距，以同等的速率掘凿下去，并致力于建成同样大小的球状空穴，但绝不让这些球状空穴彼此穿通，唯如此，它们便可筑成适当形状的蜂房了。正如只要检查一下正在建造的蜂巢的边缘，便可明显地看出，蜜蜂确在蜂巢的周围筑造出一堵粗糙的环墙或边缘；它们从这环墙的正反两面掘凿进去，总是环绕地工作以凿深每一个蜂房。它们并不同时营造任何一个蜂房的整个三边角锥体的底部，而只是营造位于进展最快的边缘的一块（视情形而定，或两块）菱形板；它们在开始营造六面壁之前，绝不会完成菱形板上部的边缘。这些叙述中的某些部分，与名至实归地享有盛誉的老胡伯所说的一些部分相左，但我确信此处的叙述是正确的；倘若篇幅许可的话，我会表明它们与敝人的理论是相符的。

胡伯称，头一个蜂房是从侧面相平行的蜡质小壁上掘凿而成，但据我所见，这一说法并非严格准确；开头总是从一个小蜡兜入手；但我在此不拟详述其细枝末节。我们看到掘凿在营造蜂房中起着何等重要的作用；然而，若是认为蜜蜂不能在适当的位置（即沿着两个毗邻相接的球体之间的交切面）筑造出粗糙的蜡壁，那可能就大错特错了。我有几个标本清晰地显示出，它们是能够如此做的。即令在环绕营造中的蜂巢周围的粗糙边缘或蜡壁上，弯曲的情形也不时可见，而其所在的位置与未来蜂房的菱形底板的平面相当。但在所有的情形下，粗糙的蜡壁之所以得以完成，均通过两面的蜡大都被咬凿而去。蜜蜂的这种营造方式是很奇妙的；它们总是将起始的粗糙墙壁，造得比最终而成的蜂房的极薄的壁，要厚上十倍到二十倍之多。通过假设下述的情形，我们便会理解它们是如何工作的了：泥瓦匠们开始筑起一堵宽阔的水泥墙，然后在靠近地面处，开始从两面把水泥同等地削去，直至中间形成一堵光滑而很薄的墙壁；这些泥瓦匠们常把削去的水泥堆在墙壁的顶端，并加上一些新水泥。如此我们就有了这样不断加高的薄壁；但是其上总是冠以一个巨大的顶盖。所有的蜂房，无论是刚开始营造的，还是业已完工的，其上都冠以这样一个坚固的蜡盖，因此，蜜蜂能够在蜂巢上聚集并且爬来爬去，而不至于损坏脆弱的六棱柱体壁；而这些壁仅约四百分之一英寸厚；锥形体底板的厚度也大约是前者厚度的两倍。通过这一独特的营造方法，蜂巢不断地得以加固，而又极其省蜡。

初看起来，很多蜜蜂一起鼎力合作，对于理解蜂房是怎样造成的，会加大难度；一只蜂在一个蜂房里工作短时间之后，便移至另一蜂房，故诚如胡伯所称，甚至在营造第一个蜂房伊始，即有二十只蜂在一起工作。我能用下述情形几近展示这一事实：用极薄一层朱红色的熔蜡，涂在一个蜂房的六棱柱体壁的边缘，或者涂在一个正扩大着的蜂巢围墙的极端边缘上；我总是发现，蜜蜂把这颜色极为精细地分布开来，宛若画匠用画笔精描细绘一般，着色的蜡被从涂抹之处一点儿一点地移去，置于四周那些蜂房正在扩大着的边缘上。这种营造方式，似乎是在很多蜜蜂之间存在着一种均衡的分配，所有的蜜蜂都出自本能地站在彼此相等的间距之内，所有的蜜蜂都在试图掘凿相等的球形，于是，便筑造起这些球形之间的交切面，或者说便将这些交切面保留成形而不是凿除。真正奇妙之处，当出现困难时，就像当两个蜂巢以一个角度相遇时，蜜蜂是多么经常地要把业已建成的蜂房全部拆掉，并以不同的方法来重建同一个蜂房，有时重建出的蜂房，其形状却又与最初所拆除的并无二致。

蜜蜂若遇一处可让它们以适当的位置立足而工作的地方（譬如，一根木条恰好处于向下扩大的一个蜂巢的中央部分之下，那么，这一蜂巢便必然会造在该木条的一面之上），在此情形中，蜜蜂便会筑起新的六面柱体的一面墙壁的根基，严格地处于其适当的位置，突出于其他业已经完成的蜂房之外。只要蜜蜂彼此之间及与其最近完成的蜂房之间，能够保持相对适当的距离，就足够了，然后，通过掘空想象的球形体，它们便可以在两个毗邻相接的球形体之间，筑造起一堵中间的蜡壁；但据我所见，在该蜂房及其邻接的几个蜂房的大部分建成之前，它们从不掘凿掉最后的余蜡进而完成蜂房的各个棱角的。在某些情形下，蜜蜂能在两个刚刚开始营造的蜂房之间的适当位置上，筑造起一堵粗糙的壁，这一能力是重要的，因为它跟一个事实相关，初看起来它似乎大可颠覆上述的理论；这一事实即是：黄蜂蜂巢的最外边缘上的一些蜂房，有时也是严格的六边形的；但我在此没有篇幅来探讨这一论题。我也不认为单独一个昆虫（如黄蜂的后蜂）营造六边形的蜂房会有什么大不了的困难；倘若她能在同时开始了的两个或三个蜂房的内外两侧交互地工作，并总是与刚刚开始建造的蜂房各部分之间保持适当的间距，掘出球体或圆柱体，并且建造起中间的平面，即可达到。甚至于还可以想象得到，通过固定一个点，从那里开始筑造蜂房，然后外移，先是一个点，然后再加上其他五个点，这六个点与先前的那个中心点以及彼此之间，都保持一定的适当间距，那么这个昆虫就能造成一些交切面，并进而造成一个单独的六边形；然而，我并不知道是否有人曾观察过此类情形；也不清楚这样建成的单独的一个六边形，是否会有任何好处，因为这一建造，比起建造一个圆柱体来，会需要更多的材料。

由于自然选择只有通过构造或本能的些微变异的累积，方能发挥作用，而每一变异对个体在其生活条件下都是有利的，故有理由作如是问：蜜蜂所有变异了的建筑本能所经历的那一漫长而渐变的连续阶段，并且均趋于目前的完善状态，但对于其祖先来说，那些未臻完善的状态曾起过如何有益的作用呢？窃以为，答案并不困难：我们知道，蜜蜂常常很难采集到充足的花蜜，特盖迈尔先生告知我，实验业已发现，一箱蜜蜂分泌一磅蜡，需要消耗不少于十二到十五磅的干糖；因而，一个蜂箱里的蜜蜂为了分泌营造蜂巢所必需的蜡，必须采集并消耗大量的液体花蜜。此外，很多蜜蜂在分泌的过程中，很多天不得不赋闲。贮藏大量的蜂蜜，对维持一大群蜜蜂的冬季生活，是必不可少的；而且蜂群的安全，据知主要是取决于所能供养数目众多的蜜蜂。因此，通过节省蜡而大大地节省了蜂蜜，并且节省了采集蜂蜜的时间，必然是任何蜂族得以成功的一个最为重要的因素。诚然，任何一个蜜蜂物种的成功，可能还取决于其寄生虫或敌害的数目，抑或取决于其他非常特别的原因，这些与蜜蜂所能采集的蜜量则全然无关。但是让我们假定，这后一种情形[1]决定（正如它大概常常确实是决定）了能够生存于一个地域里的野蜂的数量；并且让我们进一步假定，该蜂群会度过冬季，其结果就需要贮藏蜂蜜：在此情形下，倘若它的本能的些微的变异导致它将蜡房筑造得紧靠在一起，以至于彼此稍微相切，这无疑对我们这种野蜂是有利的；因为一堵公共的壁即令仅仅连接两个蜂房，也会省那么一点点儿的蜡。因此，如若它们的蜂房造得越来越规整、越来越靠近，并像墨西哥蜂的蜂房那样聚集在一起，对我们的野蜂来说，也就会不断地越来越有利；因为在此情形下，每一蜂房的界壁的大部分将会作为毗邻

[1] 即采集蜜量的能力。——译注

7-5 各种蜜蜂

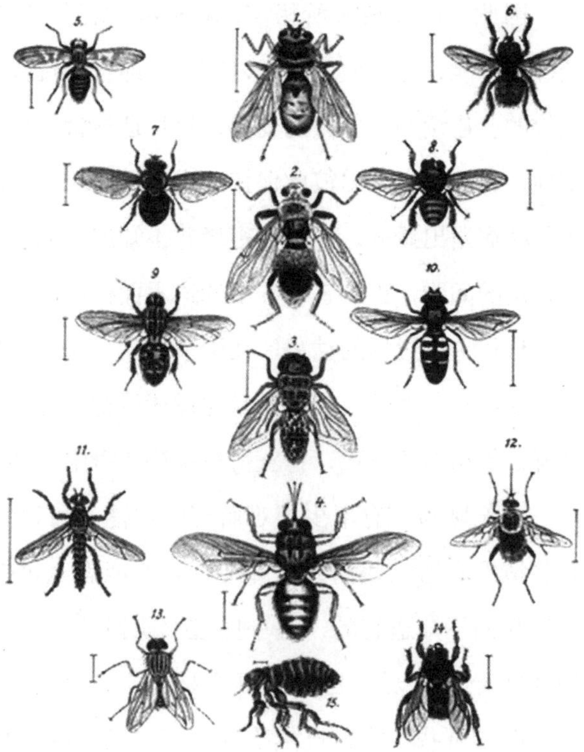

相接的其他蜂房的界壁，这样大量的蜡就会省下来。再者，鉴于相同的原因，倘若墨西哥蜂能把其蜂房造得比目前更为靠近些，并且在任何方面都比目前更为规整些，这将会对它有利的；因为（如我们所见）蜂房的球形面将会完全消失，而代之以平面了；而且墨西哥蜂或许便能筑造像蜜蜂那样完善的蜂巢了。在建造上若要超越这种完善的阶段，自然选择便无能为力；因为据我们所知，蜜蜂的蜂巢在经济使用蜡上，已是绝对完善的了。

因此，诚如敝人所相信，在所有的已知本能中最为奇异的本能，亦即蜜蜂的本能，也可由此来予以解释，即自然选择曾利用了较为简单的本能之无数的、连续的、些微的变异；自然选择曾经程度缓慢地、日臻完善地引导蜜蜂，在双层上掘出彼此保持一定间距同等大小的球形体，并且沿着交切面筑起和掘凿出蜡壁。当然，蜜蜂并不知道它们在掘造球形体时，彼此间保持着特定的间距，正如它们并不知道六面柱体以及底部的菱形板的几个角度一样。自然选择过程的动力，在于节省蜡；每一蜂群在蜡的分泌上消耗最少的蜜，便得到最大的成功，并且通过遗传把这种新获得的节约本能传递给新的蜂群，使这新的一代，将获得在生存斗争中成功的最佳机缘。

毫无疑问，有不少很难解释的本能，可以用来反对自然选择的理论：有些情形，譬如我们无法知道一种本能怎么可能竟得以起源；有些情形，譬如我们不知道它的一些中间过渡阶段的存在；有些情形，譬如本能看似如此地无关紧要，几乎不可能是由于自然选择对其发生了作用；有些情形，譬如有些本能在自然阶梯上相距甚远的动物里，竟几乎一模一样，以至于我们不能用共同祖先的遗传来说明它们的相似性，因此只好相信这些本能是通过自然选择而独立获得的。我不拟在此讨论这几种情形，但我仅限于讨论一个特别的难点，这一难点，乍看起来是难以克服的，并且实际上对于我的整个理论是致命的。我所指的即是昆虫社会里的中性个体或不育的雌体；因为这些中性个体在本能和构造上常与雄体以及能育的雌体有很大的差异，尚且由于不育，它们又无法繁殖其类。

这一问题很值得详加讨论，但我在此仅举一例，即不育的工蚁。工蚁是如何变成不育个体的，这是一个难点；但这并不比构造上的任何其他显著的变异更难解释；因为可以显示出，在自然状态下，某些昆虫以及其他的节足动物，也会偶尔变为不育的；倘若这类昆虫是社会性的，而且每年生下一些能工作但却不能生殖的个体，反倒会对这个群体有利的话，那么，我认为不难理解为，这是由于自然选择所产生的作用而致。然而，我必须抛下这一初步的难点不谈。最大的难点，则在于工蚁与雄蚁以及与能育的雌蚁之间在构造上有巨大的差异，如：工蚁具有不同形状的胸部、无翅、有时无眼睛以及具有不同的本能。单就本能而言，工蜂/工蚁与完全的雌蜂/雌蚁之间的奇异的差别，大可引蜜蜂为例。倘若工蚁或其他的中性昆虫是一种普通状态的动物的话，那么，我就会毫不犹豫地假定，其所有的性状都是通过自然选择而逐渐地获得的；也就是说，由于生下来的个体均有微小的有利的构造变异，这些又为其后代所继承，而这些后代复又发生变异，并再经选择，如此周而复始、延续下去。然而，工蚁却与其双亲之间的差异极大，并且是绝对不育的，故其绝不会把历代所获得的构造上或本能上的变异，遗传给自己的后代。于是人们大可诘问：这一情形与自然选择的理论之间，怎么可能调和呢？

首先要记住，在家养生物以及自然状态下的生物之中，我们有无数的实例显示构造方面的形形色色的差异，与一定的年龄或者与雌雄性别差异是相关的。这些差异不但与某一性别相关，而且仅与生殖系统活跃的那一短暂的时期相关，一如多种雄鸟的求偶羽以及雄鲑的钩颌。不同品种的公牛，经人工阉割后，它们的角之间相关地显示了微小的差异，因为与各自相同品种的公牛和母牛相比起来，某些品种的阉牛比另一些品种的阉牛，其角相对更长。因此，昆虫社会里的某些成员的任何性状变得与它们的不育状态相关，我并看不出有什么真实的难点：难点在于理解这些构造上的相关变异是如何能够被自然选择而缓慢地累积起来的。

7-6 雄性鲑鱼从卵到成体发育各阶段的形态差异

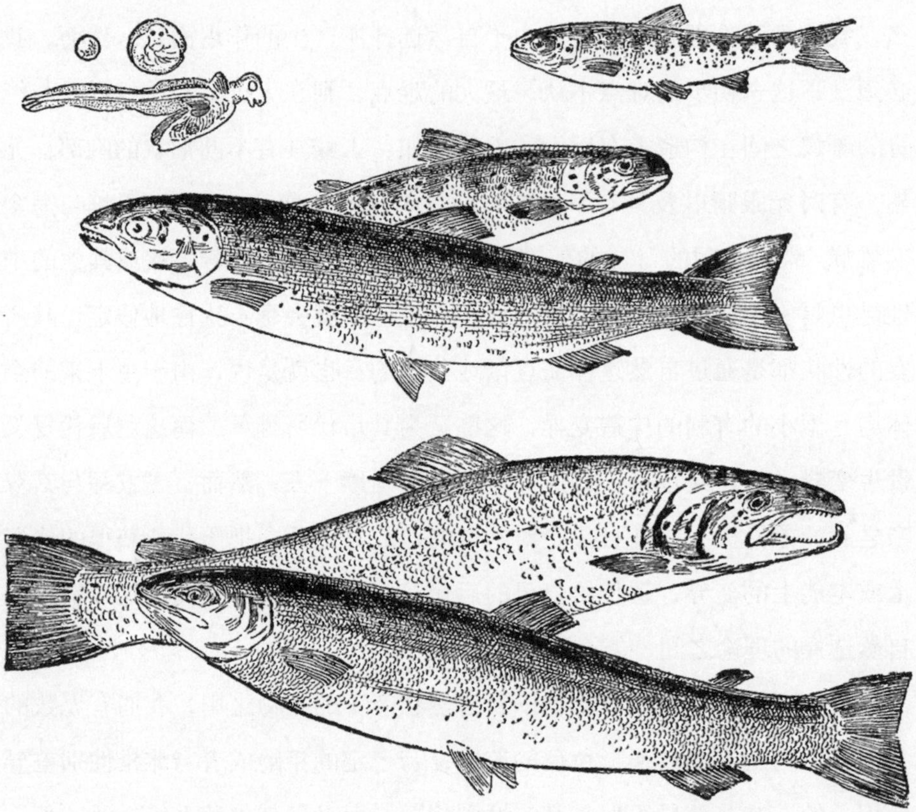

当记住选择作用既适用于个体也适用于族群，并可由此获得所想要的结果时，上述这一看似难以克服的难点便会减少，抑或如敝人所相信的，便会消除。一种味道颇佳的蔬菜被煮熟了，作为一个个体的它被消灭了；但园艺家播下同一品种的种子，信心十足地期待着会得到几乎相同的品种：养牛者喜欢肉和脂肪纹理交织的样子；具有这种特性的牛便被屠宰了，但养牛者满怀信心地继续培育同一族群的牛。我对选择的力量如此坚信，以至于我不会怀疑，通过仔细观察何种公牛与母牛交配才能产生角最长的阉牛，便会形成一个总是产生出极长角的阉牛的品种，尽管没有一只阉牛曾繁殖过其类。因此，我相信社会性的昆虫也是如此：与同群中的某些成员的不育状态相关的构造或本能上的些微变异，对该群体来说已是有利的：其结果，该群体内的能育的雄体和雌体得以繁盛，并且把产生具有相同变异的不育成员的这一倾向，传递给了其能育的后代。而且，我相信这一过程一直在重复，直到同一物种的能育雌体和不育雌体之间产生了巨大的差异，正如我们在很多社会性昆虫中所见。

但我们尚未触及难点的顶峰；这就是，有几种蚁的中性个体不但与能育的雌体和雄体有所差异，而且彼此间亦有差异，有时竟达难以置信的程度，并且因此可分为两个甚或三个等级（castes）。此外，这些等级一般并不彼此逐渐过渡，而是互相完全泾渭分明，宛若同属中的任何两个种，甚或同科中的任何两个属。因此，在埃西顿（Eciton）蚁中，有中性的工蚁和兵蚁，它们具有极端不同的颚和本能：在隐角蚁（Cryptocerus）中，仅有一个等级的工蚁，其头上生有一种奇异的盾，其用途还不得而知；在墨西哥的蜜蚁（Myrmecocystus）中，一个等级的工蚁，它们从不离巢，靠另一个等级的工蚁喂养，其腹部极度发达并能分泌出一种蜜汁，起到蚜虫分泌物同样的滋养作用，蚜虫或可称作家养乳牛，被我们欧洲的蚁所守护或监禁。

倘若我不承认如此奇妙而确凿的事实可以顷刻颠覆我的理论的话，人们会确乎认为，我对自然选择的原理是过于自负和自信了。在较为简单的中性昆虫的例子里，所有的均属一个等级或均属同类，此乃自然选择造成（我相信这是十分可能的）其不同于能育的雄体和雌体；在此例中，从普通变异的类推，我们可以有把握地做出如下结论：每一连续的、些微的、有利的变异，大概最初并非出现在同一巢里的全部中性个体身上，而仅出现少数几个中性个体身上；而且，通过持久连续地选择那些能够产生最多的具有有利变异的中性个体的能育的双亲，最终所有的中性个体都会具有那一希冀的性状。依此观点，我们应能在同一巢的同一物种中，偶尔发现一些显示构造的各个过渡阶段的中性个体；这些我们确实发现了，甚至于算是经常发现了，考虑到欧洲之外多么少的中性昆虫曾被仔细研究过。史密斯先生业已展示，几种英国蚁的中性个体彼此之间大小、有时在颜色方面，是多么惊人地不同；而且在两种极端的类型之间，可由同一巢里的一些个体完美地连接起来：我曾亲自比较过这种完美的变异过渡。常常是，较大或较小的工蚁数目最众；或者大的和小的皆多，而中等大小的却数目贫乏。黄蚁有较大的和较小的工蚁，也有一些中等大小的工蚁；诚如史密斯先生业已观察的，在这个物种里，较大的工蚁具单眼（ocelli），这些单眼尽管小却能被清楚地区分开来，而较小的工蚁的单眼则发育不全。在仔细地解剖了这些工蚁的几个标本之后，我能确定这一点，即较小的工蚁的眼睛的发育远不完善，并不是仅用它们身体的大小比例上的较小就能予以解释的；而且我充分相信，尽管我不敢如此肯定地断言，中等大小的工蚁的单眼，恰恰处于一种中间状态。所以，同一巢内的两群不育的工蚁，不但大小上有差异，而且在视觉器官上，亦颇为不同，却被处于中间状态的一些少数成员连接起来。我再插上几句题外的话，倘若较小的工蚁对于蚁群最为有利的话，那么，那些雄蚁及雌蚁就会连续地被选择，以产生越来越多的较小的工蚁，直到所有的工蚁都处于这一状态为止；于是，我们就得到了这样一个蚁种，它们的中性虫几近褐蚁属的中性个体所处的状态。褐蚁属的工蚁，甚至连发育不全的单眼都没有，尽管该属的雄蚁和雌蚁均具发育良好的单眼。

我还可另举一例：在同一物种的不同等级的中性个体之间，我信心十足地指望可偶尔找到重要构造的各过渡阶段，所以我欣喜地利用了史密斯先生所提供的取自西非驱逐蚁（Anomma）的同巢中的大量标本。我若不列举实际的测量数据，而只做一个严格准确的描述，读者也许会对这些工蚁间的差异量有最好的了解；这差异与下述情形相同：宛如我们看到一伙建造房屋的工人，其中很多人身高五英尺四英寸[1]，还有很多人身高十六英尺[2]；然而，我们必须假定，那大高个儿工人的头比小矮个工人的头，要大上不止三倍，而是大四倍，而颚则大上将近五倍。此外，几种大小不同的工蚁的颚，不仅在形状上有奇妙的差异，而且其牙齿的形态及数目也相差甚远。但对我们来说，重要的事实却是，尽管工蚁可以依大小分为不同的等级，然而它们却不知不觉地彼此逐渐过渡，一如它们的构造大不相同的

---

[1] 约 1.6 米。——编注

[2] 约 4.9 米。——编注

颚。对于后面这一点，我胸有成竹，因为拉伯克先生曾用描图器，把我所解剖过的几种大小不同的工蚁的颚，都一一画了图。

面对这些事实，我相信自然选择通过作用于能育的双亲，便可以形成一个应能固定地产生中性个体的物种，这些中性个体要么体形大并具有某一形态的颚，要么体形小且在构造上大不相同的颚；或者最后，这是我们的难点之最，有一群工蚁具有某种大小和构造，同时还有另一群工蚁具有与之不同的大小和构造；一个逐渐过渡的系列起初形成，一如驱逐蚁的情形；其后，那些极端的类型，由于对蚁群最为有利，故而生育它们的双亲为自然选择所垂青，而产出数量越来越多的极端类型，直至不再产出具中间构造者。

因此，诚如我所相信的，如此奇妙的事实业已发生，即生存于同一巢里、区别分明的两个等级的工蚁，它们不仅彼此之间差异很大，而且与其双亲之间也大不相同。我们可以看出，工蚁的形成对于蚁类社群，会是多么的有用，这与分工对于文明人类是有用的，属于同样的原理。由于蚁类是通过遗传的本能以及遗传的工具或武器，而不是通过学得的知识和制造的器具来工作的，其完善的分工，只能通过工蚁的不育而实现；倘若工蚁是能育的话，它们便会杂交，其本能及构造也便会混合。而且，诚如我所相信，大自然已经通过自然选择的方式，使蚁类社群中这样令人称羡的分工得以实现。然而，我决意坦承，尽管我完全相信这一原理，若非有这些中性昆虫的例子令我信服这一事实的话，我怎么也不会料到自然选择竟然能够如此高度地有效。所以，为了展示自然选择的力量，同样由于这是敝人理论迄今所遭遇到的最为严重的特殊难点，我才对这一情形稍作讨论，但远为意犹未尽。这一情形也是十分有趣的，因为它证明动物（植物也一样），构造上的任何程度的变异，均能通过无数的、些微的，以及我们必须称作“偶然”的变异的累积，而得以实现，只要这些变异是稍微有利的，不必经过锻炼或习性的参与。因为在一个社群的完全不育的成员中，任凭何等动作、习性或意志，也不可能影响那些专门为了传宗接代的能育的成员的构造或本能的。让我感到惊诧的反倒是，为何迄今尚无人用这类中性蜂、蚁的显明的例子，去反驳拉马克的著名信条。

本章概述。——我已竭力在本章中简要地展示，我们家养动物的心智能力是变异的，而且这类变异是遗传的。我又试图更为简要地展示，在自然状态下本能也会产生些微的变异。无人会质疑，本能对于每一动物都具有最高的重要性。所以，在改变了的生活条件下，自然选择能把本能上的些微变异，沿着任何有用的方向、累积到任何程度，在我看来，皆无困难。在很多情形下，习性或者使用与不使用大概也起到作用。我不敢说本章里所举出的事实，能够在任何很大程度上，增强了我的理论；然而，根据我所能判断的，还没有任何一个困难的例子，能够颠覆我的理论。另一方面，本能并非总是绝对完善的，而是易于出错的；没有一种本能纯粹是为了其他动物的利益而产生的，但有些动物可以利用其他一些动物的本能而获利；自然史上的“自然界中无飞跃”这一老话，也能像应用于身体构造那样地应用于本能，而且根据上述观点是可以清晰地得到解释的，否则的话，倒反而不可解释了；——所有这些事实，都倾向于为自然选择的理论提供佐证。

这一理论也被其他几个有关本能的事实所增强；一如亲缘关系密切但截然不同的物种，当栖居在世界上相隔遥远的不同地方，且生活在大不相同的生活条件下时，却常常保持了几近相同的本能。譬如，根据遗传的原理，我们能够理解，为何南美的鸫鸟在其巢里抹上一层泥巴，采取的是跟我们英国的鸫鸟所用的一模一样的特别的方式；为何北美的鹪鹩（Troglodytes）雄鸟像我们英国的猫形鹪鹩（Kitty-wrens）的雄鸟一样，都建造“雄鸟巢”，以便在里面栖息，这一习性全然不像任何其他已知鸟类的习性。最后，这也许不是合乎逻辑的推论，但据我想象，这却是更为令人满意的观点，即将诸如一只杜鹃把其义兄弟逐出巢外、蓄养奴隶的蚁类、姬蜂（ichneumonidae）幼虫寄生在活的毛虫体内这一类的本能，不是视为特殊优赋或特创的本能，而是视为一个普遍法则所带来的微小结果，以导致所有生物的发展，亦即繁殖、变异，让最强者生，令最弱者亡。

VIII

第八章
杂种现象

首代杂交的不育性与杂种的不育性之间的区别——不育性的程度各异，但并非随处可见，受近亲交配所影响，被家养驯化所消除——支配杂种不育性的法则——不育性并非专门的天赋特性，而是随其他差异次生出现的——首代杂交不育性和杂种不育性的原因——变化了的生活条件的效果与杂交的效果之间的平行现象——变种杂交的能育性及混种后代的能育性并非普遍如是——除能育性外，杂种与混种的比较——概要。

8-1 骡子（上图）是驴（下图）与马杂交的产物

博物学家们通常持有一种观点，即不同物种相互杂交时，被特别地赋予了不育性，以防所有生物的形态相互混淆。乍看起来，这一观点确乎属实，盖因生活在同一地域的一些物种，倘若能够自由杂交的话，几乎难以保持其各自的特性分明。窃以为，杂种极为通常的不育性这一事实的重要性，为其后一些作者大为低估了。**由于杂种的不育性不可能对其有任何益处，因此不会是通过各种不同程度的、有利的不育性的连续的保存而获得**

的，故对自然选择理论来说，这一情形是尤为重要的。然而，我希望我能表明，不育性并非是特殊获得或赋予的性质，而是伴随其他所获得的一些差异所偶发的。

在论及这一问题时，有两类在很大程度上根本不同的事实，通常被混为一谈，即两个物种首代杂交的不育性，以及由它们产出的杂种的不育性。

纯粹的物种，其生殖器官自然也处于完善状态，但当杂交时，它们要么产生很少的后代，要么不产生后代。另一方面，杂种的生殖器官在功能上已不起作用，这从植物及动物的雄性配子的状态上，均能明显地看出来；尽管其生殖器官本身的构造，在显微镜下看起来依旧完善。在第一种情形中，形成胚体的两性生殖配子是完善的；在第二种情形中，雌雄两性生殖配子，要么全然不发育，要么发育得不完善。两种情形均表现不育性，但当我们必须考虑其中的原因时，这一区别则是重要的。由于把这两种情形下的不育性，均视为一种特殊的天赋特性，超出了我们的理解力的范畴，这种区别或许便会被忽视了。

变种（即知悉或据信是从共同祖先传衍下来的类型）杂交的能育性，及其所产混种的后代的能育性，对我的理论而言，与物种杂交的不育性，有着同等的重要性；因为它似乎在物种和变种之间，给出了广泛而清晰的区别。

第一，有关物种杂交时的不育性以及其杂种后代的不育性。科尔路特（Kolreuter）和伽特纳（Gartner）几乎终其一生来研究这个问题，但凡读过这两位兢兢业业、令人敬佩的观察者的几部专著和研究报告的，对于某种程度的不育性的高度普遍性，不可能没有深切的感受。科尔路特把这一规律普遍化了；在十个例子中，他发现有两个类型，虽被绝大多数作者视为不同物种，在杂交时却是非常能育的，于是他快刀斩乱麻，果断地将它们列为变种。伽特纳也把这一规律同样地普遍化了；他对科尔路特所举的十个例子的完全能育性持有异议。但是，在这些以及很多其他例子里，伽特纳不得不去谨慎地计算种子的数目，以便显示任何程度的不育性的存在。他总是把两个物种杂交时所产籽的最高数目以及其杂种后代所产籽的最高数目，与双方纯粹的亲本种在自然状态下所产籽的平均数目相比较。但是，在我看来，在此似乎引入了一个严重错误的原因：但凡将要进行杂交的植物，必须去雄，而常常更重要的是必须将其隔离，以防昆虫带来其他植物的花粉。伽特纳试验所用的植物，几乎全部是盆栽的，并显然是置于他的住宅的一间房内。毫无疑问，这些做法对植物的能育性常常是有害的。伽特纳在表中列举了大约二十个实例，其中的植物均被去雄并用它们自己的花粉进行人工授精，在这二十种植物中（除去所有的豆科植物实例，盖因很难对它们实施相关的操作），有一半在能育性上都受到了某种程度的损害。此外，伽特纳在几年期间反复地对报春花和立金花进行了杂交，我们有足够的理由相信它们乃是变种，然而也只有一两次得到了能育的种子；由于他发现普通的红花海绿（Anagallis arvensis）和蓝花海绿（Anagallis coerulea）进行杂交，是绝对不育的，尽管这些曾被最优秀的植物学家们列为变种；还由于他从其他类似的几个例子中也得出了同样的结论；依我看来，其他很多物种在相互杂交时，其不育性是否实际上已达到伽特纳所相信的那种程度，似大可怀疑。

无疑的是，一方面，各个不同物种杂交时的不育性，在程度上是如此地不同，而且是如此不知不觉地渐次消失；而另一方面，纯粹物种的能育性，则是如此地易受各种环境条件的影响，实际上，完全的能育性止于何处而不育性又始于何处，是极难界定的。对于这一点，我想再好不过的证据，莫过于如今最富经验的两位观察者（即科尔路特与伽特纳）竟然对同一物种得出过恰恰相反的结论。试把最优秀的植物学家们针对某些有疑问的类型究竟应被列为物种抑或变种而提出的证据，与不同的杂交者从能育性推出的证据或同一观察者自不同年份的试验中所推出的证据，加以比较，对此将是极富教益的（然而此处限于篇幅无法详述）。由此可见，无论不育性还是能育性，都无法在物种和变种之间，提供任何清晰的区别；从这方面得出的证据逐步弱化消融，其可疑的程度，与来自其他体质和构造差异方面的证据，不无二致。

关于杂种在连续世代中的不育性，尽管伽特纳仔细地阻止了这些杂种与纯种的父代亲本任何一方之间的杂交，结果能够将其培育到六代甚或七代（在一例中竟达十代）之久，然而他肯定地指出，它们的能育性从未提高过，而往往却是大大地降低了。我不怀疑，通常的情形即是如此，而且在最初的几个世代中，能育性常常是突然降低的。可是我相信，在所有这些实验中，其能育性的消减皆出自一个如此独立无关的原因，即近亲交配。我业已搜集的大量事实表明：一方面，近亲交配减弱能育性；另一方面，与一个截然不同的个体或变种间的偶然杂交，会提高能育性；这一在配种师中几乎是普遍的信念，对其正确性，我自然无可置疑。实验者们很少栽培大量的杂种；由于亲种或其他近缘的杂种，往往都生长于同一园圃之内，因此在开花季节必须谨防昆虫的传粉：故在每一世代中，杂种通常将会是由自花的花粉而受精的；我深信，这对因杂种的根由而业已减弱的能育性，不啻是雪上加霜的损害。伽特纳所反复做过的一项值得关注的陈述，增强了我的这一信念，他指出，对于甚至能育性较差的杂种，如若用同类杂种的花粉进行人工授精，尽管存在着相关操作所常常带来的不良影响，其能育性有时依然明显地增高，且会持续不断地增高。如今，据本人的经验所知，在人工授精时，偶然地从另一朵花的花药上采得花粉，跟从准备被受精的那朵花的自身花药上采得花粉，是同样的常见；故两朵花之间的杂交便产生了，虽然这两朵花极可能是同株的。此外，无论何时在进行着复杂的试验，像伽特纳这样谨慎的观察者，都会给杂种去雄，这就确保了每一世代都会用异花的花粉来进行杂交，这异花要么来自同一植株，要么来自具有同一杂种的另一植株。因此，敝人相信，**人工授精**的杂种在连续世代中能育性提高的这一奇异事实，是可以用近亲交配得到了避免来解释的。

现在让我们来谈谈第三位极富经验的植物杂交师、尊敬的赫伯特牧师所获得的结果吧。他在结论中，一如科尔路特和伽特纳强调不同物种间有着某种程度的不育性是普遍的自然法则那样，强调了一些杂种是完全能育的，就像纯粹的亲种一样能育。他实验所用的物种，与伽特纳曾经用过的其中一些物种完全相同。他们的结果之所以不同，我认为一方面是源于赫伯特的精湛的园艺技能，另一方面是由于他有温室可用。在他的很多重要陈述中，我仅举一项为例，即“长叶文殊兰（Crinum capense）的蒴果内的每个胚珠上若授以卷叶文殊兰（C. revolutum）的花粉，便会产生一个植株，这在其自然受精情形下，我（他说）是从来未曾见过的”。故我们在此见到，两个不同物种的首代杂交，就会得到完全的甚或比通常更完全的能育性。

文殊兰属的这个例子，让我提及一个最为奇特的事实，即有些植物的个体，更容易用另一不同物种的花粉来受精，而同株的花粉则不易令其受精，正如半边莲属（Lobelia）的某些物种那样，而朱顶红属（Hippeastrum）中所有物种的全部个体，都是如此。人们发现这些植物接受不同物种的花粉可以产籽，却对自己的花粉非常不育，尽管它们自己的花粉完全没有问题，因为这些花粉可以使不同的物种受精。所以，某些植物个体以及某些物种的所有个体的杂交，实际上比自行受精，要容易得多！譬如，朱顶红（Hippeastrum aulicum）的一个球茎上开了四朵花；其中三朵花被赫伯特授以它们自己的花粉，而第四朵花，是其后被他授以从三个其他不同物种传下来的一个复合杂种（compound hybrid）的花粉，而令其受精的；其结果是："头三朵花的子房很快便停止生长，几日之后则完全枯萎，而由杂种花粉受精的蒴果却长势旺盛而且很快成熟，还结下了优良的种子并得以自由生长。"1839年，赫伯特先生在给我的一封信中告诉我，他然后在五年期间又做了这一实验，并在其后几年中继续实验，总是得到相同的结果。这一结果，在朱顶红属及其亚属以及某些其他属诸如半边莲属、西番莲属（Passiflora）和毛蕊花属（Verbascum）中，也已被其他观察者们所证实。尽管这些实验中的植物看起来是完全健康的，尽管相同的花上的胚珠和花粉比之其他物种的也很完好，然而由于它们在相互自行受精上功能不完善，我们必须推论这些植物处于非自然状态。然而这些事实显示，与物种自行受精相比，有时决定一个物种在杂交时能育性高低的原因，是何其细微及莫名其妙啊！

园艺家们的实用性试验，纵然缺乏科学的精确性，却也值得予以注意。众所周知，天竺葵属（Pelargonium）、吊金钟属（Fuchsia）、蒲包花属（Calceolaria）、矮牵牛属（Petunia）、杜鹃花属（Rhododendron）等等的物种之间，业已进行过何等复杂方式的杂交，然而这些杂种诸多皆能自由结籽。譬如，赫伯特指出，皱叶蒲包花（Calceolaria integrifolia）与车前叶蒲包花（Calceolaria plantaginea）是一般习性上大不相同的两个物种，但两者间的一个杂种，“自己完全能够繁殖，宛若是来自智利山中的一个自然物种”。我已下了一番功夫，来弄清杜鹃花属的一些复杂杂交的能育性的程度，我很有把握地说，其中多数是完全能育的。譬如，诺布尔先生（Mr. C. Noble）告诉我，为了嫁接之用，他曾用小亚细亚杜鹃花（Rhod. ponticum）和北美山杜鹃花（Rhod. catawbiense）的一个杂种来培育砧木，这一杂种“自由结籽的程度宛达想象的极限”。若是杂种在恰当的处理下，像伽特纳所相信的那样，其能育性会在每一连续世代中持续不断地降低的话，那么这一事实应该早就被园艺家们所注意到了。园艺家们把相同的杂种植物栽培在大片园地上，唯此才是恰当的处理，因为通过昆虫的媒介作用，同一杂种的若干个体间，得以彼此自由地杂交，因而阻止了近亲交配的有害影响。在杂种杜鹃花中，只要检视一下不育性较高的种类的花朵，任何人都会断然信服昆虫媒介作用的效力了，因为它们不产花粉，其柱头上却可发现来自异花的大量花粉。

比之植物，动物方面所做的仔细实验要少得多。倘若我们的分类系统是可信的话，换言之，倘若动物各属间的区别像植物各属间区别那样明显的话，那么我们便可以推断，比起植物中的情形来，自然体系中亲缘关系相对更远的动物，杂交更容易些；但我认为，其所产杂种本身的不育性也就越高。我怀疑，是否有任何一例完全能育的杂种动物，能被视为是彻头彻尾地确凿属实。然而应该记住，由于在圈养状态下很少有动物能自由繁殖，因此很少有人尝试进行周全适当的实验；譬如，金丝雀曾与九种其他不同的地雀杂交，但由于这九个种里没有一个是在圈养下能自由繁殖的，那么我们便不能指望，它们与金丝雀之间的首代杂交（或者它们的杂种后代）会是完全能育的。此外，有关较为能育的杂种在连续世代中的能育性问题，我几乎不知道有任何这样的例子，即把不同父母的同一杂种个体分为两个家族同时育养，借以避免近亲繁殖的恶劣影响。相反，动物的兄弟姐妹，往往在每一连续世代中进行杂交，以至于违背了每一位家畜配种师的反复不断的告诫。在此情形下，杂种固有的不育性将会持续增高，便完全不足为奇了。假如我们执意采取这种做法，在任何纯种动物中将兄弟姐妹配对的话，那么不出几代，该品种也定会消失，而纯种动物不管出于任何因缘，总具有最低的不育性趋势。

有关完全能育的杂种动物，尽管我不知道其中有任何彻头彻尾确凿属实的例子，但是我有一些理由相信，弗吉纳利斯羌鹿（Cervulus vaginalis）与瑞外西羌鹿（Reevesii）之间的杂种，还有东亚雉（Phasianus colchicus）与环颈雉（P. torquatus）以及与绿雉（P. versicolor）之间的杂种，是完全能育的。毫无疑问，这三种环颈雉［即普通环颈雉（东亚雉）、真正的环颈雉、日本环颈雉（绿雉）］之间杂交，在英格兰几个地区的林中，正变得混为一体。欧洲的普通鹅和中国鹅（A. cygnoides），这两个种是如此的不同，以至于一般都把它们列为不同的属，可在英国，它们之间的杂种，常常与两者中任何一个纯粹的亲本种交配繁殖，而且在仅有的一例中，杂种之间交配，也是能育的。这是艾顿先生所实验成功的，他从同一双父母中培育了两只杂种鹅，但不是同窝孵化的；他又从这两只杂种鹅里，在同一窝里孵化出不少于八只杂种鹅（乃当初那两只纯种鹅的孙辈）。然而，这些杂种鹅在印度势必更加能育；因为两位极为高明的权威布莱斯先生和赫顿大尉向我证实，这样的杂种鹅，在印度到处被成群地饲养着；盖因在没有纯种亲本任何一方存在之处，饲养杂种鹅有利可图，可见它们必然是极为能育的了。

由帕拉斯（Pallas）最初提出的一个学说，业已被当今的博物学家们基本接受了；即我们的家养动物，绝大多数是从两个或两个以上的土著物种传衍下来的，而后通过杂交而混杂在一起。根据这一观点，土著的物种要么一开始就产生了十分能育的杂种，要么就是其杂种在其后世代的家养状态下变得十分能育了。后一种情形，在我看来，似乎最为可能，故我倾向于相信其真实性，尽管它没有直接证据的支持。譬如我相信，我们的狗是从几种野生祖先传衍下来的；大概除了南美洲的某些原产的家犬之外，所有的家犬在一起杂交，都是十分能育的；这一类比令我相当猜疑，是否这几个土著的物种最初在一起曾经得以自由地杂交，并且产生了十分能育的杂种。故此，我们又有理由相信，我们欧洲的牛与印度瘤牛在一起交配，是十分能育的；但是根据布莱斯先生所告知我的一些事实，窃以为，它们想必被视为是不同的物种。依据我们很多家养动物起源的这一观点，要么我们必须放弃不同动物物种在杂交时的普遍不育性的信念；要么我们必须将不育性视为可以通过家养除去的特性，而不是某种不可消除的特性。

最后，通览植物和动物中杂交的业已确定的一些事实，可以得出下述结论：无论首代杂交还是后代杂种之间，均具有某种程度的不育性，此乃极为普遍的结果；然而，就我们现有的知识而言，还不能认为它是绝对普遍的。

支配首代杂交不育性和杂种不育性的法则。——我们现在稍微详细地讨论一下，有关支配首代杂交不育性和杂种不育性的情形和规律。我们的主要目标是看看这些规律，是否显示了物种曾被特别地赋予了这种性质，以便防止它们的杂交和混合流于滥觞。下述规律和结论，主要是出自伽特纳在植物杂交方面所做的令人称羡的工作。我曾煞费苦心，以确定这些规律在多大程度上能应用于动物方面，考虑到我们有关杂种动物的知识是何其贫乏，我惊奇地发现，同样是这些规律，竟能如此普遍地适用于动、植物两界。

上面业已指出，能育性（首代杂交能育性以及杂种的能育性）的程度，是从完全不育的零度逐渐过渡到完全能育。令人惊奇的是，这种渐变的存在，可由何其多的奇特方式表现出来；然而，在此只能给出诸项事实的最简略的轮廓。倘若把某一科植物的花粉，置放于另一科植物的柱头上，其所能产生的影响无异于无机物的尘埃。从这种能育性为绝对零度起，把同属的不同物种的花粉，放在其中某一物种的柱头上，在产籽的数量上，可以形成一个完全的渐变序列，直到几乎完全能育甚或十分完全能育；而且如我们业已所见，在一些异常的情形下，甚至会出现过度的能育性，超出植物自身花粉所产生的能育性。杂种亦复如此，有些杂种，即便用纯粹亲本任何一方的花粉来受精，也从未产生过、大概永远也不会产生出一粒能育的种子：但在其中某些情形里，可见能育性的端倪，即用纯粹亲种一方的花粉来受精，可使杂种的花比之未经如此受粉的花要较早地枯萎；而众所周知，花的早谢乃初期受精的一种征兆。由此种极度的不育性起始，我们有自行交配的杂种，产生愈来愈多的种子，直至具有完全的能育性。

极难杂交以及杂交后很少产生任何后代的两个物种，它们之间所产出的杂种，一般也是很不育的；然而，首代杂交的困难以及由此产出的杂

8-2 石竹

种的不育性，这两者之间（这两类事实往往被混淆在一起）齐头并进的平行现象（parallelism），绝非严格。在很多情形中，两个纯粹的物种能够极易杂交，并产生大量的杂种后代，可是这些杂种是显著不育的。另一方面，有一些物种很少杂交，或者极难杂交，但最终产出的杂种却十分能育。甚至在同一个属之内，如石竹属（Dianthus），也出现这两种截然相反的情形。

首代杂交能育性以及杂种的能育性，比之纯粹物种的能育性，更易受到不利条件的影响。但是，能育性的程度，本身也具有内在的变异性：因为同样的两个物种，在相同的环境条件下进行杂交，其能育性的程度，也并非总是相同，而是部分地取决于恰巧被选作实验之用的个体的体质。杂种亦复如此，因为即令是从同一蒴果里的种子培育出来的、并处于完全相同条件下的若干个体，其能育性的程度也常常大相径庭。

所谓系统亲缘关系一词，是指物种之间在构造上和体质上的相似性，这里的构造尤其是指一些在生理上有极高重要性、近缘物种间无甚差异的器官的构造。那么，首代杂交能育性以及由此产生出来的杂种的能育性，大多受制于它们的系统亲缘关系。这一点为下述事实所清晰地表明，即被系统分类学家们列为不同科的物种之间，从未产生过杂种；而另一方面，亲缘关系极为密切的物种之间，往往容易杂交。但是，系统亲缘关系与杂交难易之间的对应性，绝非严格。大量的例子表明，亲缘关系极为密切的物种之间并不能杂交，或者极难杂交；而另一方面，十分不同的物种间，却能极其容易地杂交。在同一科里，或许有一个属，如石竹属，在该属里有很多物种能够极其容易地杂交；而另一个属，如麦瓶草属（Silene），在亲缘关系极近的物种之间，曾竭尽全力地使其杂交，却不能产生哪怕是一个杂种。甚至在同一个属内，我们也会遇见同样的差别；譬如，烟草属（Nicotiana）内很多物种，几乎比起任何其他属的物种都更易杂交，可是伽特纳发现智利尖叶烟草（N. acuminata，一个并非特别不同的物种），与烟草属内不下八个其他物种进行过杂交，却顽固地不能受精，或者也不能使其他物种受精。类似的事实，不胜枚举。

就任何所能辨识的性状而言，无人能够指出，究竟是什么种类的或是什么数量的差异，足以阻止两个物种间的杂交。所能显示的是，习性和一般外观最为不同的，而且花的每一部分甚至花粉、果实，以及子叶均具极为显著差异的植物，也能够杂交。一年生植物和多年生植物、落叶树和常绿树、生长在不同地点而且适应于极其不同气候的植物，也往往能够很容易地杂交。

所谓两个物种的交互杂交（reciprocal cross），我是指此种情形：譬如，先以公马与母驴杂交，然后再以公驴与母马杂交；如此之后，方可说这两个物种是交互杂交了。在进行交互杂交的难易程度上，往往有极为广泛的可能出现的差异。此类情形是极为重要的，因为它们证明了任何两个物种的杂交能力，往往与其系统亲缘关系完全无关，或是往往与其整个构造体制的所能辨识的差异完全无关。另一方面，这些例子清晰地显示，杂交的能力是与我们察觉不到的构造体制上的差异有关，而且只是限于生殖系统之内。相同的两个物种之间的交互杂交结果的这一差异，在很早之前就为科尔路特所观察到了。兹举一例，长筒紫茉莉（Mirabilis longiflora）的花粉很容易能够使紫茉莉（M. jalapa）受精，而且它们之间的杂种是足够能育的；可是科尔路特曾经在连续八年中进行了两百多次的实验，试图用紫茉莉的花粉使长筒紫茉莉受精，结果却完全失败了。同样显著的例子，还可以举出若干来。瑟莱特（Thuret）在某些海藻，即墨角藻属（Fuci）中，观察过同样的事实。此外，伽特纳发现这种交互杂交的难易的差别，在较小的程度上是司空见惯的。他甚至曾在亲缘关系如此接近，以至于被很多植物学家们仅仅列为变种的一些类型中，观察到这种情形，诸如小紫罗兰（Matthiola annua）和无毛紫罗兰（Miatthiola glabra）之间。还有一个不寻常的事实，即从交互杂交中产生出来的杂种，虽然它们是从完全相同的两个物种混合而来的，只不过一个物种先用作父本而后用作母本，然而往往在能育性上却略有不同，并且偶尔还极为不同。

从伽特纳的著述中，还可以举出一些其他奇特的规律：譬如，有些物种特别能与其他物种杂交；同属的其他物种特别能使其杂种后代酷似自己；但是，这两种能力并非必然地相互伴随。有一些杂种，并不像通常那样具有双亲间的中间性状，而总是酷似双亲中的一方；此类杂种，尽管外观上酷似纯粹亲种的一方，可是除了极少的例外情形，均是极端不育的。此外，在一些杂种里，尽管它们通常具有双亲之间的中间构造，有时也会生出一些例外的以及异常的个体，它们却酷似其纯粹亲本的一方；而且这些杂种几乎总是极端不育的，即令从同一个蒴果里的种子培育出来的其他杂种却有着相当程度的能育性。这些事实显示，杂种的能育性和它在外观上与其纯粹双亲任何一方的相似性，是何等地完全无关。

考虑到上述的有关支配首代杂交的以及杂种的能育性的几项规律，我们可以看出，当想必被视为真正地属于不同物种的那些类型进行杂交时，其能育性，是从完全不育渐变为完全能育的，甚或在某些条件下变为过度能育的。它们的能育性，除了很容易受到有利条件及不利条件的影响之外，也呈现内在的变异性。首代杂交的能育性以及由此产出的杂种的能育性，在程度上决非总是相同的。杂种的能育性，和它与双亲中任何一方在外观上的相似性，也是无关的。最后，任何两个物种之间的首次杂交，其难易程度也并非总是受制于它们的系统亲缘关系或者彼此间的相似程度。最后这一点，已被相同的两个物种间的交互杂交所清晰地证明了，因为用某个物种或另一物种作为父本或母本时，它们之间杂交成功的难易程度，往往存在着一些差异，而且偶尔会存在着无与伦比的巨大差异。此外，交互杂交所产出的杂种，其能育性也常有不同。

那么，这些复杂的和奇特的规律，是否表示物种单是为了阻止其在自然界中相互混淆而被赋予了不育性呢？我想并非如此。因为倘若如此，我们必须假定避免混淆对于各个不同的物种都是同等重要的，可是为什么当各个不同的物种进行杂交时，它们的不育性程度，竟会有如此极端的差异呢？为什么同一物种的个体中的不育性程度还会有内在的变异呢？为什么某些物种易于杂交，却产生极为不育的杂种；而另一些物种极难杂交，却竟能产生相当能育的杂种呢？为什么在同样的两个物种间的交互杂交结果中，常常会存在着如此巨大的差异呢？甚至可以作如是问，为什么会允许有杂种的产生呢？既然给了物种以产生杂种的特殊能力，然后又以不同程度的不育性，来阻止杂种进一步的繁衍，而这种不育程度又与其双亲间的首代配对的难易程度并无严格的关联，这似乎是一种奇怪的安排。

另一方面，上述的诸项规律和事实，依我看来，清晰地表明了首代杂交和杂种的不育性，仅仅是伴随于或是有赖于杂交物种间（主要在生殖系统中）未知差异的现象。这些差异具有如此特殊的和严格的性质，以至于在同样的两个物种的交互杂交中，一个物种的雄性生殖质，尽管常常能自由地作用于另一物种的雌性生殖质，但反之则不然。最好是用一个实例来稍微充分地解释一下，我所谓的不育性是伴随其他的差异而偶发的，而不是一种特殊天授的性质。由于一种植物嫁接或芽接到另一植物上的能力，对其在自然状态下的利益一点儿也不重要，因此我料想，无人会假定这种能力是一种被特别赋予的性质，但是会承认这是伴随那两种植物的生长法则上的差异而偶发的。有时候，我们可以从树木生长速率的差异、木质硬度的差异以及树液流动期和树液性质的差异等等看出，为何一种树不能嫁接到另一种树之上的缘由；但在诸多情形下，我们却又完全给不出任何的理由。两种植物的大小悬殊，一为木本的而另一为草本，一是常绿的而另一是落叶的，并且适应于广泛不同的气候，诸如此类都不会总是妨碍它们嫁接在一起。嫁接如同杂交，其能力会受到系统亲缘关系所限制，因为还无人能够把属于极不相同的科的树嫁接在一起；但另一方面，亲缘关系密切的物种以及同一物种的变种，通常（但并非总是）能够很容易地嫁接在一起。然而，这种能力如同在杂交中一样，也并非是受系统亲缘关系所绝对支配的。虽然同一科里的很多不同的属，可以嫁接在一起，但是在其他一些情形中，同属的一些物种却并不能相互嫁接。尽管梨与温桲树被列为不同的属，而梨与苹果被列为同属[1]，可是把梨树嫁接到温桲树上远比把梨树嫁接到苹果树上要更为容易。甚至于梨的不同的变种往温桲树上嫁接，其难易程度也不尽相同；杏和桃的不同的变种往李子的某些变种上的嫁接，其情形亦复如此。

诚如伽特纳所发现的，同样的两个物种在杂交中，其不同个体有时会有内在的差异；塞伽瑞特（Sagaret）相信，同样的两个物种的不同个体，在嫁接中也同样如此。正如在交互杂交中，成功结合的难易程度，常常是很不相等的，在嫁接中有时也是如此；比如，普通鹅莓不能嫁接到黑醋栗上，然而黑醋栗却可以（尽管会有些困难）嫁接到普通鹅莓上。

我们业已见到，生殖器官不完善的杂种的不育性，与生殖器官完善的两个纯粹物种之难以结合，是完全不同的两码事；然而这两类不同的情

---

[1] 在作者撰写本书时，确是如此。——译注

形，在某种程度上又是平行的。类似的情形也见于嫁接之中；因为托因（Thouin）发现刺槐属（Robinia）中的三个物种，在自己的根上均可自由结籽，而且将其嫁接到另一物种上，也无大的困难，只是不结籽而已。另一方面，当花楸属（Sorbus）中的某些物种被嫁接到其他物种上时，所结的果实，则是在自己根上所结果实的两倍。后面这一事实，让我们想起朱顶红属（Hippeastrum）、半边莲属（Lobelia）等异常的情形，它们由不同物种的花粉受精，反倒比由它们自身的花粉受精，结籽要多得多。

由此我们可见，尽管被嫁接了的砧木之单纯愈合，与雌雄生殖质在生殖中的结合之间，有着清晰和根本的差别，但是不同物种的嫁接和杂交的结果，依然存在着略为平行的现象。正如我们必须把支配树木嫁接难易的奇异而复杂的规律，视为伴随植物性生长系统中一些未知差异而偶发的一样，因此我也相信，支配首代杂交的难易程度的更为复杂的法则，是伴随主要是生殖系统中的一些未知差异而偶发的。在两种情形中，一如所能想象的，这些差异在某种程度上都是遵循系统亲缘关系的，而生物之间的各类相似与相异的情况，皆是通过这一亲缘关系来试图表达的。对我而言，这些事实似乎完全无法表明各种物种在嫁接抑或杂交上的困难的大小，是一种特殊的天授；尽管在杂交的情形中，这种困难对于物种类型的持续与稳定是重要的，而在嫁接的情形里，这种困难对于植物的福祉却无关紧要。

首代杂交不育性和杂种不育性的原因。——对于首代杂交不育性的和杂种不育性的可能原因，我们现在可以进行稍微深入一点的讨论。这两种情形是根本不同的，正如刚刚所指出的，由于在两个纯粹物种结合时，雌雄生殖质是完善的，而在杂种中则是不完善的。即令在首代杂交的情形中，其成功结合的困难性或大或小，显然取决于几种不同的原因。有时由于生理上的原因，雄性生殖质不可能到达胚珠，比如雌蕊过长，以至于花粉管不能到达子房的植物，便是这种情形。也曾观察到，当把一个物种的花粉放在另一个关系较远的物种的柱头上时，虽然花粉管伸出来了，但却无法穿入柱头的表面。此外，虽然雄性生殖质可达雌性生殖质，但却不能使胚胎得以发育，瑟莱特（Thuret）对墨角藻（Fuci）所作的一些试验，似乎即是如此。这些事实尚无法解释，一如无法解释为何某些树不能嫁接在其他树上那样。最后，也许胚胎可以发育，但早期即行夭折。最后这种情形，尚未得到足够的研究；然而，根据对家禽杂交极富经验的休维特先生（Mr. Hewitt）告知我的有关他所做过的观察，使我相信胚胎的早期夭折，乃是首代杂交不育性的极为常见的原因。我起初是十分不愿意相信这一观点的；因为杂种一旦出生，一般是健康而长命的，犹如我们所看到的骡子的情形。然而，杂种在其出生的前后，是处于不同的环境条件下的：当杂种生于、长于其双亲所能生活的地方，它们通常是处于适宜的生活条件之下的。可是，倘若一个杂种个体只继承了母体的本性和构造体制的那一半，因此在其出生之前，只要它还在母体的子宫内或在由母体所产生的蛋或种子内被养育着，可能即已处于某种程度的不适宜条件之下了，其结果它就容易在早期夭折；尤其是由于所有幼小的生物对于有害或不自然的生活条件似乎都是极为敏感的。

至于两性生殖质发育不完全的杂种的不育性，情形则大不相同。我已不止一次地提出过大量的我所搜集的事实，这些事实显示，当动、植物离开它们的自然条件，其生殖系统便会极其容易地受到严重的影响。事实上，这是动物家养驯化的重大障碍。在由此而引起的不育性与杂种的不育性之间，存在着很多相似之点。在这两种情形里，不育性均和一般的健康无关，而且常常伴随着不育个体的硕大或繁茂。在这两种情形里，不育性均以各种不同的程度出现；并且雄性生殖质最易受到影响；但有时候则是雌性生殖质比雄性生殖质更易受到影响。在这两种情形里，不育的倾向在某种程度上与系统亲缘关系是相关的，因为整群动物和整群植物中的所有物种都是由于同样的不自然条件而失去生育力的；并且所有这些物种都倾向于产生不育的杂种。另一方面，一群物种中会有一个物种，有时会抗拒环境条件的巨大变化，保持其能育性秋毫无损；而且一群物种中的某些物种会产生异常能育的杂种。未经试验，无人知晓，任一特定的动物是否能够在圈养中繁殖，或者任何植物是否能够在栽培下自由地结籽；同时，未经试验，也无人知晓，一个属中的任何两个物种究竟是否会产出或多或少不育的杂种。最后，当生物在几代之内都处在对其并非自然的条件下，那么就极易变异，如敝人所相信的，这是由于其生殖系统受到了特别的影响，尽管这种影响在程度上尚不及那种引起不育性的程度。杂种的情形，也是如此，因为正如每一个试验者业已观察到的，杂种在连续的世代中，也是极易发生变异的。

由此可见，当生物处于新的和不自然的条件之下时，以及当通过两个物种的不自然杂交而生成杂种时，其生殖系统以非常相似的方式受到不育性的影响，而这与一般健康状态均无关联。在前一种情形下，其生活条件遭到扰乱，尽管这种扰乱的程度很轻微，常常不为我们所察觉；在后一种情形下，亦即在杂种的情形下，外界条件虽保持不变，但是由于两种不同的构造和体质混为一体，它的体制便遭扰乱。盖因两种体制混为一体时，在其发育上、周期性的活动上、不同部分和器官的相互关系上，或者不同

8-3 日本百合花

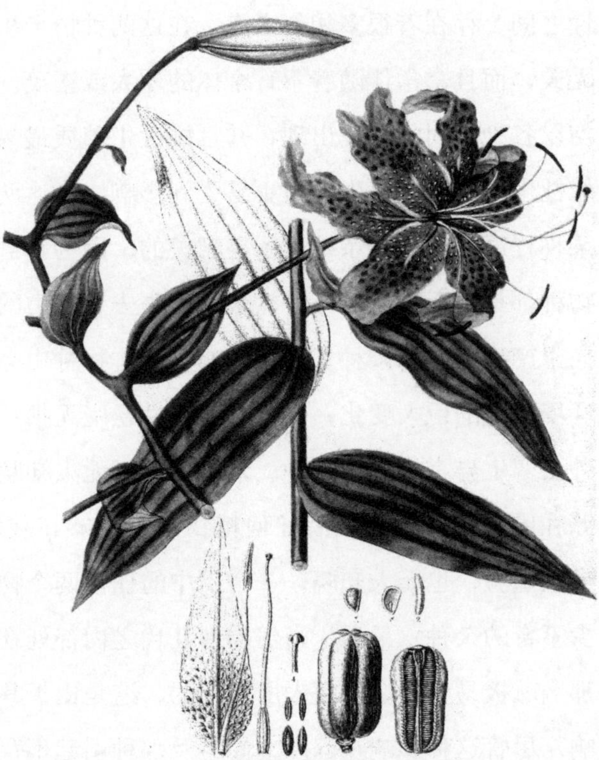

部分和器官与生活条件的相互关系上，几乎不可能不出现一些干扰。当杂种能自行相互杂交而生育时，它们就会将同样的混合体制代代相传，因此，对于它们的不育性虽有某种程度的变异、却通常不被削弱这一点，我们也就不必大惊小怪了。

然而，必须承认，除了含糊的假说之外，我们并不能理解有关杂种不育性的诸项事实；譬如，从交互杂交中产生的杂种，其能育性并不相等；

或如，当杂种偶尔地格外酷似纯粹双亲中的一方，其不育性有所增强。我也不敢说以上的陈述触及问题的根源：为何一种生物被置于不自然的条件下就会变为不育的，对此尚无任何解释。我曾试图说明，这两种情形（在某些方面是相似的）中，不育性是共同的结果——在前一种情形里，是因其生活条件遭到了扰乱，在后一种情形里，是因两种体制混为一体而使整体组织受到了干扰。

也许听起来是怪诞的，但我猜想相似的平行现象也见于一类相关的但却极为不同的事实。生活条件的些微改变，对于所有生物都是有利的，这是一个古老的而且几近普遍的信念，我想这一信念是基于大量的证据的。我们看到农民和园艺家们即是这样做的，他们常常从不同土壤及不同气候的地方交换种子、块茎等等，然后再交换回去。在动物病后复原期间，我们清楚地看到，几乎任何生活习性上的变化，对于它们都大有裨益的。此外，有丰富的证据表明，无论是植物还是动物，同一物种的非常不同的个体之间（即不同品系或亚种的成员之间）的杂交，会增强其后代的活力及能育性。从第四章里曾提及的一些事实，我委实相信，甚至包括雌雄同体的生物在内，一定量的杂交是必不可少的；而且最近亲属间的近亲交配，尤其若在同样的生活条件下持续几代的话，总是会引起后代的羸弱和不育。

因此，一方面，生活条件的些微变化对所有生物都是有利的；而且另一方面，轻微程度的杂交，即发生了变异的并变得稍微不同的同一物种的雌雄之间的杂交，也会增强后代的活力和能育性。但是，我们业已看到，更大的变化或是特定性质的变化，往往会给生物带来某种程度的不育；而较大跨度的杂交，亦即业已变得十分不同或变为异种的雌雄之间的杂交，则产生出一般在某种程度上不育的杂种。我难让自己相信，这一平行现象会出于巧合或幻象。这两类事实，似乎是被某个共同的但却未知的纽带连在一起，而这一纽带在本质上与生命的原理相关。

变种杂交的能育性及其混种后代的能育性。——作为一个极为有力的论点，或许有人会主张，物种与变种之间，一定有着某种本质上的区别，而且以上所述，一定有些错误，因为变种无论彼此在外观上有多大的差异，依然能够十分容易地杂交，且能产出完全能育的后代。我完全承认，情形几乎确实如此。但是倘若我们观察一下自然状态下所产生的变种的话，我们立即就会遇到很多绝望的难点；因为如若两个先前公认的变种，一旦在杂交中发现它们有任何程度的不育性，大多数博物学家们立即就会把它们列为物种。譬如，被我们大多数优秀的植物学家们认为是变种的蓝花海绿和红花海绿以及樱草花和立金花，据伽特纳称，它们在杂交中不是相当能育的，因此，他就把它们列为无疑的物种了。倘若我们依此循环法争辩的话，那么就必然得承认，在自然状态下产出的一切变种都是能育的了。

倘若我们转向家养状态下产生的抑或是假定在家养下产生的一些变种，我们依然会陷入困惑之中。因为，譬如当人们说，德国狐狸犬比其他的狗更容易与狐狸媾和，或是某些南美洲的土著家犬与欧洲狗不易杂交时，浮现在每个人的脑海里的解释（很可能是正确的解释）便是：这些狗原本是从几个不同的土著物种传衍下来的。然而，很多家养的变种，其外观上有着极大的差异，如鸽子或卷心菜，却皆有完全的能育性，这是一项值得注意的事实；尤其是当我们想到如此众多的物种，尽管彼此之间极为相似，当杂交时却极端不育。然而，若考虑到下述几点的话，家养变种的能育性，就不会像乍看起来那么不同寻常了。首先，可以清晰地显示，单单是两个物种之间的外在差异，并不能决定它们在杂交时不育性程度的大小；我们可以将这一相同的规律运用到家养变种的身上。其次，一些著名的博物学家们相信，长期的家养驯化，倾向于在连续世代中消除杂种的不育性，这些杂种最初仅有轻微的不育性；倘若果真如此的话，我们断然不指望会见到，在近乎相同的生活条件下会有不育性的出现与消失。最后，这对我而言似乎是最为重要的一点，即在家养状态下，动、植物新品种的产生，是人们为了自身的用处或乐趣，通过有意的以及无心的选择力量来完成的：他们既不想选择，也不可能选择生殖系统中的些微差异，或是其他与生殖系统相关的体制上的差异。人们给几个变种提供相同的食物；以几乎相同的方式对待它们，而且不希望改变它们的一般生活习性。只要对每一生物的自身有利，大自然则会以任何方式，在漫长的时期内，对整个体制结构，一贯地并缓慢地起着作用；因此，它可以直接地（更可能是间接地）通过相关作用，对任何一个物种的几个后代的生殖系统进行更改。一旦理解了人与大自然所进行的选择过程的这一差异，我们对其在结果上的某种差异，也就不足为奇了。

我至此谈及的，似乎同一物种的变种进行杂交，必然都是能育的。但是，于我而言，从下述几例中，似乎不能不承认一定程度的不育性的证据，对这些例子我将简述如下。这一证据，与我们所相信的无数物种的不育性的证据，至少不相上下。该证据也来自反对派，他们在所有其他情形下，都把能育性和不育性视为区别物种的可靠标准。伽特纳在其花园内，连续好几年培育了一种结有黄籽的矮型玉米，同时在它的近旁培育了一个结有红籽的高型玉米变种；虽然这些植物是雌雄异花，但从不自然杂交。

8-4 毛蕊花属

8-5 烟草（左）与半边莲（右）

于是他把一类玉米的花粉，置于另一类的十三朵花上，令其受精；但仅有一个花穗结籽，而且只结了五颗种子而已。由于这些植物是雌雄异花的，因而在此情形下实施人工授精不至于会是有害的。我相信，无人会猜疑这些玉米的变种属于不同的物种；重要的是要注意到这一点，即如此培育出的杂种植物，其本身却是完全能育的；因此，甚至连伽特纳也不曾冒昧地认为这两个变种有着种一级的区别。

吉鲁·德·布扎伦格（Girou de Buzareingues）对葫芦的三个变种进行了杂交，它们与玉米一样，也是雌雄异花的，他认为它们之间的差异越大，相互受精也就越不容易。这些实验究竟有多大的可靠性，我不得而知；但是，塞伽瑞特（他主要是根据不育性的检验标准来分类的）是把上述实验的类型列为变种的。

下面这一情形，就更为奇特了，乍看起来似乎令人难以置信；但这是如此优秀的观察者和如此坚定的反对派伽特纳，在很多年间对毛蕊花属的九个物种进行的惊人数量的实验之结果，即毛蕊花属中，同一物种的黄色变种与白色变种之间杂交，比之同一物种的黄色或白色的变种接受其中同色花的花粉而受精的，所产的种子要少。此外，他指出，当一个物种的黄色变种和白色变种与另一**不同**物种的黄色变种和白色变种杂交时，同色花之间的杂交比异色花之间的杂交，能产生更多的种子。然而，毛蕊花属的这些变种，除了花的颜色这一点之外，并无任何其他的差异；有时一个变种还可以由另一个变种的种子培育出来。

根据我对蜀葵的某些变种所做的一些观察，我倾向于猜想，它们也显示了类似的事实。

科尔路特工作的准确性，已被其后的每一位观察者所证实，他曾证明一项奇特的事实，即普通烟草的一个变种，在与一个差异十分明显的物种进行杂交时，要比其他的几个变种，更为能育。他对通常被视为变种的五个类型进行了最为严格的实验，即采用了交互杂交的实验，他发现它们的混种后代都是完全能育的。但是这五个变种中的有一个，无论用其作父本还是作母本，与黏性烟草（Nicotiana glutinosa）进行杂交，它们所产生的杂种，总是不会像其他四个变种与黏性烟草杂交时所产生的杂种那样地不育。因此，这一变种的生殖系统，必定发生了某种方式和某种程度上的变异。

根据这些事实，根据确定自然状态下的变种不育性的极大困难，盖因一个假定的变种，倘若有任何程度的不育性存在的话，一般即会被列为物种；根据人们在培育最为独特的家养变种时，只选择它们的外在性状，而不愿意或不能够在它们的生殖系统上培育出隐而不露的差异和功能上的差异；根据这几方面的考虑和事实，我不认为，变种甚为通常的能育性，能够被证明是普遍存在的现象，或者能够构成变种与物种间的根本差别。在我看来，变种通常的能育性不足以推翻我的下述观点，即首代杂交以及杂种的极为普遍但并非绝对的不育性，不是特殊天赋的，而是伴随着缓慢地获得的变异（尤其是在杂交类型的生殖系统中缓慢获得的变异）而偶发的。

除能育性外，杂种与混种的比较。——除能育性的问题之外，杂交物种的后代和杂交变种的后代，还可在其他几个方面予以比较。伽特纳曾热切地希望在物种和变种之间画出一条泾渭分明的界线，但他在所谓物种间的杂种后代和所谓变种间的混种后代之间，却只能找出很少的，而且在我看来是十分不重要的差异。但在另一方面，它们在很多非常重要的方面，却是极为相近一致的。

在此我将极为简略地讨论一下这一问题。最重要的区别是，第一代的混种较之杂种更易于变异；但是，伽特纳亦承认经过长期培育的物种所产生的杂种，在头一代里是常常易于变异的；我本人也曾见过这一事实的一些显著的例子。伽特纳进而认为，极其密切近似的物种之间的杂种，较之极为不同物种之间的杂种，更易于变异；这显示了变异性程度的差异是逐渐过渡消融的。众所周知，当混种与较为能育的杂种被繁殖了几代之后，其后代有着巨量的变异性；但是，还有少数例子表明，杂种或混种长期地保持着一致的性状。然而，混种在连续世代里的变异性，大概要大于杂种的变异性。

混种较杂种有更大的变异性，这一点对我而言，一点儿也不感到惊奇。因为混种的双亲是变种，且大多是家养的变种（对自然的变种所做过的试验甚少），这便意味着在大多数情形下，这是新近发生的变异性；因此我们可以指望这种变异性常常会继续，而且会叠加到仅仅是杂交作用所引起的变异性上去。首次杂交或第一代中的杂种的变异性程度轻微，比之其后连续世代的极大的变异性，是一桩奇特的事实，并值得注意。因为这跟我所持的普通变异性的原因的观点相关，并对这一观点有所支持；亦即由于生殖系统对于生活条件的任何变化是极度敏感的，故此而令生殖系统不起作用，或至少不能执行其固有功能来产生与亲本一模一样的后代。那么，第一代杂种是从生殖系统未曾受到任何影响的物种传衍下来的（长久培育的物种除外），因此不发生变异；但是杂种本身的生殖系统，却已受到了严重的影响，故其后代便是高度变异的了。

还是回到混种和杂种的比较上来：伽特纳指出，混种比杂种更易恢复到亲本类型的任何一方；然而，倘若这一点属实的话，那么也肯定仅仅是程度上的差别而已。伽特纳进而主张，任何两个物种尽管彼此密切近似，与第三个物种进行杂交时，其杂种彼此间差异很大；可是，若是一个物种的两个极不相同的变种与另一物种进行杂交的话，其杂种差别并不大。但是据我所知，这一结论是基于单独一次实验之上的；而且似乎与科尔路特所做的几个实验的结果恰好相反。

这些便是伽特纳所能指出的、杂种和混种植物之间的一些不重要的差异。另一方面，混种与杂种，尤其是从亲缘关系相近的物种产生出来的那些杂种，与各自双亲的相似性，依伽特纳所言，也遵循同一法则。当两个物种杂交时，其中一个物种有时具有优势的力量，使产出的杂种跟自己相像；我相信，植物变种的情形也是如此。至于动物，一个变种肯定地也是常常较另一变种具有这种优势的力量。从交互杂交中产生出来的杂种植物，通常彼此间是密切相似的；从交互杂交中产生出来的混种植物也是如此。无论是杂种还是混种，倘若在连续世代里反复地与任何一个亲本进行杂交，均能使其复又变成该纯粹亲本的类型。

上述这几点显然也适用于动物；但是有关动物，此处的问题极端复杂，这部分地是由于一些次级性征的存在；还特别是由于当一个物种与另一物种间杂交以及一个变种与另一个变种间杂交时，某一性别比另一性别在使产出的杂种或混种更像自己方面，具有更强的优势力量。譬如，我想那些主张驴较马更具优势力量的作者们是正确的，故无论骡子还是驴骡，都更像驴而不是马；但公驴比母驴具有更强的优势力量，以至于由公驴与母马所产出的后代骡子，就比由母驴与公马所产出的后代驴骡，更加像驴。

一些作者特别强调了下述这一假定的事实，即只有混种动物生来就酷似其双亲中的一方；但是，这种情形在杂种里也时有发生；不过，我承认在杂种里比在混种里发生得要少得多。观察一下我所搜集的事实，凡由杂交而成的动物，酷似双亲中一方的，其相似之处似乎主要局限于在性质上近于畸形的一些性状，而且这些性状是突然出现的——如白化症、黑化症、缺尾或缺角、多指及多趾；而与那些通过选择而缓慢获得的性状无关。结果，双亲任何一方的完全性状的突然复现，也是在混种里比在杂种里更易发生，混种是由变种传下来的，而变种常常是突然产生的并具半畸形的性状，杂种则是由物种传下来的，而物种则是缓慢而自然地产生的。总的说来，我完全同意普罗斯珀·卢卡斯博士（Dr. Prosper Lucas）的观点，他在搜集了有关动物的大量事实后，得出如下的结论：无论双亲间彼此的差异是多还是少，亦即在同一变种的个体结合中、在不同变种的个体结合中，或在不同物种的个体结合中，子代与亲代相似性的法则都是相同的。

能育性和不育性的问题姑且不谈，物种杂交的后代及变种杂交的后代，在所有方面似乎都有普遍而密切的相似性。如若我们将物种视为是特别创造出来的，并且把变种视为是根据次级法则产生出来的，这种相似性便会是一个令人吃惊的事实。然而，这跟物种与变种之间并无本质区别的观点，却完全吻合一致。

本章概述。——足以被列为不同物种的类型之间的首代杂交及其杂种，其不育性十分普遍但并非绝对。不育性程度各异，而且往往相差如此微小，以至于两位空前的最为谨慎的实验者据此标准，也会在类型的分类级别上，得出完全相反的结论。不育性在同一物种的个体中，具有内在的变异性，而且对于生活条件的适宜与否，是极度敏感的。不育性的程度，并不严格遵循系统的亲缘关系，但受制于若干奇妙而复杂的法则。在同样的两个物种的交互杂交中，不育性通常不同，且有时大不相同。在首代杂交以及由此产生出来的杂种里，不育性的程度也并非总是相等的。

在树木嫁接中，一个物种或变种嫁接在其他物种或变种上的能力，是伴随着植物营养系统的一些一般未知的差异而偶发，而这些差异的性质一般是未知的；同样，在杂交中，一个物种与另一物种相互结合的难易，也是伴随着生殖系统里的一些未知的差异而偶发的。毫无理由去认为，为了防止物种在自然状态下的杂交和混淆，物种便被特别地赋予了各种程度的不育性，正如毫无理由去认为，为了防止树木在森林中的相互接枝，树木便被特别地赋予了多少类似的、不同程度的嫁接障碍。

在具有完善生殖系统的纯粹物种之间，首代杂交的不育性，似乎取决于几种情况：在某些情形中，主要取决于胚胎的早期夭折。至于杂种，由于其生殖系统不完善，而且其生殖系统以及整个体制被两个不同物种的混合所干扰，故杂种的不育性，跟当生活自然条件被干扰时、常常影响纯粹物种的那种不育性，似乎是十分类似的。这一观点得到另一种平行现象的支持，即仅仅略微不同的类型之间的杂交，对其后代的生命力和能育性是有利的；而生活条件的些微变化，显然对所有生物的生命力和能育性也是有利的。任何两个物种的结合的困难程度，跟其杂种后代的不育性程度，尽管出于不同的原因，一般来说彼此应当是相应的，这不足为奇；盖因二者都取决于杂交物种之间的某种差异量。首代杂交的难易与由此产生的杂种的能育性，以及嫁接的能力（虽然嫁接的能力取决于甚为不同的条件），在某种程度上，都与被实验类型的系统亲缘关系相平行，这也不足为奇；盖因系统亲缘关系试图表达所有物种之间的无所不包的相似性。

已知为变种的类型之间的首代杂交，或者相似到足以被视为变种的类型之间的首代杂交，以及它们的混种后代，一般都是（但并非绝对）能育的。当我们记得，我们如何惯于用循环法来争辩自然状态下的变种；当我们记得，大多数的变种是在家养状态下，仅仅根据对外在差异（而不是生殖系统中的差异）的选择而产生出来的，这种近乎普遍和完全的能育性，也就不足为奇了。除了能育性方面的差异，在所有其他方面，杂种和混种之间，均存在着密切而一般的相似性。最后，本章所简略地举出的一些事实，对于敝人所待的物种与变种间无根本的差别这一观点，在我看来，不仅并非抵触，而且给予了支持。

IX

第九章

论地质记录的不完整性

论当今中间类型的缺失——论灭绝的中间类型的性质及其数量——论基于沉积与剥蚀的速率推算出来的漫长时间间隔——论古生物化石标本的贫乏——论地层的间断——论单套地层中的中间类型的缺失——论成群物种的突然出现——论成群物种在已知最底部含化石层位中的突然出现。

在第六章中，我业已列举了对本书所持观点可能正当地提出的一些主要异议。其中的大部分，目前业经讨论过了。而其中一个十分明显的难点即是：物种类型之间的区别泾渭分明，而且没有无数的过渡环节使其混溶在一起。我曾提出理由，解释为何如今这些环节，在显然是极其有利于它们存在的环境条件下，亦即在具有渐变的物理条件的广袤而连续的地域上，却往往并不存在。我曾试图表明，每一物种的生活，对其他业已存在的泾渭分明的生物类型的依存，甚于对气候的依存；因此，真正支配生存的条件，并非像热气或水分那样，悄然地逐渐消失。我也曾试图表明，由于中间类型在数量上要少于它们所连接的类型，所以中间类型在进一步的变异和改进的过程中，往往会被淘汰和消灭。然而，无数的中间环节目前在整个自然界中没有到处出现的主要原因，正是有赖于自然选择这一过程，盖因通过自然选择这一过程，新的变种不断地替代并终结其亲本类型。但是正因为这种灭绝过程曾以巨大的规模发生了作用，按比例来说，以往曾生存过的中间类型，其数量也必定是极大的。那么，为何在每一套地层以及各个层位中并没有充满着这些中间环节呢？地质学委实没有揭示出任何此类微细过渡的生物链条；也许这是反对敝人学说的最为明显及最为严重的异议，但是，窃以为，地质记录的极度不完整性，却可以解释这一点。

首先，应当永远记住，根据我的理论，哪种中间类型应该是先前曾经生存过的。当观察任何两个物种时，我发现很难不去想象到那些**直接地**介于两者之间的类型。然而，这却是一个完全错误的观点；我们应当总是追寻介于每一物种与其共同的但却未知的那一祖先之间的那些类型；而这一祖先通常在某些方面，已不同于它所有的业已变异了的后代：兹举一个简单的例子：扇尾鸽和凸胸鸽都是从岩鸽传衍下来的；倘若我们有了所有先前曾经

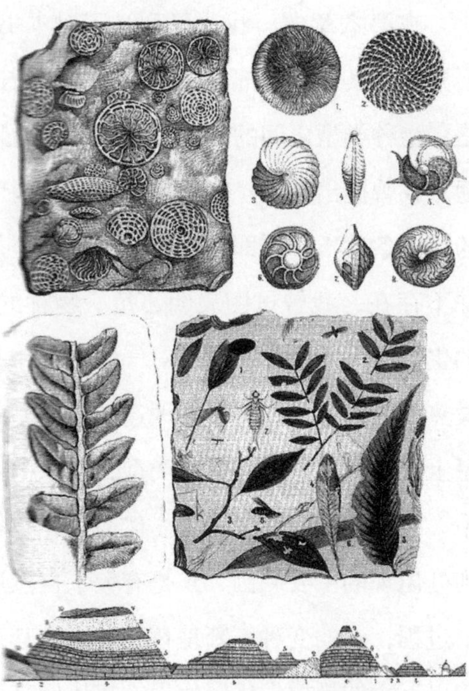

9-1 动物化石（上）、植物化石（中）与保存化石的沉积岩地层剖面（下）

生存过的中间类型的话，我们在这两个品种与岩鸽之间，就会各有一条极为密切的过渡系列；但是，我们不会有直接介于扇尾鸽和凸胸鸽之间的任何变种；譬如，不会有结合了这两个品种的特征的变种，即兼具稍微扩张的尾部以及稍微增大的嗉囊那样的变种。此外，这两个品种已变得十分不同，以至于我们如无任何有关其起源的历史证据或间接证据，而只是基于它们与岩鸽在构造上的比较的话，就不可能确定它们究竟是从岩鸽传衍下来的呢，抑或是从其他某些近似的物种［如皇宫鸽（C. oenas）］传衍下来的。

自然界的物种亦复如此，如若我们观察泾渭分明的类型，如马和貘，我们便无任何理由去假定，在它们之间竟然曾经存在过直接的中间环节，但是马或貘与一个未知的共同祖先之间，则是可以假定曾存在过中间环节的。它们的共同祖先在整体结构上，与马以及貘具有十分普遍的相似性；但在一些个别的构造上，可能与两者间均有很大的差异；此类差异甚或比马与貘彼此之间的差异还要大。因此，在所有这些情形中，除非我们同时掌握了近于完整的中间环节的链条，即令将祖先的构造与其变异了的后代进行仔细的比较，我们也无法辨认出任何两个物种或两个物种以上的亲本类型。

根据敝人的理论，两个现生的类型中，其中的一个确有可能是从另一个那里传衍下来的；譬如马源于貘；而且在此情形下，它们之间应该曾经有过直接的中间环节。但是，这一情形意味着，一个类型在很长时期内保持不变，而它的后代却在此期间内发生了大量的变异；然而，生物与生物之间的、子代与亲本之间的竞争原理，将会使这种情形极为罕见；因为在所有情形中，新的以及改进了的生物类型，都将趋于排除旧的以及未曾改进的类型。

根据自然选择理论，所有的现生物种都曾经与本属的亲本种之间有着联系，而它们之间的差异，不会大于如今我们所见的同一物种的不同变种之间的差异；而这些亲本种，目前一般业已灭绝了，曾同样地与更古老的物种有着联系；如此回溯上去，总会融汇到每一个纲的共同祖先。所以，介于所有现生物种和灭绝物种之间的中间环节与过渡环节的数目，肯定是难以胜计的。然而如若自然选择的理论是正确的话，那么这些无数的中间环节必曾在这个地球上生存过。

9-2 拉丁美洲的貘

论时间的逝去。——暂且不谈我们尚未发现如此无限数量的中间环节的化石，还可能有另一种反调，即若是认为所有的生物变化都是通过自然选择缓慢实现的话，那么时间并不足以产生如此大量的生物变化。倘若读者不是一位职业地质学家的话，我几乎不可能使其领会一些事实，令其对时间的逝去如斯能有一鳞半爪的理解。莱尔爵士的《地质学原理》，定会被后世史家视为自然科学中的一次革命，大凡读过这部鸿篇巨制的人，倘若不承认过去的时代曾是何等难以想象地久远的话，尽可立即中止阅读我这本书。并不是说只研究《地质学原理》或阅读不同观察者有关不同地层的专著，而且注意到各作者是如何试图对于各套地层的、甚至各个层位的时间所提出的不成熟的想法，就足够了。时间逝去的遗痕标志随处可见，而一个人必须成年累月地亲自考察大量的层层相叠的岩层，观察大海如何磨蚀掉老的岩石，使其成为新的沉积物，方能希冀对时间的逝去有所了解。

沿着不甚坚硬的岩石所形成的海岸线逛逛，观察一下海浪冲蚀海岸的过程，是大有裨益的。在大多数情况下，海潮抵达岸边岩崖，每天也仅有两次，为时很短，而且只有当波浪挟带着大量的沙子或小砾石时，方能剥蚀岸边的岩崖；因为有理由相信，单单是清水的话，对岩石的冲蚀效果甚微或根本无效。最终，岩崖的基部被掏空，巨大的石块坠落下来，堆在那里，然后一点一点地被磨蚀，直至它们变小到能随波逐流地滚来滚去，才会更快地被磨碎成小砾石、沙或泥。然而，我们在后退的海岸岩崖基部，是如此经常地看到一些被磨圆了的巨大的砾石，上面长满了很多海洋生物，这显示了它们很少被磨蚀而且很少被翻动！此外，倘若我们沿着任何正在受到冲蚀作用的海岸岩崖，走上那么几英里，我们便会发现，目前正在被冲蚀着的岩崖，只不过是断断续续的、短短的一段而已，或只是环绕着海角而星星点点地分布着。地表和植被的外貌显示，其余的部分自从其基部被海水冲刷以来，已历经很多年了。

我相信，那些最仔细地研究过海洋对于海岸侵蚀作用的人，对于海岸岩崖被冲蚀的缓慢性，也是最具深刻印象的。这方面的观察，要数米勒（Hugh Miller）以及约旦山（Jordan Hill）的优秀观察家史密斯先生的观察，最令人刮目相看了。具此深刻之印象，让任何人考察一下数千英尺厚的砾岩层，这些砾岩的堆积也许尽管比很多其他的沉积物要快些，然而，从构成砾岩的那些被磨圆了的小砾石所带有的时间印记上来看的话，这些砾岩的累积而成，又是何等地缓慢啊。在科迪埃拉山（the Cordillera），我曾估算过一套砾岩层，厚达一万英尺。让他记住莱尔的深刻的阐述，沉积岩组的厚度和广度，乃地壳其他地方所受剥蚀的结果和量度。众多国家的沉积岩层，暗示了多么大量的剥蚀啊！拉姆齐（Ramsay）教授曾告知我，英国不同部分的每一套地层的最大厚度，大多数情况下是他的实际测量，少数情形下是其估算，结果如下：

古生代地层（未包括火成岩）	57 154英尺
中生代地层	13 190英尺
第三纪地层	2 240英尺

总共是72 584英尺，亦即约合十三又四分之三英里。有些组的地层在英格兰仅为一些薄层，而在欧洲大陆上，却厚达数千英尺。此外，大多数地质学家们认为，在每一套相继的成套地层之间，有着一些极为长久的空白时期。所以，英国堆积高耸的沉积岩层，对于其所经历的沉积时间，也仅给了我们一个不充分的概念；但这所消耗的该是多少时间啊！一些优秀的观察家们估计，密西西比河沉积物沉积的速率每十万年仅为600英尺。这一估算很可能有误；然而，考虑到海流是在多么广泛的空间内搬运这些非常细微的沉积物的，在任何一个区域，这一堆积的过

程必然是极为缓慢的。

然而，除了剥蚀物的累积速率之外，很多地方地层所遭受的剥蚀量，大概也提供了时间逝去的最佳证据。记得当我看到火山岛被波浪冲蚀，四周都被削去而成为高达一两千英尺的直立悬崖峭壁时，对剥蚀作用的这一证据，我曾大为震动；这是因为，由于溶岩流先前曾呈液状，其凝结而成的缓度斜坡一目了然地显示出，这坚硬的岩层在大洋里一度曾伸展得何等辽远。同一情形，被断层阐明得更加明白，沿着这些断层——即那些巨大的裂隙，地层在一边抬升起来，或者在另一边陷落下去，其高度或深度竟达数千英尺；因为自从该处地壳产生裂隙以来，地表已经被海洋的作用完全削平，以至于外表上根本看不出这些巨大断距的任何痕迹。

譬如，克拉文断层（Craven fault）延伸达30英里以上，沿着这一线，地层的垂直位移，在600到3 000英尺之间变化不等。拉姆齐教授曾发表过一篇报告，指出在安格尔西（Anglesea）陷落达2 300英尺；他还告知我，他充分相信在梅里欧尼斯郡（Merionethshire），有一处陷落竟达12 000英尺。然而在这些情形中，地表上已没有任何显示如此巨大运动的痕迹了；裂隙两边的石堆，也已夷为平地。考虑这些事实，在我脑海里所留下的印象，跟徒劳无益地去竭力领会“永恒”这一概念几近相同。

我想再举一例，是威尔德（Weald）那里剥蚀作用的著名一例。尽管必须承认，跟拉姆齐教授有关的专著中阐明的、在一些部分厚达10 000英尺的古生代地层被剥蚀掉的情形相比，威尔德那里的剥蚀作用仅仅是微不足道的。但是，立足于北唐斯（North Downs），遥望南唐斯（South Downs），却是值得称羡的一课。因为如若记住这南北两个悬崖在西侧不远之处相遇交会，人们便可以有把握地想象，在如此有限的时期内（自白垩地层沉积的后期[1]以来），巨大的穹形岩层曾经覆盖着威尔德。拉姆齐教授告知我，从北唐斯到南唐斯之间的距离大约22英里，几套岩层的厚度平均约1 100英尺。然而，倘若像一些地质学家们所推测的，在威尔德的下面有很多老的岩层，覆盖在其周围之上的沉积岩层，或许比其他地方薄一些，那么上面的估算就会是错的。但这方面的疑虑，对于该地西侧尽头的估算，大概影响不会太大。那么，倘若我们知晓海洋通常冲刷掉沿岸任一特定高度的岩崖的速率的话，我们就可以计算出剥蚀威尔德所需要的时间。当然，这是办不到的；但为了对这一问题形成一个粗略的概念，我们可以假定海洋以每个世纪一英寸的速率，向后冲蚀掉500英尺高的悬崖。这个初看起来太少了一些；但这与我们假定一码高的岩崖沿着整个一条海岸线，以几近每22年一码的速率，被海洋向后冲蚀掉，是同样的道理。我怀疑，除了在最为暴露的海岸之外，是否任何岩石（甚至像白垩岩这样软的）会产生这样的速率；尽管毫无疑问高耸悬崖的剥蚀会更为迅速一些，因为会有很多岩块因坠落而粉碎。另一方面，我不相信任何长达10到20英里的海岸线，会沿着整个弯曲的海岸长度同时遭受剥蚀；而且我们必须记住，几乎所有的地层都含有较为坚硬的岩层或结核，它们由于能够长期抗拒摩擦，而在岩崖基部形成一道防浪堤。所以，在一般情形下，我断定，对于500英尺高的岩崖，对其整个长度而言，每个世纪一英寸的剥蚀速率，该是绰绰有余的估计了。根据上述数据，按照这一速率，威尔德的剥蚀必定需要306 662 400年，亦即三亿年。

---

[1] 即晚白垩世。——译注

当平缓倾斜的威尔德抬升之后，淡水对其侵蚀作用，几乎不可能太大，但多少会减少上述的估算。在海平面升降波动期间（对此我们知道确曾发生过），此地可能升为陆地达数百万年，因此避免了海水的侵蚀作用；当它深深地没入海下，经历或许同样长的时间，它同样也躲避了海岸波浪的冲蚀作用。所以，自中生代晚期以来，逝去的时间极有可能远远超出三亿年。

我之所以做了这些论述，是因为对逝去的时间获得一些概念，不管它是多么地不完善，对我们来说都是极为重要的。在逝去的这些岁月中，在整个世界上，无论是在海里还是在陆上，都曾生存过无数的生物类型。在这漫长的岁月里，该有多么不计其数的世代曾代代相传啊！而我们的脑力竟无法理解这些。那么，让我们转向收藏最丰富的地质博物馆吧，看其陈列品是多么的微不足道！

论古生物化石标本的贫乏。——人人都承认，我们所搜集的古生物化石标本是很不完全的。不应忘记那位令人敬仰的已故古生物学家爱德华·福布斯（Edward Forbes）曾说过的，很多化石物种的发现和命名，都是根据单个的而且常常是破碎的标本，或是根据采自某一个地点的少数几个标本。地球表面只有很小一部分，已经过地质考察，而且从每年欧洲的重要发现来看，没有一处是被充分仔细地考察过的。完全软体的生物，无一能够被保存下来。遗留在海底的贝壳和骨骼，倘无沉积物的堆积掩盖，便会腐烂和消失。窃以为，我们一直持有一种十分错误的观点，即暗自认为几乎整个海底皆有沉积物正在进行堆积，而且其堆积速率足够迅速掩埋并保存化石。海洋的极大部分均呈蔚蓝色，这正表明了海水的纯

9-3 翼龙化石

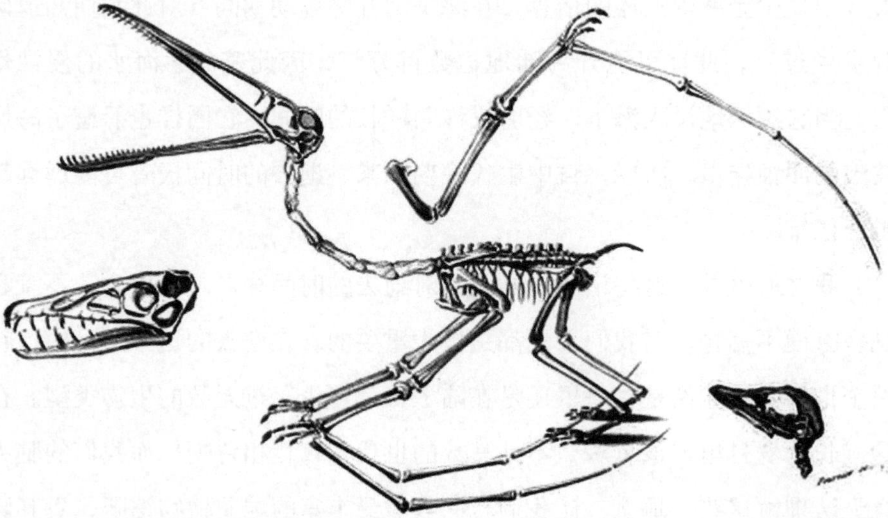

净。很多记载在案的例子表明，一套地层经过长久间隔的时期以后，被另一套其后沉积的地层整合地覆盖起来，而下面的地层在这间隔的时期中，并未遭受任何的侵蚀和磨损，这种情形，似乎只有认为海底时常处于长久不变的状态，方能得到解释。倘若被埋藏的遗骸是在沙子或砾石之中，当这些地层上升的时候，一般会被渗入的雨水所溶解。我猜想，生长在海边潮间带沙滩上的许许多多的动物，其中很少得以保存下来。譬如，藤壶亚科（Chthamalinae，无柄蔓足类的亚科）的若干物种，遍布全世界的海岸岩石上，不计其数：它们都是严格的海滨动物，只有一个物种例外，它生活在地中海的深海中，其化石已发现于西西里（Sicily），而且没有任何其他的物种迄今发现于任何第三纪地层中：但是现在已经知道，藤壶属（Chthamalus）曾经生存于白垩纪期间。软体动物属石鳖（Chiton）提供了一个部分类似的例子。

关于生活在中生代及古生代的陆生生物，毋庸讳言，我们的化石证据是极其零碎的。譬如，除了莱尔爵士和道森博士（Dr. Dawson）在北美的石炭纪地层中所发现的一种陆生贝类之外，在这两个漫长的时代中尚未发现过任何其他的陆生的贝壳。关于哺乳动物的遗骸，只要一瞥莱尔《手册》的附录中所刊载的历史年表[1]，事实真相便昭然若揭，这比连篇累牍的细节，更能显示它们的保存是何等地偶然与稀少。若我们记住第三纪哺乳动物的骨骼，其中有多大一部分是在洞穴或湖相沉积物里所发现的，并且记住没有一个洞穴或真正的湖相层，是属于中生代或古生代的地层的话，那么，它们的稀少也就不足为奇了。

但是，地质记录的不完整性，主要还是源自另一个原因，它比任何上述的各种原因更为重要；亦即在几套地层中，彼此之间有漫长的时间间隔。当我们看到一些论著中的地层表上的各套地层时，或者当我们在野外追踪这些地层时，很难不去相信它们是密切连续的。但是，譬如根据莫企孙爵士（Sir R. Murchison）关于俄罗斯的巨著，我们知道在那个国

---

[1] 莱尔《手册》是指他的《基础地质学手册》（*Manual of Elementary Geology*，1852），是莱尔把他的《地质学原理》第四卷抽出来单独刊行的。——译注

家的重叠的各套地层之间，有着多么巨大的间断；在北美以及在世界其他很多地方也是如此。如若最富经验的地质学家，只把其注意力局限在这些广袤地域的话，那么他决不会想象到，在他本国的空白荒芜的时期里，世界的其他地方却堆积起来了巨量的沉积物，并且其中含有全新而特别的生物类型。同时，在各个分离的地域内，倘若我们对于连续的各套地层之间所逝去的时间长度难以形成任何概念的话，那么，我们可以推论，这种情况无法在任何地方获得确凿无误的证实。连续各套地层间的矿物组成的频繁和巨大的变化，一般意味着周围地域有着地理上的巨大变化，故而产生了沉积物，这与各套地层之间曾逝去了漫长的间隔时期这一信念，也是相符的。

然而，我想我们能够理解，为何每一区域的地层几乎总是有间断的；换言之，为何不是彼此紧密相连续的。当我考查在近期内抬升了数百英尺的南美千百英里的海岸时，最能引我注意的是，竟没有任何近代的沉积物，足以广泛到可以持续即便一个短暂的地质时期。沿着栖息着特别的海生动物群的整个西海岸，第三纪地层极不发育，以至于无法留下能保存久远的记录，说明几个连续而特别的海生动物群的存在。只要稍加思索，我们便能够解释：为什么沿着南美西边升起的海岸，未能随处发现含有近代或第三纪化石的广泛分布的地层，尽管海岸岩石的大量剥蚀和注入海洋的泥沙浑浊的河流在悠久的年代里，必定提供了丰富的沉积物。无疑，解释在于，海滨沉积物以及近海滨的沉积物，一旦被缓慢而逐渐抬升的陆地带到海岸波浪的磨损作用的范围之内时，便会不断地被侵蚀净尽。

我想，我们可以有把握地说，沉积物必须堆积成极厚的、极坚实的，或者极广泛的块体，方能在它最初抬升时以及其后海平面波动期间，去抗御波浪的不断作用。如此厚而广泛的沉积物的堆积，可通过两种方式形成；要么是，在海的深处堆积，在此情形下，从福布斯的研究判断，我们可以得出如下结论，即深海底部栖息着极少的动物，因此当这一沉积块体上升之后，所提供的是当时生存的生物类型的最不完整的记录。要么是，倘若浅海底部连续缓慢沉陷的话，沉积物能够以各种厚度与范围堆积在浅海底部。在这后一种情形中，只要海底沉陷的速率与沉积物的供应彼此之间近乎平衡的话，浅海状态便会保持不变，并且有利于生物的生存，故一套富含化石的地层便得以形成，而且当上升成为陆地时，其厚度也足以抵抗任何程度的剥蚀作用。

敝人相信，所有富含化石的古代地层，皆是如此在海底沉陷期间形成的。自从我1845年发表了有关这一问题的观点之后，我一直关注着地质学的进展，令我感到惊奇的是，当作者们人复一人地讨论到这样或那样大套的地层时，均得出它是在海底沉陷期间所堆积的这一相同的结论。我可以补充一点，即南美西岸的唯一古老的第三纪地层，就是在海平面下沉期间堆积起来的，并且因此而达到了相当的厚度；尽管这一地层具有足够的厚度以抵挡它迄今所遭受的剥蚀，但是今后它很难持续到一个久远的地质时代而不被剥蚀净尽。

所有地质学上的事实都明白地告诉我们，每个地域都曾经经过了无数缓慢的海平面波动，而且此类波动的影响范围显然极广。其结果，富含化石而且广度和厚度足以抵抗其后剥蚀作用的地层，即是在沉降期间、在广大的范围内形成的，但它仅限于在以下这些的地方，即那里沉积物的供给，足以保持海水的浅度，并且足以令生物遗骸在腐烂之前得以埋藏和保存。另一方面，只要海底保持固定不动，厚的沉积物就无法在最适于生物生存的浅海部分堆积起来。在抬升的交替时期，此种情形就更少会发生；或者更准确切地说，那时堆积起来的海床，由于抬升而且进入了海岸作用的范围之内，便会被破坏了。

所以，地质记录几乎必然是时断时续的。我对这些观点的真实性，颇有把握，因为它们与莱尔爵士所谆谆教诲的一般原理是完全一致的；福布斯也独立地得出了相似的结论。

有一点值得在此一提。在抬升期间，陆地面积以及毗邻相连的海的浅滩面积将会增大，故常常形成新的生物生活场所；正如先前业已解释过的，那里的所有条件，都有利于新变种和新种的形成；但是，此类期间在地质记录上一般是空白的。另一方面，在沉降期间，生物分布的面积和生物的数目将会减少（除最初分裂为群岛的大陆海岸之外），结果，在沉降期间，尽管会发生很多生物的灭绝，新变种或新物种的形成却会减少；而且也正是在这一沉降期间，大量富含化石的沉积物才得以堆积起来。几乎可以这样说，大自然会谨防她的过渡或中间环节类型被频繁地发现。

从上述的这些讨论，无可置疑，在整体上来看，地质记录是极不完整的；但是，如若我们把注意力只局限在任何一套地层上，便更难理解为什么自始至终生活在这套地层中的近似物种之间，也没有发现紧密过渡的各个变种呢？同一个物种在同一套地层的上部和下部出现一些变种的例子，也有一些见诸记载，但由于它们很稀少，故在此可略去不表。尽管每一套地层的沉积无可争辩地需要漫长的年月，我还可以想到几种缘由说明，为什么每一套地层中一般并不含有一系列逐渐过渡的环节，介于彼时生活在那里的物种之间；但是，对于下述诸项理由的轻重分量，我还不能给予适当的评估。

尽管每一套地层可能标志着一个极为漫长的岁月流逝，但比起一个物种变为另一个物种所需的时间，也许还显得短了一些。我所了解的两位意见很值得尊重的古生物学家布隆（Bronn）与伍德沃德（Woodward）曾断言，每一套地层的平均延续时间，是物种的类型的平均延续时间的两倍或三倍。但是，依我之见，我们若对这一问题做出任何恰当的结论，似乎还有很多难以逾越的困难。当我们看到一个物种最初出现在任何一套地层的中间部分时，便推论它此前未曾在其他地方存在过，就会是极其轻率的。再者，当我们发现一个物种在一套地层的最顶部沉积之前消失了，便去假定它在那时已经完全灭绝了，也同样是轻率的。我们忘记了，与其余的世界相比起来，欧洲的面积是何等之渺小；况且全欧洲的同一套地层的几个阶段，也尚未进行过完全精确的对比。

我们可以有把握地推论，由于气候及其他变化，所有种类的海洋动物，都曾作过大规模的迁徙；因而当我们看到一个物种首次在任何一套地层中出现时，很可能是这个物种只是在那时刚刚迁入这一区域中去。譬如，众所周知，有几个物种在北美古生代地层中出现的时间，比在欧洲古生代地层中出现得要早；这一时间，显然是它们从美洲海域迁移到欧洲海域所需的时间。在考察世界各地的最近沉积物的时候，到处可见少数于今依然生存的某些物种，在沉积物中虽很普通，但在近旁周围的海域则已灭绝；或者反之，某些物种在邻接海域中现在虽很繁盛，但在这一特定的沉积物中却很稀少或业已消失。考量一下冰期期间（这仅是整个地质时期的一部分）欧洲的生物的确实迁徙量，同时考量一下在此冰期期间的海平面的巨变与气候的异常极端的变化，以及漫长时间的逝去，所有的都包括在这同一冰期之内，将是颇有教益的。然而，可能值得怀疑的是，是否在世界的任何地方，均有沉积物（**包括化石遗骸**）曾经在整个冰期期间并在同一区域内一直持续地堆积着。譬如，密西西比河口的附近，在海生动物最为繁盛的深度范围以内，沉积物大概不会是在冰期的整个期间内连续堆积起来的；因为我们知道，在此期间内，美洲的其他地方曾经发生过巨大的地理变化。像在密西西比河口附近浅水中于冰期的某段期间内沉积起来的这些地层，在上升的时候，由于物种迁徙和地理变化，生物遗骸大概会在不同的层位中，先行消失并随后出现。在遥远的未来，倘有一位地质学家考查这些地层，或许会被诱导做出如下的结论，即此处埋藏的化石，其生存的平均延续期要短于冰期，而实际上却是远远长于冰期，也就是说，它们从冰期以前一直延续到现在。

若想在同一套地层的上部和下部得到介于两个类型之间的完整的渐变系列，沉积物必须在非常漫长的期间内一直在累积着，方能给缓慢的变异过程以足够的时间；因此，此类沉积物一般必须是极厚的；而经历变异的物种，也必须在整个期间内一直生活在同一区域内。但是我们业已见到，一套厚的含化石地层，只有在沉降期间方能堆积起来；而且若使同一物种生活在同一空间内，海水深度必须保持大致相同，这就要求沉积物的供给必须与沉降幅度大致持平。然而，这同一沉降运动，往往使供应沉积物的地方，也有下沉的倾向，因而在沉降运动继续进行的时候，沉积物的供给也会减少。事实上，沉积物的供给与沉降幅度之间的完全接近平衡，大概是稀见的偶然情形；因为不止一个古生物学家均已观察到，在极厚的沉积物中，除了其上部和下部的界限附近，往往是没有生物遗骸的。

看来单独的一套地层，也跟任何地方的有着不同组的整套地层一样，其堆积过程，一般也是有间断的。当我们看到（就像我们常常所见）一套地层由极其不同的矿物层构成时，我们可能会合理地推测，沉积过程曾经多有间断，因为海流的变化以及不同性质的沉积物供应的改变，往往是由于地理上的变化，而这些是相当耗费时间的。即令对一套地层进行最细致地考察，也难以对其沉积所耗费的时间得到任何概念。可以举出很多例子显示，一处仅有几英尺厚的岩层，却代表着其他地方厚达数千英尺的、故其沉积需要极漫长时间的好几套地层；但不明这一事实的人，压根儿就不会想到，较薄的这一套地层竟会代表逝去的极漫长的时间。还可以举出很多例子显示，一套地层的底层在抬升后，被剥蚀、再沉没，然后被同一套地层的上部岩层再覆盖；这些事实也表明，在它的堆积期间，有多么漫长而又易于被人忽视的间隔时期。在另外一些例子里，根据巨大的树化石依旧像生长时那样地直立着，我们有了明显的证据表明，在沉积过程中，有很多漫长的间隔期间以及海平面的变化，倘若不是这些树化石凑巧被保存下来的话，大概压根儿就不会想象到这些时间的间隔和海平面的变化：莱尔和道森两位先生曾在新斯科舍（Nova Scotia）发现了1 400英尺厚的石炭纪地层，内含古树根的地层，彼此相叠，不下68个不同的层位。因此，倘若同一个物种出现在一套地层的下部、中部和上部时，很大可能是这个物种没有在沉积的全部期间生活在同一地点，而是在同一个地质时代内，它曾经消失又复现，也许曾经几度如此。所以，倘若这个物种在任何一个地质时代内发生了相当程度的变异，一个剖面不大可能包含所有微细的中间过渡环节（尽管依我的理论而言是必定存在的），而只有突然的（尽管也许是些微的）变化的类型。

最重要的是要记住，博物学家们并无什么金科玉律，来区分物种和变种；他们承认，每个物种都有某些细微的变异性，但当他们碰到任何两个类型之间有较大的差异时，便把这两个类型定为不同的物种，除非他们能找出一些微细的中间过渡环节将二者连接起来。按照适才所列的那些理由，我们几乎难以希望在任何一个地质剖面中能够找到这种连接。假定B和C是两个种，并且假定在下面较老的层位中发现了第三个种A；在此情形下，即令A严格地介于B和C之间，除非它同时能被一些极密切的中间类型与上述任何一个类型或两个类型连接起来，A即会被定为第三个不同的种。切勿忘记，正如上面所解释的，A也许是B和C的实际祖先，然而并不一定在构造的所有方面都严格地介于它们二者之间。所以，我们可能从一套地层的下部和上部层位中，找到其亲本种及其若干变异了的后代，但除非我们同时找到了无数的过渡环节，我们依然辨认不出它们的关系，其结果便不得不把它们定为不同的物种。

众所周知，很多古生物学家们，将他们的物种建立在多么极端细微的差异上；倘若这些标本是来自同一套地层的不同亚阶的话，他们就会更加毫不犹豫地这样去做。一些有经验的贝类学者，现在已把道比尼（D'Orbigny）以及其他人所定的很多差异极小的物种降格为变种了；而且从这一角度看，我们确能发现依照我的理论所理应发现的那一类变化的证据。此外，如若我们观察一下较久的时间间隔，亦即观察一下同一大套地层中的不同但却连续的一些阶的话，我们便会发现其中所埋藏的化石，尽管几乎普遍地被定为不同的种，但它们彼此之间的亲缘关系，比起在层位上相隔更远的地层中的物种，要远为密切；但对于这一点，我将在下一章里再予讨论。

另一方面的考虑也值得注意：那些繁殖迅速但移动性不高的动物和植物，如先前业已所见，我们有理由推测，其变种起先一般是地方性的；

9-4 鱼龙化石

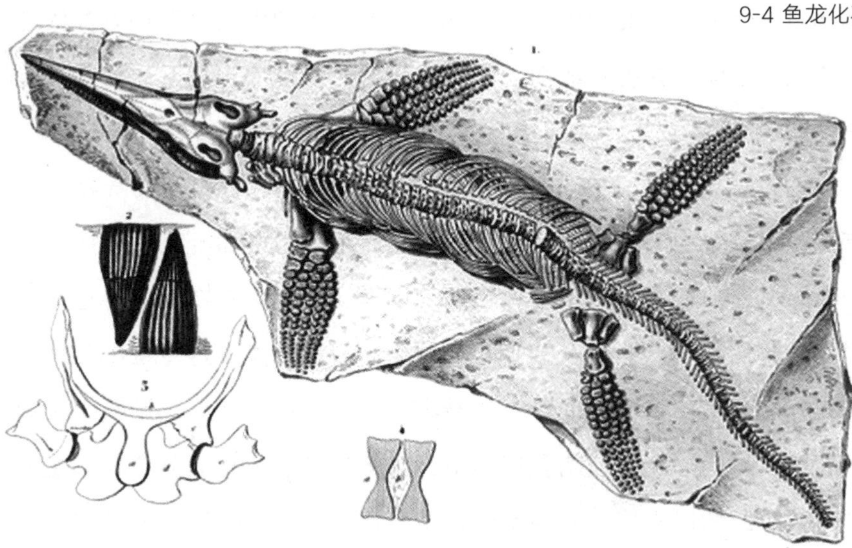

此类地方性的变种，除非在相当程度上得以改变与完善，它们是不会广为分布并排除其亲本类型的。根据这一观点，在任何地方的一套地层中，意欲发现任何两个类型之间的所有的早期过渡阶段，其机会是很小的，因为连续的变化理应是地方性的，或是囿于某一地点的。大多数海生动物均有广泛的分布范围；而且我们看到，在植物中分布范围最广者，最常出现变种；因此，贝类以及其他海生动物中，大概正是那些分布范围最广的（已远远超出欧洲已知的地层范围之外），最常先产生出一些地方性变种，最终产生一些新的物种；故而，我们在任何一套地层中追踪出各个过渡阶段的机会，又会大大地减少了。

不应忘记，即令在今天，我们有很多完整的标本可供研究，也很少有可能用一些中间的变种把两个类型连接起来，进而证明二者属于同一物种，除非能从很多地方采集到很多的标本。而在化石物种中，这一点是古生物学家们很少能够企及的。若想领会如何不可能通过无数细微、中间的化石环节来连接物种，或许我们最好问一下自己：譬如，地质学家们在未来的某一时代，能否证明我们的牛、绵羊、马以及狗的各个品种是从一个抑或数个原始祖先传下来的？能否证明栖息在北美洲海岸的某些海贝实际上是变种，还是所谓的不同物种呢？因为它们被某些贝类学家们定为与它们的欧洲代表不同的物种，却被另一些贝类学家们仅仅定为变种。这一点只有待未来的地质学家们发现了无数中间渐变阶段的化石之后，方能得以证明；而这种成功在我看来是极不可能的。

地质学研究，尽管为现生的以及灭绝了的属增添了无数的物种，尽管业已缩小了少数一些类群之间原本存在的间隔，然而却几乎未能用无数细微、中间的变种，将一些物种连接起来，而破除它们之间的界限；正因为这一点办不到，它很可能成为用来反对我的观点的许多异议中，最为严重与最为明显的一条。因此，很值得用一个想象的比拟，对上面的阐述作一总结。马来群岛的面积，与欧洲自北海角（North Cape）至地中海以及从英国到俄罗斯的面积，约略相等；所以，除了美国的地层之外，它的面积等于所有曾经多少精确调查过的地层的全部面积。我完全同意戈德温—奥斯顿先生（Mr. Godwin-Austen）的意见，即马来群岛的现状（它的无数大岛已被广阔的浅海所隔开），大概代表了以前欧洲的大多数地层正在堆积时的状态。马来群岛在生物方面，是全世界最丰富的区域之一；然而，如若把所有曾经生活在那里的物种都搜集起来，那么，它们在代表世界自然历史方面，会是何等地不完全啊！

但是，我们有种种理由相信，马来群岛的陆生生物，在我们假定正在那里堆积的地层中，定会保存得极不完全。我猜想，严格的海滨动物，或是生活在海底裸露岩石上的动物，被埋藏在该处的不会很多；而且那些被埋藏在砾石和沙子中的生物，也不会保存到久远时代。在海底无沉积物堆积之处，或者在堆积的速率不足以保护生物体免遭腐烂之处，生物的遗骸也不会保存下来。

我相信，在群岛上含化石地层只有在沉降期间方能形成，而且其厚度在未来时代中，足以延续到犹如过去的中生代地层那样悠久的时间。这些沉降期彼此之间，会被巨大的间隔时期所分开，在这些间隔期内，地面要么保持不动，要么继续上升；当继续上升时，每一含化石地层，几乎一经沉积，便会被不停的海岸作用所破坏，宛如我们现今所见的发生在南美海岸的情形一样。在沉降期间，生物灭绝的大概很多；在上升期间，大概会出现很多的生物变异，然而此间的地质记录却又最不完整。

可以质疑的是，群岛全部或一部分的沉降，连同与此同时发生的沉积物的堆积，它们所延续的任何一个漫长的时期，是否会超过同一物种类型的平均延续期间；此类偶然情况的巧合，对保存任何两个或两个以上物种之间的所有的过渡性渐变，是必不可少的。倘若这些渐变未得以全部保存的话，过渡的变种就会仅仅像是很多新的物种。也有可能，每一沉降的漫长期间会被海平面的波动所隔断，同时在如此漫长的期间内，轻度的气候变化也可能发生；在这些情形下，群岛的生物会不得不外迁，因此，它们变异的前后相续的记录，便难以保存在任何单独的一套地层里。

群岛的很多海生生物，现在已超越了其原先分布范围的数千英里以外；以此类推让我相信，主要是这些分布范围广的物种，最常产生一些新的变种；这些变种起初是地方性的，或囿于一处，然而倘若它们获得了任何决定性的优势，或当它们进一步变异和改进时，它们就会慢慢地扩散开来，并且排挤掉其亲本类型。当这些变种重返故地时，由于它们业已不同于原先的状态，即便也许只是在极其轻微程度上的不同，但却是几近一律地不同，所以，按照很多古生物学家们所遵循的原理，这些变种大概便会被定成新的、不同的物种。

那么，倘若这些阐述在某种程度上是真实的话，我们便无权去期望在地层中发现那些无数的、差异极小的过渡类型，而这些类型，按照敝人的理论，必定能将同一类群的所有过去的以及现在的物种，连接成一条长而分枝的生命之链。我们只要寻找少数的环节，它们彼此间的关系，有的远些，有的则近些；而这些环节，即令其关系极为密切，如若发现于同一套地层的不同层位的话，也会被大多数古生物学家们定为不同的物种。若非在每一套地层的初期及末期所出现的物种之间难以发现无数的过渡环节、并因而对我的理论提出如此严重挑战的话，我承认我怎么也不会想到，尽管有着保存最好的地质剖面存在，生物变化的记录竟依然是如此地贫乏。

论整群近缘物种的突然出现。——物种整群地突然出现在某些地层中，曾被某些古生物学家们［如阿格塞（Agassiz）、匹克泰特（Pictet）以及立场最为强烈的塞奇威克（Sedgwick）］视为是对物种演变这一信念的致命质疑。如若属于同属或同科的无数物种果真会一齐冒出来的话，那么，这一事实对通过自然选择缓慢演变的理论，便会是致命的。盖因所有从某一祖先传下来的一群类型的发展，必定是一个极其缓慢的过程；而且这些祖先一定在其变异了的后代出现之前很久，就业已生存了。但是，我们一直高估了地质记录的完整性，而且错误地推论，由于某属或某科未曾发现于某一阶段之下，就认为它们没有在那个阶段之前存在过。我们时常忘记，比起被仔细考查过的地层的面积，世界是如何之大；我们也忘记了，成群的物种在侵入欧洲及美国的古代群岛之前，可能早已在其他地方生存了很久，并已慢慢地繁衍了起来。对于我们连续的各套地层之间所惯常逝去的间隔时间，我们也没有予以得当地考虑，而在有些情形下，这些逝去的间隔时间，也许比各套地层堆积起来所需的时间还要长。这些间隔会提供充裕的时间，足以使物种从某一个或某几个亲本类型中繁衍起来；而在随后沉积的地层中，这些物种便像被突然创造出来似的显身出现了。

在此我要复述一下先前所做过的一个评论，即一种生物对于某种新的而特别的生活方式的适应，大概需要一个长久的连续的时期，譬如在空中飞翔；但是一旦获得这种适应，而且少数几个物种并因此而比其他生物占有了巨大的优势，那么，它们只需要相当短的时间，便能产生出很多分异的类型来，这些类型便能迅速并广泛地扩散到世界各地。

现在我举几个例子，来说明上面的论述，并展示我们对整群物种曾是突然产生的假定，是如何地易于陷入谬误。我还可回顾一项熟知的事实，即在没有多少年前发表的一些地质论文中，皆称哺乳动物这一大纲，是在第三纪初期才突然出现的。而现在已知的最富含哺乳动物化石的堆积物之一，是属于中生代中期的；并且在接近中生代初期的新红砂岩中，发现了

9-5 鹦鹉螺

真正的哺乳动物。居维叶曾一贯主张，在任何第三纪地层中，都未有出现过猴类；但是，如今在印度、南美以及欧洲，其灭绝了的种已经发现于早至始新世的地层之中了。然而，最明显的一例是鲸科：这些动物骨骼硕大，又是海洋生物、遍布全世界，但事实上迄今无一鲸骨化石见于任何中生代地层中，似乎充分说明这一独特的目是突然出现于中生代最晚期与第三纪最早期之间的。但现在我们在1858年出版的莱尔《手册》补遗中，见到清楚的证据显示鲸类存在于上部绿砂岩中，即在中生代结束前的某一时期。

我可再举一例，乃我亲眼所见，故印象至深。我在一部论无柄蔓足类化石的专著里曾说过，根据现存的与灭绝了的第三纪种的数目，根据全世界（从北极到赤道）栖息于从高潮线到50英寻[1]各种不同深度中的很多种的个体数的异常繁多，根据最老的第三纪地层中标本所保存的完整状态，根据甚至一个壳瓣的碎片也能容易地予以鉴定；根据所有这些条件，我曾推论，倘若无柄蔓足类生存于中生代的话，它们肯定已会被保存下来并且已被发现；但是，由于在这一时代的地层中连一个这样的种也未曾发现过，因此我曾断言，这一大类群是在第三纪的初期，突然发展起来的。这让我大伤脑筋，因为当时我想，这会给一大群物种的突然出现，又增添了一个实例。但是，当我的著作即将发表之际，一位老练的古生物学家波斯凯（M. Bosquet）寄给我一张完整标本的插图，它毫无疑问是一种无柄蔓足类，该化石是他从比利时的白垩层中亲自采到的。而且，宛若让此例愈加动人似的，这种蔓足类是属于小藤壶属（Chthamalus），这是非常普通的、庞大的、无处不在的一个属，而在该属中迄今为止，还没有一个标本曾发现于任何第三纪地层中。所以，我们现在确切地知道无柄蔓足类曾生存于中生代；而且这些无柄蔓足类或许就是我们很多第三纪的种以及现生种的祖先。

有关整群的物种明显突然出现的情形，被古生物学者最常强调的，便是真骨鱼类了，它们的出现是在白垩纪的早期。这一类群包含鱼类现生种的大部。最近，匹克泰特教授更将其生存的时代，往早期推了一

[1] 英制长度单位，1 英寻约合 1.8288 米。——编注

个亚阶；而且一些古生物学家们相信，某些远为古老的鱼类也是真正的真骨鱼类，尽管它们的亲缘关系尚不完全清楚。然而，假定（如阿格塞所相信的那样）它们委实全都是在白垩纪初期的地层中出现的，这一事实本身的确是值得高度注意的；但是，除非能展示这一群物种在世界各地均在同一时期内突然、同时地出现了，我看不出它会对敝人的理论带来不可克服的困难。几乎毋庸讳言，在赤道以南并未发现过任何鱼类化石；而且通读匹克泰特的《古生物学》，可知在欧洲的好几套地层中也仅发现过极少数的几个物种。少数几个鱼科现今的分布范围是有局限的；真骨鱼类从前大概也有过相似的局限的分布范围，它们大体在某一海域得以发展之后，才广泛地分布开去。同时，我们也无权假定，世界上的各个海域，都是始终像如今这样从南到北自由开放的。即令在今天，如若马来群岛变为陆地，则印度洋的热带部分大概会形成一个完全封闭的巨大盆地。在那里任何大群的海生动物都可能得以繁衍；但是，它们得局限在那里，直到其中一些物种适应了较冷的气候，并且能绕过非洲或澳洲的南角，而到达其他遥远的海域。

出于这些以及类似的一些考虑，但主要是因为我们对欧洲与美国以外其他地方的地质情况的无知，并且由于近十多年来的发现所引起的古生物学观念的革新，在我看来，若对全世界生物类型的演替问题草率立论的话，无异于一位博物学者在澳洲的一个不毛之地刚立足五分钟，便下车伊始地去讨论那里生物的数目和分布范围。

论成群的近缘物种在已知的最底部含化石层位中的突然出现。——另有一个类似的难点，更为严重。我所指的是，同一类群的很多物种，突然出现于已知的最底部含化石层位的情形。绝大多数的论证使我相信，同一类群的所有现生种，都是从单一的祖先传衍下来的，这几乎也同等地适用于最早的已知物种。譬如，所有志留纪的三叶虫，都是从某一种甲壳类传衍下来的，而这种甲壳类必定远在志留纪之前业已生存了，并且大概与任何已知的动物都远为不同。有些最古老的志留纪动物，如鹦鹉螺和海豆芽等等，与现生种并无多大差异；那么，按照我的理论就不能去假定，这些古老的物种是其所属的那些目的所有物种的祖先，因为它们不具有任何程度的中间性状。此外，倘若它们确曾是这些目的祖先，它们几乎必然在很久以前，业已被它们无数改进了的后代所排除而灭绝了。

所以，如若敝人的理论属真，那么无可置疑，远在志留纪最底部地层沉积之前，必定已经过一个很长的时期，这时期也许与从志留纪至今的整个时期一样地长久，甚或远为长久；而在这一漫长并且所知甚少的时期内，世界上必然已经充满了生物。

至于为何我们没有发现这些漫长的远古时期的记录这一问题，我不能给出满意的回答。以莫企孙爵士为首的几位最为卓越的地质家者们相信，我们在志留纪最底部地层中所看到的生物遗骸，是这一星球上生命的曙光。诸如莱尔和福布斯等其他一些极为称职的评判者们，则质疑这一结论。我们不应忘记，这世界上，只有很小一部分，是我们已准确了解的。巴兰德（M. Barrande）新近为志留系添加了又一个更低的层位，该层富含新的与特别的物种。在巴兰德所谓的原生带（primordial zone）以下，朗缅层（the Longmynd beds）也已发现了生命的痕迹。在一些最下部无生物岩层中所出现的磷质结核以及含沥青的物质，很可能暗示了在这些时期中曾存在着先前的生物。然而，依照我的理论，在志留纪之前，无疑在某些地方有着富含化石的巨厚地层的堆积，而理解这些堆积何以缺失，确实难度甚大。若是说这些最古老的岩层业经剥蚀作用而消失殆尽，或是说经变质作用而面目全非，我们该会在继它们之后的相邻地层中，哪怕仅发现一些微小的残余吧，而且此类残余很通常的情况应是变质的。但是，我们现有的关于俄罗斯和北美的广大地域上的志留纪沉积物的描述，并不支持下述观点，即一套地层越老，它越会遭到极度的剥蚀作用和变质作用。

这一情形目前尚无解释；或可确实作为一种有力的论据，来反对本书所持的观点。为了显示今后可能会得到某种解释，我现提出下述的假说。根据欧洲和美国的几套地层中的生物遗骸似乎未在深海中栖息过的性质；并且根据构成这些地层的厚达数英里的沉积物的量，我们可以推断，沉积物来源的一些大的岛屿或大的陆块，始终是处在欧洲和北美的现存大陆的附近。然而，我们并不知道，在连续各套地层之间的间隔期间内，曾是何种情形？在这些间隔期间内，欧洲与美国究竟是干燥的陆地呢，还是没有沉积物堆积的近陆海底呢，抑或仍是辽阔的、深不可测的海底呢？

试看今日之海洋，它是陆地的三倍，我们还看到很多岛屿散布其中；然而，没有一个海岛，据目前所知，有着任何古生代或中生代地层的残迹。因此，我们也许可以推断，在古生代和中生代期间，大陆和陆缘岛未曾在现今海洋的范围内存在过；若是它们曾经存在过的话，那么，古生代与中生代的地层，就完全有可能由那些大陆和陆缘岛所剥蚀下来的沉积物堆积而成；而且由于海平面的波动（我们较有把握地说，在如此极为漫长的期间内，这种波动必然地发生过），这些地层至少会部分地被抬升起来。那么，如若我们从这些事实出发可做任何推论的话，我们便可以推断，在我们现有海洋的范围之内，自我们有任何记录的最为遥远的时代以来，就曾经有过海洋的存在；另一方面，我们同样可以推断，在现今大陆存在之处，自志留纪最早期以来也曾有过大片陆地的存在，并且无疑曾经历过海平面的大幅波动。我论珊瑚礁一书中所附的那张彩色地图，令我做出如下的结论，即大洋于今依然是沉降的主要区域，大的群岛依然是海平面波动的区域，大陆依然是上升的区域。但是，难道我们有任何理由去假定，这些乃亘古如是吗？我们大陆的形成，似乎是因为在多次海平面波动之时，上升力量占主导所致；但是，经历主导运动的地域，难道在时代的推移中曾是一成不变的吗？在距志留纪之前无限遥远的某个时期中，在现今的海洋范围内，可能曾存在过大陆，而现今大陆所在之处，也许曾是清澈辽阔的海洋。譬如，倘若太平洋海底现今变成了一块大陆，即便那里有老于志留纪地层的先前的沉积物曾经堆积下来，我们也不应该假定，我们就该能发现这些地层；因为这些地层，由于沉降到更接近地心数英里的地方，并且由于上面有巨量的水的压力，它们所遭到的变质作用，或许要远远大于那些更接近于地表的地层。世界上诸如南美一些地方，有大面积的变质岩出露，一定曾在巨大压力下受过热力作用，我总感到这些是需要一些特别的解释的；我们也许可以相信，在这些广大的区域里，我们见到的是很多完全变质了的、远比志留纪还要古老的地层。

这里所讨论的几个难点是：在连续的各套地层中，我们未能发现介于现生种与以往生存过的物种之间的无限多的过渡环节；在欧洲的各套地层中，有整群的物种突然出现的情形；按目前所知，在志留纪地层之下几乎完全缺失富含化石的地层；所有这些难点的性质，无疑都是最为严重的。通过下述这一事实，我们最能清楚地看到这一点，即最为卓越的古生物学家们，如居维叶、欧文、阿格塞、巴兰德、福尔克纳、福布斯等，以及所有最伟大的地质学家们，如莱尔、莫企孙、塞奇威克等，都一致地而且常常激烈地坚持物种的不变性。但是，我有理由相信，一位伟大的权威，即莱尔爵士，通过进一步的反思，现在对这一问题[1]持有严重的疑问。我们应将我们所有的知识都归功于上述这些权威以及其他一些人，然而我却与这些伟大的权威们持有不同的意见，对此我深感轻率。那些认为自然的地质记录多少是完整的人们，那些对本书中的事实以及其他的论证视为无足轻重的人们，无疑还会立马拒绝我的理论。至于本人，我则遵循莱尔的比喻，把地质的记录视为宛若一部保存不完整的、并且用变化着的方言写成的世界史；在这部史书中，我们仅有最后的一卷，而且只是关于两三个国家的。而在这一卷中，又只是在凌乱几处保存了短短的一章；每页也只是在凌乱几处保存了寥寥数行。这种用来书写历史的缓慢变化着的语言里的每一个字，在断续相连的各章中，又或多或少地有些不同，这些字可能代表埋藏在前后相续但又隔离甚远的地层中的、看似突然改变了的各种生物类型。按照这一观点，上面所讨论的诸项难点，便会大大地减少，甚或消失净尽了。

[1] 即物种的不变性。——译注

X

第十章

论生物在地史上的演替

论新种的缓慢、相继的出现——论它们变化的不同速率——物种一旦消失便不会重现——成群物种的出现与消失所遵循的一般规律跟单一物种相同——论灭绝——论生物类型在全世界同时发生变化——论灭绝物种彼此之间及其与现生种之间的亲缘关系——论远古类型的发展程度——论相同区域内相同类型的演替——前一章与本章概述。

现在让我们看一看，与生物在地史上的演替有关的几项事实和规律，究竟是与物种不变的普通观点更相一致，还是与物种通过传衍和自然选择而缓慢地、逐渐地发生变化的观点更相一致。

无论是在陆上还是在水中，新的物种都是极其缓慢、相继地出现的。莱尔曾阐明，在第三纪的几个时期里有关这方面的证据，几乎是难以抗拒的；而且每年倾向于填补其间的空白，并使灭绝类型与现生类型之间的百分比更趋渐进。在一些最新的岩层里（尽管若以年来计算的话，无疑很古老），不过只有一个或两个物种是灭绝了的类型，而且也不过只有一个或两个物种是新的类型，或者是局部性地在此首度出现，或据我们所知是在地球上的首次出现。倘若我们可以信得过西西里的菲利皮（Philippi）的观察的话，该岛的海生生物的相继变化，是众多的并且是最为渐变的。中生代的地层是比较时断时续的；但据布隆指出，很多中生代的现已灭绝了的种，它们在每一套不同地层中的出现和消失，都并非是同时的。

不同纲以及不同属的物种，并没有依照同一速率或同一程度发生变化。在第三纪最老的地层里，在很多灭绝了的类型之中，还可以发现少数现生的贝类。福尔克纳曾举过类似事实的显著一例，即在亚喜马拉雅的沉积物中，有一种现生的鳄鱼与很多奇怪及消失了的哺乳类和爬行类在一起。志留纪的海豆芽，与该属的现生种之间几无差异；然而，志留纪的绝大多数其他软体动物和所有的甲壳类，却已发生了极大的变化。陆生生物似乎比海生生物的变化速率要快，在瑞士曾经见到这方面的显著一例。有某种理由使人相信，自然阶梯上高等的生物，比低等生物的变化要更快，尽管这一规律是有例外的。诚如匹克泰特所指出，生物的变化量，与我们的地层层序并非严格地一致；以至于在每两套相继的地层之间，生物类型

10-1 南美洲灭绝动物大懒兽骨架化石

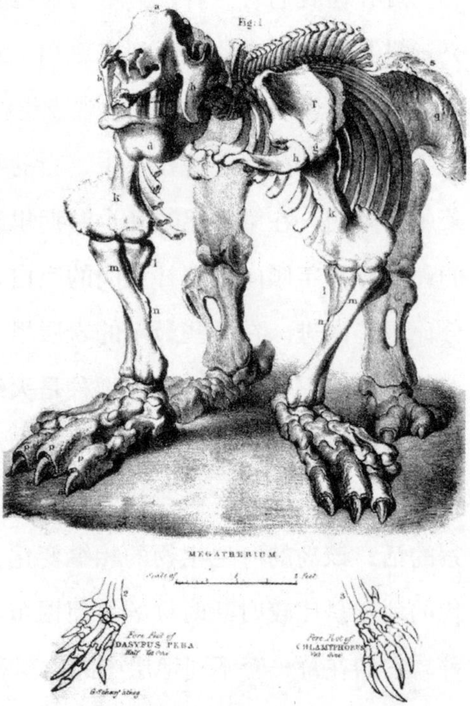

变化的程度，很少是严格相同的。然而，除了最紧密相关的地层之外，如若我们把任何地层做一比较的话，便可发现所有的物种都曾经历过某种变化。当一个物种一旦从地球表面上消失，我们有理由相信，完全一模一样的类型绝不会重现。这后一条规律最为有力的一个表面看似的例外，即巴兰德所谓的“入侵集群”（colonies），它们一度入侵到较老的地层之中，从而让先前生存过的动物群重现；但莱尔的解释我看似乎是令人满意的，即这是从一个不同的地理区域暂时迁徙的情形。[1]

这几项事实与敝人的理论十分一致。我不相信固定的发展法则，造成了一个地域内所有生物都突然地，或者同时地，或者同等程度地发生了变化。变异的过程必定是极度缓慢的。每一个物种的变异性，与所有其他的物种的变异性很不相关。这一变异性是否会为自然选择所利用，这些变异是否会或多或少地得以积累起来，因而引起正在变异的物种产生或多或少的变异量，则取决于很多复杂的偶发因素：取决于变异的有利的性质，取决于杂交的力度，取决于繁殖的速率，取决于该地的缓慢变化的环境条件，并且尤其取决于与变化着的物种相竞争的其他生物的性质。因此，某一物种在保持相同形态上，远比其他物种为长；或者，即令有变化，也会变化较小，这些都是不足为怪的。在地理分布方面，我们目睹同样的事实；譬如，马德拉岛的陆生贝类和鞘翅类昆虫，较之欧洲大陆上的与它们亲缘关系最近的一些类型，已有相当大的差异，而海生贝类和鸟类，却依然如故。根据先前有一章里所解释的，高等生物与其有机的和无机的一些生活条件之间有着更为复杂的关系，我们也许便能理解，陆生生物和体制机构更高等的生物比海生生物和低等生物的变化速率，显然要更快。当

[1] 巴兰德所谓的“入侵集群”这一概念，是他在研究波西米亚（现捷克一带）的古生代地层古生物时提出的，也是19世纪后半叶欧洲大陆地质学界旷日持久的大论战之一。他看到，一些层位连同其中的化石，在地层层序上不止一次地重复出现，而且新的层位与化石会出现在老的层位之中。由于他信奉居维叶的灾变说，便将这些“入侵集群”视为各自独立创造的产物。现在知道这些所谓的重复出现的“入侵集群”，盖因逆冲断层（reverse-thrust faults）造成了志留纪的含笔石页岩，夹在晚奥陶纪的一套地层中，故给人以层位与化石“重现”的假象（参见 Kriz & Pojeta，1974，*Journal of Paleontology*，48：489—494）。——译注

一个区域的多数生物业已变异和改进之时，根据竞争的原理以及生物与生物之间的很多最重要的关系，我们便能理解，任何不曾发生过某种程度上的变异和改进的类型，将会趋于灭绝。因此，我们如若观察到足够长的期间，便能理解为何同一个地区的所有物种最终都定要发生变异，因为那些未起变化的物种，便行将灭绝。

同一纲的成员中，在长久而相等期间内，其平均的变化量大概近乎相同；但是，由于经久的含化石地层的堆积，有赖于大量的沉积物堆积在正在沉降的区域，因此，我们的各套地层几乎必然是在漫长而且不规则的间歇期间内堆积起来；其结果，埋藏在相继各套地层内的化石所显示的生物变化量，便不尽相等了。依此观点，每套地层并不标志着一出全新上演的，且又完整的造物戏，而仅仅是在舒缓变化着的戏剧中，几乎随便出现的偶然一幕罢了。

我们能够清楚地了解，为何一个物种一旦消失了，即令一模一样的有机的和无机的生活条件再现，该物种也绝不会重现了。因为尽管一个物种的后代或许在大自然的经济体制中，能适应于占据另一物种的同一位置（无疑这一情形屡见不鲜），因而把另一物种排挤掉；但是新旧两种类型不会完全相同；因为两者都几乎必然从其各自不同的祖先遗传了不同的性状。譬如，若是我们的扇尾鸽均被消灭了，养鸽者可能通过长期不懈的努力，或许会培育出一个和现有的品种几乎难以区别开来的新品种；可假若原种岩鸽也同样被消灭了的话，我们有一切理由相信，在自然状态下，亲本类型一般要被其改进了的后代所排除和消灭，那么令人难以置信，竟能从任何其他鸽子的品种（甚或任何其他十分稳定的家鸽品系）中，培育出一个与现有品种一模一样的扇尾鸽来，因为新形成的扇尾鸽几乎一定会从它的新的祖先那里，遗传来一些细微的性状差异。

成群的物种，即属和科，在出现和消失上所遵循的规律与单一物种相同，其变化有快慢，程度有大小。一群物种，一经消失便不会重现；换言之，一群物种，只要存在，必定是连续的。我知道这一规律有一些明显的例外，但这些例外是如此惊人之少，以至于连福布斯、匹克泰特和伍德沃德（虽然他们都强烈地反对我所持的这些观点）都承认这一规律的正确性；而这一规律与本人的理论是严格一致的。由于同一群的所有物种，皆从某一个物种传衍下来的，显然只要该群的任一物种业已出现在长久连续的年代，其成员必然业已连续地生存同样长的时期，以便产生新的、变异了的类型，或固有的、未经变异的类型。譬如，海豆芽属里的种，必定是通过一条连续不断的世代系列，从志留纪最底部地层到如今，一直连续地生存着。

在前一章里我们业已谈及，同群的物种有时会呈现出一种假象，好似突然出现的；对这一事实我已试图予以解释，此事如若属实的话，则会对我的观点是致命的打击。但是，这类情形确属例外；一般规律是，一个物种群的数目逐渐增加，直到该群达到顶点，然后迟早便又要逐渐地减少。倘若一个属里的物种的数目，或一个科里的属的数目，用粗细不等的垂直线来代表的话，此线穿过那些物种被发现在其中的相继的各组地层，该线有时在底部会给人以突然开始的假象，而不是一个尖锐的点；然后此线向上逐渐地加粗，有时保持一段相等的宽度，最终在上部地层中又逐渐变细而至消失，显示这些物种逐渐减少直至最后灭绝。同群物种在数目上的这般逐渐增加，是与我的理论全然相符的；因为同属的物种和同科的属，只能缓慢、渐进地增加；因为变异的过程以及一些近缘类型的产生，其过程必然是缓慢的、逐渐的——一个物种先产生两个到三个变种，这些变种再缓慢地转变成物种，它们转而又以同样缓慢的步骤，产生其他的物种，长此以往，直至变成大的类群，宛若一棵大树从单独一条树干上发出很多分枝一般。

论灭绝。——至此我们仅仅是附带地谈及物种以及成群物种的消失。根据自然选择理论，旧类型的灭绝与新的、改进了的类型的产生，是密切相关的。认为地球上所有的生物在相继的时代中曾被灾变席卷而去，这一旧的观念已十分普遍地被抛弃了，就连诸如埃利·德·博蒙特（Elie de Beaumont）、莫企孙、巴兰德等地质学家们，也都放弃了这种观念，而他们的一般观点会很自然地让他们得出这一结论。相反，根据对第三纪地层的研究，我们有充分的理由相信，物种以及成群的物种是逐渐地消失的，一个接一个，先从一处，然后从另一处，最终从世界上渐次消失。单一的物种以及成群的物种，其延续的期间，都是极不相等的；诚如我们业已所见，有些物种群，从已知最早的生命的黎明时代起，一直延续到如今；有些物种群，则在古生代结束之前就已经消失了。似乎尚无固定的法则可以决定任何一个物种或任何一个属，究竟能够延续多长的时期。我们有理由相信，一群物种全部消失的过程，一般要比其产生的过程要慢：倘若用前述的一条粗细不等的垂直线来代表它们的出现和消失的话，便可发现标示其灭绝进程的线的上端，要比标示物种初次出现及数目增多的下端，变细的过程更为逐渐。然而，在某些情形中，整群生物（如接近中生代末期的菊石）的灭绝，曾经是出奇地突然。

物种的灭绝这一整个论题，业已陷入最无必要的神秘之中。有些作者

10-2 南美洲业已灭绝的箭齿兽骨架化石

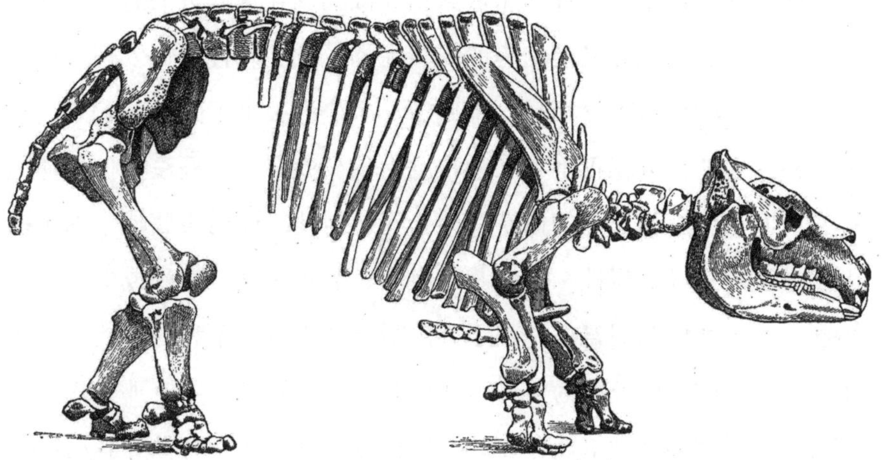

甚至假定，一如个体的寿命会有定数，物种的存续也有时限。窃以为，无人能像我那样，曾对物种的灭绝不胜惊异。我曾在拉普拉他发现，马的牙齿跟乳齿象（Mastodon）、大懒兽（Megatherium）、箭齿兽（Toxodon）以及其他灭绝了的怪兽的遗骸埋藏在一起，而这些怪兽在十分晚近的地质时代，曾与而今依然生存的贝类共生过，这真令我惊奇不已；我之所以感到如此惊奇，是因为自从马被西班牙人引进南美以后，便沦为野生进而遍布整个南美，并以无与伦比的速率增生，于是我曾自问，在如此分明是极其有利的生活条件下，是什么东西致使先前的马在这样近的时期遭到了灭绝呢？然而，我的惊异又是何等的无根无据！欧文教授很快发现，这牙齿虽然与现生马的牙齿十分相像，却属于一个业已灭绝了的马。若是这种马于今依然存在的话（仅仅是在某种程度上稀少些），大概没有任何博物学家，会对其稀少感到丝毫的惊奇；因为无论何地、无论隶属哪个纲，稀少是大多数物种呈现的属性。倘若我们自问，为什么这一物种或那一物种会稀少呢？那么我们会回答，是由于其生活条件中有些不利的东西；然而，至于那些不利的东西究竟为何物，我们几乎总难知悉。假定那种化石马至今作为一个稀有的物种依然存在，我们根据将其与所有其他哺乳动物（甚至包括繁殖率很低的大象）做一类比，以及根据家养马在南美洲的归化历史，或许会确实地感到它在更有利的条件下，定会在没几年之内遍布整个大陆。但是，抑制它增加的不利条件究竟是什么，是由于一种抑或是几种偶然变故呢，还是在马的一生中的哪一个时期、在何种程度上，发生了严重的抑制作用，对这些我们都一无所知。倘若这些条件日益变得不利，无论它们是如何地缓慢，我们确实不会觉察出这一事实，而那种化石马却定会渐渐地变少而终至灭绝；——于是它的位置便被某一更加成功的竞争者所攫取。

下面的这一点，最难做到牢记不忘，即每一种生物的增殖，都不断地受到一些未被察觉的有害因素所抑制；而且这些未被察觉的作用，绰绰有余地能使它变得稀少以至于最终的灭绝。在更近的第三纪各套地层中，我们看到了很多先变得稀少而后灭绝的情形；而且我们知道，由于人为的作用，一些动物局部的或整个的灭绝过程，亦复如此。我愿重述一下我在

1845年发表的文章中所言，即物种一般是先变得稀少，而后灭绝，这就好似疾病是死亡的先驱一样；倘若对于物种的稀少并不感到奇怪，而当其灭绝之时却大惊小怪，这便形同对于疾病并不为怪，而当病人死去时，却去诧异并怀疑他是死于某种未知的暴行一样。

自然选择理论是基于下述信念，即每一个新变种（最终是每一个新种）的产生和保持，是由于它比其竞争者占有着某种优势；故较为劣势的类型的灭绝，几乎是必然的结果。在我们的家养生物中，亦复如此：当一个新的、稍加改进的变种培育出来之后，它首先会排挤掉其邻近的改进较少的变种；及至大为改进之时，便会像我们的短角牛那样，被运送到远近各处，并取代别处的其他品种。因此，新类型的出现和旧类型的消失，无论是自然造的或是人为的，便连为一体了。在某些繁盛的类群里，在一特定时间内所产生的新物种类型的数目，也许要多于业已灭绝了的旧物种类型；但是我们知道，物种数目的增长并非是无限的，至少在新近的地质时期内曾是如此，因而，倘若仅就近期而论，我们可以相信，新类型的产生，引起了几近同样数目的旧类型的灭绝。

诚如前面业经解释并以实例所阐明的那样，在各方面彼此最为相似的类型之间，竞争也往往最为激烈。因此，一个改进了以及变异了的后代，一般会造成亲本种的灭绝；而且，倘若很多新的类型是从任何一个物种发展起来的，那么与这一物种亲缘关系最近者，亦即同属的其他物种，也最容易灭绝。所以，诚如我所相信，从一个物种传衍下来的若干新物种，即一新属，终将排除掉同一科里的一个旧属。但也常常有这样的情形发生，即隶属于某一类群的一个新物种，夺取了另一个类群中的一个物种的地位并致使其灭绝；倘若很多近缘类型是从成功的入侵者中发展起来的话，那么，势必有很多类型要腾出其位置；而让位者却往往是近缘的类型，盖因它们受害于某种共同的遗传劣性。但是，当隶属同纲或异纲的物种，让位于其他变异及改进的物种时，这些受害者中往往还有少数可以苟延很长时间，盖因它们适于某种特别的生活方式，或者因为它们栖息在遥远的、孤立的地方而避开了激烈的竞争。譬如，三角蛤属（Trigonia）是中生代地层中的贝类的一个大属，其中一个物种还残存在澳洲的海里；而且在硬鳞鱼类（ganoid fishes）这个几近灭绝的大类群中，还有少数成员至今依然栖息在我们的淡水之中。所以，诚如我们所见，一个类群的全部灭绝，其过程要慢于类群的产生过程。

至于整个科或整个目看似突然的灭绝，如古生代末的三叶虫以及中生代末的菊石，我们必须记住前面业已说过的情形，即在相继的各套地层之间，很可能有着漫长的时间间隔，而在这些间隔期间内，可能曾有过十分缓慢的灭绝。此外，当突然的迁入或异常迅速的发展，令一个新的类群的很多物种占据了一个新的地区，那么，它们就会以相应迅速的方式，造成很多原住物种的灭绝；而这些让出自己位置的类型，通常都是近缘的，盖因它们具有某种共同的劣性。

因此，依我看来，单一物种以及整群物种的灭绝方式，是与自然选择理论十分吻合的。我们对于灭绝，无须惊异；倘若我们一定要惊异的话，那么，还是惊异于我们的臆断吧，这一臆断让我们一时认为我们业已理解了每一物种的存在所依赖的很多复杂的偶然因素。每一物种都有过度增殖的倾向，而且我们很少察觉的某种抑止作用总是在起着作用，倘若我们须臾忘却这一点的话，那么，整个大自然的经济体系就会变得完全不可理喻。无论何时，一旦我们能够确切地说明为何这个种的个体数会多于那

10-3 三叶虫化石

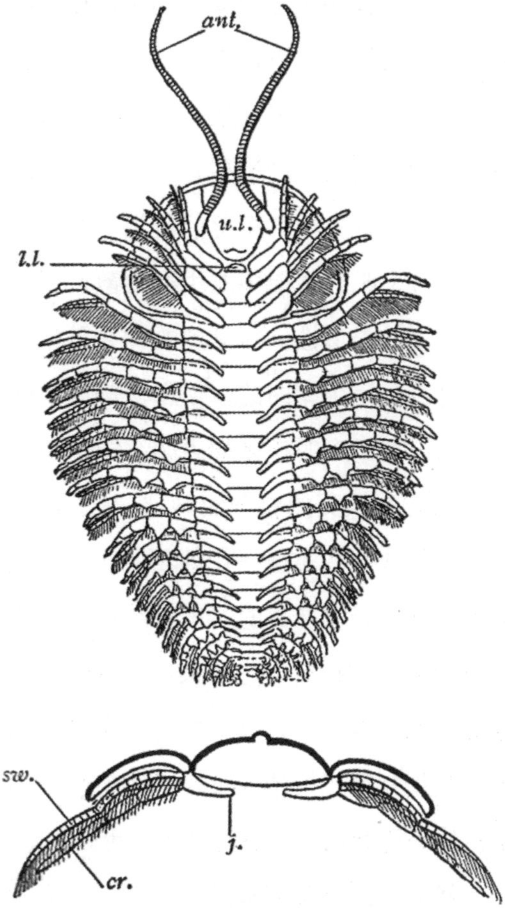

个种；为何是这个种而不是另一个种能在某一地域安身立命；只有到了那时，方能对于我们为何不能说明这一个特殊的物种或者物种群的灭绝，正当地感到惊异。

论生物类型在全世界几乎同时发生变化。——恐怕没有任何古生物学的发现之惊人，堪比下述这一事实，即生物类型在全世界几乎同时发生变化。因此，在世界上很多遥远的地方（如北美、赤道地带的南美、火地岛、好望角以及印度半岛），在最为不同的气候下，尽管连白垩矿物的一个碎块亦未曾发现，但却能辨识出我们欧洲的白垩纪地层。因为在这些遥远的地方，某些岩层中的生物遗骸，跟白垩纪地层中的生物遗骸，呈现出明显无误的类似性。所见到的并非是相同的物种，因为在某些情形中没有一个物种是完全相同的，但它们却属于同一些科、同一些属以及同一些属的组合，而且有时在诸如表面纹饰这类细微之点上，均有相似的特征。此外，未曾在欧洲的白垩纪地层中发现（但却在其上部或下部的地层中出现）的其他一些类型，在世界上的这些遥远的地方，也同样地缺失。在俄罗斯、西欧以及北美的若干连续的古生代地层中，几位作者也曾观察到生物类型具有类似的平行现象；据莱尔称，欧洲和北美的第三纪沉积物亦复如此。即令对新旧大陆所共有的少数化石物种完全视而不见，在相隔久远的古生代和第三纪的各阶段，在前后相继的生物类型中，其一般的平行现象依然是显著的，而且几套地层也是易于对比的。

然而，这些观察都是有关世界上遥远地方的海生生物的：我们尚无足够的资料来判断在遥远地方的陆生生物以及淡水生物，是否也以同样平行的方式发生过变化。我们可以怀疑它们是否曾经如此变化过：倘若把大懒兽、磨齿兽（Mylodon）、长头驼［又称后弓兽（Macrauchenia）］和箭齿兽从拉普拉他带到欧洲，而没有任何有关其层位的信息，恐怕无人会推想它们曾与依然生存的海生贝类共生过；但是由于这些异常的怪兽曾与乳齿象和马共生过，故我们至少可以推断，它们曾经生存于第三纪的较晚期。

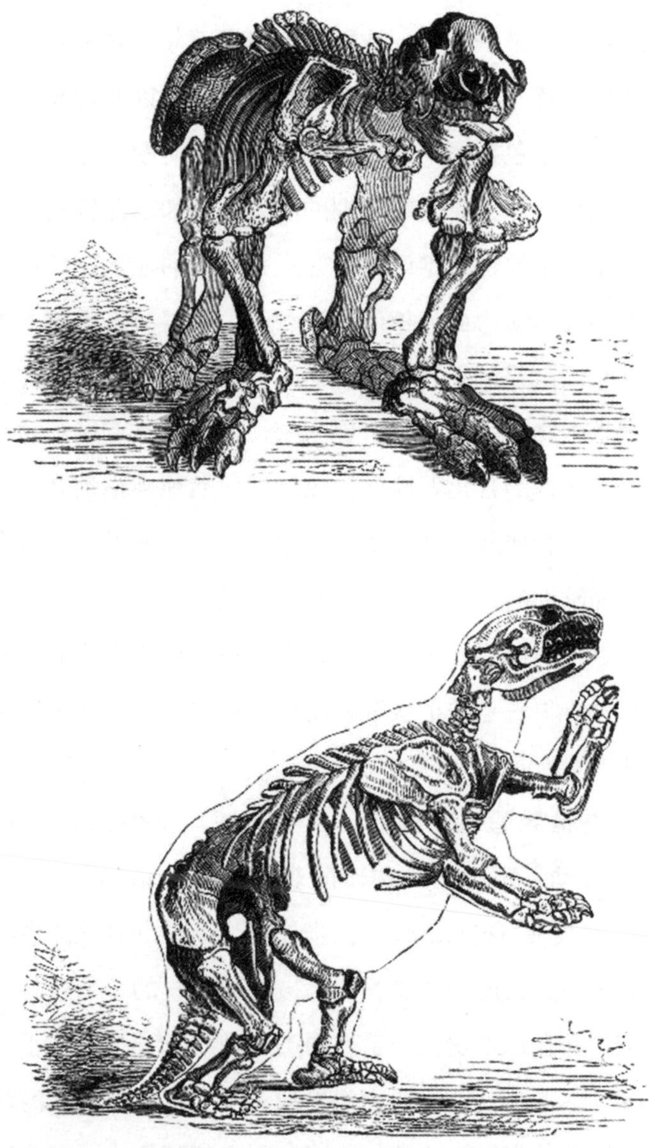

10-4 南美洲灭绝动物大懒兽（上图）与磨齿兽（下图）的骨架化石

当我们谈及海生生物类型曾在全世界同时发生变化时，千万不要假定这种说法是指同一个第一千年，或同一个第十万年，甚至不能假定其有着十分严格的地质学意义；如若把现今生存于欧洲的以及曾经在更新世（若以年数计，这是一个包括整个冰期的极为遥远的时期）生存于欧洲的所有海生动物，与现今生存于南美或澳洲的海生动物加以比较的话，即令是最老练的博物学家，恐怕也很难说出，究竟是现生的还是更新世的那些欧洲的动物，与南半球的动物最为相似。还有几位观察高手相信，美国的现生生物与曾经在欧洲第三纪某一较晚时期生存的那些生物之间的关系，比它们与欧洲的现生生物之间的关系，更为密切；倘若此点属实的话，那么，现在沉积于北美海岸的含化石地层，今后很显然地会跟稍老一点儿的欧洲地层划归一类。尽管如此，展望遥远的未来时代，窃以为，所有的较近代的海相地层，即欧洲的，南、北美洲的，以及澳洲的晚上新世的、更新世的以及严格的近代的地层，由于它们含有某种程度上近缘的化石遗骸，由于它们不含只见于更古老的下伏沉积物中的那些类型，在地质学的意义上是会被正确地被划为同时代的。

生物类型在世界遥远的各地，如上所述广义地同时发生变化的事实，已深深地打动了那些令人称羡的观察家们，诸如德韦纳伊（M. de Verneuil）和达尔夏克（d'Archiac）。当他们谈及欧洲各地的古生代生物类型的平行现象之后，又说："倘若我们被这种奇异的序列所打动，而把注意力转向北美，并在那里发现一系列的类似现象，那么，似乎肯定所有这些物种的变异、灭绝，以及新物种的出现，不会仅仅是由于海流的变化或多多少少属于局部的和暂时的其他原因，而是依赖于支配整个动物界的一般法则。"巴兰德先生业已力陈了完全相同的意思。把海流、气候或其他物理条件的一些变化，视为处于极其不同气候下的全世界生物类型发生如此大的变化的原因，委实是徒劳无益的。正如巴兰德所指出的，我们必须去寻找某种特定的法则。当我们讨论到生物的现今分布的情形，同时发现各地的物理条件与其生物性质之间的关联是何等薄弱时，我们将会更清晰地理解这一点。

全世界生物类型平行演替这一有趣的事实，可以根据自然选择的理论予以解释。新物种由于新变种的产生而得以形成，它们对较老的类型具有某种优势；那些在自己的地域内已居统治地位的，或比其他类型具有某种优势的类型，自然会最常产生新变种或雏形种；盖因它们必定是强中之强的胜者，方能得以保留及幸存：这一方面的明显证据，见于占有优势的植物中，亦即在其本土上最常见，而且分布最广的植物，它们产生了最大数目的新变种。同样自然的是，占优势的、变异着的，而且分布广的且多少已侵入到其他物种领域的物种，会具有最好机会作进一步分布，并在新地区产生新变种以及新种。扩散的过程可能往往是十分缓慢的，取决于气候和地理的变化，抑或奇特的偶发事件，但长远来说，占有优势的类型一般会扩散成功。在隔离的大陆上的陆生生物的扩散，很有可能会比相连海洋中的海生生物的扩散要缓慢些。所以，我们或许以期发现（诚如我们明显地发现），陆生生物中的平行演替，其程度不及海生生物那么严格。

从任一地区扩散来的具有优势的物种，或许会遇到更具优势的物种，那么，它的成功之路甚至于连它的存在即会终止。有关所有对新的、占优势物种的增加最为有利的条件，我们全然不能精确地了解；但是窃以为，我们能清晰地理解，通过给予很多个体以出现有利变异的良机，以及与很多现存类型进行激烈竞争，会是十分有利的，就像扩散到新的领域的能力一样。诚如前面业已解释过的，一定程度的隔离，并在长时间间隔后重现这种隔离，大概也是有利的。世界上有的地区，对陆地上产生新的、具有优势的物种是最为有利的，另有一些地区，则对在海域中产生新的、具有优势的物种最为有利。倘若两大区域在长期以来有着同等程度的优势条件，无论何时，当它们间的生物一经遭遇，其斗争会是旷日持久而且惨烈的；来自甲地的某些生物或许会胜出，而来自乙地的某些生物也可能会胜出。然而，在时间的长河中，具有最高程度优势的类型，无论产自何方，自会趋于所向披靡。当其风头正健时，它们便会造成其他劣势类型的灭绝；由于这些劣势类型因遗传关系而在类群上相关，因而整群会趋于缓慢地消失；尽管四处也会有那么一个单一的成员，或许得以苟延残喘许久。

故在我看来，全世界相同生物类型的平行演替（广义上亦为同时演替），与新物种的形成是由于优势物种的广为扩散和变异这一原理，非常相符；如此产生的新物种，其本身即因遗传而具优势，亦因它们业已比亲本种或其他物种具有某种优越性，并且将进一步地扩散、变异以及产生新种。被击败的以及让位给新的胜利者的那些类型，由于遗传了某种共同的劣性，一般都是近缘的类群；所以，当新的并且改进了的类群广布于全世界时，老的类群就会从世界上消失；而这一类型演替的两种方式，处处都趋于一致。

与此相关的另一点值得提及。我业已给出理由表明我相信：所有我们大套的含化石地层，均是在沉降期间沉积下来的；漫长时间的空白间隔，则出现在海底的静止或者抬升时，同样也出现在沉积物的沉积速度不足以掩埋和保存生物的遗骸时。在这些漫长的和空白的间隔期间内，我猜想每一地区的生物都曾经历了相当的变异和灭绝，而且从世界的其他一些地方也有大量的生物迁入。由于我们有理由相信，广大地域曾受同一运动的影响，因此很可能严格的同一时代的地层，常常是在世界同一部分中的异常广阔的空间内堆积起来的；但我们远没有任何权利来断定，此乃一成不变的，也不能断定广大地域总是一成不变地曾受到同一些运动的影响。当两套地层在两个地方，在相邻的但又非完全同一的期间内沉积下来时，依照上面一些段落里所阐明的理由，我们会发现在这两套地层中，会存在着相同生物类型的一般演替；但是物种未见得会是完全一致的，盖因对于变异、灭绝和迁徙而言，一处比另一处可能会有略多一点的时间。

我猜想，在欧洲是有这种性质的情形出现的。普雷斯特维奇先生（Mr. Prestwich）在其有关英、法两国始新世沉积物的令人称羡的专著中，曾在两国的相继的各套地层之间，找出了相近的一般平行现象；但是，当他把英国的某些阶段的地层与法国的加以比较时，尽管他发现两地间隶属于同一属的物种数目奇特地一致，然而物种本身，却有如此程度的差异，除非假定有一地峡把两个海分开，而且在两个海中栖息着同时代的但却不同的动物群，否则考虑到两国间如此接近，这些差异非常难以解释。莱尔对某些较晚期的第三纪地层，也作过类似的观察。巴兰德也曾指出，在波西米亚和斯堪的纳维亚的相继的志留纪沉积物之间，也有惊人的一般平行现象；尽管如此，他仍发现了那些物种之间有着令人吃惊的差异量。倘若这些地区的几套地层并不是在完全相同的时期内沉积下来的，亦即某一地区的一套地层往往相当于另一地方的一段空白间隔期，而且倘若两地的物种是在几套地层的堆积期间以及其间的长久的间隔期间内，缓慢地进行着变化的；那么，在此情形下，两地的几套地层按照生物类型的一般演替，可以依照同一顺序来排列，而这一顺序或许会虚假地表现出严格的平行现象；尽管如此，物种在两地看似相当的层位中，却未必是完全相同的。[1]

论灭绝物种彼此之间及其与现生种之间的亲缘关系。——现在让我们来看看灭绝物种与现生物种之间的相互亲缘关系。它们均属一个庞大的自然系统；根据生物传衍的原理，这一事实立马便可得以解释。任何类型愈古老，按照一般规律，它与现生的类型之间的差异也就愈大。然而，依巴克兰（Buckland）很久以前所指出的，所有的化石，都可以归类在至今还在生存的类群里，或者归类在这些类群之间。灭绝了的生物类型，有助于填满现存的属、科以及目之间的广泛的间隔，这是无可置疑的。倘若我们仅把注意力局限于现生的或灭绝了的类型，则其系列便远不如将二者结合在一个总的系统中来得完整。有关脊椎动物，从我们伟大的古生物学家欧文教授那里，得来的例子能够连篇累牍，显示灭绝了的动物是如何地落入现生类群之间。居维叶曾把反刍类（Ruminants）和厚皮类（Pachyderms）列为哺乳动物中两个最不相同的目；但是，欧文业已发现了如此众多的化石环节，以至于他不得不改变这两个目的整个分类；并已将某些厚皮类与反刍类放在同一个亚目之中；譬如，通过一些微细的过渡类型，他消除了猪与骆驼之间的看似巨大的差异。至于无脊椎动物，无人能及的权威巴兰德指出，他每天都受到下述教益：古生代的动物，尽管隶属于跟现今尚存

[1] 达尔文在此实际上已经注意到了所谓“同层序排列”（homotaxis）这一古生物地层学中的重要现象及其含义，而这一概念的专业术语，是后来由赫胥黎在1862年伦敦地质学会年会上的“主席发言”中正式提出来的，一直沿用至今（参见 Huxley, T. H.，1897，“Discourses: Biological and geological essays”，272—304）。——译注

的动物相同的一些目、科或属，但在远古时期，它们并不仅局限于像现如今这样互不相同的类群里。

一些作者反对将任何灭绝了的物种或物种群，视为介于现生的物种或物种群之间的中间类型。倘若这一名词意味着一个灭绝类型在其所有的性状上均直接介于两个现生的类型之间的话，那么，这一反对意见很可能是站得住脚的。但是，我认为在完全自然的分类里，很多化石种必然会处于现生种之间，而且某些灭绝了的属必然会处于现生的属之间，甚至处于隶属不同科的一些属之间。最普通的情形（尤其是十分不同的类群，如鱼类和爬行类），似乎是假定它们现今是由十来个性状来区别的，而同两个类群的古代成员间，借以区别的性状的数目要稍少一些，以至于这两个类群尽管在原本十分不同，在当时那一时期要多少更为接近一些。

一般的信念是，一个类型越是古老，它的一些性状就倾向于越能将现今彼此关系间隔很远的类群连接起来。这一说法无疑只能限于在地史时期内曾经历过巨大变化的那些类群；但欲想证明这一主张的正确性则是困难的，盖因有时即令是一现生动物，如南美肺鱼（Lepidosiren），已被发现与大不相同的类群有着亲缘关系。然而，倘若我们把较古的爬行类和无尾两栖类（Batrachians）、较古的鱼类、较古的头足类以及始新世的哺乳类，与各自同一纲的较为近代的成员加以比较的话，我们必须承认这一说法是有些真实性的。

让我们且看这几项事实和推论与兼变传衍（descent with modification）的理论相符到何种程度。由于这一论题相当复杂，务请读者再回过头去参阅第四章的插图。我们可以假设带数字的字母代表属，从它们那里分出来的虚线代表每一个属的物种。这个插图过于简单，列出来的属以及种也太少，但这对于我们说来无关紧要。横线可以代表相继的各套地层，并且把最顶上的那一条横线以下的所有类型都视为业已灭绝了的。三个现生属，a^{14}，q^{14}，p^{14}便形成了一个小的科；b^{14}和f^{14}是一个亲缘关系密切的科或亚科；o^{14}，e^{14}，m^{14}则是第三个科。这三个科，连同从亲本类型A分出来的几条谱系线上的很多灭绝了的属，合起来组成一个目；因为它们都从其古代原始祖先那里，遗传了某些共同的东西。根据先前的这一插图所表明的性状不断分异的原理，越是近代的类型，它一般也就与其古代原始祖先越是不同。因此，我们便能理解这一规律，即最古老的化石，与现生的类型之间的差异也就最大。然而，我们决不能假设，性状分异是一个必要的偶然事件；它完全取决于一个物种的后代，能够由于性状的分异而在自然经济结构中攫取很多的、不同的位置。所以，诚如我们所见的某些志留纪类型的情形，一个物种随着一些稍微改变了的生活条件而自身不断地有所改变，并且在漫长的时期内依然保持着一些相同的一般性状，也是十分可能的。这种情形在插图中是用字母F^{14}来表示的。

如前所述，所有从（A）传衍下来的诸多类型，无论是灭绝了的还是现生的，形成一个目；由于灭绝以及性状分异的持续影响，该目便被分为几个亚科和科，其中有一些被假定已在不同的时期内消亡了，而有一些却一直存续到今天。

只要看一下插图，我们便能领会：若假定埋藏在相继的各组地层中的很多灭绝了的类型，见于该系列的下方几个点上的话，那么，最顶上那一条线上的三个现生的科，彼此之间的差异就不会那么明显。譬如，倘若a^{1}，a^{5}，a^{10}，f^{8}，m^{3}，m^{6}，m^{9}等属已被发掘出来的话，那么，上述这三个科就会如此密切地连结在一起，以至于很可能它们势必会被合并成一个大科，这近乎与曾经发生于反刍类和厚皮类的情形不无二致。然而，有人反对把灭绝了的这些属视为连结起三个科的现生的属的中间环节，他们或许也是有道理的，因为它们之所以是中间环节，并非是直接的，而是通过很多极不相同的类型，并经过漫长而迂回的途径而连接的。倘若很多灭绝了的类型，发现于位于中央的某一横线或地层（如No. VI）之上、但无一发现于这条线之下的话，那么，只有左方的两个科（即a^{14}等和b^{14}等）会并为一个科；两个其他的科（即现在包含五个属的a^{14}至f^{14}，以及o^{14}至m^{14}）仍会保持其间的不同。可是，现在这两个科彼此之间的区别，也不及这些化石发现之前显得那么分明了。譬如，倘若我们假定这两个科的现生属以十来个性状而彼此相区别，那么，在此情形下，曾经在VI横线那个早期时代生存过的各个属，它们之间的相互区别的性状数目则要少一些；盖因它们在这样早期的演化阶段，自同一个目的共同祖先下来的性状分异程度，远不如其后的分异程度为大。由此而来，古老而灭绝了的属在性状上便往往多少介于它们的变异了的后代之间，抑或介于它们的旁支亲族之间。

在自然状态下，情形远比插图中所表示的要复杂得多；盖因类群的数目会多得多，其持续的时间会极端地不等，而且其变异程度也大不相同。由于我们仅掌握了地质记录的最后一卷，而且是断章残卷，除了极为稀少的情形，我们没有权利去指望能把自然系统中的宽广的间隙补齐，从而把不同的科或目连结起来。我们所有权指望的，只是那些在已知地质时期中曾经历过巨大变异的类群，应该在较老的地层中彼此间的相似性稍微会接近一些；以至于较古老的成员，比之同一类群的现生成员，在某些性状上的彼此间差异要小一些；而这一点，根据我们最优秀古生物学家们的一致证据，似乎常常是确乎如此的。

所以，根据兼变传衍的理论，有关灭绝了的生物类型彼此之间及其与现生的类型之间的相互亲缘关系的主要事实，对我而言，已得到了圆满的解释。而用任何其他的观点，是完全不能解释这些事实的。

根据同一理论，显然地球历史上任何一个大的时期内，其动物群在一般性状上，将介于该时期之前与其后的动物群之间。因此，生存在插图上的演化第六个大阶段的物种，便是生存在第五个阶段的物种的变异了的后代，而且是第七个阶段的更加变异了的物种的祖先；所以，它们在性状上几乎不可能不是近乎介于上下生物类型之间的。然而，我们必须承认某些先前的类型业已完全灭绝了，必须承认新类型的迁入，还必须承认在相继的各套地层之间的漫长的空白间隔期间曾有大量的变异。除了这些保留之处，则每一个地质时代的动物群在性状上无疑是介于此前的与其后的动物群之间的。我仅需举出一例即可，即当泥盆系最初被发现时，古生物学家们立即辨识出，其化石在性状上是介于上覆的石炭系和下伏的志留系之间的。但是，每一个动物群未必一定完全介于两者中间，因为在先后相继的各套地层中，其间断的时间是不相等的。

每一时代的动物群从整体上看，在性状上是近乎介于此前的以及其后的动物群之间的，某些属会表现出是这一规律的例外，对这一陈述的真实性，并无真正的异议。譬如，福尔克纳博士曾将乳齿象与象类分为两个系列，先是按照它们相互间的亲缘关系，然后按照它们的生存时代，其结果二者并不相符。具有极端性状的物种，既不是最古老的也不是最近代的；具有中间性状的物种，亦非属于中间时代的。但是，在此情形以及其他类似的情形中，让我们暂时假定，物种的初次出现和消失的记录是完好的，我们并无理由相信，相继产生的各种类型，必然也会持续相应长久的时间：一个十分古老的类型偶尔会比在其他地方后起的类型，生存的时间更长，尤其是栖居在相互隔离的区域内的陆生生物，更是如此。让我们来以小比大：倘若把家鸽的主要的现生族类与灭绝了的族类，按照其系列的亲缘关系尽可能好地予以排列的话，那么，这种排列不大会与其产生的顺序紧密相符，而且与其消失的顺序更不相符；盖因岩鸽的亲本现今依然生存着；而介于岩鸽与信鸽之间的很多变种却业已灭绝了；在喙长这一重要性状上，具有极长的喙的信鸽，却比在同一性状系列上处于相反一极的短喙翻飞鸽产生的要早。

与这一陈述（即来自介于中间的地层的生物遗骸，在某种程度上具有中间的性状）密切相连的一个事实，亦即所有古生物学家们所主张的，是两套先后相继的地层中的化石，其彼此之间的关系，要比两个层序上相隔较远的地层中的化石之间的关系，远为密切。匹克泰特曾举了一个众所周知的例子，即来自白垩纪地层的几个阶段的生物遗骸，尽管每一阶段的物种各异，但总体上是类似的。单单这一事实，由于其普遍性，似乎动摇了匹克泰特教授对于物种不变的坚定的信念。大凡熟悉地球上现存物种分布的人，对于先后紧密相继的各套地层中不同物种的密切类似性，不会希冀以古代各地区间的环境条件一直保持近乎相同来解释的。让我们记住，生物类型，至少是海生生物类型，曾经在全世界几乎同时发生变化，因而这些变化是在极其不同的气候和条件下发生的。试想在更新世期间，包含着整个冰期，气候的变化之异常巨大，请注意海生生物的物种类型所受到的影响却是何等之小。

紧密相继的各套地层中的化石遗骸，尽管被定为不同的物种，但其亲缘关系至为密切，根据生物传衍的理论，这一事实的全部意义是显而易见的。由于每一套地层的堆积常常中断，又由于相继的各套地层之间存在着长久的空白间隔，诚如我在前一章所试图阐明的，我们不应指望，在任何一套或两套地层中，发现在这些时期开始和终结时所出现的那些物种间所有的中间变种；但是，在间隔期后（若以年计则是很长，但地质年代上不算很长的时期），我们应该能发现紧密关联的类型，或者如某些作者们所称的代表性物种；而这些确曾为我们所发现了。总之，诚如我们有权所希冀的那样，我们发现了物种类型的缓慢以及难以察觉的变异之证据。

论远古类型的发展程度。——新近的类型是否比远古的类型达到更高的发展程度，这方面的讨论业已很多。我在此不进入这一论题，盖因何谓高等以及低等的类型，博物学家们尚未给出令他们相互之间均能满意的定义。在一特定的意义上，根据敝人的理论，新近的类型必然要比古老的类型要更为高等一些；盖因每一个新物种之所以得以形成，都是因为它在生存斗争中比其他的、先前的类型，要具有某种优势。倘若在几近相似的气候下，世界上某一地区的始新世的生物，与同一区域或某一其他区域的现存生物，放在一起进行竞争的话，始新世的动物群或植物群势必会被击败或消灭；犹如中生代的动物群要被始新世的动物群，以及古生代的动物群要被中生代的动物群所击败或消灭一样。我不怀疑，这一改进以显著可以感知的形式，业已影响了较近的以及更为成功的生物类型的组织结构，尤其与古老的和被击败的类型相比起来；但我无法检验这类的进步。譬如，甲壳类在本纲内并非是最高等的，但它们可能业已击败最高等的软体动物。从欧洲的生物近年来扩张到新西兰的异常之势，并且攫取了那里很多先前已被占据了的地盘，我们可以相信，倘若把大不列颠的所有动物和植

10-5 各种腹足类（螺）化石

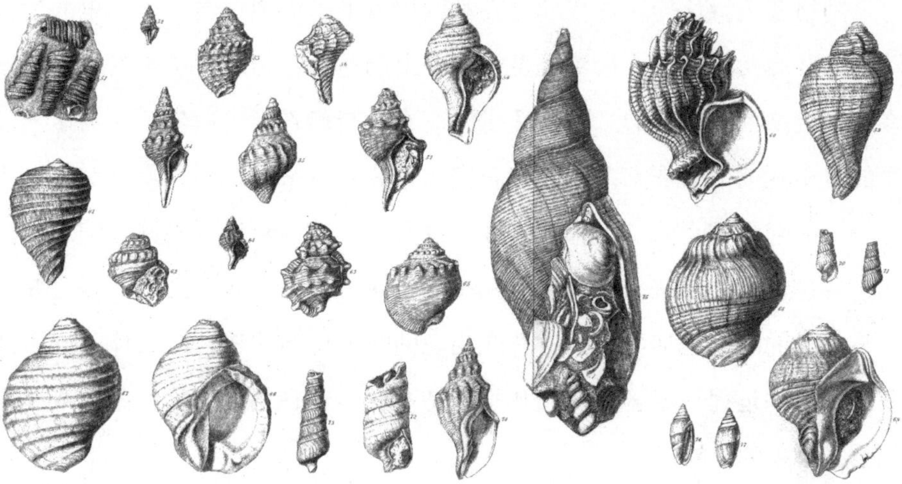

物放撒到新西兰去的话，那么，很多英国的生物类型随着时间的推移，便会在那里彻底归化，并会消灭很多土著的类型。另一方面，从我们现今在新西兰所见的情形，从先前几乎没有一种南半球的生物曾在欧洲的任何地方变为野生来看，我们大可怀疑，倘若将新西兰的所有生物放撒到大不列颠去，其中是否会有相当数目的生物，会攫取现今被我国土生土长的植物和动物所占据着的地方。依此观点，大不列颠的生物在等级上，可说是要高于新西兰的生物。然而，即令是最老练的博物学家，仅根据两国物种的考查，也未曾会预见到这一结果的。

阿格塞坚持认为，古代动物在某种程度上，类似于同一个纲里的近代动物的胚胎；换言之，灭绝类型在地史上的演替，与现存类型的胚胎发育在某种程度上是平行的。我必须步匹克泰特与赫胥黎之后尘，认为这一信念的真实性远未被证实。然而，我完全希冀它将来被证实，至少对于一些在较近时期内相互分支出来的下级类群而言。盖因阿格塞的这一信念与自然选择理论极为相符。在其后的一章中，我将试图表明，由于变异是在一个不很早的时期附加出现的、并在相应的时期得以遗传，故成体不同于其胚胎。这种过程，尽管使胚胎几乎保持不变，却在相继的世代中给成体添加越来越多的差异。

因此，胚胎好像是自然界保留下来的一种图片，记录着每一动物远古时、较少改变了的状态。这一观点可能是正确的，但或许永远无法得以完全证实。譬如，目睹最古老的已知哺乳类、爬行类和鱼类，都严格地属于它们各自的纲，尽管其中一些老的类型彼此之间的区别，要稍微小于现今同一类群的典型成员彼此之间的区别，但若想寻找具有脊椎动物共同胚胎性状的动物，在能够发现远位于志留纪最底部之下的地层以前，会是徒劳无益的——但发现这种地层的机会，则是微乎甚微的。

论第三纪晚期相同区域内相同类型的演替。——克利夫特先生（Mr. Clift）在很多年前曾表明，发现于澳洲洞穴内的化石哺乳动物，与该大陆的现生的有袋类有密切的亲缘关系。类似的关系也见于南美，甚至连外行都能看出，拉普拉他的若干地方所发现的一些巨大的甲片，与犰狳的甲片很相像；欧文教授曾以最为生动的方式显示，埋藏在拉普拉他的无数哺乳动物化石，大多数与南美的类型相关。从隆德（MM. Lund）和克劳森（Clausen）采自巴西洞穴的丰富骨骼化石中，甚至于更清晰地看到这种关系。这些事实给我的印象之深，以至于我曾在1839年和1845年力主“类型演替法则”以及“同一大陆上亡者与生者之间的奇妙关系”。欧文教授后来把这一概论，引申至旧大陆的哺乳动物。在该作者对新西兰灭绝了的巨鸟所做的复原上，我们看到相同的法则。在巴西洞穴的鸟类中，我们也见到相同的法则。伍德沃德先生业已表明，相同的法则也适用于海生的贝类，但是由于软体动物中大多数的属分布广阔，因此它们并未很好地表现出这一法则。还可添加其他一些例子，譬如马得拉的灭绝了的陆生贝类与现生的陆生贝类之间的关系；以及咸海—里海（Aralo-Caspian）的灭绝了的半咸水贝类与现生的半咸水贝类之间的关系。

相同的地域内相同类型的演替这一不同寻常的法则，究竟意味着什么呢？倘若有人把同纬度下澳洲的和南美的某些地方的现今气候加以比较之后，就试图一方面以不同的物理条件来解释这两个大陆上生物的不同，而另一方面又以相似的条件来解释第三纪晚期每一大陆上同一类型的一致性，那么，他可谓勇夫也。同样也不能臆断，有袋类主要或仅仅产于澳洲，或贫齿类以及其他美洲的类型仅仅产于南美，是一种不变的法则。因为我们知道，在古代欧洲曾有很多有袋类动物栖居过；并且我在上述提及的出版物中曾表明，美洲陆生哺乳类的分布法则，从前与现在是不同的。北美在从前强烈地具有该大陆南半部的特性；而且以前的南半部也比现在更像北半部。从福尔克纳和考特利（Cautley）的一些发现，我们同样地知道，印度北部的哺乳动物，从前比现今更为密切地接近于非洲的哺乳动物。类似的事实，也见于有关海生动物的分布。

按照兼变传衍的理论，相同地域内相同类型持久地但并非不变地演替这一伟大法则，便立即得以解释；因为世界上每一处的生物，在紧接着下来的时期内，显然都趋于把亲缘关系密切而又有某种程度变异的后代遗留在该处。倘若一个大陆上的生物先前曾与另一个大陆上的生物差异很大，那么它们的一些变异了的后代，依然会有着在方式与程度上几近相同的差异。但是经过了漫长的时间间隔，并且经历了巨大地理变化之后，其间发生了很多相互间的迁徙，较弱的类型便会让位于更为优势的类型，因而，生物的过去和现在的分布法则，便全然不会一成不变了。

或许有人嘲讽地问我，我是否假定先前生活在南美的大懒兽和其他近缘的大怪兽曾留下了树懒、犰狳和食蚁兽，作为其退化了的后代。这是须臾也不能承认的。这些巨大的动物业已完全灭绝，未留下任何后代。但是在巴西的洞穴里，有很多灭绝了的物种，其大小及其他性状，皆与南美现生的物种密切近似；这些化石中的一些物种，或也即是现生物种的真实祖先。切莫忘记，根据敝人的理论，同一个属的所有物种都是自某一个物种那里传衍下来的；因此，倘若在同一套地层中，发现有六个属，而每一个属各有八个种的话，而在相继的一套地层中，又发现了六个其他近缘的或具代表性的属，它们也各具同样数目的种，那么，我们可以断定，六个较老的属里，每一个属中仅有一个物种会留下变异了的后代，以构成六个新属。较老的属中的其他七个物种皆已灭绝，未曾留下任何后代。或者，也许是远为常见的情形，即在六个较老的属中。只有两三个属的两三个物种，会是新属的亲本；而其他所有的物种以及其他老的属，皆已完全灭绝。在走下坡路的目里，明显地如南美的贫齿类，属和种的数目均逐渐减少，因此所能留下变异了的嫡系后代的属和物种，则更是少之又少了。

10-6 犰狳（左）和食蚁兽（右）

前一章以及本章的概述。——我已试图表明：地质记录是极不完整的；地球上仅有一小部分，业已进行过仔细的地质调查：只有某些纲的生物，其大部已以化石状态保存了下来；我们博物馆里所保存的标本与物种的数目，即便跟单独一套地层中所必然经历过的无数世代的数目相比，也绝对算不了什么；由于沉降对于含化石的沉积物堆积到一定厚度方能抗拒未来的剥蚀是必要的，因此，在相继的各套地层之间，有着极为漫长的间隔期间；在沉降期间，大概有更多的灭绝发生，在抬升期间，大概有更多的变异产生而且记录也保存得最不完整；每一单套的地层并非是连续不断地沉积起来的；每一套地层持续的时间，也许较物种类型的平均寿命为短；在任何一个地域内以及任何一套地层中，迁徙对于新类型的首次出现，均起着重要的作用；分布广的物种是变异最甚、最常产生新种的那些物种；变种最初常常是地方性的。所有这些原因结合起来，便使地质记录倾向于极不完整，并在很大程度上可以解释，为何我们未曾发现不计其数的变种以最细微的步骤把所有灭绝了的以及现存的生物类型连结起来。

凡是反对这些有关地质记录性质的观点的人，自然要反对我的整个理论。因为他会徒劳无益地发问，先前必曾把同一大套地层内的几个阶段中所发现的那些密切近缘的物种或代表性物种连接起来的无数过渡环节，于今何在呢？他可能会不相信，在先后相继的各套地层之间，有着漫长的间隔期间；在考察诸如欧洲那样的任何一个单独的大区域的各套地层时，他可能会忽略了迁徙必曾起过何等重要的作用；他可能会力主，整群的物种分明（但这种“分明”常常是假象）是突然出现的。他可能会问：远在志留系的第一层沉积之前，必有无限众多的生物业已存在，但它们的遗骸于今何在呢？我只能以假设来回答这后一个问题，即就我们所知，我们现今的海洋所延伸的范围，已存既久，而我们现今上下波动着的大陆，也自志留纪以来即已立足此处；远在志留纪以前，世界可能会是另一番完全不同的景象；由比我们所知的更老的地层所形成的古大陆，要么于今可能全部呈变质的状态，要么可能还埋藏在海洋之下。

除去这些难点，古生物学上一些其他主要的重大事实，在我看来，若依据通过自然选择而兼变传衍的理论，简直是顺理成章的了。故此我们便能理解，为何新物种是缓慢地、相继地产生的；为何不同纲的物种未必一起发生变化，抑或以同等的速度或同等的程度发生变化；然而，久而久之，所有的生物都经历了某种程度的变异。老的类型的灭绝，几乎是新类型出现所导致的必然结果。我们能够理解，为何一个物种一旦消失，就不再重现。成群的物种在数目上的增加是缓慢的，其存续的时间也不尽相等；盖因变异的过程必然是缓慢的，并取决于很多复杂的偶然因素。较大的具优势的物种群中的优势物种，趋于留下众多变异了的后代，并因此而形成了新的亚群与群。由于这类新类群的形成，较为弱势类群甲的物种，因从一个共同祖先那里遗传了劣性，便趋于一起灭绝、在地球表面上未留下任何变异了的后代。但是，整群物种的完全灭绝往往会是一个极为缓慢的过程，盖因其中少数后代会在被保护的和隔离的情形下苟延残喘下去。当一个群一旦完全灭绝的话，就不会重现；因为世代的环节已经断开。

我们能够理解，为何具有优势的生物类型，也是那些最常变异的类型，它们最终趋于扩散开来，使其近缘但变异了的后代遍布于全世界；这些后代一般都能成功地取代那些在生存斗争中较为低劣的类群。因此，经过漫长的时间间隔之后，世界上的生物看起来像是同时发生变化似的。

我们能够理解，为何古今的所有生物类型汇成一个庞大的系统；盖因所有生物皆由世代亲缘而相连。从性状分异的连续倾向，我们能够理解，为何类型愈古老，它与现生的类型之间的差异一般也就愈大。为何古代的、灭绝了的类型往往趋于把现生的类型之间的空隙填充起来，而有时则将先前被分属为两个不同的类群合而为一；但更通常的只是把它们之间的亲缘关系稍微拉近一些。类型愈古老，其性状在某种程度上也就更常明显地处于现在区别分明的类群之间；因为类型愈古老，它跟广为分异之后的类群的共同祖先愈接近，因而也就愈加与之相似。灭绝了的类型很少直接地介于现生的类型之间；而只是通过很多灭绝了的、十分不同的类型，以绵长婉转的路径而介于现生的类型之间。我们能够清晰地看到，为何紧密相继的各套地层中的生物遗骸，彼此间的亲缘关系要比那些保存在层位上相隔较远的，远为密切；盖因这些类型被世代亲缘紧密地连结在一起了：

我们能够清晰地看到，为何中间地层的生物遗骸具有中间的性状。

世界史上每一相继时代的生物，在生存竞争中击败其先驱，自然等级上也相应地提高了；这也可以解释很多古生物学家们所持的一个含糊不清的观点，即体制结构在整体上来说是已向前发展了。倘若今后能够证明，古代的动物在某种程度上类似于本纲中更近代动物的胚胎的话，那么，该事实便可理解。晚近地质时代中相同地域内的相同构造类型的演替，已不再神秘，完全可以用遗传来予以解释。

倘若地质记录是如我所相信的那样不完美，而至少可以断言，地质记录的完整性不会被证明大大超出我所相信的程度的话，那么，对于自然选择理论的一些主要异议，便会大大地减少甚或消失净尽。另一方面，依我之见，所有古生物学的主要法则均明白地宣告了，物种是按普通的世代衍传产生出来的：老的类型被新的且改进了的生物类型所取代，后者由仍在我们周围起着作用的变异法则所产生，并为“自然选择”所保存。

XI

第十一章

地理分布

现今的分布不是物理条件的差异所能解释的——屏障的重要性——同一大陆的生物的亲缘关系——创造的中心——由于气候的变化、陆地水平的变化，以及偶然方式的扩散方法——在冰期中与世界共同扩张的扩散。

当我们思考地球表面的生物分布时，令我们印象至深的头一件奇妙的事实便是，依据气候以及其他一些物理条件，既不能解释各个区域间生物的相似性，也不能解释其非相似性。近来，几乎每一个研究这一论题的作者，均得出了这种结论。单就美洲的情形，便几乎足以证明其正确性了；因为倘若除了北极周围几乎是连续的北部地域之外，所有的作者均会同意，地理分布上的最基本的分界之一，是新大陆与旧大陆之间的分界；然而，倘若我们在美洲的广袤大陆上旅行，从美国的中部到其最南端，我们会遭遇最为多样的物理条件；最为潮湿的地区、干燥的沙漠、巍巍的高山、草原、森林、沼泽、湖泊以及大河，均处于几乎各种各样的温度之下。旧大陆几乎没有一种气候或是外界条件，不能与新大陆相平行—至少有着同一物种一般所需的那样密切的平行；因为一群生物仅生活在很小的、只是略微有些特殊的范围的现象十分罕见；譬如，可以举出旧大陆里有些小块的区域比新大陆的任何地方都热的例子，然而这些地方并不是栖居着一个特殊的动物群或植物群。尽管旧大陆与新大陆在各种条件上有此种平行现象，可它们的生物是何其不同啊！

在南半球，倘若我们将处于纬度二十五度与三十五度之间的澳洲、南非以及南美西部的大片陆地加以比较的话，我们将发现，一些地方在所有条件上都是极为相似的，但要指出比它们之间那样的更为不同的三个动物群和植物群，恐怕是不可能的。再者，我们把南美的南纬三十五度以南的生物与二十五度以北的生物加以比较的话，两地的动物因此而栖居在相当不同的气候下，然而它们彼此之间的亲缘关系，比其与气候几近相同的澳洲或非洲的生物之间的关系，远为密切得多。与海生生物相关的类似事实，也可举出一些。

11-1 南美鸵鸟

在我们进行总体回顾时，令我们印象至深的第二件奇妙的事实则是，任何种类的屏障，或阻碍自由迁徙的障碍，都与各个不同区域生物的差异，有着密切而重要的关系。从新、旧两个大陆的几乎所有陆生生物的巨大差异中，我们看到了这一点，只有它们的北部是个例外，那里的陆地几乎都是相连的，而且只要气候稍有变化，北温带的类型或许是可以自由迁徙的，正像那里现今严格的北极生物能自由迁徙一样。在同纬度下的澳洲、非洲和南美生物之间的重大差异中，我们看到了同样的事实，因为这些地域的相互隔离几乎已达极致。在每一个大陆上，我们也看到同样的事实；因为在巍峨而连续的山脉、广袤的沙漠，有时甚至是大河的两边，我们发现不同的生物；尽管因山脉、沙漠等等并不像隔离大陆的海洋那样地不可逾越，抑或不及海洋持续得那样久远，故其生物之间的差异程度，也远不及不同大陆上生物之间所特有的差异。

再看海洋，我们发现同样的法则。没有哪两个海洋动物群，较之中南美的东、西海岸的更为不同了，两者之间几乎连一种共同的鱼、贝类或蟹都没有；然而这些奇妙动物群，仅被一狭窄的但不可逾越的巴拿马地峡所隔。美洲海岸的西侧是广阔无垠的海洋，没有一个可供迁徙者驻足的岛屿；在这里我们见到另一类屏障，一旦越过此处，我们在太平洋的东部诸岛便遇到了另一种完全不同的动物群。此处这三个海洋动物群，向北、向南广阔分布，彼此的平行线相距不是太远，具有相应可比的气候；但是，由于彼此间被不可逾越的陆地或大海这样的屏障所分隔，它们是完全不同的。另一方面，从太平洋热带的东部诸岛进而西行，我们不再会遇到不可逾越的屏障，而是有无数可以驻足的岛屿，直到历经半个地球的旅程后，我们抵达非洲海岸；在如此广阔的空间里，我们不会再遇到界限分明、截

11-2 达尔文在阿根廷见到的两种南美鸵鸟，身材小的种后来被命名为达尔文南美鸵鸟

然不同的海洋动物群了。尽管在上述美洲东部、美洲西部和太平洋东部诸岛的三个相距很近的动物群中，几乎没有一种贝类、蟹或鱼是共有的，然而却有很多鱼类从太平洋分布到印度洋，而且处于几乎完全相反的子午线上的太平洋东部诸岛与非洲东部海岸，也有很多共同的贝类。

第三件奇妙的事实，部分地业已包括在上面的陈述之中，是同一大陆上或同一海洋里的生物的亲缘关系，尽管物种本身在不同地点与不同场所是有区别的。此乃最广泛的普遍性的法则，每一大陆都提供了无数的实例。然而，当博物学家旅行时，绝不会对下述情形熟视无睹：譬如说从北到南，物种虽不同但其亲缘关系显然相近的生物类群，彼此之间逐次更替。他会听到亲缘关系密切但种类不同的鸟儿，其鸣声几近相似，他会看到它们的巢构筑形似但又不完全一样，巢中卵的颜色亦复如此。在麦哲伦海峡附近的平原上，栖居着美洲鸵鸟的一个种，而在北面的拉普拉他平原上，则栖居着该属的另一个种；但没有像同纬度下非洲和澳洲那样的真正鸵鸟或鸸鹋（emu）。在同一拉普拉他平原上，我们看到刺鼠（agouti）和绒鼠（bizcacha），这些动物与我们的野兔和家兔的习性几近相同，并属于啮齿类的同一个目，但是它们明显地呈现着美洲型的构造。我们登上科迪勒拉山脉巍峨的山峰，发现了绒鼠的一个高山种；我们向水中看去，却不见海狸或麝鼠，但能见到美洲型的啮齿类河鼠（coypu）和水豚。其他的例子不胜枚举。倘若我们观察一下远离美洲海岸的岛屿，无论其地质构造可能会有多大的不同，但栖居在那里的生物在本质上均属美洲型式的，哪怕它们可能全都是特殊的物种。诚如前一章所示，我们可以回顾一下过去的时代，我们发现当时在美洲的大陆上和海洋里到处可见的，也都是美洲类型的生物。从这些事实中，我们窥见某种深层的有机联系，贯穿于空间和时间、遍及水域与陆地的同一地域、并且与物理条件无关。倘若一位博物学家不去深究这一联系究竟为何的话，那么，他必然是了无好奇之心。

根据我的理论，这一联系便是遗传，单单这一原因，就我们确切地知悉，便会使生物彼此间十分相像，抑或如我们在变种中所见，令它们彼此间近乎相像。不同地区的生物的不相似，可归因于通过自然选择所发生的变化，在十分次要的程度上亦可归因于不同的物理条件的直接影响。其不

11-3 “迁徙性”蚱蜢

相似的程度，将取决于更为优势的生物类型，从一地到另一地的迁徙，其过程的难易程度与时间发生的早晚；——取决于先前移居者的性质和数量；——取决于它们在相互的生存斗争中的作用与反作用；——并且取决于生物与生物之间的关系，诚如我业已常常提及的，这是所有关系中最为重要的。因此，由于阻止迁徙，屏障的高度重要性，便开始发挥作用；正如时间对于通过自然选择的缓慢变异过程所发挥的作用一样。分布广泛的物种，其个体繁多，业已在它们自身广布的原居地里战胜了很多竞争的对手，当其扩张到新地域时，便有了攫取新地盘的最佳机缘。在其新的家园里，它们会遭遇到一些新的条件，而且常常会经历更进一步的变异和改进；因此它们会变得更为成功，并且产生成群的变异了的后代。依据这一携变遗传的原理，我们便能理解，为什么属的一些部分、整个的一些属，甚至于一些科，会局限在相同的地域之内，这一情形是如此常见而且尽人皆知的。

诚如前一章里所述，我不相信有什么必然的发展法则。盖因每一个物种的变异性，皆为独立的属性，而且变异性只有在复杂的生存斗争中对每一个个体有利时，方能为自然选择所利用，故不同物种的变异程度，在量上也是不均等的。譬如，倘若有几个物种，彼此间原本是直接竞争的，却集体地迁入一个新的、其后变为与外界隔离的地域，那么，它们便不太会发生什么变异；因为迁徙也好，隔离也罢，其本身并不能发生任何作用。这些因素只有在生物彼此间产生了新的关系，并与其周围的物理条件产生了新的关系（这一点较前一点为次要）时，方能发生作用。诚如我们在前一章中所见，有些生物类型从一个极为遥远的地质时代起，就一直保持着几近相同的性状，同样，某些物种业已迁徙穿越了广阔的空间，却并未发生很大的变化。

根据这一观点，很明显，同属的几个物种尽管如今栖居在相距最为遥远的世界各地，但由于均从同一祖先那里传衍下来的，因而它们最初肯定是发生于同一原产地。至于那些在整个地质时期里经历了很少变化的物种，自不难相信它们皆是从同一个区域迁徙而来的；盖因自亘古而来相伴发生的地理上和气候上的巨大变化期间，几乎任何距离的迁徙都是可能的。然而，在很多其他的情形中，我们有理由相信，一个属中的若干物种是在相对较近的时期内产生的，故接受起来就有很大的困难了。同样明显的是，同一个物种中的个体，尽管现如今栖居在相距很远并相互隔离的地区，它们必定来自同一地点，即它们的双亲最初产生的地方：因为诚如前一章里业已解释过的，从不同物种的双亲那里，通过自然选择而产生出完全相同的个体，这是不可思议的。

我们因而转至博物学家们业已广泛讨论过的一个问题，即物种是在地球表面上一个地点还是多个地点创造出来的呢？无疑，在众多情形下极难理解，同一物种是怎么可能从一个地点，迁徙到如今所在的几个相距很远且相互隔离的地点的呢。无论如何，每一物种最初皆产生于单一地区之内这一观点的简单性，着实引人入胜。排斥这一观点的人，也就排斥了普通的发生及其后迁徙的真实原因，并将引入神迹的作用。普遍承认，在大多数情形下，一个物种栖居的地域总是连续的；当一种植物或动物栖居在彼此相距很远的两个地方，或者两地之间的间隔是这样一种性质，即这一地带在迁徙时不易逾越，那么，这一事实便会被视为是不寻常的以及例外的情形。陆生哺乳动物的跨海迁徙的能力，也许比任何其他生物，都更为明显地受到限制；因而我们尚未发现下面这样难以解释的情形，即相同的哺乳动物栖居在世界上相距很远的各地。大不列颠与欧洲曾经一度是连结在一起的，其结果具有相同的四足兽类，对此类情形，没有一个地质学家会感到难以解释。但是，倘若同一个物种能在相互隔离的两个地点产生的话，那么，我们为何没有发现哪怕是一种欧洲与澳洲或南美所共有的哺乳动物呢？其生活的一些条件，是几近相同的，以至于很多欧洲的动物和植物，已在美洲和澳洲归化了；而且在南北两半球的这些相距遥远的地方，也有一些完全相同的土著植物。诚如敝人所信，其答案是：某些植物由于具有各种各样的传布方法，业已在移徙时通过了广阔而隔断了的中间地域，但是哺乳动物却不能在迁徙中逾越这一中间地域。各类屏障对于分布曾有过的重大而显著的影响，只有根据大多数的物种只产生在屏障的一侧、而尚未能迁徙到另一侧的这种观点，方能得以解释。某少数几个科、很多亚科、更多的属，以及更为众多的属的部分，只局限在一个单一的地域；几位博物学家们业已观察到，最自然的属，或其物种的彼此联系最为密切的那些属，一般都是地方性的，或仅局限在一个区域。倘若，当我们在该系列中往下降一级时，若是对于同一物种内的个体来说，有一个正相反的规律在支配着；并且物种不是地方性的，而是在两个甚或更多的不同地域内产生出来的，那将是何等奇怪的反常啊！

因此，诚如很多其他博物学家们所认为的那样，我也认为，下述观点是最靠谱的，即每一物种仅在一个地方产生，然后再从那里迁徙出去，迁到远至它在过去与现在的条件下的迁徙和生存能力所及之处。无疑，在很多的情形中，我们并不能解释同一物种是怎么能够从一个地点迁到另一个地点的。但是，在最近地质时代期间，确已出现过的一些地理和气候上的变化，定会将很多物种先前的连续分布阻断或使之不再连续了。所以，我们最终不得不考虑，分布的连续性的例外情形是否过多而且属过于严重的性质，以至于我们应该放弃从一般考虑看来是很有可能的那一信念，即每一物种都是在一个地方产生的，并且其后从那里迁徙到尽可能远的地方。若将于今生活在相距遥远而且相互隔离的各个地点的同一物种的所有例外情形都加以讨论的话，那会是不胜其烦的；我也不会须臾妄言能够给很多此类的情形以任何解释。但是，在做一些初步的陈述之后，我会讨论一下少数几类最为显著的事实；亦即，同一物种存在于相距很远的山峦的顶峰之上以及北极和南极相距很远的一些地点；其次，淡水生物的广泛分布（在下一章里讨论）；第三，同一个陆生的物种，出现在一些岛屿及大陆上，尽管它们之间被数百英里大海所分隔。倘若同一物种在地球表面上相距很远而且隔离的地点的存在，能在许多事例中被每一物种乃从单一的出生地迁徙出去的观点所解释的话，那么，考虑到我们对于先前气候及地理上的变化以及各种偶尔的传布方式的无知，相信这是一个放之四海而皆准的法则，在我看来，则是最可靠不过的了。

在讨论这一问题时，我们还应能同时考虑对我们来说是同等重要的一点，即一个属里的几个不同的物种（按本人的理论，是从一个共同祖先传衍下来的），是否能从其祖先栖居的那一地区迁徙出去（在迁徙过程中的部分期间发生了变异）。倘若能够表明下述情形几乎是一成不变的，即一个地区中所栖居的大多数生物，与另一个地区的物种，抑或亲缘关系密切，抑或属于同属，该地区很可能在以前的某一时代曾接受过自另一个地区迁入的生物，那么，我的理论便得以加强；因为根据变异的原理，我们便能清晰地理解，为何一个地区的生物竟会与另一个地区的生物相关，因为这一地区的物种是由后者输入而来的。譬如，在距离一个大陆的数百英里外，隆起并形成了一个火山岛，随着时间的推移，很可能会从该大陆接受少数的迁入的生物，而它们的后代，尽管有所变异，依然会由于遗传之故，而与该大陆上的生物有着明显的关系。这类情形是普遍的，而且一如我们此后还要更充分地了解，用独立创造的理论是难以解释的。一个地区的物种与另一地区的物种相关的这一观点，与华莱士先生一篇颇有创意的文章中新近提出的观点并无多大不同（只要把物种一词换成变种即可），他在文中还断言，“每一物种的产生，均与先前存在的亲缘关系密切的物种在空间和时间上戚戚相关”。而且我现在通过与其通信已经明白，他把这种休戚相关归因于伴有变异的发生（generation with modification）。

先前有关“创造的单中心及多中心”的陈述，对另一个类似的问题，没有直接的关系，即同一物种的所有个体是否从单独一对配偶那里传衍下来的，抑或是从一个雌雄同体的个体那里传衍下来的，或者诚如某些作者们所假设的那样，是从很多同时创造出来的众多个体那里传衍下来的。至于那些从不杂交的生物（倘若它们是存在的话），根据我的理论，物种必定是从一连串改进了的变种那里传衍下来的，这些变种从来不跟其他的个体或变种相混合，而是要彼此取而代之；所以，在变异和改进的每一个相继的阶段，每一个变种的所有个体，都是从单一亲本那里传衍下来的。但是在大多数情形下，即对于每次生育都通常经由交配，或经常进行杂交的所有的生物，我相信在缓慢的变异过程中，通过杂交，该物种的所有个体保持几近一致；故此很多个体会同时进行变化，而且在每一个阶段，变异的总量不会是由于自单一亲体传衍下来所致。兹举一例来说明我的意思：英国的赛跑马与任一其他品种的马皆稍有不同；但是，它们的不同之处以及优越之处，并不是从任何单独一对亲本那里传衍下来的，而是由于在很多世代中，对很多个体持续地进行了仔细的选择与训练所致。

在讨论三类事实（被我业已选作是对“单一创造中心”理论所带来的最大难题）之前，我必须略表一下扩散的方法。

扩散的方法。——莱尔爵士以及其他一些作者业已很得力地讨论了这一问题。我在此仅就一些更重要的事实，给出一个最简略的摘要。气候的变化必定对迁徙有过强力的影响：一个地域，在其过去的气候不同之时，可能曾是迁徙的通衢大道，但现如今却是不可逾越的了；然而，现在我将必须对这一方面的问题，稍作详细的讨论。陆地水平的变化，也必定有着极为重要的影响：例如，一条狭窄的地峡现将两个海生动物群分隔开来；倘若这条地峡在水中沉没了，抑或从前曾经沉没过，那么，这两种动物群就会混合在一起，抑或先前就曾混合过：于今的海洋所延伸之处，在先前的某一时代，或许曾有陆地将岛屿之间，甚或可能将大陆之间连接在一起，故而允许陆生生物从一地通向另一地。陆地水平曾在现生生物的存在期间，出现过巨大的变化，对此没有地质学家会持异议。福布斯力主，大西洋中的所有岛屿，在最近的过去一定曾与欧洲或非洲相接，而且欧洲也同样与美洲相接。其他一些作者们故而假设每个海洋，都曾有过陆桥相连，而且几乎把每一岛屿都与某一大陆相连起来。倘若福布斯所持的论点委实可信的话，那么不得不承认，在最近的过去，几乎没有一个岛屿是不与某一个大陆相连的。这一观点，便可快刀断乱麻般地解决了同一物种扩散到天涯海角的问题，而且很多难点也即迎刃而解：然而就我所能判断而言，我们尚不能就此承认在现生物种存在的期间内，确曾出现过如此巨大的一些地理变化。在我看来，关于陆地水平的巨大波动，我们有着丰富的证据；但是并无证据表明其位置和范围也曾出现过如此巨大的变化，以至于它们在近代曾彼此相连，而且曾与几个介于其间的洋岛相连。我坦白地承认，先前存在过的很多岛屿，现在已沉没在海里了，这些岛屿从前可能曾作为植物以及很多动物迁徙时的歇足之地。诚如我所相信的，在珊瑚生长的海洋中，这些沉没的岛屿，现今被立于其上的珊瑚环或环礁所标示。我相信终将有一天，当人们充分承认，每一个物种曾是从单一的产地产生的，而且随着时间的推移，当我们了解了有关分布方法的一些确实情形时，我们便能有把握地推测先前的陆地的范围了。然而我不相信，终将能够证明现今非常分离的各大陆，在近代曾是彼此相连或几乎彼此相连在一起的，而且是与很多现存的洋岛相连在一起的。若干分布上的事实，譬如几乎每一个大陆两侧的海生动物群所存在的巨大差异；若干陆地甚至海洋的第三纪生物，与该处现生生物之间的密切关系；哺乳动物的分布与海洋深度之间，存在着某种程度上的关系（诚如我们此后将会看到）；这些以及其他这类事实，在我看来，皆与承认近代曾经发生过极大的地理变革一说是相违的，但若根据福布斯所提出并为其追随者们所接受的观点来说，这一说法却是必然的。洋岛生物的性质及其相对的比例，在我看来，同样也是与洋岛先前曾与大陆相连的这一信念相违的。它们几乎普遍地具有火山成分，也不支持它们是沉没大陆的残留物的说法；倘若它们原本是大陆上的山脉的话，那么，至少有些岛屿会像其他山峰那样，是由花岗岩、变质片岩、老的含化石岩层或其他此类岩石所构成的，而不仅仅是由成堆的火山物质所组成的。

现在我必须略表一下所谓意外的分布方法，但更适当地或可称之为偶然的分布方法。在此我仅谈谈植物。在植物学论著里，会谈及这一种或那一种植物，不适于广泛地传播；但是，至于跨海的传送，其难易程度可以说是几乎一无所知。在伯克利先生帮助我做了几种试验之前，甚至关于种子抗拒海水侵害作用的能力究竟有多大，也不得而知。我惊奇地发现，在87种的种子中，有64种当浸泡过28日后还能发芽，而且有少数经浸泡过137日后仍能生存。为方便起见，我主要试验了那些没有蒴果或果肉的小种子；因为所有这些种子在几天之内都得沉下去，故无论其是否会受海水的侵害，都不能漂过广阔的海面。其后我试验了一些较大的果实以及蒴果等等，其中有一些能够长时间地漂浮。众所周知，新鲜的与干制的木材的浮力，是何其不同；我还意识到，大水或许会把植物或枝条冲倒，这些可能在岸上被风干，然后又被新上涨的河流冲刷入海。因此，这让我想到把94种植物的带有成熟果实的树干和枝条弄干后，放入海水中。大多均很快地沉下去了，而有一些在新鲜时只能漂浮很短一段时间，但干燥后却能漂浮很长的时间；譬如，成熟的榛子迅即下沉，但干燥后却能漂浮90天之久，而且此后将其种植尚能发芽；带有成熟浆果的芦笋（asparagus）能漂浮23天，经干燥之后竟能漂浮85天，而且这些种子以后仍能发芽；苦爹菜（Helosciadium）成熟的种子两天后便下沉，干燥后能漂浮90天以上，其后也能发芽。总计在这94种干了的植物中，18种漂浮了28天以上；而且在这18种中还有一些漂浮了更长的时间。故此，64/87的种子，泡在水中28日后还能发芽；并且18/94的带有成熟果实的植物（与上述试验的物种不尽相同）在干燥之后能漂浮28天以上；倘若从这些零星的事实我们可做出任何推论的话，那么，我们便可断言，任何地域的14/100的植物种子或可在海流中漂浮28天，仍能保持其发芽的能力。在“约翰斯顿（Johnston）自然地图集”中，有一些大西洋的海流的平均速率为每日33英里（有些海流的速率为每日60英里）；按照这一平均速率，属于一个地域的14/100的植物种子，或许会漂过924英里的海面而抵达另一个地域；当搁浅之时，若被内陆大风刮到一个适宜的地点，它们还会发芽。

继我的这些试验之后，马腾斯（M. Martens）也做了相似的试验，但方法要好得多，因为他把种子放在一个盒子里，让它在海上漂浮，故种子时而被浸湿，时而被暴露在空气中，就像真实的漂浮植物一般。他试了98类种子，大多数都与我的不同；但他选用的是很多滨海植物的大的果实以及种子；这或许会有利于其漂浮以及抵御海水侵害的平均长度。另一方面，他没有预先把带有果实的植物或枝条弄干；诚如我们业已所见，预先干燥的话，可使其中一些植物漂浮得要长得多。结果是，他的18/98的种子漂浮了42天，而且其后还能发芽。但我不怀疑，暴露在波浪中的植物，要比起我们的试验中未受剧烈运动影响的植物，在漂浮的时间上要短一些。所以，也许可以有把握地假定，一个植物群中约10/100的植物种子，在干燥之后，可能会漂越900英里宽的海面，而且其后还会发芽。大的果实常常比小的果实漂浮得更长久的事实很有趣；由于具有大的种子或果实的植物，几乎很难用其他任何方法来传送；按照德康多尔业已显示的，此类植物一般有着局限的分布范围。

而种子偶尔可通过另一种方法来输送。漂流的木材会被冲到大多数岛上去，甚至会被冲到位于最广阔的大洋中央的岛屿上去；太平洋珊瑚岛上的土著居民，制作工具用的石子，全是从漂来的树木的根部弄出来的，这些石子还作为贵重的贡税[1]。我在观察中发现，当形状不规则的石子夹在树根中间时，往往有小块泥土充填在缝隙中或包裹在后面，它们填塞得如此之好，以至于历经极为长久的搬运，也不会有一粒被冲刷掉；一株树龄约50年的橡树，有一小块泥土被完全地包藏在木头里，从泥土中竟萌发出三株双子叶植物：我对这一观察的准确性很有把握。我还能显示，鸟类的尸体漂浮在海上，有时不至于立即被吞食掉，其嗉囊里有很多种类的种子，

[1] 该处的原文是："these stones being a valuable royal tax"；这里的"royal tax"与英国王室毫无干系，这是达尔文作为维多利亚时代的大英臣民，对岛上的土著部落社会结构比照大英的王室制来加以描述，故这里的"王室税"，实际上是指土著居民对其部落首领上缴的贡税。——译注

经久仍能保持其萌发力：譬如，豌豆与巢菜属的一些植物，浸泡在海水里的话，不出几日便一命呜呼；然而，在人造海水中漂浮过30天的一只鸽子，其嗉囊内的此类种子，取出来之后，则出乎我的意料之外，竟几乎全部萌发了。

活的鸟，在搬运种子方面，也不失为极为有效的媒介。我能举出很多事实，以显示很多种类的鸟，是何等频繁地被强劲的大风吹过辽阔的海面。窃以为，我们可以有把握地假定，在此情形下，其飞行速度可能往往是每小时35英里；而有些作者的估算，要远高于此。我尚未见过营养丰富的种子，能在鸟的肠子里穿肠而过[1]的情形；但是果实内的坚硬种子，甚至能够通过火鸡的消化器官而毫发无损。在两个月期间，我曾在我的花园里，从小鸟的粪便中拣出了12个种类的种子，似乎均完好，我试种了其中的一些种子，它们也能发芽。但下述事实尤为重要：鸟的嗉囊并不分泌胃液，而且诚如我通过试验所了解到的，毫不损害种子的发芽；那么，当一只鸟寻觅到并吞食了大批的食物之后，可以肯定地说，不是所有的谷粒在12甚或18小时之内，都进入到砂囊里去的。在这段时间里，该鸟可能会很容易地被风吹到500英里开外的地方，而且我们知道，鹰类总是寻猎倦鸟的，倦鸟被撕裂的嗉囊中的食物，故此极易被散布开来。布兰特先生（Mr. Brent）告诉我，他的一个朋友放弃了自法国向英国放飞信鸽，盖因这些信鸽一经抵达，其中很多便被英国海岸的鹰类所消灭。有些鹰类和猫头鹰把猎物整吞下去，经过12到20小时的一段时间，吐出一些小的团块，根据

---

[1] 即不被消化。——译注

动物园里所做的试验，我了解到，这些团块中还包含有能发芽的种子。有些燕麦、小麦、粟、虉草（canary）、大麻、三叶草以及甜菜的种子，待在不同的猛禽的胃里12到21小时之后，依然能够发芽；两颗甜菜的种子经过了两天零十四个小时之后，还能生长。我发现，淡水鱼类吞食多种陆生植物和水生植物的种子，而鱼又常常被鸟所食，故此种子便可能从一处被输送到另一处。我曾把很多种类的种子，塞入死鱼胃内，然后拿它们去喂鱼鹰、鹳以及鹈鹕；隔了很多小时之后，这些种子便在小团块里被吐了出来，或者随着粪便排了出来；在这其中的几个种子，依然保持了发芽的能力。然而，某些种子总是在这一过程中致死。

尽管鸟的喙与足通常是很干净的，我能显示它们有时也沾有泥土：有一次我曾从一只鹧鸪的一只脚上，扒拉下来22粒干黏土，并且在泥土中有一块几近巢菜种子一样大的石子。因而种子偶尔有可能被搬运到极远的地方；因为可以举出很多事实表明，几乎到处的土壤里都有种子。只要想一想数以百万计的鹌鹑每年飞越地中海，它们脚上粘带的土里有时会包含几小粒种子，对此我们还能有所怀疑吗？但是对这一问题，我将会回过头来再予以讨论。

由于据知冰山有时满载着泥土和石头，甚至挟带着灌木丛、骨头以及陆生鸟的穴巢，因此我几乎不能怀疑，诚如莱尔所指出的那样，它们必定有时会把种子从北极和南极区域的一处搬运到另一处；而且在冰期期间，从现今的温带的一个地方把种子搬运到另一个地方。在亚速尔群岛上，较之更接近大陆的其他洋岛上的植物来说，它有大量的植物物种与欧洲的相同，而且若以纬度来比较，这些植物多少带有北方的特征（诚如沃森先生所指出的），我猜想，该群岛上的植物，部分地是在冰期期间由冰体所带去种子而生成的。经我请求，莱尔爵士曾致信哈同先生（M. Hartung），询问他在这些岛上是否见到过漂砾，他回复称，他确曾发现大块的花岗岩和其他岩石的碎块，而这些岩石不是该群岛所原生的。因此，我们可以有把握地推论，冰山过去曾把运载来的岩石卸到这些洋中岛屿的岸上，而下述这点至少是可能的，即这些岩石或许曾给那里带来了一些北方植物的种子。

考虑到上述这几种传送方法以及其他几种无疑留待今后发现的传送方法，多少世纪以及千百万年来，年复一年地起着作用，我想，很多植物倘若未曾因此而得以广泛传布开来的话，反倒是一桩奇事了。这些传送方法有时被称为是意外的，但严格说来这并不正确；海流并非意外，强势大风的风向亦非意外。应予注意的是，任何传送的方法，很少能把种子搬运到极为遥远的地方；因为种子若受海水作用的时间太久的话，就难以保持其成活力；而且它们也不能在鸟类的嗉囊或肠道里停留太久。然而，这些方法对于跨越数百英里宽的海面，或者岛屿与岛屿之间，或者从一个大陆到其邻近的岛屿之间的偶然的输送，却是足够了，但对于从一个遥远的大陆传送到另一个大陆，则是不够的。相距遥远的各大陆的植物群，不至于因这些方法而在很大的程度上混淆起来；而是像现今一样，依然保持着显明的区别。海流因其走向，绝不会把种子从北美带到不列颠，尽管它们或许会而且确实把种子从西印度群岛带到了英国的西海岸，在那里，即便它们未因海水长久的浸泡而死去的话，恐怕也难以忍受我们的气候。几乎每一年，总有一两只陆生鸟类被风吹过大西洋，而从北美抵达爱尔兰与英格兰的西海岸；但是，种子只有一种方法可以通过这些流浪者来传送，即附着在粘在鸟足上的泥土里，而这本身却是罕见的意外。即令在此情形下，一粒种子刚好落在适宜的土壤上竟至成熟，其机会是何等地渺小啊！但是，不能因为像大不列颠这样生物繁多的岛，据知（但很难予以证明）在新近的几个世纪之内，没有通过偶然的传送方法从欧洲或其他任何大陆接纳过移入者，从而主张一个生物贫乏的岛，尽管离大陆更远，便不会用类似的方法接纳过移入者，那就大错特错了。我不怀疑，如若二十种种子或动物被搬运到一个岛上，即令该岛的生物远不如不列颠的繁多，几乎不会有一个以上的种类，能够如此好地适应新的乡土而终至归化。然而，依我之见，在漫长的地质时期内，当一个岛屿正在隆起及形成之时，而生物尚未遍布其上之前，对于偶然的传送方法所能起到的作用，若用上述的议论来加以反对的话，则是站不住脚的。在一个近乎是不毛之地的岛上，仅有极少数甚或完全没有为害的昆虫或鸟类的存在，几乎每一粒偶然而至的种子，大概总会发芽与成活的。

在冰期中的扩散。——有一些山峰，被好几百英里的低地所隔开，而这些山顶上的很多植物与动物却是相同的，但高山物种是不能生存于低地的，这是所知的相同物种生活在相距遥远的地点、但显然不可能由一地迁往另一地的最显著的例子之一。目睹如此多的相同植物，生长在阿尔卑斯山或比利牛斯山的积雪区以及欧洲极北的部分，这委实是引人注目的事实；但是，更为不同寻常的是，美国怀特山（White Mountains）上的植物，与拉布拉多（Labrador）的那些植物完全相同，而按照阿萨·格雷的说法，它们与欧洲最巍峨的山峰上的植物，也几近完全相同。甚至早在1747年以前，这样的事实就使葛莫林（Gmelin）断言，相同的物种必定是在几个不同的地点被一一独立地创造出来的；若非阿格塞以及其他一些人生动地唤起了对冰期的注意的话，我们也许依然持此信念呢；诚如我们即将看到，冰期给这些事实提供了一个简单的解释。我们有几乎每一种可以想象到的、有机的以及无机的证据表明，在很近的地质时期之内，中欧与北美均曾遭受北极的气候。苏格兰和威尔士的山岳，以其山侧的划痕、磨光的表面以及高置的漂砾，表明那里的山谷晚近时期曾经布满了冰川，这比火灾之后的房屋废墟，更能清晰地昭示既往的情形。欧洲气候的变化之大，以至于在意大利北部，古代冰川所留下的巨大冰碛上，现在已经长满了葡萄和玉蜀黍。在美国相当广博的地域上所见的漂砾以及被漂移的冰山与海岸冰体所留下划痕的岩石，均清晰地揭示出先前曾有过的一个寒冷的时期。

先前冰期气候对于欧洲生物分布的影响，诚如福布斯异常清晰地解释过的，其要点如下。但是，我们若假定新的冰期是缓慢降临的，然后又缓慢地逝去，就像先前所发生的情形那样，我们将会更容易地追寻这些变化。当寒冷到来，随着每一个较为南部一点的地带变得适于北极生物、而不适于其原来的较为温带的生物时。后者便会被排除，而北极生物便会取而代之。同时，较为温带的生物便会向南迁徙，除非它们被屏障所阻挡，倘为屏障所阻的话，它们就会灭亡。山会被冰雪覆盖，而先前的高山生物便会向下迁移到平地上去。待寒冷达到极点时，我们便会有清一色的北极的动物群与植物群，遍布欧洲的中部各地，向南直至阿尔卑斯山以及比利牛斯山，甚至一直伸延到西班牙。现今美国的温带地区，当时同样也会布满北极的植物与动物，并且与欧洲的几近相同；因为现今北极圈的生物（我们假定它们曾向南方各地迁徙的），在全世界都是惊人的一致。我们可以假定，冰期降临北美的时间比在欧洲稍早或稍晚一点儿，那么在那里的南迁也曾稍早或稍晚一点儿；但这并不影响最终的结果。

当回暖之时，北极的类型便会向北退去，紧步其退却后尘的则是较为温带的生物。当山麓的冰雪消融时，北极的类型旋即占据了这一雪融尽净的地方，随着温度的升高，它们总是越攀越高，而它们的一些同类“弟兄们”则向北推进。因此，待到温暖完全复原时，新近曾经共同生活在新、旧两个大陆的低地上的相同的北极物种，又会被孤立地留在相隔遥远的山峰之上（而在所有较低处的北极物种皆已消亡）以及两半球的极地之内。

故此我们能够理解，在诸如美国与欧洲的高山之类的相隔极为遥远的一些地方，竟有很多相同的植物。我们故此也能理解这一事实，即每一山脉的高山植物，与其正北方或近乎正北方所生活的北极类型之间的关系，更是特别地接近：盖因寒冷降临时的迁徙以及回暖时的再迁徙，一般是朝着正南与正北方向的。譬如，苏格兰的高山植物（诚如沃森先生所指出的）以及比利牛斯山的高山植物［如拉蒙德（Ramond）所说的］，与斯堪的纳维亚北部的植物，其间的关系尤为相近；而美国的植物与拉布拉多的植物更相近；西伯利亚高山的植物，则与该国北极区的相近。由于这些观点是基于先前确曾出现过冰期，故在我看来，它能如此圆满地解释了现今欧美的高山以及北极生物的分布，以至于当我们在其他地区发现相同的物种生活在相距遥远的山顶上，即令没有其他的证据，我们也几乎可以断定，较冷的气候曾经允许它们先前通过低的中间地带进行迁徙，而于今那里则已变得太暖了，故不再适于其生存了。

自冰期以来，倘若出现过在任何程度上比现今要温暖的气候的话［美国有一些地质学家主要根据颌齿蛤（Gnathodon）的分布，相信曾出现过这种情形］，那么，北极与温带的生物会在较近的一个时期，曾向北挺进更远一些，而其后复又退到它们现今的家园；然而，我尚未发现令人满意的证据，表明自冰期以来曾有过这插入其间的稍暖一点儿的时期。

北极类型，在其南迁以及复又北迁的长期过程中，会遭遇近乎相同的气候；而且，诚如业经特别提及的，它们会是集体的迁徙；其结果它们的相互关系不会受到多大的干扰，因而，根据本书所反复陈述的原理，它们也不太会发生多大的变异。但是，对于我们的高山生物来说，一旦气候回暖，它们即被隔离了，起初在山麓，最终在山顶上，故其情形，便会多少有些不同了；因为不太可能所有相同的北极物种，都会留在彼此相隔很远的山中，并且自那时起一直在那里生存着；它们还很可能与古代的高山物种相混合，这些古代的高山物种必定在冰期开始以前业已生存于山上，而且在最寒冷的时期，必定曾被暂时地驱至平原之上；它们也会遭受到多少有些不同的气候的影响。因而，它们的相互关系，在某种程度上会受到干扰；其结果它们也就易于变异；而这正是我们所发现的情形；因为如若我们比较一下欧洲几座大山上现今的高山植物和动物的话，尽管很多物种是一模一样的，有些却成为变种，而有些则被定为悬疑类型，还有少数一些，则是显著不同但密切相似或具代表性的物种了。

在说明冰期期间所实际发生（诚如我所相信的那样）的情形时，我曾假定，冰期伊始，环绕北极区域的北极生物，具有与现今一样的一致性。但是，上述有关分布的论述，不仅严格地适用于北极类型，也同样适用于很多亚北极的类型以及某些少数的温带类型，因为其中一些跟北美与欧洲的低坡上以及平原上的是相同的；据此人们可以合理地发问，我如何解释在冰期开始时全世界的亚北极类型与温带类型所必然具有的某种一致性呢？如今旧大陆与新大陆的亚北极带以及北温带的生物，彼此间被大西洋以及太平洋的最北部分隔开来了。冰期中，旧大陆和新大陆的生物，栖居在比现今要更为向南的位置，它们必定更加完全地被更为宽阔的海洋所分隔了。我相信，通过审视更早一些时候的相反的气候变化，便可克服以上的困难。我们有很好的理由相信，在晚近的上新世时期，在冰期之前，尽管世界上大多数生物在种一级上与今日是相同的，但当时的气候要比如今暖和一些。因此，我们可以假定，如今生活在纬度60度气候之下的生物，在上新世期间，却生活在更北的地方，即在纬度66度到67度之间的北极圈之下；而严格意义上的北极生物，当时则生活在更接近北极的断续的陆地上。现在倘若我们看一看地球仪，我们就会看到，在北极圈下，从欧洲西部通过西伯利亚直达美洲东部，有着几乎连续的陆地。我把旧大陆与新大陆的亚北极生物以及北温带生物在冰期以前所必然具有的某种一致性，归因于这种环极陆地的连续性，以及它所带来的生物可在较适宜的气候下的自由迁徙。

根据先前提及的一些理由，相信我们的各个大陆虽曾受到巨大的但部分的水平变动，却长久地保持了几近相同的相对位置，我很想引申上面这一观点，并推论：在更早的以及更温暖的时期，例如早上新世的时期，大量的相同的植物和动物，均栖居在几乎连续的环极陆地上；而且，这些植物和动物（无论旧大陆还是新大陆的），远在冰期开始之前，便随着气候的逐渐变冷，开始缓慢地南迁。诚如我所相信的，我们在欧洲的中部以及美国，现今可以看到它们的后代，大多已发生了变化。依此观点，我们便能理解为什么北美与欧洲的生物之间的关系很少是相同的，虑及两个大陆之间的距离以及它们被大西洋所分隔，这一关系便最为引人注目了。我们还可进一步理解一些观察者们所论及的一个独特的事实，即在第三纪晚期阶段，欧洲与美洲的生物之间的相互关系比现今更为密切；因为在这些比较温暖的时期内，旧大陆和新大陆的北部几乎被陆地连续地相接在一起，可作为两处生物相互迁徙的一个桥梁，其后则因寒冷而不再能够通行无阻了。

在上新世的气温缓慢降低的期间，一旦栖居在新大陆与旧大陆的共同物种迁移到北极圈以南，它们彼此之间必定就要完全隔离。对较为温暖地方的生物而言，这种隔离必定发生在很久以前。而且当这些植物与动物向南迁徙时，便会在一个大的区域内，与美洲的土著生物相混合，且势必与其竞争；在另一个大的区域，则与旧大陆的生物相混合、相竞争。其结果，对产生更大的变异的有利因素无一所缺，使这些生物的变异远胜于高山的生物，盖因后者在远为新近的期间内，仍被隔离在新旧两个大陆的几条山脉以及北极陆地之上。因此看起来，当我们比较新大陆和旧大陆的温带地区的现生生物时，我们发现很少相同的物种（尽管阿萨·格雷新近表明，两地植物的相同之处多于过去的推想），但我们在每一个大纲里都可以找到很多类型，有些博物学家们把它们定为地理种族，而另外一些博物学家们则把它们定为不同的物种；还有很多亲缘关系极为密切的或代表性的类型，则被所有的博物学家们均定为不同的物种。

海水中的情形一如陆地之上，在上新世甚或稍早一些时期，海洋动物群沿着北极圈的连绵海岸，几乎一致地缓慢南迁，故根据变异的理论，便能够解释为何很多亲缘关系密切的类型现今却生活在完全隔离的海域里。故此，我认为我们能够理解，很多现生以及与其相连的第三纪的代表类型，在温带的北美东西两岸的存在；我们也能理解一个更为引人注目的事实，即栖居在地中海与日本海的很多甲壳类（如达纳的令人称羡的著作中所描记的）、一些鱼类以及其他的海洋动物之间，有着密切的亲缘关系，而地中海与日本海现今已被一个大陆以及将近一个半球的赤道海洋所隔开了。

现今隔离的海域中的生物，还有北美与欧洲的温带陆地的现在以及过去的生物，它们之间存在关系但却没有相同的物种，这些例子，是创造的理论所无法解释的。我们不能说，由于这些地区的物理条件是几近相似的，故而相应创造出来的生物也是相似的；因为譬如我们比较一下南美的某些部分与旧世界的南方大陆，我们看到这些区域的所有物理条件都是极为相应的，但是其生物却全然不同。

然而，我们必须回到我们更近的论题，即冰期。我深信，福布斯的观点尚可大为延伸。在欧洲，我们有最明显的寒冷时期的证据，从不列颠的西海岸到乌拉尔山脉，而且向南直到比利牛斯山。从冰冻的哺乳动物以及山上植被的性质，我们也可以推断，西伯利亚曾受到相似的影响。沿着喜马拉雅山，在相隔900英里的地点，冰川留下了先前曾向低处下降的痕迹；在锡金，胡克博士曾见到生长在巨大的古代冰碛上的玉蜀黍。在赤道之南，我们有直接的证据表明，新西兰从前曾有过冰川活动；在该岛上相隔遥远的山上所发现的相同的植物，也诉说着同样的故事。倘若所发表的一个报道是可信的话，我们也有了澳大利亚东南角的冰川活动的直接证据。

转向美洲；在其北半部，东侧向南远至纬度36度至37度处，曾见冰川携来的岩石碎块，而在如今的气候大为不同的太平洋沿岸，南至纬度46度处，亦复如此。在落基山上，也曾见到过漂砾。在近赤道的南美科迪勒拉山，冰川曾经一度扩张到远在它们现今的高度以下。在智利的中部，我惊见一个巨大的岩屑堆，高约800英尺，横穿安第斯山的一个山谷；我现在深感那是巨大的冰碛，遗留在远比现存的任何冰川要低的地方。在该大陆两侧更南，自纬度41度直至最南端，我们有从前冰川活动的最清楚的证据，即远离其母岩的巨大漂砾。

在世界相对两侧的相距遥远的这几处地方，冰期是否是严格同时的，我们不得而知。然而，在几乎每一例中，我们均有很好的证据显示，这一时期是包含在最晚近的地质时期之内的。我们也有极好的证据表明，在每一地点，若以年来计算的话，这一时期都持续了极为漫长的时间。寒冷在地球上一个地点降临或终止比在另一处要早一些，但鉴于其在每一地点均持续很久，而且从地质意义上来说是同时代的，那么，在我看来，很可能至少这时期的一部分时间，全世界实际上是同时的。没有某种明显的相反的证据的话，我们至少可以承认下述是可能的，即在北美的东西两侧、在赤道和温带之下的科迪勒拉山脉、在该大陆极南端的两侧，冰川作用是同时发生的。倘若承认这一点的话，则很难拒不相信全世界的气温在这一时期是同时降温的。倘若沿着某些宽广的经度带，气温是同时很低的话，对于我的目的来说则足够了。

根据这一观点，即全世界或至少宽广的经度带，在南北极之间，是同时变冷的，那么便能很好地显示同一以及近缘物种现今的分布。在美洲，胡克博士业已显示，在火地岛的显花植物（占该地贫乏的植物群中不小的一部分）中，有四十到五十种与欧洲的相同，而这两地相距极为遥远；此外还有很多近缘的物种。在赤道下的美洲巍巍高山之上，出现了很多属于欧洲的一些属的特殊物种。在巴西最高的山上，伽德纳（Gardner）发现了少数几个欧洲的属，而它们却不存在于宽广的炎热的中间地带。在加拉加斯（Caraccas）的西拉（Silla）山上，大名鼎鼎的洪堡在很久以前就发现了属于科迪勒拉山所特有的一些属的物种。在阿比西尼亚（Abyssinia）的山上，出现了几个欧洲的类型以及好望角独特的植物群的少数几个代表。在好望角，见有极少数据信是并非人为引进的欧洲物种，并且在山上见有少数几个欧洲类型的代表，而这些尚未发现于非洲的间热带部分。在喜马拉雅山，在印度半岛的各个孤立的山脉上，在锡兰的高地上，以及在爪哇的火山锥上，很多植物要么是完全相同的，要么是互为代表类型而且同时也代表欧洲的植物，但这些植物却未见于中间的炎热的低地。在爪哇的更为高耸的山峰上所采集到的各个属的植物名录，竟像是欧洲山丘中所采集的植物的一幅图画！更惊人的事实是，婆罗洲山顶上所生长的植物，竟然代表了南澳的类型。诚如我从胡克博士处得知，这些澳洲类型中的一些植物，沿着马六甲半岛的高地延伸出去，一方面稀疏地散见于印度，另一方面向北延伸直至日本。

在澳洲南部的山上，米勒博士业已发现了几个欧洲的物种；其他的物种，并非人为引进，却出现在低地上；胡克博士知会我，可以列出一长串的欧洲植物属，它们只见于澳洲，却不见于中间的炎热地区。在胡克博士的令人称羡的《新西兰植物群概论》一书中，对于这一大岛的植物，也列举出了类似的以及惊人的事实。由此可见，在世界各地，生长在较高的高山上的植物，与生长在南北半球温带低地上的植物，有时是完全相同的；但更常见的是，尽管它们彼此间有最为惊人的关系，却在种一级上是区别分明的。

这一简述仅适用于植物：有关陆生动物的分布，也可给出一些完全类似的事实。海洋生物中，也出现类似的情形；兹举最高权威达纳教授的一段话为例，他说，“新西兰的甲壳类，与处于地球上正相反位置的大不列颠的，较之世界任何其他部分的，更为密切相似，这委实是一个奇妙的事实”。理查森爵士（Sir J. Richardson）也谈及，在新西兰、塔斯马尼亚等海岸，有北方类型的鱼类重现。胡克博士告诉我，新西兰与欧洲之间，藻类中有二十五个种是相同的，但它们却未见于中间的热带海内。

应该注意的是，发现于南半球南部以及间热带地区山脉上的一些北方物种及类型，并不是北极型的，而是属于北温带的。诚如沃森新近指出的，“在从极地向赤道纬度后退的过程中，高山或山地植物群实实在在地变得越来越不像北极的了”。生活在地球较温暖地区的山上以及南半球的很多类型，其价值是可疑的，因为有些博物学家们将其定为不同的物种，而另一些博物学家们则将其定为变种；但是有一些确实是同种的，而很多尽管跟北方类型密切相近，却必须被定为不同的种。

现在让我们看一看，根据被大量的地质学证据所支持的信念，即在冰期期间，整个（或大部分）世界普遍地要比现在冷得多，如何让上述一些事实更加明了呢？冰期若以年来计算的话，必定是极为漫长的；当我们想到一些归化了的植物和动物，在几个世纪之内，曾经分布到何其广大的空间，那么，冰期对于任何程度的迁徙都会是绰绰有余的。当寒冷逐渐降临之时，所有热带的植物与其他生物，必将从两侧向赤道退却，紧跟其后的是温带的生物，然后则是北极生物；但对于后者，我们现在不予考虑。热带植物很可能遭到了很多的灭绝；究竟有几许，无人可知；或许先前的热带，曾经支持了我们现今所见拥挤在好望角以及部分澳洲温带那么多的物种。我们知道，很多热带的植物和动物，能够经受住相当程度的寒冷，很多在中等程度的降温情况下可能免遭灭顶之灾，更多的则逃到最温暖的地区而得以幸存。然而，应该记住的一个重要事实是，所有的热带生物都会在一定程度上受损。另一方面，温带生物在迁徙到更接近赤道之后，尽管它们会处于多少是新的条件之下，受损程度也定会较小。显然，倘若免受竞争者们的侵犯的话，很多温带植物是能够经受得住比其原先要温暖得多的气候的。因此，记住热带生物是处在受难的状态下，对入侵者的抵御并非牢不可破，那么，一定数量更有活力以及占优势的温带类型，或许会穿入其领地，到达甚或穿越赤道，依我看来都是可能的。诚然，这一入侵大大地得益于高地，也许还有干燥的气候；因为法尔考纳博士告知我，是热带的湿热，对来自温带气候的多年生植物，危害最甚。另一方面，最为潮湿与炎热的地区，将为热带的土著生物提供避难所。喜马拉雅西北的山脉以及绵延的科迪勒拉山脉似乎提供了两个入侵的路线：最近胡克博士知会我，这是一个令人惊异的事实，即所有火地岛与欧洲间共有的开花（被子）植物（约有46种），现今依然生存于北美，北美必定是处在进军的路线上。然而，我并不怀疑，在最为寒冷之时，一些温带生物曾进入甚至于穿过了热带的低地，亦即当一些北极类型从其原产地迁徙了约25度的纬度而覆盖了比利牛斯山麓的大地时。在极度寒冷的这一时期，我相信那时赤道上位于海平面的气候，与现今那里六七千英尺高处所感到的约略相同。在这最为寒冷的时期，我猜想，大片的热带低地曾覆盖着热带与温带混杂的植被，宛若现今奇异地繁生在喜马拉雅山麓一样的植被，也一如胡克所生动描述的那样。

因此，诚如我所相信的，在冰期期间，相当多的植物、少数陆生动物以及一些海洋生物，从南、北温带迁至间热带地区，有一些甚至于穿过了赤道。当回暖之时，这些温带类型会自然地登上更高的山上，留在低地的则遭到灭亡；那些尚未抵达赤道的类型，会重新向北或向南迁徙，以回到从前的家园；但是业已穿过赤道的类型（主要是北方的），则会继续行进、离其原先家园越来越远而进入相反半球上更像温带的纬度地带。尽管根据地质学上的证据我们有理由相信，在长期的南迁复又北移期间，北极贝类在整体上几乎没有经历任何变化，但对于那些在南半球、间热带山脉上定居了的入侵类型，其情形可能却是截然不同的。这些为陌生者所包围的类型，不得不与很多新的生物类型进行竞争；很可能是其构造、习性，以及组织结构方面的某些特定的变异，将对其有益。因此，很多这些“流浪者”们，尽管在遗传上明显地与其北半球或南半球的兄弟们相关，现如今却以明确的变种或不同的物种而生存在它们新的家园了。

就像胡克对于美洲、德康多尔对于澳洲所力主的那样，一个不同寻常的事实是，相同的植物以及近缘的类型自北向南的迁徙，要多于自南向北的迁徙。然而，我们在婆罗洲和阿比西尼亚的山上，依然见到少数南方的植物类型。我猜想，这种偏重于自北向南的迁徙，缘于北方的地域更为广阔，也缘于北方类型在其故土生存的数量更为众多，其结果，通过自然选择与竞争，它们便较南方类型的完善化程度更高，或占有优势的力量。因此，当它们在冰期期间相混合时，北方类型便能战胜较弱的南方类型。这恰如我们于今所见的情形，很多很多的欧洲生物遍布拉普拉他，并且在较小的程度上分布在澳洲，并在一定程度上战胜了那里的土著生物；然而，尽管在近两三个世纪从拉普拉他以及近四五十年从澳洲，大有一些易带种子的兽皮、羊毛以及其他物品输入欧洲，却极少有南方的类型在欧洲的任何地方得以归化。某种同类的情况必定曾出现在间热带的山脉上：无疑在冰期之前，间热带的山上必定曾满布土著的高山类型；但是，这些类型几乎处处让位于在北方的更广的地域以及更有效的作坊中所产出的更占优势的一些类型。在很多岛上，外来的归化生物几乎赶上甚或超出了土著生物的数目；而且倘若土著生物实际上还未被消灭的话，其数目业已大量减少，这是它们走向灭绝的第一步。山即是陆上之岛；冰期前的间热带山脉，必然是完全隔离的；而且我相信，这些陆上之岛的生物业已屈服于在北方较广地域内产出的生物，正如真正的岛上生物已在近期处处屈服于由人力而归化的大陆类型一般。

我远非设想，在此给出的有关生活在北、南温带以及间热带地区的山脉上的相同物种与近缘物种的分布及亲缘关系的观点，能够消除所有的难点。很多很多的难点亟待解决。我并不奢望能够指出迁徙的精确路线及方法，抑或说明为何某些物种迁徙了而其他的则没有；为何某些物种变异了并且产生了新的类群，而其他的则保持不变。我们不能希冀去解释这些事实，除非我们能说明，为何一个物种而不是另一个物种，能够借人力在外乡归化；为何在其本土之上，一个物种比另一个物种分布得远至两三倍，且又多至两三倍。

我业已讲过，很多难点亟待解决：一些最为显著的难点，已为胡克博士在其南极地区的植物学论著中十分清晰地阐明了。这些不能在此予以讨论。我只点到为止，即仅就在克尔格伦岛（Kerguelen Land）、新西兰以及富吉亚（Fuegia）如此极为遥远的不同地点，却出现相同的物种而言，我相信接近冰期结束时，诚如莱尔所建议的，冰山应该与这些物种的分布大有干系。然而，根据我的兼变传衍的理论，远为困难的明显一例是，生存于南半球的这些以及其他一些相隔遥远的地方的几个十分不同的物种，却属于仅局限在南方的一些属。由于这些物种中的一些是如此地不同，以至于我们不能设想，自冰期开始以来，竟有足够的时间令其迁徙并达到其后所必需具备的变异程度。这些事实，依我之见，似乎显示了特别的以及十分不同的物种是从某一共同的中心点向外呈辐射状路线迁徙的；而且我倾向于着眼于南方（如同北半球一样），在冰期开始之前，曾有一个比较温暖的时期，那时的南极陆地（现在为冰所覆盖），曾支持了一个极为特殊且孤立的植物群。我推测，在这一植物群被冰期消灭之前，通过偶然的传送方法以及借助于当时存在但现已沉没了的岛屿作为歇脚点，或许是冰期通过冰山，少数类型曾广泛地扩散到了南半球的一些地方。诚如我所相信的，通过这些方式，美洲、澳洲以及新西兰的南岸，便会略带同样一些特殊类型植物的色彩了。

莱尔爵士曾在一段动人的文字里，用几乎与敝人完全相同的语句，推测气候的巨大转变对于地理分布的影响。我相信，世界新近经历了它的巨大变化的轮回之一；根据这一观点，加上通过自然选择的变异，有关相同的或近缘的生物类型的现今分布的诸多事实，便能够得到解释。可以说，生命的水体，曾在一个短暂的时期内，自北而流，自南而流，并穿越赤道；但是自北而流者，具有更大的力量，以至于它得以在南方自由地泛滥。正如潮水把其携带的漂浮物遗留在水平线上（尽管水平线在潮水最高的岸边升得更高）一般，生命的水体，也沿着从北极低地到赤道高地这一条徐缓上升的线，把其携带的生命漂浮物，留在了我们的高山之巅。由此搁浅而留下来的形形色色的生物，大可与人类的未开化种族相比，他们被驱赶到几乎每一块陆地的山间险要之处并在那里苟延残喘，而这些地方便成为我们极感兴趣的一种记录，它记载了周遭低地上先前居民的景况。

XII

第十二章

地理分布（续）

淡水生物的分布——论大洋岛上的生物——两栖类与陆生哺乳类的缺失——论海岛生物与最邻近的大陆生物的关系——论生物从最邻近原产地移居落户及其后的变化——前一章及本章的概述。

12-1 达尔文环球考察中所观察和绘制的无尾两栖类

由于湖泊与河系为陆地的屏障所隔开，因此人们或许会认为淡水生物在同一地域内不会分布得很广又由于大海显然更是难以逾越的屏障，因此可能会认为淡水生物绝不会扩展到远隔重洋的地域。然而，实际情形却恰恰相反。非但属于十分不同的纲的很多淡水物种有着极为广大的分布，而且近缘物种也以惊人的方式遍布于全世界。我十分清楚地记得，当初次在巴西的淡水水体中进行采集时，我对于那里的淡水昆虫、贝类等等与不列颠的相似，而对周围陆生生物则与不列颠的不相似，感到非常地吃惊。

我认为，对于淡水生物的这一广布的能力，尽管如此地出乎意料，但在大多数情形下，拟可作此解释：它们以一种对自己极为有用的方式，业已适应于在池塘与池塘、河流与河流之间，进行经常的、短途的迁徙；由这种能力而导致广泛扩散的倾向，则几乎是必然的结果了。我们在此只能考虑少数几例。关于鱼类，我相信相同的物种，绝不会出现在相距遥远的不同大陆上的淡水里。但在同一个大陆上，物种常常分布很广，而且几乎变化无常；盖因两个河系里会有些鱼类是相同的，而有些则是不同的。有几项事实似乎支持淡水鱼类通过意外的方法而被偶然传送的可能性；例如在印度，活鱼被旋风卷到他处的情形并不稀见，而且它们的卵脱离了水体依然保持活力。但是，我还是倾向于将淡水鱼类的扩散，主要归因于在晚近时期内陆地水平的变化而致河流彼此汇通之故。此外，这类情形的例子，也可出现于洪水期间，当陆地水平并无任何的变化。在莱茵的黄土中，我们发现了十分晚近的地质时期内陆地水平有过相当大的变化的证据，而且当时地表上布满了现生的陆生及淡水的贝类。大多数连绵的山脉，亘古以来肯定就分隔了河系并完全阻碍了它们的汇合，故两侧的鱼类大为不同，这似乎也导致了相同的结论。至于有些近缘的淡水鱼类出现在世界非常遥远的不同地点，无疑有很多情形在目前是难以解释的：但是有些淡水鱼类属于很古老的类型，在这些情形下，便有充分的时间经历巨大的地理变迁，其结果也便有了充分的时间与方法进行很大的迁徙。其次，海水鱼类经过小心的处理，能够慢慢地习惯于淡水生活；依瓦伦西尼斯（Valencicnnes）之见，几乎没有一种鱼类类群，是毫无例外地只局限在淡水里的，故我们可以想象到，淡水类群的一个海生成员可沿着海岸游移得很远，而且其后发生变化并适应于远方的淡水水体。

12-2 水域中的大甲壳虫

淡水贝类的有些物种分布极广而且近缘的物种（根据敝人的理论，是从共同祖先传衍下来的，且必定是来自单一发源地的）也遍及世界各地。它们的分布最初令我大惑不解，盖因它们的卵不太可能被鸟类传送，而且其卵与成体一样，都会旋即为海水所扼杀。我甚至于难以理解某些归化的物种何以能够迅速地在同一地区内传布开来。但是，两项事实（这仅是我业已观察到的，无疑很多其他的事实亟待发现）对此有所启迪。当一只鸭子从满布浮萍的池塘突然冒出来时，我曾两次见到这些小植物附着在它的背上；我还见到过这样一幕：在把少许的浮萍从一个水族箱移至另一个水族箱里时，我曾十分无意地把一个水族箱里的一些淡水贝类也移至另一个水族箱里。然而，另一种媒介或许更为有效：我把一只鸭子的脚悬放在一个水族箱里（这或许可以代表浮游在天然池塘中的鸟足），其中有很多淡水贝类的卵正在孵化；我发现了很多极为细小的、刚刚孵出来的贝类爬在鸭子的脚上，而且附着得很牢固，以至于鸭脚离开水之时，它们也不会被震落，尽管它们再稍微长大一些便会自动脱落。这些刚刚孵出的软体动物尽管在本性上是水生的，但它们在鸭脚上、潮湿的空气中，能够存活12至20个小时；在这么长的一段时间里，鸭或鹭也许至少可飞行六七百英里；倘若它们被风吹过海面抵达一个海岛或任何其他遥远的地方，定会降落在一个池塘或小河里。莱尔爵士也曾告诉过我，他曾捉到过一只龙虱（Dyticus），其上牢固地黏附着一只曲螺［（Ancyius），一种类似帽贝（limpet）的淡水贝类］；而且同科的一只水甲虫［细纹龙虱（Colymbetes）］，有一次飞到贝格尔号船上，而当时这艘船距离最近的陆地有45英里：无人能够知晓，倘若遇上顺风的话，它还会被吹到多远去呢。

关于植物，我们早已知道很多淡水以及沼泽的物种分布得非常之广，不仅分布到各个大陆上，而且分布到最为遥远的洋岛之上。据德康多尔称，这一点最为显著地表现在很多陆生植物大的类群里，这些类群中仅含有极少数的水生的成员；这些陆生植物大的类群，似乎由于那些水生的成员而能立刻获得广泛的分布范围。我想，这一事实可以由有利的扩散方法而得以解释。我过去曾提及，一定量的泥土有时（尽管很少见）会黏附在鸟类的脚上以及喙上。常在池塘泥泞的边缘徘徊的涉禽类，如若突然受惊飞起，脚上极有可能带有烂泥。我能够显示，这一个目里的鸟，是最佳漫游者，它们偶尔被发现在远洋最为遥远的荒岛之上；它们不太可能会降落在海面上，故它们脚上的泥土不会被冲洗掉；当着陆之时，它们必定会飞到其天然的淡水栖息地。我不相信植物学家们能意识到池塘的泥里所含的种子如何之多；我曾做过几个小试验，但在此我仅举出最显著的一例：我在二月间，从一个小池塘边水下的三个不同地点，取出了三汤匙的淤泥；风干之后仅重六又四分之三盎司；我把它盖起来，在书房里放了六个月，每长出一株植物，即将其拔起并加以计算；这些植物种类繁多，共计有537株；而那块黏软的淤泥，可以全部装在一个早餐用的杯子里！考虑到这些事实，我想，倘若水鸟不把淡水植物的种子传送到遥远的地方，倘若这些植物结果没有极为广大的分布范围，反倒是不可思议的了。同样的媒介，也会对某些小型淡水动物的卵起到作用。

其他未知的媒介，很可能也曾起过作用。我已说过，淡水鱼类会吃某些种类的种子，尽管它们吞食很多其他种类的种子后，复又吐出来；甚至小鱼也能吞下中等大小的种子，诸如黄睡莲与眼子菜（Potamogeton）的种子。鹭及其他的鸟类，一个世纪又一个世纪地每天都在吃鱼；吃完鱼之后，便飞往其他的水域，抑或被风吹得跨洋过海；而且我们知道，在很多个小时之后，它们吐出来的团块中所含的种子或随着粪便排出来的种子，依然保持着发芽的能力。当我见到那美丽的莲花（Nelumbium）的很大的种子，同时忆起德康多尔对这种植物的评述时，我想，其分布必定是难以解释的；但是奥杜邦指出，他在一只鹭的胃里发现过很大的南方莲花［据胡克博士称，很可能是北美黄莲花（Nelumbium luteum）］的种子；尽管我不知道这一事实，但是类比令我相信，一只鹭飞往另一个池塘并在那里饱餐一顿鱼，很可能会从胃里吐出一个团块，其中含有一些尚未消化的莲花的种子；或者当该鸟喂其雏鸟时，种子或许掉落下来，正如同有时鱼也是这样掉落的。

在考虑这几种分布方式时，应该记住，譬如当一个池塘或一条河流在一个隆起的小岛上最初形成之时，里面是没有生物的；因而一粒单个的种子或一个卵，将会有良好的机会得以成功。尽管在业已占领了同一池塘的物种（无论为数是多么的少）的个体之间，总会有生存斗争，然而由于与陆地上相比，其数很小，故水生物种之间的竞争，很可能就不像陆生物种那么激烈；结果，来自外地水域的入侵者，也就会比陆上的移居者，有较好的机会去占据一席之地。我们还应记住，很多淡水生物在自然阶梯上是低级的，而且我们有理由相信，如此低等的生物比高等生物变化或变异得要慢；水生物种能在比平均起来更长的时间内保持同种不变，得以（作为同一物种）进行迁徙。我们不应忘记这一可能性，即很多物种先前曾在辽阔的地域上连续地分布着，并达到淡水生物连续分布能力的极限，而其后却在中间地带灭绝了。但是淡水植物与低等动物的广泛分布，无论它们是否保持完全相同的类型，抑或产生了某种程度的变化，我相信主要还是有赖于动物来广为扩散它们的种子与卵，特别是借助飞行能力强、并且自然地从一片水域飞往另一片而且常常是遥远的水域的淡水鸟类。因而，自然界宛若一位细心的花匠，从一个特定类型的花圃上取出一些种子，然后将它们撒落在另一个同样适合于它们生长的花圃上。

论大洋岛上的生物。——相同物种与近缘物种的所有个体，都是从一个亲本那里传衍下来的；因而它们全都起源于一个共同的诞生地，尽管随着时间的推移，它们现今已栖居在地球上相隔遥远的不同地点；我曾选出对上述观点构成最大难点的三类事实，现在我们就来讨论其中的最后一类事实。我业已指出，老实说我不能承认福布斯的大陆扩展的观点，这一观点若合理推导的话，便会导致如下的信念，即在晚近时期内，现存的所有岛屿都几近或完全与某一大陆相连。这一观点尽管可能会消除很多困难，但窃以为它并不能解释与岛屿生物相关的全部事实。在以下论述中，我将不限于讨论单纯的分布问题，而且也要讨论一些其他的事实，这些跟独立创造论与衍变理论的真实性有关。

栖居在洋岛上的各类物种的数量，比同等面积的大陆上的物种数量要少：德康多尔承认这在植物方面是如此，沃拉斯顿（Wollaston）则认为在昆虫方面亦复如此。如若我们看一看面积庞大且地形多样的新西兰，南北长达780英里，却仅有960种显花植物，这跟好望角或澳洲的同等面积上的物种数相比的话，我想我们必须承认，有某种与不同的物理条件无关的原因，引起了物种数目上的如此巨大的差异。即令地势单一的剑桥，也有847种植物，而安格尔西（Anglesea）小岛则有764种，但是这些数目中含有少数几种蕨类植物以及引进的植物，而且在其他一些方面，这一比较也并非十分公道。我们有证据表明，阿森松（Ascension）这一荒岛上原本只有不到6种显花植物；现在却有很多显花植物已在岛上归化了，就像它们在新西兰以及任一其他洋岛上得以归化的情形一样。在圣海伦纳（St. Helena），有理由相信，归化的植物和动物已近乎或者完全消灭了很多土著的生物。但凡信奉每一物种是被分别创造这一信条的人，就必须承认，大洋岛上并未能创造出足够多的最为适应的植物和动物；而人类不经意的举动却巧夺天工，从四面八方给这些大洋岛带来了更为众多、更为完美的生物。

12-3 能够迁徙到大洋岛上的一些动物

大洋岛上生物种类的数目虽少，但土著种类（即未见于世界其他地方的种类）的比例往往极大。譬如，倘若我们把马德拉岛上的土著陆生贝类的数目，或加拉帕戈斯群岛上的土著鸟类的数目，与发现在任何大陆上的土著的数目相比，然后再把这些岛屿的面积与那个大陆的面积相比的话，我们就会看到这是千真万确的。这种事实根据敝人的理论，或可料想到的，因为正如业已解释过的，物种经过漫长的间隔期之后，偶然到达一个新的隔离的地区，不得不跟新的同伴们进行竞争，就必然极易发生变异，并且常常产生出成群的变异了的后代。但这并不表明，正因为一个岛上的一个纲里的几乎全部物种都是特殊的，故而另一个纲的所有物种或是同一纲的另一部分的物种，也是特殊的；这一差异，似乎由于未曾变化的物种一股脑儿地整体迁入，故其相互关系未曾受到多大的扰乱。因此，在加拉帕戈斯群岛上，几乎每一个陆栖的鸟都是特殊的，而在十一种海鸟里只有两种是特殊的；显然，海鸟要比陆栖的鸟能更容易地抵达这些岛上。另一方面，百慕大与北美之间的距离，跟加拉帕戈斯群岛与南美之间的距离约略相同，而且它还有一种很特殊的土壤，但它连一种土著的陆鸟也没有；我们从琼斯先生（Mr. J. M. Jones）有关百慕大的精彩记述中得知，有许许多多的北美鸟类，在其一年一度的大迁徙中，定期或偶然地光顾该岛。诚如哈考特先生（Mr. E. V. Harcourt）告知我，马德拉岛没有一种土著的鸟，而且几乎每年都有很多欧洲的以及非洲的鸟类被风吹到那里。所以，百慕大与马德拉这两个岛上有很多的鸟，这些鸟类在其先前的故土上，曾长期地在一起斗争，而业已变得相互适应了；当它们在新的地方定居下来时，每一种类都将被其他的种类所钳制而保持其适当的位置与习性，其结果也就很少会发生变化。此外，马德拉岛上栖居着非常多的特殊的陆生贝类，但却没有一个海生贝类种是局限在其沿海的：那么，虽然我们不知道海生贝类是如何扩散的，但是我们能够理解，它们的卵或幼虫，也许会附着在海藻或漂浮的木材上，或是附着在涉禽类的脚上，这样便远比陆生贝类更容易被传送，穿过三四百英里的开阔海面，也不在话下。马德拉岛上的各目昆虫，也明显地呈现出类似的情形。

大洋岛有时缺少某些纲的生物，其位置明显地为其他纲的生物所占据；占据了哺乳动物位置的动物，在加拉帕戈斯群岛是爬行类，在新西兰则是巨大的无翼鸟类。在加拉帕戈斯群岛的植物中，胡克博士业已表明，其不同目之间比例数目，与它们在其他地方的比例数目十分不同。这类情形一般都是用岛屿的物理条件来予以解释的；但这种解释在我看来大可怀疑。我相信，迁徙的难易至少与环境条件同样重要。

有关遥远海岛的生物，还有很多值得注意的细枝末节。譬如。在某些没有哺乳动物栖居的岛上，有些土著的植物具有美妙带钩的种子；然而，带钩的种子是对凭借四足兽的毛以及毛皮传布的适应，很少有比这种关系更为明显的了。这一例子对我的观点，并不造成困难，因为带钩的种子或许可以通过一些其他的方法，传布到岛上去的；而且那一植物然后略经变异，但依然保留其带钩的种子，便形成了一个土著物种，却具有像任何发育不全器官一样的无用附属物，宛如很多岛屿甲虫，在它们业已愈合的鞘翅下仍保留着皱缩的翅一样。此外，岛上还常有一些树或灌木，它们所属的目，在其他地方仅含有草本物种；而根据德康多尔所显示的，不管其原因何在，这些树一般有着局限的分布范围。因此，树木很少可能会到达遥远的洋岛；一株草本植物，尽管没有机会能在高度上与一棵成年的树木成功地进行竞争，一旦当它定居在岛上，并仅仅跟其他的草本植物竞争，便会通过不断地长高进而超过其他的植物，很容易地就占有优势。倘若是这样的话，那么，无论这些草本植物属于哪一个目，当其生长在岛上，自然选择就往往会倾向于增加其高度，因而使其先转变成灌木并最终变成乔木。

至于大洋岛上整个一些目的缺失，圣凡桑（Bory St. Vincent）早就说过，大洋上镶嵌着很多的岛屿，但从未在任何一个岛上发现过两栖类（蛙类、蟾蜍、蝾螈）。我曾力图证实这一说法，并发现它是千真万确的。然而，我曾被告知有一种蛙类确实生存在新西兰这一大岛的山中；但我猜想这一例外（若该信息是准确的话）可以用冰川的作用来予以解释。如此多的大洋岛上，一般都没有蛙类、蟾蜍以及蝾螈的存在，是不能用大洋岛的物理条件来解释的；实则，岛屿似乎特别适于这些动物；因为蛙类已被引进马德拉、亚速尔以及毛里求斯，并在那里滋生之繁，竟令人生厌。然而，由于这些动物以及它们的卵一遇海水顷刻即亡，根据我的观点，我们便能理解它们是极难于漂洋过海的，因而我们也便能理解它们为何不存在于任何大洋岛之上了。但是，倘若按照创造的理论，就极难解释它们为何未在那里被创造出来了。

哺乳动物提供了另一相似的情形。我业已仔细地查询最早的航海记录，但我的查询尚未结束；迄今我尚未发现哪怕是一个毫无疑问的例子，以表明陆生哺乳动物（土人所饲养的家畜除外）栖居在距离大陆或大型陆岛300英里开外的岛屿上；很多距离大陆更近的岛屿，亦复如此。福克兰群岛栖居着一种类似于狼的狐狸，便几近是一种例外了；但是，由于这一群岛位于与大陆相连的海下沙堤（暗沙）之上，故其不能被视为洋岛；此外，冰山从前曾把漂砾携带到它的西海岸，故那些冰山从前也可能把狐狸带了过去，这在现今的北极地区是司空见惯的事儿。然而，并不能说，小岛就不能养活小型的哺乳类，因为在世界上很多地方，它们都出现在非常小的岛上（如若靠近大陆的话）；而且几乎不能说出一个岛来，那里小型四足兽未曾得以归化并繁衍甚盛。按照特创论的普通观点，不能说那里尚无足够的时间来创造出哺乳动物；从很多火山岛曾经受过的巨大剥蚀作用以及根据它们的第三纪地层来看，这些火山岛是十分古老的：那里也有足够的时间产生出属于其他纲的一些土著的物种；而且在大陆上，哺乳动物被认为要比其他较低等的动物，出现与消失的速率更快。

尽管陆生哺乳动物未出现于大洋岛之上，但飞行的哺乳动物却几乎出现在每个岛上。新西兰有两种蝙蝠，是世界上其他地方所没有的：诺福克岛（Norfolk Island）、维提群岛（the Viti Archipelago）、小笠原群岛（the Bonin Islands）、卡罗林（the Caroline）与马里亚纳（the Marianne）群岛以及毛里求斯，均有其特殊的蝙蝠。那么，可以作如是问：为什么那假定的创造力在遥远的岛上能产生出蝙蝠却不能产生出其他的哺乳动物来呢？根据我的观点，这一问题则极易解答；因为没有陆生动物能够跨过广阔的海面，但是蝙蝠却能飞越过去。人们曾见到蝙蝠大白天在大西洋上云游极远；而且有两个北美的蝙蝠物种，或经常或偶然地飞抵距大陆六百英里之远的百慕大。我从专门研究这一科动物的托姆斯先生（Mr. Tomes）那里得知，很多相同的物种均具广大的分布范围，并见于各大陆以及遥远的大洋岛之上。因此，我们只要设想，这类漫游的物种在它们新的家园根据其新的位置通过自然选择而发生了变异，我们便能理解，为何海岛上虽有土著蝙蝠的存在，却不见任何陆栖哺乳动物。

除了陆生哺乳动物的缺失与岛屿距离大陆的远程有关之外，还有一种关系，在某种程度上与距离无关，亦即分隔岛屿与相邻大陆的海水深度，与两者是否共同具有相同哺乳类物种或多少变异的近缘物种有关。厄尔先生（Mr. Windsor Earl）对于大马来群岛相关的这一问题，业已做出一些引人注目的观察，马来群岛在邻近西里伯斯（Celebes）处被一条深海的空间所切断，这一空间分隔出两个极不相同的哺乳动物群。[1]深海空间任何一侧

[1] 这就是现今生物地理学上所称的著名的“华莱士线”，是现代动物区系中的东洋区与澳大利亚区之间的分界线。——译注

的岛屿，皆位于中等深度的海下沙堤之上，这些同侧岛上栖居着亲缘关系密切或完全相同的四足兽。无疑在这大的群岛上存在少数异常的现象，而且有些哺乳动物很可能通过人为作用而归化，对某些情况做出判断，也有很大的困难。但华莱士先生令人称羡的热忱与研究，很快将会对该群岛自然史的了解大有启迪。我还没来得及对世界其他所有地方的这方面情形予以探究；但据我迄今的研究所及，这一关系一般说来是站得住脚的。我们看到，不列颠与欧洲为一条浅海峡所隔，两边的哺乳动物是相同的；在澳洲附近，被相似的海峡所隔的很多岛屿上，我们也见到了类似的情形。西印度群岛位于一个很深（近一千英寻之深）的海下沙洲上，这里我们发现了美洲的类型，但是物种甚至于属却是不同的。由于所有情形中其变异量在某种程度上取决于历时的长短，并由于在海平面变化期间，很明显被浅海峡所隔离的岛屿，要比被深海峡所隔离的岛屿，更有可能在晚近时期内与大陆连在一起，所以我们便能理解，海的深度跟岛屿与邻近大陆间的哺乳动物亲缘关系度之间所存在的频繁的关系，而这种关系根据独立创造行动的观点是无法解释的。

所有以上有关大洋岛生物的叙述，即种类的稀少、某些特殊的纲或某些纲的特殊的部分中土著类型的丰富、整个类群的缺失（如两栖类、除飞行的蝙蝠之外的陆生哺乳动物）、植物中的某些目的特殊的比例、草本类型发展成为树木等等，依我之见，更符合于那种认为偶然的传布方法在长久的时期中是大为有效的观点，而不是那种认为我们所有的大洋岛从前曾通过连续的陆地与最近的大陆相连的观点；因为按照后一观点，迁徙大概会更为完整；而且倘若考虑到变异的话，那么，按照生物与生物之间关系的头等重要性来说，所有的生物类型势必会更为均等地发生变异。

较为遥远的海岛上的几种生物（无论是依然保持了相同的物种类型还是自抵达以来已发生了变异），是如何竟能抵达它们现在的新家的，我不否认，在理解这一问题上，存在着很多严重的难点。但是，曾经作为歇脚点而存在过的很多岛屿，现在却没有留下一丁点儿的遗迹，这种可能性决不应该被忽视。在此我将举出这些困难情形中的一个例子。几乎所有的大洋岛，即令是最为孤立的以及最小的岛子，都栖居着陆生的贝类，它们通常是土著物种，但有时也有发现于其他地方的物种。古尔德博士（Dr. Aug. A. Gould）曾举了几个有关太平洋岛屿上的陆生贝类的有趣例子。众所周知，陆生贝类很容易被盐致死；它们的卵，至少是我曾试验过的卵，在海水里下沉并致死。可是，根据我的观点，必定会存在一些未知的、极为有效的方法来传布它们。刚孵化出来的幼体，会不会有时爬到并附着于栖息在地面上的鸟脚上，因而得以传布呢？我还想到，在休眠期内，陆生贝类的贝壳口上具有薄膜罩，它们有可能夹在漂木的缝隙中，得以漂过相当宽的海湾。而且我发现，有几个物种在此状态下浸入海水中达七天而不受损害：其中一种罗马蜗牛（Helix pomatia），在它再度休眠之后，我将其放入海水中二十天，它却完全复苏。由于这个物种有一个很厚的钙质口盖（operculum），我将其口盖除去，待新的膜质口盖形成之后，我把它浸入海水中十四天，结果它又复活并且爬走了：在这方面，有待更多的实验。

对我们来说，最引人注目以及最重要的事实是，栖居在岛屿上的物种与最邻近的大陆上的物种之间有着亲缘关系，但实际上并非是相同的物种。有关这一事实的例子，不胜枚举。我仅举一例，是加拉帕戈斯群岛的例子，它位于赤道上，距离南美洲的海岸在五百到六百英里之间。在此处，陆上与水中的几乎每一生物，都带有明显无误的美洲大陆的印记。那里的26种陆栖鸟之中，有25种被古尔德先生定为不同的物种，而且假定是在此地创造出来的；然而，这些鸟中的大多数，均与美洲的物种有着密切亲缘关系，它表现在每一性状上，表现在其习性、姿态与鸣声上。其他的动物亦复如此，诚如胡克博士在其所著的、令人称羡的该群岛的植物志中所显示的，几乎所有的植物，也是如此。一个博物学家，在远离大陆数百英里的这些太平洋火山岛上观察生物时，却宛若感到自己是驻足美洲大陆似的。情形何以如此呢？为什么假定是在加拉帕戈斯群岛创造出来的，而不是在其他地方创造出来的物种，却带有如此明显的与在美洲创造出来的物种有着亲缘关系的印记呢？在生活条件、岛上的地质性质、岛的高度或气候方面，或者在生活在一起的几个纲的比例方面，无一与南美沿岸的各种条件密切相似：事实上，在所有这些方面，均有相当大的不同。另一方面，加拉帕戈斯群岛与佛得角群岛之间，在土壤的火山性质方面，在岛屿的气候、高度与大小方面，却有相当程度的相似性：可是，它们的生物却是何等完全以及绝对地不同呀！佛得角群岛的生物，与非洲的生物相关，恰似加拉帕戈斯群岛的生物与美洲的生物相关一样。我相信，这一重大的事实，根据独立创造的一般观点，是难以得到任何解释的；而根据本书所主张的观点，很明显，加拉帕戈斯群岛很可能接受了来自美洲的移居者，无论是通过偶然的传布方法抑或通过先前连续的陆地；而佛得角群岛则接受了来自非洲的移居者；并且此类移居者也易于发生变异——遗传的原理依然泄露了它们的原始诞生地。

类似的事实不胜枚举：岛屿上的土著生物与最邻近的大陆上的或其他附近岛上的生物相关，委实是一个几乎普遍的规律。很少有例外，而且大都可以得到解释。因此，尽管克格伦陆地（Kerguelen Land）离非洲要比离美洲更近，但是我们从胡克博士的陈述中得知，它的植物却与美洲的植物相关，而且还十分接近。可是，若根据下述观点，那么这一反常现象便迎刃而解，即该岛植物的种子来源主要是靠盛行海流漂来的冰山上的泥土和石头携带而来的。新西兰在土著植物方面，与最近的大陆澳洲的关系，要远比与其他地区的关系更加密切：这大概是在意料之中的；可是它又明显地与南美相关，尽管南美是仅次于澳洲距其最近的大陆，但毕竟相距极为遥远，故这一事实也便成为一种反常现象了。但若根据下述观点，这一难点也就几乎烟消云散了，即新西兰、南美以及其他南方陆地的生物，一部分是在很久以前来自一个近乎中间的、尽管很遥远的地点，亦即南极诸岛，那是在冰期开始之前，其时这些岛上遍布植物。澳洲西南角与好望角的植物群的亲缘关系，尽管薄弱，但是胡克博士让我确信这是实实在在的，这是远较异常的情形，目前还无法解释；但是这种亲缘关系只局限于植物，而且我不怀疑，这总有一天会得到解释。[1]

我们有时可以看到，造成群岛生物与最邻近的大陆生物之间的密切亲缘关系（尽管在物种一级上不同）的法则，在同一群岛的范围之内，也以较小规模但甚为有趣的方式得以表现。诚如我在别处业已阐明的，在加拉帕戈斯群岛的几个岛屿上，以非常奇异的方式，栖居着一些亲缘关系十分密切的物种；以至于每一单独岛屿上的生物，尽管大多相互有别，但彼此之间的关系比它们与世界任何其他地区的生物之间的关系，有着无可比拟的相近。按

[1] 达尔文的这一预见，在半个世纪后即得以实现，魏格纳提出的大陆漂移假说部分地解释了这一“异常现象”。及至20世纪70年代板块构造理论的出现，南方古陆植物群之间的亲缘关系，旋即得到了更为圆满的解释。——译注

照我的观点，这大概正是在意料之中的，盖因这些岛屿彼此相距如此接近，它们几乎必然地会从相同的原产地抑或彼此之间，接受移居者。但是，这些岛屿上的土著生物之间的不同，或可用来反驳我的观点，因为人们或许会问：既然这几个岛，彼此间鸡犬之声相闻，并具有相同的地质性质、高度、气候等等，其上的很多移居者怎么会发生不同（虽程度仅仅很小）的变异呢？对我来说，长期以来看似是个难点：但是，这主要是由下述这一根深蒂固的错误观点而引起的，即认为一个地区的物理条件对居住在那里的生物是最为重要的；然而，窃以为，不可辩驳的是，其他生物的性质至少是同等的重要，而且通常是成功的一个远远更为重要的因素，因为每一生物都必须跟其他的生物进行竞争。现在，倘若我们来看一看那些加拉帕戈斯群岛上的、同时也见于世界其他地方的生物（暂将土著物种搁置一边，由于它们抵达之后如何发生变异的问题，仍在探讨之中，故无法在此公道地包括土著物种），我们可以发现它们在几个岛上有相当大的差异。这一差异或许确实是可以预料的，如若认为岛屿上的生物来自偶然的传布方法——譬如，一种植物的种子被带到了一个岛上，而另一种植物的种子却被带到了另一个岛上。因此，从前当一种移居者在这些岛屿中的任何一个或多个岛上定居下来时，或者当它其后从一个岛扩散到另一个岛上时，它无疑会在不同的岛上遇上不同的生活条件，因为它势必要与不同组合的生物进行竞争：比如说，一种植物会发现，在岛与岛之间，最适于它的土地，被不同的植物所占据的程度有所不同，而且会遭受到多少有所不同的敌害的袭击。如若此时它变异了，自然选择大概就会在不同的岛上垂青不同的变种。然而，有些物种可能扩散并且在整群中保持相同的性状，正如我们在一些大陆上所见，一些物种广泛扩散但又始终保持不变。

加拉帕戈斯群岛的这种情形，以及在较小程度上一些类似的情形，其中真正令人惊异的事实则是，在不同的岛上形成的新种，并没有迅速地扩散到其他的岛上。但是，这些岛之间尽管鸡犬之声相闻，却被很深的海峡所隔开，在大多数情况下比不列颠海峡还要宽，而且没有理由去假定它们在从前的任何时期曾是连结在一起的。各岛之间的海流，急速且迅猛，大风异常稀少；因此，各岛彼此之间的隔离度，实际上远甚于它们在地图上所显现的那样。尽管如此，还是有相当多的物种（既有发现于世界其他地方的，也有仅局限于该群岛的），是几个岛屿所共有的；而且我们根据某些事实可以推想，它们很可能是从某一个岛上扩散到其他岛上去的。但是，我想我们对于亲缘关系密切的物种之间在自由往来时，会彼此侵入对方领土的可能性，常常持有一种错误的看法。毫无疑问，如若一个物种比另一物种占有任何优势的话，它便会在极短的时间内全部地或部分地把对方排挤掉；然而倘若两者能同样好地适应它们各自在自然界中的位置，那么，两者大概都会几乎无限期地保住它们各自的位置。通过人为的媒介而归化了的很多物种，曾以惊人的速度在新的地域内扩散，一旦熟悉了这一事实，我们便很容易推想，大多数物种就是如此扩散开来的；但是我们应该记住，在新的地域归化了的类型，一般来说与土著生物在亲缘关系上并不密切，而是十分不同的物种，诚如德康多尔所表明的，在大多情况下则属于不同的属。在加拉帕戈斯群岛，甚至很多鸟类，尽管如此地适于从一个岛飞往另一个岛，但在每一个岛上还是各不相同的；故嘲鸫（mocking-thrush）中有三个亲缘关系密切的物种，每一个物种都局限在自己的岛上。现在让我们来设想一下，查塔姆岛（Chatham Island）的嘲鸫被风吹到了查尔士岛（Charles Island），而查尔士岛上业已有了自己的一种嘲鸫：

12-4 加拉帕戈斯群岛的嘲鸫

它凭什么道理能在那里成功地扎下根来呢？我们可以有把握地推测，查尔士岛业已繁衍着自己的物种，因为每年所产的卵要多于所能被养育的鸟；而且我们还可以推测，查尔士岛所特有的嘲鸫，对于其家园的良好适应，至少不亚于查塔姆岛所特有的种对查塔姆岛的适应。有关这一论题，莱尔爵士与沃拉斯顿先生曾函告我一个引人注目的事实；即马德拉和附近的圣港（Porto Santo）岛，各有很多不同的并具代表性的陆生贝类，其中有些生活在石头缝里；尽管每年有大量的石块从圣港运到马德拉岛上，可是马德拉并未被圣港的物种所占据；然而，这两个岛上却都有欧洲的陆生贝类移居进来，这些贝类无疑比土著物种占有某种优势。出于这些考虑，窃以为，对于栖居在加拉帕戈斯群岛的几个岛上的土著及具有代表性的物种，未曾在岛与岛之间广布开来一事，我们也无需大惊小怪了。在很多其他的情形中，譬如说在同一大陆上的几个地区内，“捷足先登”对于阻止相同生活条件下的物种混入，很可能也起着重要的作用。因此，澳洲的东南角与西南角，有着几近相同的物理条件，其间又有连续的陆地相连，可是，它们却栖居着大量的互不相同的哺乳动物、鸟类以及植物。

决定大洋岛动、植物群一般特征的原理，即当其生物不完全相同时，却明显地与它们最可能源自该处的那一地区的生物相关（这些移居者其后发生了变异，并且更好地适应于它们的新家），这一原理在整个自然界中有着最为广泛的应用。我们在每一座山顶上、每一个湖泊与沼泽中，均可看到这一原理。因为，除非是相同的类型，高山物种（主要是植物）在晚近的冰期期间业已广泛地扩散，都与其周围低地的那些物种是相关的；因此，在南美我们就有了高山蜂鸟、高山啮齿类、高山植物等等，全部为严格的美洲类型，而且很明显，当一座山缓慢隆起时，生物便会自然地从周围的低地移居而来。湖泊与沼泽的生物亦复如此，除非极为便利的传布给整个世界带来了相同的普遍类型。在栖居于美洲与欧洲洞穴里的目盲动物身上，我们也可看到这同一原理。还可举出其他一些类似的事实。我相信，下述情形将被认为是放之四海而皆准的，即在任何两个地区，无论彼此相距多远，大凡有很多亲缘关系密切的或具有代表性的物种出现，在那里也便同样会发现一些相同的物种，而且根据上述观点，显示出两地间在从前曾有过混合或迁徙。而且无论何地，凡有很多密切近缘的物种出现，在那里也定会发现很多类型，它们会被某些博物学家们定为不同的物种，却被另一些博物学家们定为变种；这些悬疑类型，向我们展示了变异过程中的一些步骤。

一个物种在现时或在不同物理条件下的从前某个时期的迁徙能力与范围，跟与其密切近缘的其他物种在世界一些遥远地点的存在，这两者之间关系，还以另一种更为普通的方式予以表示。古尔德先生早就告诉过我，在广布世界的那些鸟类的属中，很多物种的分布范围很广，我对这一规律的普遍真实性难以怀疑，尽管很难给予证明。在哺乳动物中，我们看到这一规律显著地表现在蝙蝠中，并在稍次的程度上表现在猫科与犬科中。倘若我们比较一下蝴蝶与甲虫的分布，那么，我们也见到同一规律。大多数的淡水生物，亦复如此，其中很多的属遍布全世界，很多单一的物种分布范围极广：这并不意味着，在世界范围分布的属里，所有的物种都有很广的分布范围，甚至于也不意味着，它们平均有很广的分布范围；而仅仅意味着，其中有些物种的分布范围很广；因为分布范围广的物种的变异及其产生新类型的难易，将在很大程度上决定其平均的分布范围。譬如，同一物种的两个变种栖居在美洲与欧洲，因而这一物种就有了极广的分布范围；但是，倘若变异得更甚一点儿，那么，这两个变种就会被定为不同的物种了，因而其共同的分布范围便将大大地缩小了。这更不意味着，一个明显地能跨越屏障并分布广泛的物种，如某些羽翼强大的鸟类，就必然分布得很广；因为我们绝对不应忘记，分布广远，不仅意味着具有跨越屏障的能力，而且意味着具有更加重要的能力，即能在遥远的地方，在与异地生物进行生存斗争中获胜。但是，若按照下述观点，即一个属的所有物种，尽管现在分布到世界最遥远的地方，皆是从单一祖先传衍下来的，我们应该就能发现（而我相信一般而言我们确能发现），至少有些物种是分布得很广的；因为未变异的祖先必定应该分布得很广、在扩散期间经历了变异、并必定应将其自身置于多种多样的条件下，而这些条件有利于其后代先是转变成一些新的变种，并最终变为一些新种。

在考虑某些属的广泛分布时，我们应该记住，一些属是极为古老的，必定是在很遥远的时代，从其共同祖先那里分支出来的；在此情形下，便有大量的时间出现气候与地理上的巨变以及意外的传布；其结果可使一些物种迁徙到世界各地，在那里它们可能已根据新的条件而轻微地变异了。从地质证据看来，也有某种理由相信，在每一个大的纲里，比较低等的生物一般来说要比那些比较高等的类型，变化速率缓慢一些；其结果低等的类型便有更好的机会，得以广泛分布却又依然保持同一物种的性状。这一事实，连同很多低等类型的种子和卵都很小并且更适于远程搬运的事实，大概说明了一个久已察觉的、新近又为德康多尔就植物方面所精辟讨论过的法则，即生物类群愈低等，其分布范围则趋于愈广。

适才讨论过的关系，即低等生物比高等生物的分布更广，分布广的属中的一些物种，本身的分布也很广；还有诸如此类的事实：高山、湖泊与沼泽的生物一般与栖居在周围低地和干地的生物相关（除去前面指出的例外情形），尽管这些地点是如此地不同；栖居在同一群岛的各个小岛上的不同物种，有非常密切的亲缘关系；特别是每一个整个的群岛或岛屿，其上的生物与最邻近大陆上的生物之间明显相关；窃以为，根据每一物种均为独立创造的普通观点，所有这些事实都是完全难以得到解释的，但是，若根据下述观点，这一困难便迎刃而解，即这是缘于从最近的以及最便利的原产地的移居，加之移居者其后的变异以及对新居的更好的适应所致。

前一章及本章的概述。——在这两章里，我已力图表明，如若我们适当地承认，对于所有的在晚近时期内确曾发生过的气候变化与陆地水平变化以及在同一时期内可能发生过的其他相似的变化所产生的充分影响，我们是无知的话；如若我们记得，对于很多奇妙的偶然的传布方法（而对这一论题从未曾进行过适当的实验），我们是何等地极度无知的话；如若我们记住，一个物种可能在广大的面积上连续地分布，而后在一些中间地带灭绝了，是何等地司空见惯的话；那么，窃以为，相信同一物种的所有的个体，无论其居于何处，均源于共同的祖先，便没有不可逾越的困难了。我们是根据各种一般的考虑，尤其是考虑到各种屏障的重要性以及亚属、属与科的类似的分布，而得出这一结论的，很多单一造物中心旗号下的博物学家们，也得出了这一结论。

至于同一属的不同物种，按照我的理论，均是从同一个原产地扩散开来的；如若我们像以前那样承认我们的无知，并且记得某些生物类型变化得最为缓慢，因而有着大量的时间供其迁徙，那么，我不认为这些困难是不可克服的；尽管在此情形下，以及在同种个体的情形下，这些困难常常是极为严重的。

为了举例说明气候变化对于分布的影响，我业已试图表明，当代冰期业已产生了何等重要的影响，我完全相信它同时影响了全世界，或至少影响了广大的子午线地带。为了表明偶然的传布方法是何等地五花八门，我已稍微详细地讨论了淡水生物的扩散方法。

倘若承认同一物种的所有个体以及近缘物种的所有个体，在漫长的时期中，均出自同一原产地，并没有什么不可克服的困难的话；那么，我认为所有的有关地理分布的大格局，都可以根据迁徙的理论（一般地是较为主导的生物类型的迁徙），以及其后新类型的变异与繁衍，而得以解释。因而，我们便能理解，屏障（无论是陆地还是水体），在隔离我们的几个动物与植物区系上，所起的极为重要的作用。我们因此还能理解，亚属、属以及科的地方化，以及譬如说在南美，平原与山脉的生物以及森林、沼泽与沙漠的生物，是如何通过亲缘关系以奇妙的方式相联在一起的，而且同样地与先前栖居在同一大陆上的灭绝了的生物相互关联。倘若记住生物与生物之间的相互关系是最为重要的，那么我们便能理解，为何具有几近相同的物理条件的两个地区，常常栖居着十分不同的生物类型；因为按照自移居者进入一个地区以来所经过的时间长度，按照允许某些类型而不让其他类型（以或多或少的数量）迁入的交流性质；按照那些移入的生物是否在彼此之间以及与土著生物之间，发生或多或少的直接竞争；并且按照移入的生物能够或多或少地发生迅速的变异；其结果就会在世界上不同的、大的地理区系中的不同地区（无论其物理条件如何）里，产生无限多样性的生活条件，也就会有几乎无限的生物间的作用与反作用，而且我们就会发现（诚如我们确实发现），有些类群的生物大大地变异了，而有些类群的生物只是轻微地变异了，有些类群的生物大量发展了，而有些类群的生物仅少量地存在着。

根据这些相同的原理，诚如我业已力图表明的，我们便能理解，为何大洋岛上只有少数的生物，而其中的大部分又是土著的或特殊的；由于与迁徙方法的关系，为何一群生物（甚至于在同一个纲之内）的所有物种都是土著的，而另一群的所有物种却跟世界其他地方是共同的。我们也能理解，为何像两栖类与陆生哺乳类这样整群、整群的生物，竟在大洋岛上缺失，而一些最为隔绝的岛屿上却有其特有物种的飞行哺乳类或蝙蝠。我们还能理解，为何岛上哺乳动物的存在（在多少有些变化了的条件下），与该岛跟大陆之间的海的深度，有某种关系。我们能够清晰地理解，为何一个群岛的所有生物，尽管在几个小岛上在种一级上不同，彼此间却有密切的亲缘关系；而且跟最邻近的大陆或移入者大概发源的其他原产地的生物同样地有着亲缘关系，只不过密切程度较差而已。我们能够理解，为何在两个地区内（无论彼此相距多远），在完全相同的物种的存在上、在变种的存在上、在悬疑物种的存在上，在不同的但却是具有代表性的物种的存在上，竟然也存在着一种相互关系。

诚如已故的福布斯所曾常常力主的那样，生命的法则在时间与空间中，存在着一种显著的平行现象：支配过去时期内生物类型演替的法则，与支配现今不同地区内的差异的法则，几近相同。我们可在很多事实中见到这一情形。每一物种以及每一群物种的存在，在时间上都是连续的；因为这一规律的例外是如此之少，以至于这些例外大可归因于我们尚未在中间的沉积物里发现其中所缺失的类型而已，而这些类型却出现在该沉积物之上及之下：在空间上，亦复如此，即一般规律委实是，一个物种或一群物种所栖居的地区是连续的；虽例外的情形不少，但诚如我业已试图表明的，这些例外都可根据以下予以解释，即从前某一时期在不同条件下的迁徙，或者偶然的传布方法，或者物种在中间地带的灭绝。在时间与空间里，物种以及物种群皆有其发展的顶点。属于某一时期或某一地区的物种群，常常有共同的微细性状（如雕纹或颜色）为特征。当我们观察漫长时代的演替时，诚如我们现在观察全世界的各个遥远地域一样，我们发现有些生物的差异很小，而另一些却有很大的不同，属于一个不同的纲，或者一个不同的目，甚或仅仅是同一个目里的不同的科。在时间与空间里，每一个纲的较低等的成员比之较高等的成员，一般说来变化较少；可是在这两种情形里，对这一规律都有一些显著的例外。根据敝人的理论，在时间与空间里的这些关系，都是可以理解的；因为无论我们是观察在世界同一地区、在相继时代中业已发生了变化的生物类型，还是观察那些在迁入遥远的地方之后业已发生了变化的生物类型，在这两种情形中，每一个纲里的类型都被普通世代的同一纽带连结了起来；任何两个类型的血缘关系愈近，它们通常在时间与空间里彼此间的位置也愈近；在这两种情形中，变异法则都是相同的，而且这些变异都是由相同的自然选择的力量累积而成的。

XIII

第十三章

生物的相互亲缘关系：形态学、胚胎学、发育不全的器官

分类，类群之下复有从属的类群——自然系统——分类中的规则与困难，用兼变传衍的理论予以解释——变种的分类——世系传衍总被用于分类——同功的或适应的性状——一般的、复杂的与辐射型的亲缘关系——灭绝分开并界定了生物类群——形态学：见于同纲成员之间、同一个体各部分之间——胚胎学之法则：根据变异不在早期发生，而在相应发育期才遗传来解释——发育不全的器官：其起源的解释——概述。

13-1 鸣禽类部分成员：1. 横斑林莺；2. 小白喉林莺；3. 园林莺；4. 白喉林莺； 5. 黑顶林莺

自从生命的第一缕曙光伊始，所有的生物，均依渐次下降的方式在不同程度上彼此相似，因此，它们能够在类群之下复又分为从属的类群。这一分类分明不像将星体归入不同星座那样地随意。倘若一个类群彻头彻尾地适于栖居在陆上，而另一个类群则彻头彻尾地适于栖居在水中；一群完全适于食肉，而另一群完全适于食植物，凡此等等，那么，类群存在的意义也就太过简单了。但是，自然界中的情形远非如此；因为众所周知，甚至同一亚群里的成员，通常也具有多么不同的习性啊。在第二章与第四章讨论“变异”与“自然选择”时，我业已试图表明，正是那些分布范围广、十分分散并且常见的，才是属于较大的属里的优势物种，也是变异最大的。诚如我所相信，由此而产生的变种或雏形种，最终转变成了新的、不同的物种；而且根据遗传的原理，这些物种趋于产生其他新的以及优势的物种。其结果，现如今那些大的、通常含有很多优势种的类群，趋于继续无限地增大。我还曾进一步试图表明，由于每一物种的变化着的后代，都力图在大自然的经济体制中，占据尽可能多以及尽可能不同的位置，它们也就不断地趋于性状分异。若要支持这一结论，只要看一眼在任何小的地区内生物类型之繁多、竞争之激烈，以及只要看一看有关归化的某些事实便可。

我也曾试图表明，大凡数量正在增加、性状正在分异的类型，不断地趋于排除以及消灭那些分异较少、改进较少，以及先前的类型。我请读者回过头去，参阅先前解释过的、用以说明这几项原理的作用的图解，便可见下述的必然的结果，即从一个祖先传衍下来的变异了的后代，在类群之下又分裂成从属的类群。在图解中，顶线上每一个字母，代表一个含有几个物种的属；而这条顶线上的所有的属在一起形成一个纲；由于全都是从同一个古代的，但尚未发现的祖先那里传衍下来的，因而它们遗传继承了一些共同的东西。然而，根据这同一原理，左边的三个属有很多共同之点，而形成了一个亚科，不同于右边毗邻的两个属所形成的亚科，后者是从谱系第五个阶段的共同祖先那里分歧出来的。这五个属依然有很多（尽管稍少一些）共同之点；它们组成一个科，不同于更右边、更早时期分歧出来的那三个属所组成的科。所有这些属都是从（A）传衍下来的，故组成一个目，并区别于从（I）传衍下来的那几个属。所以，在此我们将从一个祖先传下来的很多物种归入了属；而这些属被包括在或从属于亚科、科与目，所有的都归入一个纲里。因此，在类群之下再分类群的自然历史中的这一伟大事实（此乃司空见惯，故令我们对其熟视无睹），在我看来，便得到解释了。

博物学家们试图根据所谓的“自然系统”，排列每一个纲里的种、属与科。但是，这一系统的意义何在呢？有些作者仅将其视为一种方案，以把最相似的生物排列在一起，而把最不相似的生物划分开来；或将其视为尽可能简要地阐明一般命题的人为手段，即譬如，用一句话来描述所有的哺乳动物所共有的性状，用另一句话来描述所有的肉食类所共有的性状，再用另一句话来描述犬属所共有的性状，然后再加上一句话，以全面地描述每一类的狗。这一系统的巧妙与实用，是毋庸置疑的。然而，很多博物学家们认为，“自然系统”的意义，尚不止于此。他们相信，它揭示了“造物主”的计划；但是，除非能够具体说明它在时间上或空间上的顺序，或者具体说明“造物主”计划的任何其他含义，否则，依我之见，我们的知识并未因此而增加分毫。像林奈的那句名言的表述（我们所常见的，则是一种或多或少隐晦了的形式），即不是性状造就了属，而是属产生了性状，似乎意味着我们的分类中所包含的，不仅仅是单纯的相似性。我相信，它所包含的委实不止于此；我还相信，谱系传衍上的相近（生物相似性的唯一已知的原因）便是这种联系，这种联系尽管为各种不同程度的变异所掩盖，但却被我们的分类给予部分地披露了。

现在让我们来考虑一下分类中所采用的规则，并且考虑一下根据下述观点所遭遇到的一些困难，这一观点亦即分类要么揭示了某种未知的造物计划，要么仅仅是一种简单的方案，用以阐明一般命题以及把彼此最为相似的类型放在一起。也许有人曾认为（古时候即是如此认为的），决定生活习性的那些构造部分，以及每一生物在大自然的经济体制中的一般位置，在分类上极为重要。没有什么比这一想法更大错特错的了。无人会认为老鼠与鼩鼱、儒艮与鲸、鲸和鱼的外表的相似有任何重要性。这些类似，尽管与生物的整个生活如此密切地关联，但只是被列为“适应的或同功的性状”；然而，我们得留待以后再来考虑这些类似。甚至于可以作为一般规律的是，体制结构的任何部分与特殊习性关联愈少，则其在分类上就愈加重要。譬如，欧文在谈及儒艮时说：“生殖器官作为与动物的习性和食物最不相关的器官，我却总认为，它们非常清晰地显示了真正的亲缘关系。在这些器官的变异中，我们最不大可能将仅仅是适应的性状误认为是本质的性状。”植物也是如此，它们的整个生命所系的营养器官，除了在最初主要的分类划分外，却很少有意义，这是多么地奇特啊；而其生殖器官，连同它的产物——种子，却是头等重要的！

所以，在分类中，我们必须不要信任体制结构部分的相似性，无论这些部分对生物与外部环境的关系上的福祉可能是多么地重要。也许部分地是由于这一原因引起的，几乎所有的博物学家们，均极为强调高度重要

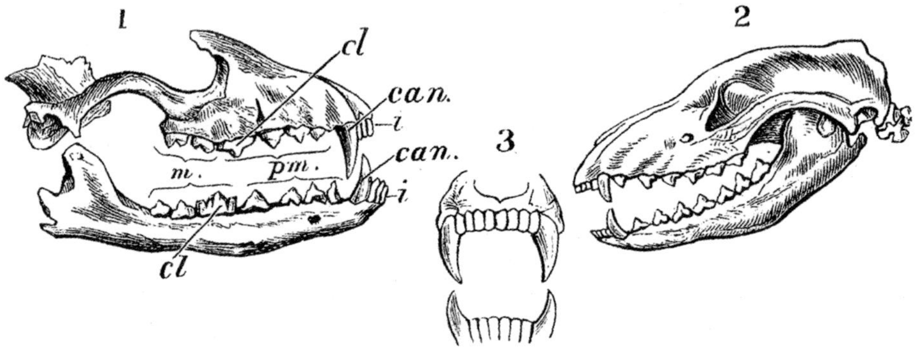

13-2 狗 1. 与塔斯马尼亚袋狼；2. 头骨的比较，显示出“同功的性状”；
3. 塔斯马尼亚袋狼前面牙齿的正面观

或具生理重要性的器官的相似性。毫无疑问，这种把重要的器官视为在分类上也是重要的观点，一般来说是正确的，但绝不意味着它总是正确的。我相信，它们在分类上的重要性，取决于它们在大群的物种中的较高的恒定性；而这种恒定性，则依赖于器官在物种适应其生活条件的过程中经历了较少的变化。因此，一种器官的单纯生理上的重要性，并不决定它在分类上的价值，这几乎已为下述这一事实所表明，即在亲缘关系相近的类群中，尽管我们有理由设想，同一器官具有几近相同的生理上的价值，但其在分类上的价值却大不相同。但凡研究过任何一个类群的博物学家，无人会对这一事实熟视无睹；而且在几乎每一位作者的著作中，它都得到了最充分的承认。在此仅引述最高权威罗伯特·布朗（Robert Brown）在讲到山龙眼科（Proteaceae）的某些器官时所说的话就够了；他说，它们在属一级的重要性，“像它们的所有部分的重要性一样，不仅在这一个科中，而且据我所知在每一个自然的科中，都是非常不等的，并且在某些情形下，似乎完全消失了”。他在另一著作中又说道，牛栓藤科（Connaraceae）的各个属“在子房为一个或多个上，在胚乳的有无上，在花蕾内的花瓣作覆瓦状或镊合状上，均不相同。这些性状中的任何一个，孤立地看时，其重要性经常在属一级之上，然而在此将其合在一起来看时，它们似乎尚不足以区别纳斯蒂思属（Cnestis）与牛栓藤属（Connarus）”。举昆虫中的一个例子诚如韦斯特伍德（Westwood）业已指出的，在膜翅目（Hymenoptera）的一个大的类群里，触角的构造最为稳定；而在另一类群里，则其差异甚大，因而这些差异在分类上仅有十分次要的价值；然而无人会说，在这同一个目里的两个类群里，触角在生理上的重要性，是不相等的。在同一类群生物中，同一重要的器官在分类上的重要性却有所不同，此等事例实乃不胜枚举。

再者，无人会说发育不全或萎缩的器官在生理上或存亡上极为重要；可是，这种状态的器官无疑在分类上经常有极高的价值。也无人会对此持有异议，即幼小反刍类上颌中的残留牙齿以及腿部某些退化的骨骼，在显示反刍类与厚皮类之间有着密切的亲缘关系上，是极为有用的。布朗曾经极力坚持，禾本科草类的残迹小花的位置，在分类上是极端重要的。

那些必被认为是在生理上不很重要、但却被公认是在界定整个类群上极为有用的部分所显示出的性状，其众多例子俯拾皆是。譬如，从鼻孔到口腔有无一个通道，欧文认为，这是绝对地区别鱼类与爬行类的唯一性状；又如，有袋类的颌骨角度的弯曲变化、昆虫翅膀的折合方式、某些藻类的颜色、禾本科草类的花在各部分上的细毛，以及脊椎动物中的真皮被覆物（如毛或羽毛）的性质。倘若鸭嘴兽被覆的是羽毛而不是毛的话，那么我认为，这种不重要的外部性状，在决定这一奇怪的动物与鸟类及爬行类的亲缘关系的程度上，定会被博物学家们认为是一种重要的帮助，就像以任何一种内部重要器官的构造为分类途径一样。

微不足道的性状对于分类的重要性，主要有赖于它们与几个其他重要程度多少不一的性状之间的关系而定。集合性状的价值，在博物学中委实是非常明显的。因此，正如经常所已指出的，一个物种可以在几种性状（既具有生理上的高度重要性、也具有几乎一致的普遍性）上，与它的近缘物种有所区别，可是对于其分类位置的安放，我们却毫无疑虑。所以，我们也已经发现，一种分类倘若仅建立在任何一个单独的性状上，则无论这一性状是何等的重要，却总归是要失败的；因为在体制结构上，没有任何一个部分是普遍恒定不变的。窃以为，集合性状（即令其中连一个重要的性状也没有）的重要性，便可独自解释林奈的格言，即不是性状造就了属，而是属产生了性状；因为这一格言似乎是建立在对于很多微不足道的相似之点的鉴赏上，尽管它们微不足道到难以界定的程度。属于金虎尾科（Malpighiaceae）的某些植物，具有完全的以及退化的花；在退化的花中，诚如朱希锷（A. de Jussieu）所指出的，“种、属、科、纲所固有的性状，大多皆已消失，此乃对我们的分类的嘲笑”。当艾斯皮卡巴属（Aspicarpa）在法国几年之内只产生这些退化的花，从而在很多构造上的最为重要之点上，与该目特有的模式如此大相径庭时，诚如朱希锷所观察的那样，理查德（M. Richard）却敏锐地看出这一属仍应保留在金虎尾科之中。此例在我看来充分地说明了我们的分类有时所必须植根的精神。

实际上，当博物学家们在工作时，他们对界定一个类群，或归属任一特定的物种所用的性状，并不在意其生理上的价值。如若他们找到一种几近一致的，并为很多类型（而不为其他的类型）所共有的性状，他们就把它用作具有极高价值的性状之一，倘若仅为较少数的类型所共有，他们就把它用作具有次等价值的性状。这一原则已广为一些博物学家们认为是正确的；而且无人能像卓越的植物学家奥·圣提雷尔那样表述得如此明了。倘若某些性状总是与其他的性状相关出现的话，尽管它们之间并无明显的联系纽带可见，也会赋予它们以特殊的价值。在大多数的动物类群中，重要的器官，诸如推送血液的器官或为血液输送空气的器官，或传宗接代的器官，如若几近一致的话，它们在分类上就会被视为是极为有用的；但是在某些动物类群中，所有这些最为重要的维持生命的器官，仅能提供非常次要价值的性状。

由于我们的分类自然而然地包括每一个种的所有发育阶段，因此，我们便能够理解，为何胚胎的性状与成体的性状有着同等的重要性。然而，根据普通观点，下面这一问题绝非显而易见，即为何胚胎的构造在这一目的上竟然比成体的构造更为重要，而只有成体的构造才在自然经济结构中发挥充分的作用。可是，诸如爱德华兹和阿格塞这样伟大的博物学家们却极力主张，在动物分类中，胚胎的性状在任何性状中是最为重要的；而且这一信念业已被普遍认为是正确的。这一事实也同样适用于显花植物，而显花植物的两个主要类别，正是基于胚胎的性状，即根据胚叶或子叶的数目与位置，以及基于胚芽与胚根的发育方式。在我们讨论胚胎学时，根据分类不言而喻地包括了传衍的概念这一观点，我们便能理解，为何这些胚胎性状是如此地有价值了。

我们的分类常常明显地受到亲缘关系的链环的影响。没有什么比界定为所有鸟类共有的很多性状更容易的了；可是在甲壳类里，这种界定至今依然是不可能的。在该系列的两个极端，有一些甲壳类，几乎无一性状是共同的；然而处于这两个极端的物种，因为很明显地与其他物种亲缘关系相近，而这些物种又与另一些物种亲缘关系相近，如此延展下去，它们便无可争辩地被识别为是属于节肢动物的这一个纲，而不是属于其他纲的了。

尽管也许并不十分合乎逻辑，地理分布也已常常被用于分类之中，尤其是被用于对亲缘关系密切的类型中的很大的类群进行分类时，更是如此。特明克（Temminck）力主这一方法在鸟类的某些类群中的实用性，甚或必要性；几位昆虫学家以及植物学家们也已步其后尘。

最后，至于诸如目、亚目、科、亚科以及属此类的各个物种群，其相对等级的分量，在我看来，至少在目前几乎是随意而定的。几位最优秀的植物学家，如本瑟姆先生（Mr. Bentham）及其他人，都曾强烈主张这些相对等级的分量是随意而定的。兹举一些有关植物与昆虫方面的例子，如一个类群最初被老练的植物学家仅仅定为一个属，其后又被提升到亚科或科一级；这样做并非由于进一步的研究发现了起初被忽视的一些重要的构造差异，而是由于其后发现了很多稍有不同程度差异的无数近缘物种。

倘若我的想法没有大错特错的话，那么，所有上述的有关分类上的规则、方法及困难所在，均可根据下述观点得以解释，即自然系统是建立在兼变传衍学说之上的；博物学家们视为表明两个或两个以上物种之间真实的亲缘关系的性状，是那些从共同祖先遗传下来的性状，故所有真实的分类都是以谱系为依据的；共同的谱系实乃博物学家们无意识地寻求的暗藏的纽带，而不是一些未知的造物计划，或是一般命题的阐述，更不是仅仅把或多或少相似的东西聚合在一起以及划分开来。

但是，我必须更加充分地解释我所说的意思。我相信，在每一个纲里，类群的排列（按照与其他类群的适当的从属关系以及相互关系来排）必须是完全依据谱系的，方会是自然的；然而，有几个分支或类群，虽与其共同祖先在血统关系上程度相等，但由于经历了不同程度的变异，其差异量却大不相同；这表现在这些类型被定为不同的属、科、派（sections）或目。倘若读者不辞烦劳去参阅一下先前的图解，便能完全理解此处的意思。我们假定从A到L的字母代表生存于志留纪的近缘的属，而且它们都是从某一个更早而未知的物种那里传衍下来的。其中三个属（A、F及I）的物种，均有变异了的后代传至今天，由最顶上那条横线上的十五个属（a^{14}到z^{14}）来代表。那么，从单独一个物种传衍下来的所有这些变异了的后代，代表着在血统上或谱系上有着同等程度的关系；它们可以被喻为同是第一百万代的宗兄弟；然而，它们彼此之间却有着广泛的以及不同程度的差异。从A传衍下来的类型，现在分成两个或三个科，并构成了一个目，而且有别于那些从I传衍下来的类型，后者也分成了两个科。从A传衍下来的现存物种，则不能与亲本种A定为同一个属了；同样，从I传衍下来的现存物种，也不能与亲本种I归入同一个属了。但是可以假定现存的属F^{14}变异甚微；那么它便可以定为亲本属F，恰似少数几个现今依然生存的生物属于志留纪的属一样。所以，这些在血统上以同等程度彼此相关的生物，它们之间的差异的量或差异的级别，就变得大不相同了。尽管如此，它们的谱系排列不仅在现在依然是完全真实的，而且在传衍的每一个相继的时期亦复如此。从A传衍下来的所有变异了的后代，均从其共同祖先处继承了一些共同的东西，从I传衍下来的所有后代同样如此；在每一相继的时期，其后代的每一从属的分支也是如此。然而，如若我们乐意假定A或I的任何后代变异得如此之大，以至于或多或少地完全丧失了其身世的痕迹，在此情形下，它们在自然分类中的位置也就或多或少地完全丧失了；就像有时候似已出现在现生生物中的情形一样。F属的所有后代，沿着它的整条谱系线，假定只发生很少的变化，它们便形成单独的一个属。但是这个属，尽管很孤立，将仍会占据它应有的中间地位；因为F在性状上原本就是居于A与I之间的，而自这两个属传衍下来几个属，在某种程度上会继承了它们的性状。这一自然排列在图解中显示了出来（至少在纸面上可能的情况下），不过是一种过于简单的方式。倘若不是用一个分支图解，而只是把类群的名字写在一条直线系列上的话，那就更不太可能给出自然的排列了；而且，我们在自然界中在同一类群的生物间所发现的亲缘关系，若想用平面上的一个系列来表示，显然是不可能的。所以，依据我所持的观点，像宗谱一样，自然系统在排列上是依据谱系的；但是不同的类群所经历过的变异量，不得不用以下的方式来表达，即把它们列在不同的所谓属、亚科、科、派、目以及纲里。

用语言的例子来说明对于分类的这种观点，或许是值得的。倘若我们拥有完整的人类谱系的话，那么，人种的谱系排列就会对现今世界上各种语言提供最好的分类；如若把所有已经废弃不用的语言以及所有中间的、缓慢变化着的方言也包含在内的话，那么，我认为这种排列将是唯一可能的分类。然而，一些非常古老的语言可能很少有什么改变，而且也未演衍出什么新的语言，但另一些古老的语言（因同宗各族的散布及其后的隔离与文明状态所致）则已有很大的改变，因而演衍出了很多种新的语言与方言。同一语系的诸语言之间的各种程度的差异，必须用类群之下再分类群来表达；但是恰当的，甚或是唯一可能的排列，则依然是根据谱系的；这将是完全自然的，盖因它通过最密切的亲缘关系，把废弃了的语言与现代的所有语言连在了一起，并且令每一种语言都得以追本溯源。

为证实这一观点，让我们一瞥变种的分类，据信或者已知，变种是从同一个物种传衍下来的。这些变种被列于物种之下，而亚变种又被列于变种之下；至于我们的家养生物中，如我们所见的家鸽的情形，还需要有几个其他的差异级别。类群之下再分类群的存在的起源，对变种来说，与物种并无二致，即兼带不同程度变异的世代传衍所呈现的紧密程度。变种的分类所依据的规则，与物种的分类几近相同。作者们已经坚持依据自然的而非人为的系统来对变种进行分类的必要性；比如，我们被告诫，不要仅仅因为菠萝的果实（尽管这是最重要的部分）碰巧近乎一模一样，便将其两个变种分类在一起；无人会把瑞典芜菁与普通芜菁归在一起，尽管其可食用的肥大块茎是如此地相似。大凡最为稳定的部分，则被用于变种的分类：因此，伟大的农学家马歇尔（Marshall）说，角在牛的分类中很有用处，因其比身体的形状或颜色等的变化为小，而对绵羊来说，由于它们的角比较不稳定，故其用处也大为减少。在变种的分类中，我觉得倘若我们有真实谱系的话，那么，谱系的分类就会被普遍地采用；而且业已有几位作者进行过这方面的尝试。因为我们或许感到很有把握，无论有过多少的变异，遗传原理总会把那些相似点最多的类型归在一起。在翻飞鸽中，尽管某些亚变种在具有较长的喙这一重要性状上，不同于其他的亚变种，然而由于所有的都具有翻飞的共同习性，它们还是被归在一起；但是短面的品种，几近抑或完全丧失了这种习性：尽管如此，对这一问题不加推理或思考，这些翻飞鸽均被归入同一类群，因为它们既在血统上相近，也在其他方面颇为相似。倘若能够证明霍屯督人是自黑人传衍而来的话，那么我认为，他们就应归入黑人族群，无论其肤色以及其他一些重要性状与后者是多么地不同。

关于自然状态下的物种，实际上每一位博物学家都已经把世系传衍纳入分类；因为他把两性都包括在最低单位，即物种中；而每一位博物学家也都了解，两性有时在一些最重要的性状上会有多么巨大的差异：某些蔓足类的雄性个体与雌雄同体之间，在成年时几乎无一共同之处，然而却无人会梦想将其分开。博物学家把同一个体的几个不同的幼体阶段都包含在同一物种之内，无论它们彼此之间以及与成体之间的差异如何巨大；正像他同样包括了斯汀斯特鲁普（Steenstrup）的所谓交替的世代一样，这些交替的世代仅在技术性的含义上，方能被视为同一个体。博物学家把畸形归在同一物种中；他把变种也归在同一物种中，并非仅仅因为它们与亲本类型极为相似，而是因为它们都是从亲本类型那里传衍下来的。相信立金花是从报春花那里传衍下来（或者是后者自前者传衍下来）的博物学家，自会把它们放在一起定为同一个种，并给其以相同的定义。先前曾被列为三个不同属的兰科植物类型［和尚兰（Monachanthus）、蝇兰（Myanthus）与龙须兰（Catasetum）］，一旦发现它们有时会产于同一穗上时，它们便即刻被归入同一个物种。但或许有人会问，倘若能够证明袋鼠中的一个种是从熊那里经漫长的变异过程而产生的，那么我们该怎么办？我们该把这个种与熊归在一起吗？倘如此，我们如何处置袋鼠中的其他一些种？诚然这种假设是十分荒谬的；然而，我来个对人不对事的回答，且问如若眼睁睁地看到一个活生生的袋鼠从熊的腹中产下来，那该怎么办呢？根据所有的类比，这一袋鼠应该跟熊归在一起；那么袋鼠科的所有其他种也必然要归入熊属之中。这整个情形是十分荒谬的；因为只要共同的世系传衍相近，其相似性或亲缘关系也必然相近。

因为世系传衍被普遍地用于把同一物种的个体分类在一起，尽管雄体、雌体以及幼体有时极为不同；又因为世系传衍被用来对发生过一定量（有时相当大的量）的变异的变种进行分类，难道世系传衍这同一因素不曾无意识地被用来把种归于属下、把属归入更高的类群吗，尽管在这些情形中，变异的程度更大、完成变异所用的时间更长？我相信它业已被无意识地应用了；并且唯有如此，我方能理解我们最优秀的系统分类学家们所遵循的几项规则与指南。我们没有记载下来的宗谱，我们不得不通过任何类型的相似去厘清共同的世系传衍。所以，我们才会在我们所能判断的范围内，选择那些最不大会由于每一物种新近所处的相关生活条件中而变化了的性状。根据这一观点，退化的构造比之体制结构的其他部分，其分类价值不分伯仲，有时甚或更高。我们不在乎一种性状是多么地微不足道，哪怕只是颌骨角度的弯曲、昆虫翅膀的折合方式、皮肤覆毛或是覆羽，倘若它普遍存在于很多不同（尤其是在那些生活习性大不相同）的物种里，它便有了高度的价值；因为我们只能用来自一个共同祖先的遗传，来解释它存在于习性如此不同的如此众多的类型里。若仅仅依据构造上的单独的各点，我们有可能在这方面犯错误，然而当几个性状（哪怕它们微不足道之极）同时出现于习性不同的一大群生物里，根据世系传衍的理论，我们几乎可以有把握地认为，这些性状是从共同的祖先那里遗传下来的。而且我们明白，此类相关或集合的性状在分类上具有特殊的价值。

我们能够理解，为何一个物种或一群物种，可能在几个最为重要的性状上，与其近缘的物种不同，但仍可与它们可靠地分类在一起。只要有足够数目的性状（无论它们是多么不重要）暴露了共同的世系传衍这一隐蔽的联系，便能可靠地如此予以分类，而且这也常常确是如此做的。哪怕两个类型之间无一共同的性状，但是，如若这些极端的类型之间有一连串的中间类群将其连接在一起的话，我们便可立马推断出它们共同的世系传衍，并把它们全部置于同一个纲内。因为我们发现生理上极为重要的器官，即那些在最多样化的生存条件下用以维系生命的器官，一般来说是最为稳定的，故我们给予它们以特殊的价值；但是，倘若同样这些器官，在另一类群或一个类群的另一部分里差异很大的话，我们立刻在分类中降低其价值。窃以为，我们即将清晰地看到，为何胚胎的性状在分类上具有如此高度的重要性。地理分布在对一些广布的、大的属进行分类时，也会时而有用，盖因大凡栖居在任何独特及隔离的地区的同一个属里的所有物种，十有八九都是从同一亲本那里传衍下来的。

根据这些观点，我们便能理解真正的亲缘关系与同功的或适应的类似之间的极为重要的区别了。[1]拉马克首先唤起了，人们对这一区别的注意，其后得到麦克力（Macleay）及其他一些人的强力推崇。在儒艮（厚皮类动物）与鲸鱼之间以及这些哺乳动物与鱼类之间，它们在体形上以及鳍状前肢上的类似，都是同功的。在昆虫中，这样的例子也不胜枚举；故林奈曾被外观所误导，竟把一个同翅类的昆虫划定为蛾类。类似的情形我们甚至于也见于家养变种之中，一如普通芜菁与瑞典芜菁的肥大块茎的情形。灵

[1] 后来，“真正的亲缘关系”被纳入“同源”（homology）的概念，而“同功的或适应的类似”即融入与之对应的“同功”（analogy）的概念。——译注

缇犬与赛跑马之间的类似，比起一些作者所描述的大相径庭的动物之间的奇特类似，也许还略逊一筹。只有当性状揭示了世系传衍时，方在分类上具有真正的重要性，根据我的这一观点，我们便能清晰地理解，为何对于系统分类学家来说，同功的或适应的性状却几乎是毫无价值的，尽管它们对于生物的福祉极为重要。因为属于两条极不相同的世系的动物，可能很容易适应于相似的条件，因而使其在外表上密切类似；但是，这种类似非但不会揭示，反而会趋于掩盖它们与其原本的世系之间的血缘关系。我们也能理解以下的看起来是明显矛盾的情形，即同样的一些性状，在一个纲或目与另一个纲或目相比较时，是同功的，但是当同一个纲或目的成员之间相互比较时，却揭示了真实的亲缘关系：因而，体形与鳍状前肢只有在鲸与鱼类相比时，才是同功的，都是两个纲对水中游泳的适应；但是，在鲸科的几个成员之间，体形与鳍状前肢却是显示其真实亲缘关系的性状；因为这些鲸类在很多大小俱全的性状上是如此地一致，以至于我们对于它们的一般体形与肢的构造是从共同祖先那里传衍下来的这一点，无可置疑。鱼类的情形亦复如此。

由于不同纲的成员通过连续的、些微的变异，常常适应于生活在近于相似的条件之下（譬如栖居在陆、空、水这三种环境中），因而我们或许能够理解，不同纲的亚群之中为什么有时会见到一种数字上的平行现象。被任何一个纲里的这种平行现象所打动的自然学者，通过任意地提高或降低其他纲里的类群的级别分量（我们的一切经验表明这种评价迄今依然是任意的），便会很容易地把这种平行现象予以广泛延伸；因而，很可能就产生了七级、五级、四级与三级的分类法。

属于比较大的属的优势物种，其变异了的后代，趋于继承一些优越性，这种优越性曾使它们所属的类群增大并使其亲本占有优势，故此它们几乎肯定地会广为散布，并在自然经济组成中攫取越来越多的位置。较大的与较占优势的类群，因而便趋于继续增大；其结果它们便会排挤掉很多较小与较弱的类群。因此，我们便能解释下述事实，即所有的生物（现代的以及灭绝了的），都包含在少数的大目以及更少数的纲里，而且全部都被纳入一个巨大的自然系统之中。一个惊人的事实可以显示，高级类群在数目上是何等之少，而在全世界的分布又是何等之广，那就是，澳洲的发现，并未增加哪怕是一种可以辟为一个新的目的昆虫；而且在植物界，据我自胡克博士处得知，所增加的也仅仅是两三个小的目而已。

在有关地史上的演替一章里，根据每一类群的性状长期连续的变异过程中一般分异很大的原理，我曾试图表明，为何较为古老的生物类型，常常呈现出在某种轻微的程度上介于现生类群之间的性状。少数古老的、中间的亲本类型，偶尔会将变化甚少的后代传到如今，它们即成了我们所谓的衔接类型或畸变类型（osculant or aberrant forms）。任何类型愈是异于常态，根据敝人的理论，则已灭绝了的以及完全消失的连结类型的数目也就必然愈大。我们有某种证据表明，畸变的类群因灭绝事件而严重受损，因为它们一般仅有极少数的物种；而那些委实存在的物种，一般彼此间的差异也极大，这再度暗示着灭绝。譬如，鸭嘴兽属于南美肺鱼属，即便是每一个属由十多个物种代表、而不是仅由单一物种代表的话，它们异于常态的程度也未见得会更轻；诚如我经过一番调查所发现的，这种物种丰富的情况，通常并轮不到畸变属的头上。我想，我们若要解释这一事实的话，只要作如是观即可，即把畸变的类群视为被较为成功的竞争者们所征服的衰落类型，其中的少数成员在异常巧合的有利条件下得以保存下来。

沃特豪斯先生业已指出，当属于一个动物群的成员表现出与一个十分不同的类群有亲缘关系时，这种亲缘关系大多只是一般的而非特殊的；因而，据沃特豪斯先生称，在所有啮齿类中，绒鼠与有袋类的关系最为接近；但是在它向这个“目”靠近的诸点中，其关系只是一般的，而不是说，它跟有袋类的一个种之间的关系，要比跟有袋类的另一个种之间的关系更近。由于绒鼠与有袋类的亲缘关系的诸点据信是真实的，而不仅仅是适应性的，按照我的理论，它们就得归因于共同的遗传。所以，我们必须假定，要么所有的啮齿类（包括绒鼠在内）都是从某种古代的有袋类分支出来的，而这种古代有袋类相对于所有现生的有袋类来说，有着某种程度上的中间性状；要么啮齿类与有袋类两者均从一个共同的祖先分支而来，而且自那之后均在不同的方向上发生了很大的变化。无论依据哪一种观点，我们均可假定，绒鼠通过遗传比其他啮齿类保存了更多的古代祖先的性状；因而，它虽不会与任何一个现生的有袋类有特殊的关系，但由于部分地保留了它们共同祖先的性状（抑或这一类群的一个早期成员的性状），而间接地与所有的或几近所有的有袋类有关系。[1]另一方面，据沃特豪斯先生所指出的，在有袋类中，袋熊（phascolomys）与整个的啮齿目最相类似，而不是与啮齿类的任何一个物种最相类似。然而，在此情形中，大可猜测这种类似只是同功的，盖因袋熊业已适应了啮齿类那般的习性。

[1] 由于受当时认识的局限，作者这里对绒鼠与有袋类关系接近的说法是错误的。现在我们知道，啮齿类与有袋类的关系并不很近，故绒鼠与有袋类之间的类似的性状，是趋同演化(convergence)的结果。尽管此处所引实例不当，但达尔文所讨论的原理依然是站得住脚的。——译注

老德康多尔在植物中不同目的亲缘关系的一般性质上，也已做过一些几近相似的观察。

根据从一个共同亲本传衍下来的物种会繁增而且其性状会逐渐分异的原理，并根据它们会通过遗传保留一些共同的性状，我们便能理解，同一个科或更高类群的所有成员，均由极为复杂的辐射形的亲缘关系连结在一起。因为整个科物种的共同亲本，现在被灭绝事件而分裂成了不同的类群与亚群，可是它将其某些性状，经不同方式与不同程度的变化，遗传给了该科的全部物种；其结果，通过各种长度的迂回的世系线（正如常常提及的那个图解中所示），几个物种彼此得以相关联，并通过很多先祖而向上攀升。由于即令借助谱系树，也很难显示出任何古代贵族家庭的无数亲属之间的血缘关系，而不靠这种帮助，却又几乎无从下手，故而我们便能理解，博物学家们在没有图解的帮助下，若要描述他们所察觉的同一个大的自然纲里众多现生的成员与灭绝了的成员之间的各种各样的亲缘关系，他们该经历多么不同寻常的困难啊！

诚如我们在第四章里业已看到的，灭绝在界定与加宽每一纲里的几个类群之间的距离上，起着重要的作用。因而，我们便可依据下述信念，来解释何以整个纲与纲之间，彼此竟界限分明，譬如鸟类与所有其他脊椎动物的界限；这一信念便是：很多古代的生物类型已完全消失，正是通过这些类型，先前曾把鸟类的远祖与其他脊椎动物各纲的远祖连结在一起。一度曾把鱼类与两栖类连结起来的生物类型，遭到全面灭绝的则少得多。在其他一些纲里则更少，譬如甲壳类的情形，因为此处最奇异的、不同的类型，依然由一长串（但有断裂）的亲缘关系绑在一起。灭绝仅仅分隔了类群：它绝不意味着造出类群；因为倘若曾经生活在这个地球上的每一个类型，都突然重新出现的话，尽管极不可能去界定每一个类群，以使其与其他的类群区分开来，盖因通过诸如介于差别最为细微的现生变种之间那样的微细步骤，所有的都会混合在一起；无论如何，一个自然的分类，或者至少一个自然的排列，依然会是可能的。再去参阅图解，我们便可理解这一点：字母A到L可代表十一个志留纪的属，其中有些业已产出变异了的后代的大类群。这十一个属与它们原始亲本之间的每一个中间环节，以及它们后代的每一支及亚支的每一个中间环节，可以假定现今依然存在；而这些环节精细地如同那些差别最为细微的变种之间的环节一样。在此情形下，便极不可能给出一个定义，即能把几个类群的若干成员与其更为直接的亲本区分开来；或是把这些亲本与其古代的、未知的祖先区分开来。可是，图解上的自然排列，依旧是有效的；而且根据遗传的原理，所有从A或I传衍下来的类型，都会有某些共同之点。在一棵树上，我们能够区别出这一支与那一支，尽管在实际的分叉处，它们是相交并融合在一起的。诚如我业已指出，我们不能界定几个类群；但是我们却能挑出代表每一类群的大多数性状的模式或类型，不管该类群是大还是小，对它们之间差异的等级分量提出一个一般的概念。倘若我们真能搜集到曾在全部时空生活过的任何一个纲的所有的类型的话，这便是我们要致力达到的结果。当然，我们永远不能成功地完成如此完全的搜集：尽管如此，在某些纲里，我们正在向着这个方向趋近；爱德华兹新近在一篇很棒的论文里，力主采用模式的高度重要性，不管我们能否划分以及界定这些模式所隶属的类群。

最后，我们业已看到，自然选择是生存斗争的结果，并且几乎必然地在任何优势的亲本种的很多后代中，导致灭绝与性状分异，而自然选择却解释了所有生物的亲缘关系中的那一重大而又普遍的特点，即生物隶属于层层相嵌的类群。我们用世系传衍这个要素，把两性的个体以及所有年龄的个体，分类在一个物种之下，即便它们的共同性状很少；我们用世系传衍，对已知的变种进行分类，无论它们与其亲本可能有多大的不同；我相信，世系传衍这一要素，便是博物学家们在“自然系统”这个术语下所寻求的那条潜在的联系纽带。自然系统（就其业已达到的理想范围而言），在排列上是依据谱系的，而共同亲本的后代之间的等级差别，则是由属、科、目等来表达的；根据这一概念，我们便能理解我们在分类中不得不遵循的规则了。我们可以理解，为何我们看重某些类似性远胜于其他的类似性；为何我们可以采用退化的、无用的器官，或其他在生理上无关紧要的器官；为何在比较一个类群与另一不同类群时，我们毫不犹豫地舍弃同功的或适应的性状，可是在同一类群的范围之内，我们却又用同样这些性状。我们能够清晰地看出，所有的现生的以及灭绝了的类型，是如何能一起归入一个大的系统里；每一个纲里的几个成员，又是如何通过最为复杂的、辐射形的世系线而连在一起。或许我们永远都解不开任何一个纲的成员之间错综复杂的亲缘关系网；然而，当我们观念上有了一个明确的目标，而且不去诉诸某种未知的造物计划，那么，我们便可望取得实实在在的，尽管是缓慢的进步。

形态学。——我们业已看到，同一纲的成员，不论其生活习性如何，在它们体制结构的一般设计上，是彼此相类似的。这种类似性常常以“型式的统一性”一词来表达；换言之，同一个纲的不同物种的几个部分与器官是同源的。这一整个论题可以包含在“形态学”这一总称之下。这是自然历史中最为有趣的部门之一，也可以称之为自然历史的灵魂。用于抓握的人手、用于掘土的鼹鼠的前肢，还有马的腿、海豚的鳍状肢以及蝙蝠的翅膀，竟然都是由同一型式构成的、竟然包含相同的骨头，而且处于同样的相对位置上，还有什么比这更为奇怪的呢？圣提雷尔已极力主张，同源器官中相互关联的高度重要性；这些部分在形状和大小上，几乎可以变化到任何程度，可总是以同样的顺序连在一起。比如，我们从未发现过臂骨与前臂骨，或大腿骨与小腿骨的位置颠倒过来的情形。所以，在极不相同的动物中，可以给其同源的骨头以相同的名称。我们在昆虫口器的构造中，也目睹这一伟大的法则：天蛾（sphinx-moth）的极长的、呈螺旋状的喙，蜜蜂或臭虫的奇异而折叠的喙以及甲虫巨大的颚，有什么比它们更加不同呢？可是，所有这些器官，用于如此不同的目的，皆是由一个上唇、一对上颚及两对下颚经过无穷尽的变异而形成的。类似的法则也支配着甲壳类的口器与肢体的构造。植物的花亦复如此。

企图用功利或用终极目的教义，来解释同一个纲的诸成员的这种型式上的相似性，是最无望的了。欧文在其《四肢的性质》这部饶有趣味的著作中，坦承这种企图的无望。按照每一种生物均为独立创造的普通观点，我们只能说它就是如此；亦即将每一种动物与植物造成这样，本是“造物主”的兴致所在。

根据连续轻微变异受到自然选择的理论，其解释便昭然若揭了——每一变异都以某种方式有利于变异了的类型，但又由于生长相关性而常常影响体制结构的其他部分。在这种性质的变化中，将会很少甚或没有改变原始型式或调换各部分位置的倾向。肢骨可能会缩短及加宽到任何程度，而且可能逐渐地被包在很厚的膜里，以作为鳍用；抑或蹼足可以令其所有的骨头（或某些骨头）加长到任何程度，而且连结它们的膜也可能扩大到任何程度，以

13-3 热带甲虫：公（左），母（右）

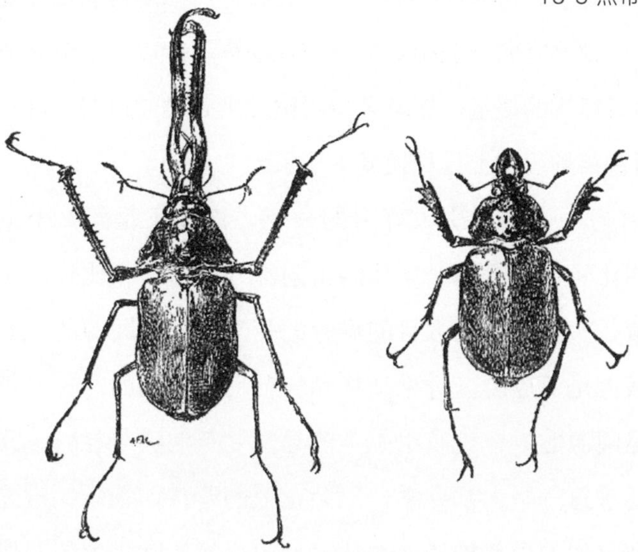

作为翅膀用；然而，所有这些巨量的变异，却没有一种趋向去改变骨骼的总体构架或改变几个部分的相互关系。如若我们假定所有的哺乳类的早期祖先［也可称之为原型（archetype）］，其四肢是按现存的一般型式建立的，无论其用途何在，我们都能立马看出在整个纲的动物中的四肢同源构造的明显意义。昆虫的口器也是如此，我们只要假定它们的共同祖先曾有一个上唇、一对上颚及两对下颚，而这些部分在形状上或许都很简单；然后自然选择便可解释昆虫口器在构造与功能上的无限的多样性。尽管如此，可以想象到，通过某些部分的萎缩及至最终的完全终止发育，通过与其他部分的融合，以及通过其他部分的重复或增生，诸如此类的变异皆在我们所知的可能范围之内，这些变异可能致使一种器官的一般型式变得如此模糊不清以至于最终消失。业已灭绝了的巨型海蜥蜴的桡足，还有某些吸附性甲壳类的口器，其一般的型式，似乎因此而在某种程度上已经模糊不清了。

现在这一论题还有另一个同样引人好奇的分支，即并不是同一个纲不同成员的同一部分相比较，而是同一个体的不同部分或器官相比较。大多数生理学家们都相信，头骨与一定数目的椎骨的基本部分是同源的，亦即在数目上和相互关联上是对应的。脊椎动物和环节动物各纲的每一成员的前肢与后肢，明显是同源的。在比较甲壳类的异常复杂的颚与足时，我们目睹同样的法则。几乎每一个人都熟悉，一朵花上的萼片、花瓣、雄蕊与雌蕊的相互位置以及它们的内部构造，若从它们由呈螺旋状排列的变形叶子所组成的观点看，便可一目了然。在畸形的植物中，我们常常可以获得一种器官可能转化成另一种器官的直接证据，而且我们在胚胎期的甲壳类、很多其他的动物以及花中，能够实际地看到：在成熟期变得极不相同的器官，在生长的早期阶段却是一模一样的。

这些事实若依照造物的普通观点，该是多么地不可理喻啊！为何脑子要被装在一个由数目众多、形状奇异的骨片所组成的盒子里呢？诚如欧文所指出的，分离的骨片便于哺乳动物的分娩，而这一好处决不能用来解释鸟类头骨的相同结构。为何创造出相似的骨头，以形成蝙蝠的翅膀与腿，而它们却被用于如此完全不同的目的呢？为何一种甲壳类有着很多部分组成的极为复杂的口器，其结果，腿的数目却总是较少；反之，具有很多腿的甲壳类，其口器则较为简单呢？为何每一朵花中的萼片、花瓣、雄蕊及雌蕊，尽管其适于如此大不相同的目的，却是由相同的型式所构成的呢？

根据自然选择的理论，我们便能圆满地回答这些问题。在脊椎动物中，我们见到一系列的内部脊椎骨，带有某些突起以及附属结构；在环节动物中，我们见到其身体被分成一系列的体节，带有外部的附属结构；在显花植物中，我们见到一系列呈螺旋轮状的叶子。同一部分或器官的无限重复，是所有低等的或很少变化了的类型的共同特征（诚如欧文所指出的）；所以，我们可以欣然相信，脊椎动物的未知祖先具有很多脊椎骨；关节动物的未知祖先具有很多体节；显花植物的未知祖先具有很多呈螺旋轮状的叶子。我们先前业已看到，但凡多次重复的部分，在数目与形状上，都极易发生变异；结果，下述情形是非常可能的，即在长期连续的变化过程中，自然选择应该会抓住一些多次重复的原始的相似部分，令其适应于最不相同的目的。而且，由于整个的变异都会由细微连续的步骤来完成，那么，当我们发现在这些部分或器官中，有某种程度上的基本相似性，并通过扎实的遗传原理所保留的话，那也就无需大惊小怪了。

在软体动物这一大纲中，尽管我们能够说明一个物种的一些部分与另一个不同物种的一些部分是同源的，但我们能指出的系列同源却很少；也就是说，我们很少能够说出，同一个体的某一部分或器官与另一部分是同源的。而且我们能够理解这一事实；因为在软体动物中，即令在该纲的最低等成员里，我们几乎找不到任何一个部分，像我们在动物界与植物界的其他大纲里所看到的那样，有着如此无限的重复。

博物学家们经常谈及，头骨是由很多变形的脊椎骨所形成的；蟹的颚是由一些变形的腿所形成的；花的雄蕊与雌蕊是由变形的叶子所形成的；但是正如赫胥黎教授所指出的，在这些情形中，也许较为正确的说法是，头骨与脊椎骨、颚与腿等等，并不是从彼此之间变形而来的，而是从某个共同的构造变形而成的。然而，博物学家们只是在隐喻的意义上作如是说的；他们远不是认为，在世系传衍的漫长过程中，任何原始器官（在一个例子中是脊椎骨，在另一个例子中则是腿）实际上业已变成了头骨或颚。可是，由于这类变化曾出现的表象如此可信，以至于博物学家们几乎难以避免地要使用带有这种明显含义的语言。按照敝人的观点，这些名词或可照字义来使用，那么譬如蟹的颚这一奇异的事实也得以解释，即倘若蟹的颚委实是在世系传衍的漫长过程中，从真正的腿或是某种简单的附肢变形而来的，那么，它们所保持的无数性状很可能便是通过遗传而得以保存的。

胚胎学。——先前业已顺便地指出，同一个体的某些器官，在胚胎期一模一样，成熟后才变得大不相同，并且用于不同的目的。同样地，同一个纲内的不同动物的胚胎，也常常是惊人地相似：要证明这一点，没有比阿格塞所提及的例子更好了，即由于忘记了给某一脊椎动物的胚胎加上标签，他现在无法辨识它究竟是哺乳动物的，还是鸟类的或是爬行类的。蛾类、蝇类以及甲虫等蠕虫状的幼体，要远比成虫，彼此间更为相似；但在幼体情形中，胚胎是活跃的，并适应于特殊的生活途径。胚胎相似性法则，有时在相当晚的生长阶段依然有迹可循：因而，在鸟类中，同属以及亲缘关系相近的属，其第一身与第二身羽衣往往彼此相似；一如我们在鸫类中所见的带斑点的羽毛。在猫族中，大多数物种都具有条纹或排成条带的斑纹；幼狮也都有清晰可辨的条纹。在植物中，我们也偶尔（尽管极少）见到类似的情形；例如，金雀花（ulex）或荆豆（furze）的胚叶以及假叶金合欢属（phyllodineous acaceas）的初叶，像豆科（leguminosae）植物的普通叶子一样，均呈羽状或分裂状。

13-4 西印度树蛙发育的不同阶段：卵中胚胎阶段（A，B）；刚孵出的小树蛙（C）；雄性成体（D）

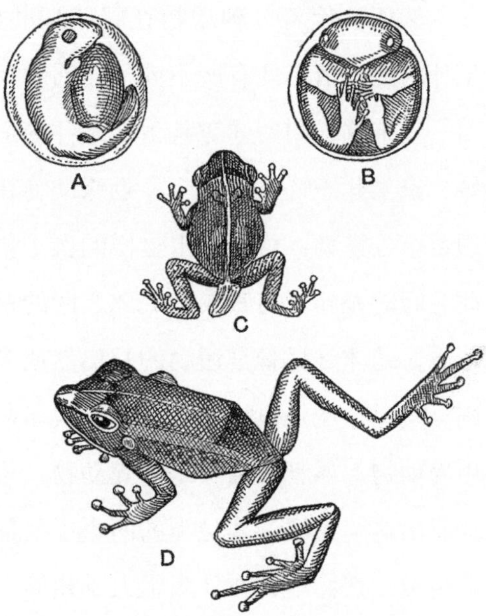

同一个纲里极为不同的动物的胚胎，在其构造上彼此类似的各点，与其生存条件常常没有什么直接的关系。比如，我们不能假定，在脊椎动物的胚胎中，动脉在鳃裂附近的特殊的环状构造，是与相似的条件有关的，试看：幼小哺乳动物是滋养在母体的子宫内、鸟卵在巢中孵化、蛙类在水中产卵。我们毫无理由相信这等关系的存在，是与它们相似的生活条件有关的，一如我们没有理由相信人的手、蝙蝠的翅膀、海豚的鳍中相同的骨头，是关乎于它们生活条件的相似。无人会假定，幼狮的条纹或黑鸫雏鸟的斑点，对于这些动物有何用处，或是跟它们所遭遇的条件有关。

然而，倘若一种动物在胚胎期的任何阶段是活动的，并需自行维持生计的话，情形便有所不同了。活动期在一生中可以来得较早或较晚；然而一旦来临，则幼体对其生活条件的适应，便像成体动物一样地完善与美妙。出于此等特殊的适应，近缘动物在幼体或活跃胚胎上的相似性，有时便会十分模糊；可以举出这样的例子，即两个物种或两个物种群的幼体彼此之间的差异，与其成体彼此之间的差异差不多甚或更大。但在大多数情形下，幼体（尽管是活动的）仍然或多或少地遵循着胚胎相似性的普通法则。蔓足类便是很好的一例：连大名鼎鼎的居维叶也未曾看出藤壶是一种甲壳动物，尽管它确实是甲壳动物：可是只要一瞥其幼虫，便会明白无误地看出这一点了。蔓足类的两个主要部分也是如此，即有柄蔓足类与无柄蔓足类，它们尽管在外表上大不相同，但在其幼虫的所有几个阶段上，两者之间却几乎难以区别。

发育过程中的胚胎，其体制结构一般也在提高：我使用这一表述，可我知道，体制结构上的较高等或较低等到底意味着什么，则几乎是不能清晰地予以定义的。但要说蝴蝶比毛毛虫更为高等，大概无人会提出异议吧。然而，在某些情形里，一般认为成体动物在等级上是低于幼体的，如某些寄生性甲壳类。再来看看蔓足类：第一阶段的幼虫有三对足、一个很简单的单眼以及一张吻状的嘴，并用这张嘴大量地捕食，因为它们的个头要大大地增加：在第二阶段中，相当于蝶类的蛹期，它们有六对构造精美的泳足、一对巨大而美妙的复眼以及极为复杂的触角；但是它们却有一张闭合的、不完全的嘴，不能进食：它们这一阶段的使命在于，用其十分发达的感觉器官寻找适宜的地点，用其灵敏的游泳能力抵达该处，以便附着其上并进行它们的最后变态。变态完成之后，它们便终生固着了：它们的足，现在变成了抓握的器官；它们重又获得一张结构完好的嘴；它们的触角没了，它们的两只眼重又变成了细小的、单一的、极为简单的眼点。在这最后的、长成的状态中，蔓足类可被视为在体制结构上高于或低于其幼虫状态皆可。但是在某些属内，幼虫可以发育成具有普通构造的雌雄同体，抑或发育成我所谓的“补充雄体”（complemental males）：后者的发育委实是退化的；因为这一雄体只是一个能在短期内生活的囊，除了生殖器官之外，它缺少口、胃以及其他的重要器官。

我们是如此习惯地看到胚胎与成体间的构造差异，同样也习惯地看到同一个纲内极不相同的动物的胚胎密切相似，以至于可能导致我们把这些事实视为必然在某种方式上是伴随生长的结果。但是，也没有什么明显的理由可以说明，为何诸如蝙蝠的翅膀或海豚的鳍，在胚胎中当其任何构造一经可辨时，它们的各部分却并不立即以适当的比例显现出来呢。在某些整个类群的动物中以及其他类群的某些成员中，胚胎在任何时期与成体的差别都不大：一如欧文曾就乌贼的情形所指出的，“此中没有变态；远在胚胎的各部分发育完成之前，头足类的性状即已显现出来”；在蜘蛛中也是如此，“无甚值得称之为变态”的。昆虫的幼虫，无论是适应于最为多样与活跃的习性，还是由母体养育或处于适宜的营养之中而不甚活动，却几乎全部得经过一个相似的蠕虫状的发育阶段；但是在诸如蚜虫这样少数的情形中，倘若我们看一下赫胥黎教授的有关这一昆虫发育的很棒的插图，我们看不到蠕虫阶段的任何踪迹。

那么，对胚胎学中的这几项事实，亦即胚胎和成体之间在构造上的通常，但并非毫无例外的差异；同一个体胚胎的各部分，虽最终变得大不相同并用于不同的目的，但在生长早期却很相像；同一个纲里的不同物种的胚胎，彼此间通常（但并非毫无例外）很相似；胚胎的构造并不与其生存条件密切相关，除非幼体在任何期间变得自行活动，并且不得不自谋生计；胚胎在体制结构的等级上有时明显地高于它们将要发育成的成体；对所有这些，我们该作何解释呢？我相信，所有这些事实，均可根据兼变传衍的理论而做如下的解释。

也许由于畸形往往影响极为早期的胚胎，所以通常人们便以为，轻微的变异也必然出现于同样早的时期。但在这一方面，我们没有什么证据，委实证据偏又指向相反的一面；因为众所周知，牛、马以及各种玩赏动物的饲养者们，直到动物出生后的一段时间以后，并不能有把握地确定其最终有何优点或长成什么样子。这种情形，我们从自身的孩子也清晰可见；我们并不总能看出一个孩子将来是高还是矮，或者将来的确切容貌如何。问题不在于任何变异是在生命的什么时期发生的，而是在于在哪一个时期变异充分地表现出来了。变异的原因，可能在胚胎形成之前业已发生作用，而我相信通常也确实如此；而且变异可能由于雄性及雌性的性元素受到了其亲本或祖先所遭遇的条件的影响。尽管如此，在很早时期（甚至在胚胎形成之前）由此而产生的效果，可能在生命的晚些时候出现；一如仅在晚年出现的遗传性疾病，却是通过亲本一方的生殖元素传给后代的。或是像杂交的牛的角，也受到了任一方亲本的角的形状的影响。对于一个非常幼小的动物的福祉来说，只要它还留在母体的子宫内（或卵内），或者只要它得到亲体的营养和保护，那么，它的大多数性状无论是在生命的稍早一些时候还是较晚时期才完全获得的，对于它来说都必定是无关紧要的。譬如，对于一种具有长喙即可最有利于觅食的鸟，只要当它还由双亲喂养时，至于它是否具有这种特定长度的喙，是没什么大不了的。因此，我得出如下的结论：每一物种获得现在的构造所靠的很多变异，其中的每一个变异，很可能不是在生命中的很早时期发生的；我们家养动物中有一些直接的证据支持这一观点。但是在其他情形中，很可能每一个相继的变异（或其中的大多数）都是在绝早的时期即已出现。

我在第一章中曾指出，有某些证据表明下述是极有可能的，即一种变异无论最初出现在亲本身上的时间是何年龄段，这一变异就趋于在后代的相应年龄段上重现。某些变异只出现在相应的年龄段，譬如，蚕蛾在幼虫、茧或成虫的状态时的特点；或者，一如几近成体的牛角的特点。但是更进一步地说，据我们所知，一些变异在生命中的出现可能或早或晚，但它们趋于在后代与亲本的相应年龄段中出现。我绝不是说这是一成不变的情形；而且我可以举出很多例子说明，这些变异（就该词的最广义而言）意外发生在子代身上的时期，要早于发生在亲代身上的时期。

倘若承认这两项原理是真实的话，那么我相信，它们将会解释胚胎学中所有的上述主要事实。但是，首先让我们来看一看家养变种中几个类似的例子[1]。某些作者曾经著文论犬，他们主张，灵缇犬与斗牛犬虽看起来大不相同，但其实是亲缘关系很近的不同变种，很可能从同一个野生品种传衍下来的；因此，我十分好奇地想知道它们的幼崽彼此间的差异究竟有多大：育种者告诉我，幼崽之间的差异与其亲本之间的差异一模一样，凭

---

[1] 作者言及的这两项原理是：一是在发育中，相继的变异出现得迟而不是早，就像是在不断地添加似的；亦即作者上面刚刚讲过的："每一物种获得现在的构造所靠的很多变异，其中的每一个变异，很可能不是在生命中的很早时期发生的"；二是变异在亲本与后代中出现的时间趋于相当；即作者在上一段里讲的："一些变异在生命中的出现可能或早或晚，但它们趋于在后代与亲本的相应年龄段中出现。"——译注

肉眼判断，看起来几乎是这么回事儿；但在实际测量老狗以及生下来六天的幼崽时，我发现幼崽之间在比例上的差异量远未达到成体间的差异。另外，我被告知，驾车马与赛跑马的小马驹之间的差异，与完全长成的马之间的差异一样；而这却大大地出于我的意料之外，因为我认为这两个品种之间的差异，很可能完全是驯化下的选择所致；但是把赛跑马与重型拉车马的母马跟它们生下来三天的小马驹仔细测量之后，我才发现小马驹之间在比例上的差异量远未达到成体间的差异。

几个家养的鸽子品种都是从同一野生种传衍下来的，由于在我看来这方面的证据是确定的，故我对孵化后十二小时以内的各个品种的雏鸽进行了一番比较；对野生的亲本品种、凸胸鸽、扇尾鸽、侏儒鸽、巴巴鸽、龙鸽、信鸽以及翻飞鸽，我仔细地测量了（但在此不详细列出）它们喙的比例、嘴的宽度、鼻孔和眼睑的长度、足的大小及腿的长度。在这些鸽子中，有一些在成年之后，它们在喙的长度与形状上彼此间的差异如此异常之大，以至于它们若是自然产物的话，我毫不怀疑，它们一定会被定为不同的属。但是，当把这几个品种的雏鸟排成一列时，尽管其中的大多数彼此能被区分开来，可是在上述几点上的比例上之差异，远不及成年的鸟之间那么大。差异的某些特点（如嘴的宽度），在雏鸟中几乎难以察觉出来。但是，这一法则有一显著的例外，因为短面翻飞鸽的雏鸟在其所有的比例上，与野生岩鸽以及其他品种的雏鸟之间的差异，几乎与成鸟之间完全一样。

在我看来，上述两项原理已解释了关于我们家养变种的较晚胚胎阶段的这些事实。育种者们在马、狗、鸽几近完全成年时，才对其进行选育：只要完全成年的动物能具有他们所希冀的特性与构造，他们对这些特性与构造获得的迟早，却并不在意。刚才所举的例子（尤其是关于鸽子的）似乎显示了，给予每一品种以价值的、由人工选择所累积起来的那些特征性的差异，最初一般并不出现在生命的早期，而且也不是在相应的早期被后代所承继的。然而，短面翻飞鸽的例子，即刚生下来十二个小时就获得了应有的比例，证明这并不是普遍的规律；因为在这一例子中，特征的差异要么出现在比一般更早的时期，要么若非如此的话，这些差异便是在较早的生长阶段遗传下来的，而不是在相应的生长阶段遗传的。

现在让我们将这些事实与上述两项原理（后者尽管不能证实，但能够显示在一定程度上是极为可能的），应用于自然状态下的物种。让我们看一下鸟类的一个属，根据我的理论，它是从某一个亲本种传衍下来的，其中几个新种针对各种各样的习性，通过自然选择而发生了变异。那么，由于很多轻微的、连续的变异出现在相当晚的生长阶段，并且是在相应的生长阶段得以遗传的，故而我们所假定的属的新种，将会有以下明显的倾向，即其幼体彼此间的相似远甚于成体间的相似，一如我们所见的鸽子里的情形。我们可以把这一观点引申到整个一些科，甚至于整个一些纲。譬如前肢，在亲本种中曾作为腿用，通过漫长的变异过程，在一类后代中可能变得适应于作为手用，在另一类中则作为鳍足用，在又一类中作为翅膀用；但是根据上述两项原理（即每一连续的变异发生在一个甚晚的生长阶段，并在相应的甚晚的生长阶段得以遗传），该亲本种几个后代的胚胎中的前肢，彼此间依然密切相似，因为它们不会有什么变异。但是，每一个新种中，其胚胎中的前肢与成年动物的前肢却差异极大；后者的前肢在发育的甚晚时期经历了很多的变异，因而有的变成了手，有的则变成了鳍足或翅膀。一方面是长久持续的锻炼或使用，另一方面则是不使用，无

13-5 长角栎甲虫的发育阶段的变态：
1.成体；2.蛹；3.幼虫

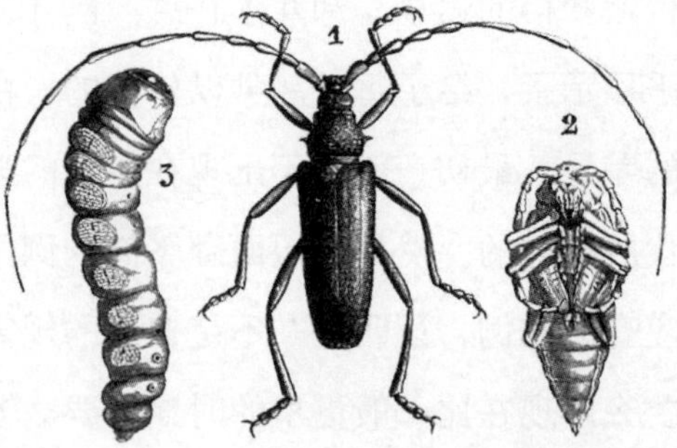

论这些对改变一个器官可能产生何种影响，这类影响主要是对成年动物起作用，盖因这些成年动物业已达到活动体能的全盛阶段，并不得不自谋生路；此类影响所产生的效果，也将在相应的成年期得以遗传。而幼体却不为器官使用或不使用的效果所改变，抑或被改变的程度较小。

在某些情形中，缘于我们一无所知的原因，连续的逐级变异可能发生于生命的很早时期，或者每一级变异可能在早于它初次出现的生长阶段得以遗传。在任一种情形（如短面翻飞鸽的情形）中，幼体或胚胎便会密切地类似于成年的亲本类型。在某些诸如乌贼、蜘蛛此类的整个类群的动物中，或是在昆虫这一大纲里的少数成员（如蚜虫）中，我们业已见到，这是发育的规律。至于在这些情形中幼体不经过任何变态，或在最早的阶段跟其亲本密切相似之终极原因，我们所能看到的是源于下述两种可能性：首先，由于在持续很多世代的变异过程中，幼体在发育的很早阶段不得不自行维生；再者，由于它们要沿袭与亲本一模一样的生活习性；因为在此情形下，它们在很早的生长阶段就得按照亲本的同样方式发生变异，以适应于其相似的习性，这对于物种的生存是不可或缺的。然而，对胚胎不经历任何变态，也许还需要进一步的解释。另一方面，幼体的生活习性倘若稍微不同于其亲本类型，故而结构上也稍有不同，并对其是有利的话，那么，按照在相应生长阶段遗传的原理，活跃的幼体或幼虫由于自然选择的原因，很容易变得与亲本不同，甚至不同到任何可以想象的程度。此类差异也可变得与发育的相继阶段相关；以至于第一阶段的幼虫与第二阶段的幼虫，可能会大不相同，一如我们所见的蔓足类的情形。成体也可能变得适应于某些地点或习性，以至于运动器官或感觉器官等在那里都派不上用场了；在此情形下，最终的变态便会被称为退化了。

因为曾经在这个地球上生存过的所有生物（灭绝了的与现生的），都得放在一起分类，又因为所有的生物均被细微的逐次变化连结在了一起，如若我们的收藏是近乎完全的话，那么，最好的或委实是唯一可能的分类，便会是依据谱系的分类。依我之见，世系传衍便是博物学家们在自然系统这一术语下所要寻求的潜在的联系纽带。根据这一观点，我们便能理解，在大多数博物学家们的眼里对于分类来说，为什么胚胎的构造甚至比成体的构造更为重要。因为胚胎是动物呈较少改变的状态，因而它揭示了其祖先的结构。在两个动物类群中，无论它们现在彼此之间在构造与习性上有多么大的差异，如若它们经过了相同或相似的胚胎阶段，我们便可确定它们都是从同一个或近乎相似的亲本类型传衍下来的，因而也是在相应程度上密切相关的。因此，胚胎构造中的共同性便揭示了世系传衍的共同性。无论成体的构造可能有多大的变异或变得扑朔迷离，胚胎构造将会揭示这种世系传衍的共同性；比如，我们看到，可以通过蔓足类的幼虫立刻辨识出它们是属于甲壳类这一大纲的。由于每一个种或成群的种的胚胎状态，向我们部分地显示了它们变异较少的、古代祖先的构造，因此我们便能理解古代的、灭绝了的生物类型，何以与其后代（即我们现存的物种）的胚胎竟然如此相似。阿格塞相信这是一条自然法则；但我不得不承认我仅希望看到这一法则此后被证明是真实的。可是，只有在现今假定被很多胚胎所代表的那一古代状态还没有被湮没的一些情形下，它才能被证明是真实的，即这种古代状态，既没有由于漫长变异过程中连续变异出现于发育的很早时期而湮没，亦没有由于这些变异在早于它们初次出现时的发育阶段得以遗传而湮没。还须记住的是，古代生物类型与现生类型的胚胎相似的这一假定的法则，尽管可能是真实的，但是由于地质记录在时间上却上溯得还不够久远，这一法则也可能长期地甚或永远地难以得到确证。

因此，依我之见，胚胎学上的这些在自然史中头等重要的事实，均可根据下述原理得以解释，即某一古代祖先的很多后代中的一些轻微的变异，不曾出现在每一后代生命的很早时期（尽管也许是源于最早期），而且曾在相应的时期而不是早期得以遗传。如若我们把胚胎视为一幅多少有些模糊的图画，表现动物每一大纲的共同亲本类型，那么，胚胎学的趣味也就会大大提升。

退化的、萎缩的或不发育的器官。——处于这种奇异状态中的器官或部分，带有无用的印记，在整个自然界中极为常见。譬如，退化的乳头在哺乳动物的雄性个体中非常普遍；我认为鸟类的小翼羽可以很有把握地看成是呈退化状态的趾；在很多蛇类中，肺的一叶是退化的；在其他的蛇里，存在着骨盆与后肢的残迹。有些退化器官的例子是极为奇怪的；譬如，鲸的胎儿生有牙齿，而当它们成长后连一颗牙齿都没有；未出生的小牛的上颌生有牙齿，但从不穿出牙龈之外。有可靠的说法称，在某些鸟类胚胎的喙上发现有牙齿的残迹。翅膀的形成是用于飞翔的，这是再明显不过的了；但我们见到有多少昆虫，其翅膀缩小到根本不能飞翔，常常位于鞘翅之下，牢牢地接合在一起啊！

退化器官的意义常常是再清楚不过的了：譬如一些同一个属（甚至于同一物种）的甲虫，彼此在各方面都极为相似，其中有一个具有正常大小的翅，另一个却只有膜的残迹；在此不可能对该残迹代表翅这一点加以怀疑。退化器官有时还保持着它们的潜在能力，只是不曾发育而已：雄性哺乳动物的乳头，似乎就是这种情形，因为有很多记录在案的例子显示，这些器官在雄性成体中发育完好而且分泌乳汁。牛属也是如此，其乳腺通常有四个发达的以及两个残迹的乳头；但是在我们家养的奶牛里，后两个有时变得发达，而且分泌乳汁。在同一物种的植物个体中，花瓣有时仅以残迹出现，而有时则是十分发育的状态。在雌雄异花的植物中，雄花常具有退化的雌蕊；科尔路特（Kolreuter）发现，将这样的雄花与雌雄同花的物种进行杂交，在杂种后代中那退化的雌蕊便增大许多；这表明退化的雌蕊与完全的雌蕊在性质上是基本相似的。

一个兼有两种用处的器官，对于一种用处（甚至更为重要的用处），可能变得退化或根本不发育，而对另一种用处却完全有效。比如，在植物中，雌蕊的功用在于使花粉管达到被保护在子房内底部的胚珠。雌蕊由一个为花柱所支持的柱头构成；但是在某些菊科（Compositae）的植物中，一些雄性小花（当然是不能受精的）有一个呈退化状态的雌蕊，因为其顶部没有柱头；可是，它的花柱依然很发育，并且像其他菊科植物一样地被有细毛，用以扫下周围花药内的花粉。此外，一种器官对于其原有的用处可能变得退化了，而被用于截然不同的目的：在某些鱼类里，鱼鳔对于其原有的漂浮机能来说似乎几近退化了，但是它已转变成初生的呼吸器官或肺。还能举出很多其他相似的例子。

同一物种的不同个体，其退化器官在发育程度上以及在其他方面，都极易发生变异。此外，在亲缘关系密切的物种中，同一器官的退化程度，有时也差异很大。后一项事实，在某些类群雌蛾的翅膀状态上，得到很好的例证。退化器官可能完全不发育；这就意味着，依据类比原理，我们原本指望在某些动物或植物中会发现某一器官的，结果却连其蛛丝马迹也未发现，而是在该物种的某些畸形个体中可以偶尔见到这一器官。因此，在金鱼草（antirrhinum）中，我们一般不会发现第五条雄蕊的残迹；但有时也可能见到。当追索同一纲的不同成员之相同部分的同源关系时，最常见、最为必要的方法是使用并发现退化器官。欧文所用的马、牛与犀牛的腿骨图，便很好地说明了这一点。

这是一个重要的事实，即诸如鲸以及反刍类上颌的牙齿之类的退化器官，常常见于胚胎，但此后却完全消失了。我相信，这也是一条普遍的规律，即退化的部分或器官与相邻的各部分比起来，在胚胎中要比在成体中大一些；所以该器官在这一早期阶段，退化程度较小，甚或不能说是有任何程度的退化。因此，成体的退化器官，也往往被说成是保留了它们胚胎的状态。

至此我列举了有关退化器官的一些主要事实。当回想这些事实时，每个人必定会对其感到惊讶不已：因为同样的推理，既清晰地告诉我们大多数部分与器官巧妙地适应于某些用处，也同样清晰地告诉我们这些退化或萎缩的器官是不完全的、无用的。在自然史著作中，退化器官一般被说成是“为了对称之故”或是为了要“完成自然的设计”而被创造出来的；但这对我来说什么也没解释，而仅仅是事实的重述而已。因为行星是依椭圆形轨道绕着太阳运行的，故而卫星为了对称之故、为了完成自然的设计，也是循着相同的轨道绕着行星运行的，难道这么一说就够了吗？有一位著名的生理学者，曾通过假设退化器官是用来排除过剩的或对于生物体有害的物质的，来解释退化器官的存在；但是我们能假定那微小的乳突（它常常代表雄花中的雌蕊，而且只是由细胞组织所构成的）也能发生如此的作用吗？难道我们能假定退化的牙齿的形成（此后因吸收而消失），是为了通过把宝贵的磷酸钙排除出去，而对迅速生长的胎牛有利吗？当人的手指被截断时，不完全的指甲有时会出现于残指上：若是我相信这些指甲的残余的出现，不是由于一些未知的生长法则，而是为了排除角质物质，那我就得相信海牛鳍上的退化指甲也是为此同样的目的而形成的。

按照敝人兼变传衍的观点，退化器官的起源便很简单。在我们的家养生物中，我们有很多退化器官的例子，如：无尾品种的尾的残基、无耳品种的耳的残余、无角牛品种［据尤亚特（Youatt）称，尤其是牛犊］的下垂的小角的重现，以及花椰菜整个花的状态。我们在畸形生物中常常看到各种部分的残迹。然而我怀疑，任何此类例子除了显示退化器官可以产生出来之外，能否揭示自然状态下退化器官的起源呢？盖因我怀疑自然状态下的物种压根儿是否经历过一些突然的变化。我相信，器官的不使用是主要原因；它在相继的世代中导致各种器官的逐步缩小，直至它们成为退化器官，一如栖居在黑暗洞穴内的动物的眼睛，以及栖居在大洋岛上的鸟类翅膀之情形，这些鸟极少被迫起飞，最终丧失飞翔能力。再者，一种器官在某些条件下是有用的，在另一些条件下可能是有害的，比如栖居在开阔小岛上的甲虫的翅膀便是如此；在此情形下，自然选择会持续缓慢地使该器官缩小，直到成为无害的与退化的器官。

功能上的任何变化，凡能由难以察觉的细小步骤完成的，均在自然选择的力量范围之内；因此，在改变了的生活习性期间，一种器官对某一目的而言，变得无用抑或有害，可能很容易经过改变而用于另一目的。或者一种器官有可能只保存它先前诸项功能之中的一项。一种器官，一旦变得无用时，大可发生很多变异，因为它的变异已不再受到自然选择的抑制了。不管是在生命的哪一个时期不使用或选择令一种器官缩小，而这一般都发生在生物步入成熟期并达到其全部活力之时；在相应生长阶段遗传的原理，就会使呈缩小状态的器官在同一生长阶段重新出现，其结果很少会使胚胎中的这一器官受到影响或缩小。因此我们便能理解，胚胎中的退化器官相对大小较大，而在成体中其相对大小则较小。然而，如若缩减过程的每一步不是在相应的生长阶段得以遗传，而是在生命的极早期得以遗传（因为我们有很好的理由相信这是可能的），那么，退化的部分就会趋于完全消失，我们便会遇到完全不发育的情形。在前面有一章里曾解释过有关生长的经济学原理，根据这一原理，形成任何部分或构造的物质，如若对于其所有者无用的话，就会尽可能地被节省掉；这一原理很可能会在此起到作用；而这就趋于造成一种退化器官的完全消失。

因为退化器官的存在是由于生物体制结构的每一部分均具有被遗传的趋向，并且这种趋向是一直长期存在的，因而，根据分类的谱系观点，我们便能理解，为何分类学家们发现退化器官跟生理上极重要的部分一样地有用，有时甚至于比后者更为有用。退化器官可以与一个字词中的一些字母相比拟，它们虽依然保存在拼写中，但却不发音了，不过还可用作追寻那个字词的来源的线索。根据兼变传衍的观点，我们可以断言，呈退化、不完全以及无用状态（或完全不发育）的器官的存在，在此远非是一个奇异的难点（对普通的造物信条来说，无疑是个难点），甚至是可以预料到的，而且能为遗传的法则所解释。

概述。——在本章中我业已试图表明：在所有的时期，所有的生物中，类群与类群之间的隶属关系；所有的现生的与灭绝了的生物，均被复杂的、放射状的，以及曲折的亲缘关系线连结成为一个巨大系统的这种关系的性质；博物学家们在分类中所遵循的一些法则以及所遭遇到的种种困难；给予性状（只要它们是稳定的、普遍的）的分量，无论它们是高度的至关重要还是最不怎么重要，或像退化器官那样毫无重要性；同功的或适应的性状与真实的亲缘关系的性状之间，在分量上的大相径庭；以及其他这类的规则；——所有这些，按照以下观点，都便是自然而然的了，即被博物学家们视为亲缘关系相近的那些类型，有着共同的祖先，并且它们通过自然选择而发生变化，并且有灭绝以及性状分异的意外发生。在考虑这一分类观点时，应该记住，世系传衍这一因素，曾被普遍地用来把同一物种的不同性别、年龄以及公认的变种分类在一起，无论它们在构造上彼此是多么地不同。倘若把世系传衍这一因素（这是生物相似性的唯一确知的原因）扩大应用的话，我们便能理解自然系统的含义了：它是力图依照谱系来进行排列，用变种、物种、属、科、目，以及纲这些术语，来表示所获得的差异的各个等级。

根据同样的兼变传衍的观点，形态学中的所有重大事实，都成为可以理解的了，无论我们去观察同一纲的不同物种的同源器官（不管其有何用处）所表现的同一形式；还是去观察每一动物和植物个体中的按同一形式构建的同源部分。

根据相继、些微的变异未必或者通常不在生命的极早期发生，并且在相应的时期得以遗传的原理，我们便能理解胚胎学中的一些重大的主要事实；即同源的部分在个体胚胎中的相似性：一旦成熟时，这些同源的部分在构造上与功能上就变得大不相同了；在同一个纲的不同物种中的那些同源的部分或器官的相似性：尽管这些同源器官在成体成员中适应于尽可能不同的目的。幼虫是活动的胚胎，它们随着生活习性的变化，根据变异在相应的生长阶段得以遗传的原理，而发生了特殊的变异。根据这一相同的原理——而且记住，器官由于不使用或由于自然选择而缩小，这一般发生在生物不得不自维生计的时期，同时还须记住，遗传的原理是多么的强大——退化器官的出现以及最后的完全不发育，对我们不存在什么不可解释的难点；相反，它们的存在甚至是可以预料的了。根据分类排列唯有是按照谱系的、方是自然的这一观点，胚胎的性状以及退化器官在分类中的重要性，便皆可理解了。

最后，本章中业已讨论过的几类事实，依我之见，是如此清晰地表明，栖居在这个世界上的无数的物种、属与科的生物，在它们各自的纲或类群的范围之内，皆从共同祖先传衍而来，而且皆在生物的世系传衍过程中发生了变异，因此，即令没有其他的事实或论证的支持，我也应毫不犹豫地接受这一观点。

XIV

第十四章

复述与结论

复述自然选择理论的难点——复述支持该理论的一般与特殊的情况——一般相信物种不变的原因——自然选择理论可引申多远——该理论的采用对自然史研究的影响——结束语。

14-1 加拉帕戈斯群岛的大陆龟

由于全书乃是一长篇的论争，故把主要的事实与推论略加复述，可能会便利于读者。

我不否认，对于通过自然选择而兼变传衍的理论，可以提出很多严重的异议。我业已努力使这些异议发挥得淋漓尽致。较为复杂的器官与本能的完善，居然不是通过类似于人类理智但又比之高明的方法，而是通过无数轻微变异的累积，其中每一个变异对其持有者个体又都是有利的；乍看起来，没有什么比这更难令人置信的了。不过，尽管这一难点在我们的想象中似乎大得难以逾越，但是我们如果承认下述一些命题，它就不能被视为是一个真正的难点了，这些命题即是：我们所考虑的任一器官或本能，其完善经过（无论现存的还是先前存在过的）逐级过渡，而每一级过渡都是各有益处的；所有的器官与本能均有变异，哪怕程度极为轻微；最后，生存斗争导致了构造上或本能上的每一个有利偏差的保存。窃以为，这些命题的正确性是无可争辩的。

毫无疑问，哪怕是猜想一下很多构造是经过什么样的逐级过渡而得以完善的，也是极为困难的，尤其是对那些不完整的、衰败的生物类群而言，更是如此；可是，我们在自然界里看到那么多的奇异的逐级过渡，正如“自然界里无飞跃”这一格言所声称的那样，因而当我们说任何器官或本能，抑或任何整个生物，不能通过很多逐级过渡的步骤而达到其目前的状态时，我们真该极为谨慎。必须承认，在自然选择理论上，委实存在着一些特别困难的事例；其中最奇妙者之一，便是同一蚁群中存在着两到三种工蚁（或不育雌蚁）的明确等级；但是，我业已试图表明这些难点是如何能得以克服的。

物种在首代杂交中的近乎普遍的不育性，与变种在杂交中的近乎普

14-2 家猪

遍的能育性，两者之间形成了极其明显的对照，对此我必须请读者参阅第八章末所提供的一些事实的复述，这些事实，在我看来，业已确凿地表明了，这种不育性宛若两个不同物种的树木不能嫁接在一起一样，绝非是一种特殊的天授；而只是由于杂交物种的生殖系统的结构差异所引发的情形而已。当同样的两个物种进行交互杂交（即一个物种先作父本后作母本）时，我们可从其结果的巨大差异中，看到这一结论的正确性。

变种杂交的能育性及其混种后代的能育性不能被视为是一成不变的；当我们记住它们的体制构成或生殖系统不大可能产生深刻的变化的话，那么，它们十分普通的能育性，也不值得大惊小怪。此外，经实验过的变种，其大多数是在家养状态下产生的；而且由于家养状态明显地趋于根除不育性，故我们不应该指望它又会产生不育性。

杂种的不育性与首代杂交的不育性大不相同，因为前者的生殖器官在功能上或多或少是不起作用的；而首代杂交中双方的生殖器官均处于完善的状态。因为我们不断地看到，各种各样的生物因稍微不同以及新的生活条件干扰了它们的体制构成，而造成了一定程度的不育，故而我们对杂种的某种程度上的不育，也无需感到惊奇，因为两个迥然不同的体制结构的混合，几乎不可能不干扰它们的机体构成。这一平行现象为另一组（但正相反的）平行的事实所支持；即所有生物的活力与能育性通过其生活条件的一些轻微的变化而得以提高，由杂交而产生的稍微变异了的类型或变种的后代，其活力与能育性也得以提高。因而，一方面，生活条件相当大的变化以及经历了较大变化的类型之间的杂交，会降低能育性；另一方面，生活条件较小的变化以及变化较小的类型之间的杂交，则会提高能育性。

转向地理分布，兼变传衍理论所遭遇的难点足为十分严重。同一物种的所有个体、同一属（甚或更高级的类群）的所有物种必定是从共同的祖先传衍下来的；因此，无论它们现在见于地球上何等遥远的与隔离的地方，它们必定是在相继世代的过程中从某一处传布到其他各地的。至于这是如何发生的，我们常常甚至连猜测都完全做不到。然而，由于我们有理由相信，某些物种曾保持同一类型达很长的时间（若以年计，则极为漫长），因此不应过分强调同一物种的偶尔的广布；因为在很长的时期里，通过很多方法，总会有很多广泛迁徙的良机。不连续的或中断的分布，常常可以由物种在中间地带的灭绝来加以解释。不可否认，我们对现代时期内曾经影响地球的各种气候与地理变化之全貌，还十分无知；而这些变化显然会大大地有利于迁徙。作为例证，我曾试图表明冰期对于同一物种与具有代表性物种在全世界的分布之影响，曾是如何地有效。我们对于很多偶然的传布方法也还深刻地无知。至于生活在遥远而隔离的地区的同属的不同物种，由于变异的过程必然是缓慢的，故在漫长的时期内所有的迁徙方法都是可能的；结果，同属物种广布的难点，在某种程度上也就减小了。

根据自然选择理论，一定有无数的中间类型曾经存在过，这些中间类型以微细地像现今变种般的一些逐级过渡，把每一类群中的所有物种都连结在了一起，那么，我们可以问：为什么在我们的周围看不到这些连结类型呢？为什么所有的生物并没有混杂在一起，而呈现出解不开的混乱状态呢？有关现生的类型，我们应该记住我们无权去指望（除稀有情形之外）在它们之间发现直接连结的环节，但仅能在每一现生类型与某一灭绝了的、被排挤掉的类型之间发现这种环节。即令一个广阔的地区在一个长久时期内曾经保持了连续的状态，并且其气候与其他的生活条件不知不觉地从被某一个物种所占据的区域，逐渐地变化到为一个亲缘关系密切的物种所占据的区域，我们也没有正当的权利去指望能在中间地带经常发现中间变种。因为我们有理由相信，在任何一个时期内，只有少数物种正经历着变化；而且所有的变化都是缓慢地完成的。我也已表明，起初很可能只在中间地带存在的中间变种，会易于被任何一边的近缘类型所排挤掉；而后者由于其数目更多，比起数目较少的中间变种来说，一般能以更快的速率发生变化与改进；长此以往，中间变种便会被排挤掉、被消灭掉。

世界上现生的生物与灭绝了的生物之间，以及每一个相继的时期内灭绝了的物种与更加古老的物种之间，均有无数的连结环节业已灭绝了，根据这一信条来看，为何在每一套地层中，没有充满着此类的环节类型呢？为何每一处搜集的化石遗骸，并没有提供出生物类型的逐级过渡与变异的明显证据呢？我们见不到此类的证据，这在很多可能用来反对我的理论的异议中，是最为明显与有力的了。再者，为何整群的近缘物种好像是突然地出现在几个地质阶段之中呢（尽管这常常是一种假象）?为何我们在志留系之下，没有发现大套的含有志留纪化石群的祖先遗骸之地层呢？因为，按照敝人的理论，这样的地层一定在世界历史上的这些古老的以及完全未知的时期内沉积于某处了。

我只能根据下述假设来回答这些问题与重大的异议，即地质记录远比大多数地质学家们所相信的更为不完整。没有足够的时间以产生任何程度的生物变化之观点，不能用来作为反对的理由；因为流逝的时间是如此之漫长，以至于人们的智力根本无法估量。所有的博物馆内的标本数目，比之确曾生存过的无数物种的无数世代而言，是绝对地不值一提的。我们难以看出来一个物种是否是任何一个或多个物种的亲本，即便我们对其进行十分仔细的研究也很难看出，除非我们能够获得它们过去（或亲本）的状态与目前的状态之间的很多中间环节；但由于地质记录的不完整，我们几乎不能指望竟会发现这么多的环节。可以列举出无数现生的悬疑类型，很可能皆为变种；然而，谁又敢说在未来的时代中会发现如此众多的化石环节，以至于博物学家们根据普通的观点，便能够决定这些悬疑类型是否为一些变种呢？只要任何两个物种之间的大多数环节是未知的话，若只是任何一个环节或中间变种被发现，那么它只不过会被定为另一个不同的物种而已。世界上只有很小一部分地区业已作过地质勘探。只有某些纲的生物，能以化石状态（至少是大量地）被保存下来。广布的物种变化最多，而且变种最初往往是地方性的；这两个原因使中间环节更不太可能被发现。地方性变种只有在经历了相当的变异与改进之后，才会分布到其他遥远地区的；当它们真的散布开来了，倘若是发现于一套地层中的话，那么它们似乎像是在那里被突然地创造出来的，于是就会被径直地定为新的物种了。大多数地层的沉积是时断时续的；其延续的时间，我倾向于相信要比物种类型的平均延续时间为短。相继的各套地层彼此之间，均为漫长的、空白的间隔时间所分隔开来；因为含化石的地层（其厚度足以抵抗未来的剥蚀作用）的沉积，只能出现在海底下降并有大量的沉积物堆积的地方。在水平面上升与静止的交替时期，地质记录会是空白的。在后面的这些时期中，生物类型很可能会有更多的变异性；而在下降的时期中，很可能会有更多的灭绝。

至于志留系地层最下部之下没有富含化石的地层，我只能回到第九章所提出的假说。大家都承认地质记录是不完整的；然而，倾向于承认它不完整到我所需要的那种程度的人，却为数寥寥。若是我们观察到足够漫长的时间间隔的话，地质学便会清晰地表明，所有的物种都已经历了变化；而且它们是依照我的理论所要求的那种方式发生变化的，因为它们都是缓慢地、逐渐地发生变化的。我们在化石遗骸中清晰地看到这一点，相继的地层中的化石遗骸彼此之间的关系，比时间上彼此相隔遥远的地层中的化石遗骸，总是要远为密切。

这就是可能正当地用来反对敝人理论的几种主要的异议及难点的概要；我现已扼要地复述了能够给出的回答与解释。多年来我曾感到这些难点是如此之严重，以至于不会去怀疑其分量。然而值得特别注意的是，较为重要的一些异议，则与我们坦承对其无知的一些问题有关；而且我们还不知道我们究竟有多无知呢。我们不知道在最简单的与最完善的器官之间的所有可能的过渡阶段；我们也不能假装我们已经知道，在漫长岁月里“分布”的各种各样的途径，或者假装我们已经知道“地质记录”是如何地不完整。尽管这几项难点是严重的，但据我判断，它们不会推翻兼变传衍的理论。

现在让我们转向争论的另一方面。在家养状态下，我们看到了大量的变异性。这似乎主要是由于生殖系统极易受到生活条件变化的影响所致；因此，这一系统，在没有变得不起作用时，不能产出与其亲本类型一模一样的后代。变异性受到很多复杂的法则所支配——它受生长相关性、器官的使用与不使用，以及周围物理条件的直接作用所支配。要确定我们的家养生物究竟曾经发生过多少变化，其困难很大；但是我们可以有把握地推断，变异量很大，而且这些变异能够长期地遗传下去。只要生活条件不变，我们则有理由相信，一种业已遗传了很多世代的变异，可以继续被遗传到几乎无限的世代。另一方面，我们有证据表明，变异性一旦发生作用，就不大会完全停止；因为我们最古老的家养生物，也还会偶尔地产生新的一些变种呢。

变异性实际上不是由人类引起的；人们只是无意识地把生物置于一些新的生活条件之下，然后大自然便对其体制结构产生了作用并引起了变异性。但是人类能够选择、并且确实选择了自然所给予他的变异，从而依照任何希冀的方式使之得以累积起来。因此，他便可以使动物与植物适应于他自身的利益或喜好。他可以着意地这样去做，或者可以无心地这样去做，这种无心之举便是保存那些在当时对他是最为有用的个体，但并没有改变其品种的任何想法。无疑，他能够通过在每一相继的世代中选择那些为外行的眼睛所不能辨识出来的极其微细的个体差异，来大大地影响一个品种的性状。这一选择过程，在形成最为独特以及最为有用的家养品种中，一直起着很大的作用。人类所育成的很多品种，在很大程度上具有自然物种的状况，这一点已为很多品种究竟是变种还是土著物种这一难解的疑问所表明了。

在家养状态下已如此有效地发生了作用的原理，为何就不能在自然状态下发生作用呢，这是没有明显的理由可言的。在不断反复发生的“生存斗争”中，保存被青睐的个体或族群，从中我们看到了一种有力的并总是在发生着作用的选择方式。所有的生物皆依照几何级数在高度地繁增，因此生存斗争是不可避免的。这种高度的增加速率可通过计算而得以证明，也可通过一连串特殊季节的影响来证明，还可通过归化的结果来证明（诚如第三章所解释的）。产生出来的个体，多于可能生存下来的个体。平衡上的毫厘之差，便会决定哪些个体将生存、哪些个体将死亡——哪些变种或物种的数目将增加、哪些变种或物种的数目将减少抑或最终灭绝。由于同一物种的个体在各方面彼此间进行着最密切的竞争，故它们之间的斗争一般也最为激烈；同一物种的变种之间的斗争也几乎是同样地激烈，其次便是同一个属的不同物种之间的斗争。在自然阶梯上相差很远的生物之间的斗争，也常常是十分激烈的。某一个体在任何年龄或任何季节只要比其竞争对手占有最轻微的优势，或者对周围物理条件稍有微小程度的较好适应，便会改变平衡。

至于雌雄异体的动物，在大多数情形下，雄性之间为了占有雌性，就会发生斗争。最刚健的雄性，或在与其生活条件的斗争中最成功的雄性，一般会留下最多的后代。但是成功常常取决于雄性具有特别的武器或防御手段，抑或靠其魅力；哪怕是最轻微的优势，便会导向胜利。

由于地质学清楚地宣告了每一陆地均已经历过巨大的物理变化，因此我们可以料到，生物在自然状态下也曾发生过变异，正如它们在改变了的家养条件下一般曾经发生过变异一样。若是在自然状态下存在着任何变异性，那么，要是说自然选择未曾起过什么作用的话，则是无法解释的事实了。常常有人主张（但这一主张是很难证实的），在自然状态下，变异量是严格有限的。尽管人类的作用仅限于外部的性状，而且作用经常是变化无常的，却能在短期内通过累积家养生物的一些个体差异而收到极大的结果；而且每一个人都承认，自然状态下的物种至少存在着个体的差异。然而，除了这些差异之外，所有的博物学家们也都承认变种的存在，他们并认为这些变种有足够的区别而值得被载入分类学著作之中。无人能够在个体的差异与细微的变种之间，抑或在更为显著的变种与亚种，以及物种之间划出任何泾渭分明的界限。看一看博物学家们在将欧洲与北美的很多代表类型予以分类时，是多么不同吧。

那么，如若我们看到在自然状态下确有变异性，并有强大的力量总是在“蠢蠢欲动”地要发挥作用并进行选择，为何我们竟会怀疑以任何方式对生物有用的一些变异，在异常复杂的生活关系中会得以保存、累积，以及遗传呢？如若人类既然能够耐心地选择对其最为有用的变异，为何大自然竟不能选择对她自己的生物在变化着的生活条件下有用的那些变异呢？对于在长时期内发生作用并严格地仔细检查每一生物的整个体制结构、构造与习性，并垂青好的而排除坏的这种力量，能够加以何种限制呢？对于缓慢地并美妙地使每一类型适应于最为复杂的生活关系的这种方量，我难以看到会有什么限制。即令我们仅仅看到这一点，自然选择的理论，在我看来其本身也是很可信的。我业已尽可能公正地复述了用于反对的难点与异议：现在让我们转向对这一理论有利的特殊事实与论述吧。

根据物种只是性状极为显著且持久的变种以及每一物种起初均以变种而存在之观点，我们便能理解，为何在通常假定是由特殊的造物行动产生出来的物种与公认的由次级法则产生出来的变种之间，却无界线可划。根据同一观点，我们还能理解，为何如果在一地区有很多物种从一个属产生出来，而且于今在该地区仍很繁盛，这些同样物种便会显现出很多的变种；因为在物种形成很活跃的地方，依照一般的规律，我们可以预料这一过程仍在进行着；如果变种是雏形种的话，那么情形即是如此。此外，在较大的一些属里的物种，提供较大数量的变种或雏形种，在某种程度上也保持了变种的性状；盖因它们彼此间的差异量要小于较小的属的物种之间的差异量。大的属里亲缘关系密切的物种，明显具有局限的分布范围，并且围绕着其他物种聚集成小的类群——在这些方面，它们与变种类似。根据每一物种都是独立创造出来的观点，这些关系便很奇特了，但若是每一物种起初都是作为变种而存在的话，那就是可以理解的了。

由于每一物种都趋于依照几何级数的繁殖率在数目上过度地增长；又由于每一物种的变异了的后代，愈是在习性与构造上更加多样化，进而在自然经济组成中攫取很多大为不同的位置，愈能大为增加，因此自然选择便经常地趋于保存任何一个物种的最为分异的后代。所以，在长期连续的变异过程中，作为同一物种的各个变种特征的一些微小的差异，便趋于扩大为同一个属的物种特征的较大的差异。新的、改进了的变种，不可避免地要排除并消灭掉较旧的、改进较少的以及中间的变种；因而物种在很大程度上便成为界限确定、区别分明的对象了。属于较大类群的优势物种，趋于产生新的与优势的类型；因此每一较大的类群便趋于变得更大，同时在性状上也更加分异。然而，由于所有的类群不能够都如此成功地增大，因为这世界会容纳不下它们，所以优势较大的类型就要击败优势较小的类型。这种大的类群不断增大以及性状不断分异的倾向，加之几乎不可避免的大量灭绝的事件，便解释了所有的生物类型都是依照类群之下又分类群来排列的，所有的这些类群都被包括在少数几个大纲之内，它们现今在我们的周围随处可见，且曾始终如一地占有着优势。这种把所有的生物都归在一起的伟大事实，依我之见，根据特创论是完全说不通的。

由于自然选择仅能通过累积些微的、连续的、有利的变异来起作用，所以它不能产生巨大或突然的变化；它只能通过一些很短而且缓慢的步骤来发生作用。因此，“自然界中无飞跃”这一格言，趋于每每为所增的新知而进一步证明是完全正确的，而根据这一理论，则是极易理解的了。我们能够清晰地理解，为何自然界变异繁多，却少有新创。但是，倘若每一物种都是独立创造出来的话，那么，为何这竟会成为自然界的一条法则，便无人能够予以解释了。

依我之见，根据这一理论，很多其他的事实也可得到解释。这是何等的奇怪：竟会创造出一种像啄木鸟形态的鸟，在地面上捕食昆虫；高地的鹅很少或从不游泳，却具有蹼足；竟会创造出一种鸫鸟，能够潜水并以水中的昆虫为食；竟会创造出一种海燕，具有适合于海雀或鹏鹛生活的习性与构造！诸如此类的其他例子，乃无穷无尽。但是根据以下的观点，即每一物种都不断地在力求增加数目，而且自然选择总是使每一物种缓慢变异

14-3 唧鹀

着的后代适应于任何自然界中未被占据或被占据得不稳的地方，那么，这些事实就不再是奇怪的了，或者也许是可以预料到的了。

由于自然选择通过竞争而起作用，所谓它使每一地方的生物得以适应，仅仅是相对于它们周遭相处的生物的完善程度而言的；所以，任何一个地方的生物，尽管依普通的观点被认为是为该地特别地创造出来并适应于该地的，却被从另一地迁入的归化了的生物所击败并排除掉，我们对此无需大惊小怪。倘若自然界中并非所有的设计（就我们的判断所及），都是绝对完美的；而且其中有一些与我们的有关适应的观念大不相容，我们也不必惊奇。蜜蜂的刺，会引起蜜蜂自身的死亡；产出如此大批的雄蜂，却仅为了一次的交配，其后被不育的姊妹们所屠戮；枞树花粉的惊人的浪费；后蜂对其能育的女儿们所持的本能的仇恨；姬蜂取食于毛毛虫的活体之内；以及其他类似的例子，我们也无需惊奇。根据自然选择的理论，真正奇怪的倒是没有观察到更多的缺乏绝对完善的例子。

就我们所知，支配产生变种的复杂而不甚明了的法则，与支配产生所谓物种类型的法则是相同的。在这两种情形中，物理条件似乎产生了仅仅很小的直接效果；然而当变种进入任何地带之后，它们便偶尔获得了该地带的物种所特有的一些性状。器官的使用与不使用对变种和物种，似乎均产生了一些效果；因为当我们看到下述一些例子时，就难以拒绝得出这一结论。比如，呆头鸭的翅膀没有飞翔能力，其所处的条件几乎与家鸭不无二致；还有，穴居的栉鼠有时是目盲的，而某些鼹鼠则惯常是目盲的，其眼睛被皮层所遮盖；或是栖居在美洲与欧洲的黑暗洞穴里的很多动物，也是目盲的。生长相关性对于变种及物种，似乎起着最为重要的作用，因此，当某一部分发生变异时，其他一些部分也必然会发生变异。消失已久的性状会在变种与物种中重现。马这一属中的几个物种及其杂种会在肩部和腿部偶尔生出条纹，根据特创论，这会是多么地不可思议啊！若是我们相信这些物种都是从具有条纹的祖先那里传衍下来的，一如鸽子的几个家养品种都是从蓝色的具有条纹的岩鸽那里传衍下来的，那么，对这一事实的解释又会是多么地简单啊！

按照每一物种都是独立创造出来的普通观点，为什么物种一级的性状，亦即同一个属内的各物种彼此相异的性状，要比它们所共有的属一级的性状更易变异呢？譬如，一个属的任何一个物种的花的颜色，为何当该属的其他物种（假定是被分别独立地创造出来的）具有不同颜色的花时，要比当该属所有的物种的花都是同样颜色时，更易于发生变异呢？若是说物种只是特征很显明的变种，而其性状已经变得高度固定了，那么我们便能理解这一事实；因为这些物种从一个共同的祖先分支出来以后，它们在某些性状上业已发生了变异，而这些性状也就是它们彼此之间赖以区别的性状；所以，这些性状就比那些经过长时期遗传而未曾变化的属一级的性状，更易于发生变异。根据特创论，就不能解释在一个属的任何一个物种里，以十分异常的方式发育起来的，故而我们可能很自然地推想是对于该物种极为重要的部分，为何竟然显著地易于变异；但是，根据我的观点，自从几个物种由一个共同祖先分支出来以后，这一部分业已经历了超乎常量的变异与变化，因此我们可以预料这一部分一般还会发生变异。但是，一个部分（如蝙蝠的翅膀）可能是通过最为异常的方式发育起来的，却并不比任何其他构造更易于发生变异，倘若该部分是很多层层隶属的类型所共有的，亦即倘若它是经过甚为长久的世代遗传的话；因为在此情形下，它会由于长久而连续的自然选择而变得稳定了。

略看一下本能，尽管有一些很奇特，然而根据连续的、些微的，但却有益的变异之自然选择理论，它们并不比身体构造更难理解。因此我们便能理解，为何自然是以逐渐过渡的步骤来赋予同纲的不同动物以若干本能的。我业已试图表明，逐级过渡的原理，对于认识蜜蜂令人称羡的建筑能力，提供了诸多的启迪。习性无疑在改变本能方面有时会发生作用；但它显然并非是不可或缺的，诚如我们在中性昆虫的情形中所见，它们并无后代可遗传其长久连续的习性的效果。根据同属的所有物种都是从一个共同亲本传衍下来的、并且遗传继承了很多共同的性状这一观点，我们便能够理解，当近缘物种被置于相当不同的条件之下时，怎么竟还会具有几近相同的本能；譬如，为何南美的鸫类，与不列颠的物种一样，将巢的内侧糊上泥土。根据本能是通过自然选择而缓慢获得的观点，我们对某些本能并不完善，且容易出错，而且很多本能会加害于其他动物，也就不必大惊小怪了。

如若物种仅仅是特征显著以及稳定的变种，我们立即便可理解，为何它们的杂交后代在类似其亲本的程度与性质方面（如通过连续杂交而彼此融合方面，以及其他类似情形方面），像公认的变种的杂交后代一样，都遵循着一些同样的复杂法则。另一方面，如若物种是独立创造出来的，而且变种是通过次级法则产生出来的话，那么，这种类似便是奇怪的事实了。

倘若我们承认地质记录是极不完整的话，那么，地质记录所提供的此类事实，便支持了兼变传衍的理论。新的物种缓慢地在相继的间隔时期内登台亮相；而不同的类群经过相等的间隔时期之后，其变化量是大不相同的。物种以及整群的物种的灭绝，在生物史中业已起过如此显著的作用，这几乎不可避免地是遵循自然选择原理的结果；盖因旧的类型要被新的以及改进了的类型所取代。普通世代的链条一旦中断，无论是单独一个物种，还是成群的物种，均不会重新出现。优势类型的逐渐扩散，伴随着其后代的缓慢变异，使得生物类型经过长时期的间隔之后，看起来好像是在全世界范围内同时发生变化似的。每套地层中的化石遗骸的性状，在某种程度上是介于上覆地层与下伏地层的化石遗骸之间的，这一事实便可径直地由它们在谱系链中所处的中间地位来解释。所有灭绝了的生物都与现生生物属于同一个系统，要么属于同一类群，要么属于中间类群，这一重大事实是现生生物与灭绝了的生物都是共同祖先之后代的结果。由于从一个古代祖先传衍下来的生物类群一般已在性状上发生了分异，该祖先连同其早期的后代比之其较晚的后代，便经常呈现出中间的性状；故此我们便能理解，为何一种化石越古老，在某种程度上，它就越会经常处于现生的与近缘的类群之间。在某种含糊的意义上，现代的类型一般被视为高于古代以及灭绝了的类型；而它们是较高等的，只是因为后来的、较为改进了的类型在生存斗争中战胜了较老的、改进较少的生物类型。最后，同一大陆上的近缘类型（如澳洲的有袋类、美洲的贫齿类与其他此类的情形）长久延续的法则，也是可以理解的，因为在一个局限的地域内，现生的与灭绝了的生物由于世系传衍的关系，亲缘关系自然会是密切的。

试看地理分布，若是我们承认在漫长的岁月中，由于从前的气候与地理的变化以及很多偶然的与未知的扩散方法，曾经发生过从世界的某一处向另一处的大量迁徙的话，那么，根据兼变传衍的理论，我们便能理解大多数“分布”上的主要事实。我们便能理解，为什么生物在整个空间上的分布以及在整个时间上的地质演替会有如此惊人的平行现象；因为在这两种情形中，生物均为普通世代的纽带所连结，而且变异的方式也是相同的。我们也理解了曾打动每一位旅行者的奇异事实的全部含义，亦即在同一大陆上，在最为多样化的条件下，在炎热与寒冷之下，在高山与低地之上，在沙漠与沼泽之中，每一个大纲里的大多数生物均明显地相关；因为它们通常都是相同祖先以及早期移入者的后裔。根据这一昔日迁徙的相同原理，伴之大多数情形下的变异，再借助于冰期，我们便能理解，在最遥远的高山上以及在最不同的气候下，有少数几种植物是相同的，而很多其他的植物是十分相近的；同样，尽管为整个热带海洋所隔，北温带与南温带的海中的某些生物却十分相近。尽管两地有着相同的生活物理条件，倘若它们彼此之间长期地完全分隔的话，那么，我们便无需对其生物的大为不同而感到诧异；因为生物与生物之间的关系是所有关系中最为重要的，而且该两地会在不同时期、以不同的比例组合，接受来自第三处或来自彼此之间的移居者，故这两地的生物变异过程就必然是不同的了。

根据迁徙连同其后变异的这一观点，我们便能理解为何在大洋岛上仅有少数物种的栖息，而这少数的物种中间，很多竟还是特殊的。我们能够清楚地理解，诸如蛙类与陆生哺乳类那些不能跨越辽阔海面的动物，为何不曾栖居在大洋岛上；另一方面，为何能够飞越海洋的新的、特殊的蝙蝠物种，则往往见于远离大陆的岛上。大洋岛上有蝙蝠的特殊物种存在，却没有所有其他哺乳动物的存在，此类事实根据独立创造的理论，是完全无法解释的。

按照兼变传衍的理论，任何两个地域内若存在着亲缘关系密切的物种或具有代表性的物种，便意味着相同的亲本以前曾经栖居在这两个地区；而且我们总是会发现，但凡很多亲缘关系密切的物种栖居在两地，一些两地所共有的完全相同的物种也就依然存在。大凡有很多亲缘关系密切但却是不同的物种出现的地方，那么，同一物种中的很多悬疑类型以及变种，也会同样地在那里出现。每一地区的生物，与移居者来自的最近的原产地的那些生物相关，这是一个具有高度普遍性的法则。加拉帕戈斯群岛、胡安·斐尔南德斯群岛（Juan Fernandez）以及其他美洲岛屿上的几乎所有的植物与动物，与相邻的美洲大陆上的植物和动物，均呈现出最为显著的相关性，从中我们看到了一上述的法则；还有佛得角群岛以及其他非洲岛屿上的生物与非洲大陆上生物的关系，也能看到这一点。必须承认，这些事实根据特创论是得不到解释的。

诚如我们业已所见，所有过去的与现生的生物构成了一个宏大的自然系统，在类群之下又分类群，而灭绝了的类群常常介于现生的类群之间，这一事实，根据自然选择连同其引起的灭绝与性状分异的理论，是可以理解的。根据同样这些原理，我们便能理解，每一个纲里的各个种与各个属的相互亲缘关系为何是如此地复杂与曲折。我们还能理解，为什么某些性状在分类上要比其他性状更为有用；为什么适应性的性状尽管对于生物自身极端重要，然而在分类上却几乎没有任何重要性；为什么来自退化器官的性状，尽管对生物本身无甚用处，却往往有很高的分类价值；为何胚胎的性状在所有的性状中最有价值。所有生物的真实的亲缘关系，均是缘自遗传或世系传衍的共同性。自然系统是一种依照谱系的排列，从中我们必须通过最稳定的性状去发现谱系线，不管这些性状在生活上可能是多么地无足轻重。

人的手、蝙蝠的翼、海豚的鳍、马的腿，其骨骼框架是相同的——长颈鹿与大象的颈部的脊椎数目也是相同的——以及无数其他的此类事实，依据伴随着缓慢、些微的连续变异的兼变传衍理论，立马可以自行得到解释。蝙蝠的翼与腿，螃蟹的颚与腿，花的花瓣、雄蕊与雌蕊，尽管用于如此不同的目的，但其型式的相似性，根据这些部分或器官在每一个纲的早期祖先中相似、其后渐变的观点，亦可得以解释。相继变异并非总是出现在早期发育阶段，并在相应的，而不是更早的发育阶段得以遗传，根据这一原理，我们更能清晰地理解，为何哺乳类、鸟类、爬行类以及鱼类的胚胎会如此密切相似，而与成体类型又会如此大不相像。呼吸空气的哺乳类或鸟类的胚胎，一如必须借助发达的鳃来呼吸溶解在水中的空气的鱼类，也具有鳃裂和弧状动脉，对此我们也大可不必感到惊诧了。

当一个器官在改变了的习性或变更了的生活条件下变得无用时，不使用（有时借助于自然选择）常常趋于使该器官缩小；根据这一观点，我们便能清晰地理解退化器官的意义。然而，不使用与选择，一般是在每一生物达到成熟期并且必须在生存斗争中发挥充分作用时，方能对该生物发生作用，因而对于早期发育阶段的器官很少有什么影响力；故该器官在这一早期发育阶段，不太会被缩小或沦为退化。比如，小牛犊从生有发达牙齿的早期祖先那里遗传继承了牙齿，而其牙齿从不穿出上颌的牙龈；我们可以相信，这些成熟了的动物的牙齿，在连续世代中已经缩小了，盖因不使用或是由于舌与腭通过自然选择业已变得无需牙齿之助也适宜于吃草之故；可是在小牛犊中，牙齿却没有受到选择或不使用的影响，并且根据在相应发育阶段遗传的原理，它们从遥远的过去一直被遗传到如今。根据每一生物以及每一不同的器官都是被特别创造出来的观点，诸如小牛胚胎的牙齿，或一些甲虫的愈合了的鞘翅下萎缩的翅，这一类器官竟然如此经常地带有毫无用处的鲜明印记，这是何等地、彻头彻尾地不可理喻啊！可谓“大自然”曾经煞费苦心地利用退化器官以及同源构造来揭示她对变异的设计，而对这一设计，看起来我们却执意不解。

现在我业已复述了一些主要的事实与思考，这些已令我完全相信，通过保存和积累很多连续轻微有利的变异物种，业已发生了变化。并依然在缓慢地变化着。也许有人会问，为什么所有健在的最为卓越的博物学家与地质学家们都反对物种可变性这一观点呢？不能断言生物在自然状态下不会发生变异；不能证明变异量在漫长岁月的过程中是有限的；在物种与特征显著的变种之间没有或不能划出泾渭分明的界限。不能坚持认为物种杂交时一成不变地皆是不育的，而变种杂交时则一成不变地皆是能育的；或者坚持认为不育性是一种特殊天授与造物的标志。只要把世界的历史视为是短暂的，几乎难免地就得相信物种是不变的产物；而现在我们既然对于逝去的时间已经获得了某种概念，我们便会毫无根据地、过于轻易地假定地质记录是如此完整，以至于物种若是经历过变异的话，地质记录即会向我们提供物种变异的明显证据。

我们之所以很自然地不甘承认一个物种会产生其他不同物种的主要原因，乃在于我们若是看不到任何巨大变化的一些中间步骤的话，我们总是不会很快承认这一变化的。当莱尔最初主张长排的内陆峭壁的形成以及巨大山谷的凹陷都是海岸波浪缓慢冲蚀所致时，当时的很多地质学家们对此均难以承认，其感受正像上述情形一样。即令对一亿年这个词，人们的思想也不可能领会其全部意义；而对于在几乎无限的世代中所累积起来的很多轻微变异，其全部效果则更加难以综合与领悟了。

尽管我确信本书以摘要的形式所提出来的一些观点的正确性，但是，我并不指望能够说服那些富有经验的博物学家们，盖因他们的脑子里，装满了在漫长岁月中用与我完全相反的观点来审视的大量事实。在诸如“造物的计划”、“设计的一致”之类的论调下，是多么容易地掩盖我们的无知啊，又是多么容易地把事实的重述当成是做出了一种解释啊！无论何人，但凡他的性格导致他把尚未得到解释的难点看得比很多事实的解释更重的话，他就必然会反对敌人的理论。少数的博物学家们，在思想上赋有很大的灵活性并且业已开始怀疑物种的不变性，则可受到本书的影响；但是我满怀信心地着眼于未来，着眼于年轻的、后起的博物学家们，他们将会不偏不倚地去审视这一问题的正反两面。已被引领到相信物种可变者，无论何人，若是能恳切地表达其信念，他便加惠于世；唯此方能解除这一论题所深受的偏见之累。

有几位著名的博物学家，新近发表了他们的见解，他们认为每一属中都有很多所谓的物种并非是真实的物种；但其他一些物种才是真实的，亦即是被独立创造出来的。依我之见，得到这样的一个结论实为奇怪。他们承认，直到最近还被他们自己认为是特别创造出来的，并且大多数博物学家也作如是观的，故而有着真实物种的所有外部特征的很多类型，是由变异产生的，但是他们拒绝把这同一观点引申到其他略有差异的类型。尽管如此，他们并不假装他们能够界定，甚或猜测，哪一些是被创造出来的生物类型，哪一些则是由次级法则产生出来的。他们在一种情形下承认变异是**真实的原因**（vera causa），而在另一种情形下却又武断地否认它，但却又不指明这两种情形有任何的区别。总有一天这会被当作一个奇怪的例子，用来说明先入之见的盲目性。这些作者对奇迹般的造物行动，似乎并不比对普通的生殖更觉惊奇。然而，他们是否真的相信，在地球历史的无数时期中，某些元素的原子会突然被命令瞬间变成了活的组织呢？他们相信在每一个假定的造物行动中，都有一个或多个个体产生出来吗？所有不计其数的种类的动植物在被创造出来时，究竟是些卵或种子呢，还是完全长成的成体呢？至于哺乳动物，它们在被创造出来时，就带有从母体子宫内获取营养的虚假标记吗？尽管博物学家们十分得体地向那些相信物种可变的人们，要求他们拿出对每一个难点的充分解释，但在他们自身那一方面，他们却以他们认为是恭敬的沉默，忽视物种首次出现的整个论题。

也许有人会问，我要把物种变异的学说引申多远。这一问题很难回答，盖因我们所讨论的类型越是不同，其说服力也就同样程度地减弱。但是一些最有分量的论证可以引申很远。整个纲的所有成员均能被一条条亲缘关系的锁链连结在一起，所有的均能按同一原理来予以分类，在类群之下再分类群。化石遗骸有时趋于把现生的各个目之间的极宽的空当填补起来。退化状态下的器官清楚地显示，一种早期祖先的这种器官是完全发育的；这在某些情形中必然意味着其后代已有巨量的变异。在整个纲里，各种构造都是以同一型式形成的，而且在胚胎阶段物种彼此间密切相似。所以，我不能怀疑，兼变传衍的理论包容了同一个纲里的所有成员。我相信，动物至多是从四种或五种祖先传衍下来的，植物是从同等数目或更少数目的祖先传衍下来的。

类推法引导我更进一步，即：我相信所有的动植物都是从某一原型传衍下来的。但是，类推法也可能是骗人的向导。尽管如此，所有的生物，在其化学成分、胚胞、细胞构造，以及生长与生殖法则上，都有很多共同之处。我们甚至在下述之类的如此无足轻重的情形中，也能看到这一点，即同一种毒质常常同样地影响到各种植物与动物；瘿蜂所分泌的毒质会引起野蔷薇或橡树的畸形增生。所以，我应该从类推法中推论，很可能曾经在这地球上生活过的所有的生物，都是从某一个最初被注入生命力的原始类型传衍下来的。

我在本书中所提出的物种起源的观点或类似的观点，一旦被普遍地接受之后，我们便能隐约地预见到在自然史中将会发生相当大的革命。系统分类学家们将能跟目前一样地从事工作，但是，他们不再会被这个或那个类型是否在实质上是一个物种这一如影随形的疑问所不断地困扰。这一点，我确信（而这是我的经验之谈），绝非是微不足道的解脱。对不列颠悬钩子属植物的五十来个物种究竟是否为真实物种这一无休止的争论，即会结束。系统分类学家们只要决定（这一点亦非属易）任何类型是否足够稳定并足以与其他类型区分开来，而能对其予以界定即可；如若是可以定义的，那就要决定这些差异是否足够重要到值得给予种名的地步。后面这一点将远比它现在的情形更为重要；因为任何两个类型的差异（无论其如何地轻微），倘若不被中间的逐级过渡使之混淆的话，就会被大多数的博物学家们视为足以把这两个类型均提升到物种的等级。此后我们将不得不承认，物种与特征显著的变种之间的唯一区别在于，变种之间在现在确知或据信被中间的逐级过渡连接起来，而物种则是过去曾被这般过渡连接起来的。因此，在不拒绝考虑任何两个类型之间现存的中间的逐级过渡的情况下，这将致使我们更为仔细地去衡量类型之间的实际差异量并予之以更高的分量。很有可能，现在被公认为只是变种的类型，今后可能被认为值得给予种名，就像报春花与立金花那样；在此情形下，科学语言与普通语言就会变得一致了。简言之，我们必须以一些博物学家们对待属那样的方式来对待物种，这些博物学家承认属仅仅是为了方便而做出的人为组合而已。这可能不是一种令人欢欣的前景；但是，对于物种一词的尚未发现以及难以发现的本质，至少我们不会再去做徒劳的探索。

对自然史的其他更为普通部门的兴趣，将会大大地提高。博物学家们所用的术语，诸如亲缘度、关系、型式的同一性、父系、形态学、适应性性状、退化器官与不发育的器官等等，将不再是隐喻了，而将会有明了的意义。当我们看生物不再像未开化人看船那样，把它们视为完全不可理解的东西之时；当我们将自然界的每一产物，都视为是具有历史的东西之时；当我们把每一种复杂的构造与本能都视为是集众多发明之大成，各自对其持有者皆有用处，几乎像我们把任何伟大的机械发明视为是集无数工人的劳动、经验、理智甚至于错误之大成一样之时；当我们这样审视每一生物之时，自然史的研究（以敝人经验之谈）将会变得多么地更加趣味盎然啊！

在变异的原因与法则、生长相关性、器官使用与不使用的效果、外界条件的直接作用等等方面，将会开辟一片广大的、几乎无人涉足过的研究领域。家养生物研究的价值，将极大地提高。人类培育出来一个新品种，将会成为一个更为重要以及更为有趣的研究课题，而不只是在记录在案的无数物种中增添一个物种而已。我们的分类，将变成尽可能地是依照谱系来分类的；那时它们才会真正地体现出所谓"创造的计划"。当我们有一确定的目标在望时，分类的规则无疑会变得更为简单。我们没有掌握任何的宗谱或族标；我们不得不依据任何种类的长期遗传下来的性状，去发现和追踪自然谱系上的很多分歧的世系传衍的路线。退化器官将会确凿无误地说明消失既久的一些构造的性质。被称为异常的、也可形象地称为活化石的物种及物种群，将帮助我们构成一幅古代生物类型的图画。胚胎学将向我们揭示出每一大纲的一些原型的构造，尽管多少有些模糊。

当我们能够确知同一物种的所有个体以及大多数属的所有密切近缘的物种，曾在不太遥远的时期内，从一个亲本传衍下来，并且从某一出生地迁移出去；当我们更好地了解到迁徙的诸多方法，而且通过地质学目前（将来还会继续）所揭示的以前的气候变化以及地平面变化，那么，我们就必然能够以令人称羡的方式，追索出全世界的生物从前迁徙的情况。即令在现在，通过比较一个大陆相对两边的海相生物之间的差异，以及比较该大陆上各种生物与其明显的迁徙方法相关的性质，也会显示出一些古地理的状况。

地质学这门杰出的科学，由于地质记录的极端不完整而黯然失色。埋藏着生物遗骸的地壳，不应被视为是一座藏品丰富的博物馆，而是收藏了胡乱采自支离破碎的时段的一些藏品而已。每一大套含化石的地层的堆积，应被视为是靠难得的一些情形碰巧凑在了一起，而且相继阶段之间的一些空白间隔，应被视为是极为长久的。但是通过先前的以及其后的生物类型的比较，我们能够多少有些把握地估算出这些间隔的持续时间。在试图根据生物类型的一般演替，将两套仅含有甚少相同物种的地层进行严格属于同一时代的对比时，我们必须要谨慎从事。由于物种的产生与灭绝盖因缓慢发生作用的、于今尚存的一些原因所致，而非奇迹般的造物行动以及灾变所致；并且由于生物变化的所有原因中的最重要的原因，乃是一种与改变了的、抑或是突然改变了的物理条件几乎无关的原因，这就是生物与生物之间的相互关系，即一种生物的改进会引起其他生物的改进或灭绝；因而，相继各套地层的化石中的生物变化量，大概可以用作测定实际的时间流逝的一种合理的尺度。然而，作为一个整体的很多物种，可能历久而不变，而在这同一时期内，其中的几个物种，因迁移到一些新的地区并与那里新的同栖者们进行竞争，便可能发生变异；所以，我们不必过高地估计用生物的变化来度量时间的准确性。在地球历史的早期，生物类型的变化很可能更慢一些；而在生命的第一缕曙光初现时，仅有极少数的构造最为简单的生物类型存在着，其变化速率可能是极度缓慢的。就目前所知的整个世界史，尽管对我们来说其时间长得难以领会，但比起自第一个生灵（无数灭绝了的以及现生的后裔的祖先）被创造出来以来所逝去的时间来说，此后必将被视为只不过是一瞬间而已。

放眼遥远的未来，我看到了涵括更为重要的研究领域的广阔天地。心理学将会建立在新的基础上，即每一智力与智能，都必然是由逐级过渡而获得的。人类的起源及其历史，也将从中得到启迪。

最为卓越的一些作者们，对于每一物种曾被独立创造出来的观点，似乎感到十分满意。依敝人之见，这更加符合我们所知道的造物主在物质上留下印记的一些法则，亦即世界上过去的与现在的生物之产生与灭绝，应该归因于次级的原因，一如那些决定生物个体的生与死之因。当我把所有的生物不看作是特别的创造产物，而把其视为是远在志留系第一层沉积下来之前就业已生存的少数几种生物的直系后代的话，我觉得它们反而变得高贵了。以过去为鉴，我们可以有把握地推想，没有一个现生的物种会将其未经改变的相貌传至遥远的将来。在现生的物种中，很少会把任何种类的后代传至极为遥远的将来；盖因从所有的生物得以分类的方式看来，每一个属的大多数物种以及很多属的所有的物种，均未曾留下后代，而早已灰飞烟灭了。偶开天眼觑前程，我们或可预言，操最后胜券并产生优势新物种者，将是一些属于较大的优势类群的常见的、广布的物种。既然所有的现生生物类型都是远在志留纪之前便已生存的生物的直系后裔，我们可以确信，普通的世代演替从未有过哪怕是一次的中断，而且也从未有过曾使整个世界夷为不毛之地的任何灾变。因此，我们可以稍有信心地去展望一个同样不可思议般久长的、安全的未来。由于自然选择纯粹以每一生灵的利益为其作用的基点与宗旨，故所有身体与精神的天赐之资，均趋于走向完善。

凝视纷繁的河岸，覆盖着形形色色茂盛的植物，灌木枝头鸟儿鸣啭，

14-4 充满生机的“纷繁的河岸”

各种昆虫飞来飞去，蠕虫爬过湿润的土地；复又沉思：这些精心营造的类型，彼此之间是多么地不同，而又以如此复杂的方式相互依存，却全都出自作用于我们周围的一些法则，这真是饶有趣味。这些法则，采其最广泛之意义，便是伴随着“生殖”的“生长”；几乎为生殖所隐含的“遗传”；由于外部生活条件的间接与直接的作用以及器官使用与不使用所引起的“变异”：“生殖率”如此之高而引起的“生存斗争”，并从而导致了“自然选择”，造成了“性状分异”并致使改进较少的类型“灭绝”。因此，经过自然界的战争，经过饥荒与死亡，我们所能想象到的最为崇高的产物，即各种高等动物，便接踵而来了。生命及其蕴含之力能，最初注入到寥寥几个或单个类型之中；当这一行星按照固定的引力法则循环运行之时，无数最美丽与最奇异的类型，即是从如此简单的开端演化而来，并依然在演化之中；生命如是之观，何等壮丽恢宏。

附录：译名刍议

在全世界语言“大一统”之前，不同语种之间的互译，是难以回避的一种增进相互了解的途径。尤其是自20世纪中叶以来，英语已经在国际范围内取得了强势地位，中国科研人员，时常要为如何把英文科技词汇翻译成确切的中文而冥思苦想，可谓“为求一字稳，拈断三根须”。

在近代中国与生物演化有关的英译汉书籍中，开先河者当推严复所译英人赫胥黎的《天演论》（亦即《进化论与伦理学》）。按照今天的标准，严复所译的《天演论》，跟林琴南翻译的英文小说差不多，充其量只能说是编译，很难与原著逐字逐句地予以对照。但颇具讽刺意味的是，正是在《天演论》的“译例言”中，严复开宗明义地提出了一百多年来中国译者所极力追求的境界：“译事三难：信、达、雅。”严复并给出了“信、达、雅”三字箴言的出处：“《易》曰：‘修辞立诚。’子曰：‘辞达而已。’又曰：‘言之无文，行之不远。’三曰乃文章正轨，亦即为译事楷模。故信达而外，求其尔雅，此不仅期以行远已耳，实则精理微言。” 按照严复的标准，检视他本人的译文，达固达也，雅则尔雅，唯独与“信”之间，差之岂止毫厘。

严复不仅深知这“三曰”之难，而且还洞察难在何处：“求其信已大难矣，顾信矣不达，虽译犹不译也，则达尚焉。海通已来，象寄之才，随地多有，而任取一书，责其能与于斯二者则已寡矣。其故在浅尝，一也；偏至，二也；辨之者少，三也。”

严复上述文字写于戊戌变法发生前的一个来月，距今已近115年。其间，仅就生物学领域而言，从英文原著翻译过来的书籍和文章，就难以胜计，“象寄之才”，似是多如牛毛。然而，严几道先生所感慨的译文之劣相以及个中之缘由，依然历久而弥真。

“浅尝”者，不求甚解之谓也。鲁迅先生所嘲讽的“牛奶路”的翻译，固然是望文生义的极端例子，而把蒋介石的英译名返回来译作常凯申，委实是该打屁股的。不少人以为能读“懂”原著就可以成为“象寄之才”，则更是一种误解。词不达意，也属浅尝辄止、未予深究之故，比如把population译作种群（实为种内居群）。另外，翻译“红皇后假说”时，对van Valen的用典，是否探究清楚，亦未可知。若是的话，那是非常令人佩服的。

“偏至”者，以象寄之心度著者之腹所致也。比如，近年来对evolution译作“进化”还是“演化”的争论，若是按达尔文的原义，译作进化是完全没有问题的[1]。当然，依照现在的认识，译作演化似更合适一些。究竟取何种译法，则视译者的偏好而定了。类似的还有“绝灭”与

[1] “No doubt, Darwin believed in progressive evolution.”——笔者注

“灭绝”（extinction）之争。

“辨之者少”，此乃语言、文化、历史、风俗诸项之“隔”所致也。因“隔”而不“辨”，这是象寄之大无奈也。像乔伊斯（James Joyce）的一些书，连母语为英语的人且视为畏途，遑论我们这些少壮之年才牙牙舌者，怎能不将其视为天书呢？看来“辨之者少”，也不只限于译者范畴。比如，达尔文在《物种起源》一书中并没有使用evolution一词，而是用descent with modification，后来人们逐渐把二者看成是可以互换的。窃以为，达尔文之所以青睐descent with modification（兼变传衍），应该自有他的道理。演化仅意味着历时而变，而兼变传衍则有共同祖先的含义。[1]

语言文字虽然也是与时俱进的，但其惯性一般说来还是很大的。因此，我们在翻译一个新词时，无论多么谨慎，也不为过；“恒虑一字苟下，重诬后世”（包世臣）。另一方面，约定俗成的东西，要想更改，也不是一件很容易的事。例如，像“七月流火”这类现今被广泛误用的典故，似也无伤大雅。诚如莎翁所言：“名字有啥关系？玫瑰不叫玫瑰，依然芳香如是。”[2]

苗德岁

2013年2月19日

---

[1] “Evolution means change through time, whereas descent with modification indicates common ancestry.”——笔者注

[2] “What's in a name? That which we call a rose by any other name would smell as sweet.”——笔者注

图书在版编目（CIP）数据

物种起源：插图收藏版 ／（英）查尔斯 · 达尔文（Charles Darwin）著；苗德岁译．—南京：译林出版社，2018.2(2023.8重印)
ISBN 978-7-5447-7143-6

Ⅰ.①物… Ⅱ.①查… ②苗… Ⅲ.①物种起源－达尔文学说 Ⅳ.①Q111.2

中国版本图书馆CIP数据核字（2017）第273710号

物种起源 ·插图收藏版· ［英国］查尔斯·达尔文／著 苗德岁／译

责任编辑 宋 旸 张海波
特约编辑 陈秋实
装帧设计 周伟伟
排 版 周伟伟
校 对 孙玉兰
责任印制 董 虎

出版发行 译林出版社
地 址 南京市湖南路 1 号 A 楼
邮 箱 yilin@yilin.com
网 址 www.yilin.com
市场热线 025-86633278
印 刷 江苏凤凰新华印务集团有限公司
开 本 718 毫米 ×1000 毫米 1/16
印 张 34.25
版 次 2018 年 2月第 1 版
印 次 2023 年 8 月第 9 次印刷
书 号 ISBN 978-7-5447-7143-6
定 价 108.00 元